智能制造系列教材

智能制造装备基础

FOUNDATION OF
INTELLIGENT MANUFACTURING EQUIPMENT

吴玉厚　陈关龙　张珂　赵德宏　巩亚东　刘春时　编著

清華大學出版社

北京

图书在版编目(CIP)数据

智能制造装备基础/吴玉厚等编著.—北京:清华大学出版社,2022.12(2024.8 重印)
智能制造系列教材
ISBN 978-7-302-62163-8

Ⅰ.①智…　Ⅱ.①吴…　Ⅲ.①智能制造系统—教材　Ⅳ.①TH166

中国版本图书馆 CIP 数据核字(2022)第 213363 号

责任编辑:刘　杨
封面设计:李召霞
责任校对:赵丽敏
责任印制:刘海龙

出版发行:清华大学出版社
　　　　网　　　址:https://www.tup.com.cn,https://www.wqxuetang.com
　　　　地　　　址:北京清华大学学研大厦 A 座　　　　邮　　编:100084
　　　　社 总 机:010-83470000　　　　邮　　购:010-62786544
　　　　投稿与读者服务:010-62776969,c-service@tup.tsinghua.edu.cn
　　　　质量反馈:010-62772015,zhiliang@tup.tsinghua.edu.cn
印 装 者:三河市龙大印装有限公司
经　　销:全国新华书店
开　　本:185mm×260mm　　印　张:20　　　　字　　数:475 千字
版　　次:2022 年 12 月第 1 版　　　　　　印　　次:2024 年 8 月第 4 次印刷
定　　价:58.00 元

产品编号:090887-01

智能制造系列教材编审委员会

多年前人们就感叹,人类已进入互联网时代;近些年人们又惊叹,社会步入物联网时代。牛津大学教授舍恩伯格(Viktor Mayer-Schönberger)心目中大数据时代最大的转变,就是放弃对因果关系的渴求,转而关注相关关系。人工智能则像一个幽灵徘徊在各个领域,兴奋、疑惑、不安等情绪分别蔓延在不同的业界人士中间。今天,5G 的出现使得作为整个社会神经系统的互联网和物联网更加敏捷,使得宛如社会血液的数据更富有生命力,自然也使得人工智能未来能在某些局部领域扮演超级脑力的作用。于是,人们惊呼数字经济的来临,憧憬智慧城市、智慧社会的到来,人们还想象着虚拟世界与现实世界、数字世界与物理世界的融合。这真是一个令人咋舌的时代!

但如果真以为未来经济就"数字"了,以为传统工业就"夕阳"了,那可以说我们就真正迷失在"数字"里了。人类的生命及其社会活动更多地依赖物质需求,除非未来人类生命形态真的变成"数字生命"了,不用说维系生命的食物之类的物质,就连"互联""数据""智能"等这些满足人类高级需求的功能也得依赖物理装备。所以,人类最基本的活动便是把物质变成有用的东西——制造! 无论是互联网、物联网、大数据、人工智能,还是数字经济、数字社会,都应该落脚在制造上,而且制造是其应用的最大领域。

前些年,我国把智能制造作为制造强国战略的主攻方向,即便从世界上看,也是有先见之明的。在强国战略的推动下,少数推行智能制造的企业取得了明显效益,更多企业对智能制造的需求日盛。在这样的背景下,很多学校成立了智能制造等新专业(其中有教育部的推动作用)。尽管一窝蜂地开办智能制造专业未必是一个好现象,但智能制造的相关教材对于高等院校与制造关联的专业(如机械、材料、能源动力、工业工程、计算机、控制、管理……)都是刚性需求,只是侧重点不一。

教育部高等学校机械类专业教学指导委员会(以下简称"机械教指委")不失时机地发起编著这套智能制造系列教材。在机械教指委的推动和清华大学出版社的组织下,系列教材编委会认真思考,在 2020 年新型冠状病毒感染疫情正盛之时进行视频讨论,其后教材的编写和出版工作有序进行。

编写本系列教材的目的是为智能制造专业以及与制造相关的专业提供有关智能制造的学习教材,当然教材也可以作为企业相关的工程师和管理人员学习和培训之用。系列教材包括主干教材和模块单元教材,可满足智能制造相关专业的基础课和专业课的需求。

主干教材,即《智能制造概论》《智能制造装备基础》《工业互联网基础》《数据技术基础》《制造智能技术基础》,可以使学生或工程师对智能制造有基本的认识。其中,《智能制造概论》教材给读者一个智能制造的概貌,不仅概述智能制造系统的构成,而且还详细介绍智能制造的理念、意识和思维,有利于读者领悟智能制造的真谛。其他几本教材分别论及智能制造系统的"躯干""神经""血液""大脑"。对于智能制造专业的学生而言,应该尽可能必修主干课程。如此配置的主干课程教材应该是本系列教材的特点之一。

本系列教材的特点之二是配合"微课程"设计了模块单元教材。智能制造的知识体系极为庞杂,几乎所有的数字-智能技术和制造领域的新技术都和智能制造有关,不仅涉及人工智能、大数据、物联网、5G、VR/AR、机器人、增材制造(3D打印)等热门技术,而且像区块链、边缘计算、知识工程、数字孪生等前沿技术都有相应的模块单元介绍。本系列教材中的模块单元差不多成了智能制造的知识百科。学校可以基于模块单元教材开出微课程(1学分),供学生选修。

本系列教材的特点之三是模块单元教材可以根据各所学校或者专业的需要拼合成不同的课程教材,列举如下。

♯课程例1——"智能产品开发"(3学分),内容选自模块:
➢ 优化设计
➢ 智能工艺设计
➢ 绿色设计
➢ 可重用设计
➢ 多领域物理建模
➢ 知识工程
➢ 群体智能
➢ 工业互联网平台

♯课程例2——"服务制造"(3学分),内容选自模块:
➢ 传感与测量技术
➢ 工业物联网
➢ 移动通信
➢ 大数据基础
➢ 工业互联网平台
➢ 智能运维与健康管理

♯课程例3——"智能车间与工厂"(3学分),内容选自模块:
➢ 智能工艺设计
➢ 智能装配工艺
➢ 传感与测量技术
➢ 智能数控
➢ 工业机器人
➢ 协作机器人
➢ 智能调度
➢ 制造执行系统(MES)
➢ 制造质量控制

总之,模块单元教材可以组成诸多可能的课程教材,还有如"机器人及智能制造应用""大批量定制生产"等。

此外,编委会还强调应突出知识的节点及其关联,这也是此系列教材的特点。关联不仅体现在某一课程的知识节点之间,也表现在不同课程的知识节点之间。这对于读者掌握知识要点且从整体联系上把握智能制造无疑是非常重要的。

本系列教材的编著者多为中青年教授,教材内容体现了他们对前沿技术的敏感和在一线的研发实践的经验。无论在与部分作者交流讨论的过程中,还是通过对部分文稿的浏览,笔者都感受到他们较好的理论功底和工程能力。感谢他们对这套系列教材的贡献。

衷心感谢机械教指委和清华大学出版社对此系列教材编写工作的组织和指导。感谢庄红权先生和张秋玲女士,他们卓越的组织能力、在教材出版方面的经验、对智能制造的敏锐性是这套系列教材得以顺利出版的最重要因素。

希望本系列教材在推进智能制造的过程中能够发挥"系列"的作用!

2021 年 1 月

丛书序2
FOREWORD

制造业是立国之本，是打造国家竞争能力和竞争优势的主要支撑，历来受到各国政府的高度重视。而新一代人工智能与先进制造深度融合形成的智能制造技术，正在成为新一轮工业革命的核心驱动力。为抢占国际竞争的制高点，在全球产业链和价值链中占据有利位置，世界各国纷纷将智能制造的发展上升为国家战略，全球新一轮工业升级和竞争就此拉开序幕。

近年来，美国、德国、日本等制造强国纷纷提出新的国家制造业发展计划。无论是美国的"工业互联网"、德国的"工业 4.0"，还是日本的"智能制造系统"，都是根据各自国情为本国工业制定的系统性规划。作为世界制造大国，我国也把智能制造作为推进制造强国战略的主攻方向，并于 2015 年发布了《中国制造 2025》。《中国制造 2025》是我国全面推进建设制造强国的引领性文件，也是我国实施制造强国战略的第一个十年的行动纲领。推进建设制造强国，加快发展先进制造业，促进产业迈向全球价值链中高端，培育若干世界级先进制造业集群，已经成为全国上下的广泛共识。可以预见，随着智能制造在全球范围内的孕育兴起，全球产业分工格局将受到新的洗礼和重塑，中国制造业也将迎来千载难逢的历史性机遇。

无论是开拓智能制造领域的科技创新，还是推动智能制造产业的持续发展，都需要高素质人才作为保障，创新人才是支撑智能制造技术发展的第一资源。高等工程教育如何在这场技术变革乃至工业革命中履行新的使命和担当，为我国制造企业转型升级培养一大批高素质专门人才，是摆在我们面前的一项重大任务和课题。我们高兴地看到，我国智能制造工程人才培养日益受到高度重视，各高校都纷纷把智能制造工程教育作为制造工程乃至机械工程教育创新发展的突破口，全面更新教育教学观念，深化知识体系和教学内容改革，推动教学方法创新，我国智能制造工程教育正在步入一个新的发展时期。

当今世界正处于以数字化、网络化、智能化为主要特征的第四次工业革命的起点，正面临百年未有之大变局。工程教育需要适应科技、产业和社会快速发展的步伐，需要有新的思维、理解和变革。新一代智能技术的发展和全球产业分工合作的新变化，必将影响几乎所有学科领域的研究工作、技术解决方案和模式创新。人工智能与学科专业的深度融合、跨学科网络以及合作模式的扁平化，甚至可能会消除某些工程领域学科专业的划分。科学、技术、经济和社会文化的深度交融，使人们可以充分使用便捷的软件、工具、设备和系统，彻底改变或颠覆设计、制造、销售、服务和消费方式。因此，工程教育特别是机械工程教育应当更加具有前瞻性、创新性、开放性和多样性，应当更加注重与世界、社会和产业的联系，为服务我国新的"两步走"宏伟愿景做出更大贡献，为实现联合国可持续发展目标发挥关键性引领作用。

需要指出的是,关于智能制造工程人才培养模式和知识体系,社会和学界存在多种看法,许多高校都在进行积极探索,最终的共识将会在改革实践中逐步形成。我们认为,智能制造的主体是制造,赋能是靠智能,要借助数字化、网络化和智能化的力量,通过制造这一载体把物质转化成具有特定形态的产品(或服务),关键在于智能技术与制造技术的深度融合。正如李培根院士在丛书序 1 中所强调的,对于智能制造而言,"无论是互联网、物联网、大数据、人工智能,还是数字经济、数字社会,都应该落脚在制造上"。

经过前期大量的准备工作,经李培根院士倡议,教育部高等学校机械类专业教学指导委员会(以下简称"机械教指委")课程建设与师资培训工作组联合清华大学出版社,策划和组织了这套面向智能制造工程教育及其他相关领域人才培养的本科教材。由李培根院士和雒建斌院士、部分机械教指委委员及主干教材主编,组成了智能制造系列教材编审委员会,协同推进系列教材的编写。

考虑到智能制造技术的特点、学科专业特色以及不同类别高校的培养需求,本套教材开创性地构建了一个"柔性"培养框架:在顶层架构上,采用"主干教材+模块单元教材"的方式,既强调了智能制造工程人才必须掌握的核心内容(以主干教材的形式呈现),又给不同高校最大程度的灵活选用空间(不同模块教材可以组合);在内容安排上,注重培养学生有关智能制造的理念、能力和思维方式,不局限于技术细节的讲述和理论知识的推导;在出版形式上,采用"纸质内容+数字内容"的方式,"数字内容"通过纸质图书中列出的二维码予以链接,扩充和强化纸质图书中的内容,给读者提供更多的知识和选择。同时,在机械教指委课程建设与师资培训工作组的指导下,本系列书编审委员会具体实施了新工科研究与实践项目,梳理了智能制造方向的知识体系和课程设计,作为规划设计整套系列教材的基础。

本系列教材凝聚了李培根院士、雒建斌院士以及所有作者的心血和智慧,是我国智能制造工程本科教育知识体系的一次系统梳理和全面总结,我谨代表机械教指委向他们致以崇高的敬意!

赵维

2021 年 3 月

前言

PREFACE

制造业是立国之本、强国之基,以智能制造为主攻方向推动产业技术变革和优化升级,促进我国产业迈向全球价值链中高端是新时代中国工业发展的新方向。智能制造的根本在于制造,关键在于通过智能技术推动产业技术创新,推动社会生产力发展和满足人民日益增长的美好生活需要。

随着人们对生产能力、生产质量和生产效率的要求更高,无论是离散型制造行业还是流程型工业产业,在生产中都碰到了越来越多传统工艺和成熟经验无法解决的制造问题。如极端制造、超精密加工、高速高效加工以及考虑可持续发展的绿色制造问题等,需要更多的脑力劳动来决策。智能制造的作用已不仅是优化"已知的""确定的"和"结构化"的生产制造问题,更重要的作用是解决那些"未知的""不确定的"和"非结构化"的生产制造问题,而制造装备的智能化是实现智能制造发展的前提和基础。

智能制造装备是指具有感知、分析、推理、决策、控制功能的制造装备,它是先进制造技术、信息技术和智能技术的集成与深度融合。智能制造装备通过模拟人的体力和脑力劳动过程,实现工业生产过程的智能化,大幅降低劳动者的体力和部分脑力劳动,帮助劳动者创造更大的价值。智能制造装备融合了先进制造技术、数字控制技术、现代传感技术以及人工智能技术,具有感知、学习、决策、执行等功能,是实现高效、高品质、节能环保和安全可靠生产的下一代制造装备。智能制造装备是传统制造产业升级改造,实现生产过程自动化、智能化、精密化、绿色化的有力工具,是培育和发展战略性新兴产业的重要支撑,也是衡量一个国家工业化水平的重要标志。

人才培养是实现智能制造的关键,是实现制造强国的基础。在教育部高等学校机械类专业教学指导委员会的指导下,李培根院士和雒建斌院士等牵头开展了智能制造系列教材的规划和编写工作。其中《智能制造概论》是这套系列教材的灵魂,《制造智能技术基础》《智能制造装备基础》《数据技术基础》和《工业互联网基础》是这套系列教材的主干。在此基础上,围绕"制造技术智能""智能产品开发""智能生产决策""智能制造服务""智能商业供给"等领域,形成了面向多样化人才培养需求的系列化、模块化的教学教程。本书作为系列教材的主干之一,同时包含了"智能传感与检测""智能设计""机器人技术""增材制造"等多学科的专业知识。

编写本书主要意在使学生掌握智能制造装备智能感知、智能控制、智能驱动等基本概念和基础知识、核心技术,理解智能制造装备数字化、网络化、智能化发展路径,掌握智能制造装备设计规划、研究分析、模拟仿真或实践应用的能力,具备利用人-信息-物理系统(human-cyber-physical systems,HCPS)开展研究的能力,培养学生探索问题、创新和学习的能力。

　　本书共分 7 章。第 1 章主要包括智能制造装备发展概述、内涵、基本系统和本书的主要目标和内容等内容；第 2 章主要包括智能感知技术概述、常用感知器系统、多传感器信息融合等内容，重点在多传感器信息融合部分；第 3 章主要包括智能控制硬件系统、人机交互系统、智能控制算法、智能运维与管理等内容；第 4 章主要包括智能驱动原理、变频驱动控制原理和伺服驱动系统特性；第 5 章主要包括智能制造装备数控系统、智能电主轴单元技术、智能刀具系统技术等内容；第 6 章主要包括智能数控车床、智能数控加工中心、增材制造和工业机器人等内容；第 7 章主要包括智能制造生产线、智能制造柔性系统、流程工业的智能化以及智能化生产车间与工厂。

　　本书的编写，参考了中华人民共和国人力资源和社会保障部与中华人民共和国工业和信息化部制定的国家职业技术技能标准《智能制造工程技术人员（2021 年版）》和中国工程教育专业认证协会发布的团体标准《工程教育认证标准》。编写的过程中，始终坚持"三好"的编写原则，即："学生好用"，注重通过对工程问题的探索培养学生的兴趣，通过专业知识图谱，构建导学引入、例题解析、案例分析、习题提升的学习途径；"教师好教"，明确了课程教学目标，规划了教学要求，提供了教学参考材料，完善和丰富了课程教学资源和考核样例；"教学好用"，对于教辅人员和工程技术人员而言，本书提供了关键知识节点和关联、知识索引、参考资料和实验案例等内容。

　　本书的编写组主要由来自高校的学者和企业的工程师构成。编写组成员有：沈阳建筑大学吴玉厚教授、东北大学巩亚东教授、上海交通大学陈关龙教授、沈阳工业大学张珂教授、沈阳建筑大学赵德宏教授、原沈阳机床股份有限公司刘春时教授级高级工程师。其余编写人员包括：张丽秀、李颂华、石怀涛、安冬、杨光、赵元、谭智、刘业峰、张丽丽、岳国栋、高强、闫广宇、俞明富、王贺、邵萌等。在本书编写过程中得到了通用技术沈阳机床股份有限公司和合肥中科深谷科技发展有限公司等企业的大力支持，在此表示衷心的感谢！

　　感谢李培根院士在本书编写过程中给予的指导，感谢张秋玲编审对智能制造系列教材的推动，感谢清华大学出版社为此系列教材出版所作的贡献，感谢刘杨编辑为本书的出版所付出的努力。

　　鉴于作者对智能制造装备的理解和认识的局限，书中错误在所难免，敬请读者批评指正。

2021 年 12 月

目 录

CONTENTS

第 1 章

绪论

导学

制造业是国民经济和国防建设的重要基础,是立国之本、兴国之路、强国之基。智能制造是当前制造技术的核心发展方向。智能制造装备是智能制造的载体,是实现智能制造的关键环节。本章以"生产力发展需求"和"满足人类对美好生活的需要"为起点,阐述智能制造装备面临的需求和挑战,使学生理解智能制造装备需要解决的关键技术问题,掌握智能制造装备的主要特征,理解智能制造装备发展的核心问题和发展趋势。

教学目标和要求:理解智能制造装备发展的内外因素和发展趋势,掌握智能制造装备涉及的核心问题和关键技术等基础概念,具有针对特定工程问题提出智能制造装备及其系统具体功能要求的能力。

重点:理解制造装备智能化需求的内在和外在驱动因素,掌握智能制造装备核心问题与关键技术的基础概念和技术要求。

难点:智能制造装备核心问题与关键技术的基础概念和技术要求。

1.1 智能制造装备发展概述

纵观世界工业的发展历史,科技创新始终是推动人类社会生产生活方式产生深刻变革的重要力量。如图 1-1 所示,从第一次工业革命的"蒸汽时代",到第二次工业革命的"电气时代",再到第三次工业革命的"信息化时代",都是以推动人类生产力的发展,满足人类对美好生活的需要为追求。

开始于 18 世纪 60 年代中期的第一次工业革命(即工业 1.0),从发明、使用和改进机器开始,以蒸汽机作为动力,实现工厂机械化。第一次工业革命使机械生产代替了手工劳动,工厂制代替了手工工场,社会生产力得到了极大的提高,人类经济社会从以农业、手工业为基础转型到以工业化的机械制造带动经济发展的新模式。

开始于 19 世纪后半期的第二次工业革命(即工业 2.0),在劳动分工基础上,通过采用电力驱动机械加工,实现了大规模生产。因为有了电力,社会生产进入了由电气自动化控制机械设备生产的年代,社会生产力进一步提升。这次的工业革命,通过零部件生产与产品装配的成功分离,开创了产品批量生产的高效新模式。

开始于 20 世纪 70 年代左右的第三次工业革命(即工业 3.0),通过广泛应用电子信息技术,使制造过程自动化控制程度再进一步大幅提高。生产效率、良品率、分工合作、机械设备寿命都得到了前所未有的提高。在此阶段,工厂大量采用由 PC、PLC(可编程控制器)、微控制器等电子信息技术自动化控制的机械设备进行生产。自此,机器能够逐步替代人类作业,不仅接管了相当比例的"体力劳动",还接管了一些"脑力劳动",工业生产能力进一步提升。

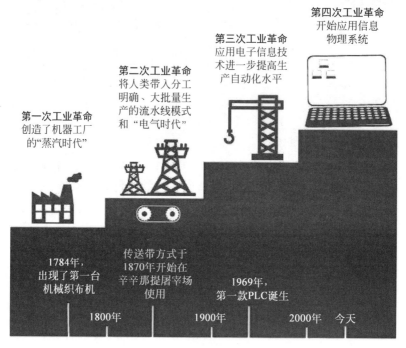

图 1-1　工业革命史简图[1]

进入 21 世纪,互联网、云计算、大数据等信息技术的飞速发展,推动着人工智能技术的战略性突破,人工智能技术已经成为新一轮科技革命的核心技术之一。人工智能技术与先进制造技术的深度融合,形成了智能制造技术,成为第四次工业革命的核心驱动力。新一代智能制造的突破和广泛应用将重塑制造业的技术体系、生产模式、产业形态,实现第四次工业革命。

纵观近现代工业发展史,生产力发展始终是推动制造业发展的根本动力。适应新技术、新经济的发展,满足人类对美好生活的需求是智能制造装备发展的根本需求。智能制造是一个大系统,贯穿于产品设计、制造和服务全生命周期的各个环节,智能生产是主线,智能制造装备是基础。理解智能制造装备发展的内外需求和发展趋势,是开展智能制造装备关键技术学习,建立智能制造装备体系宏观思维的前提。

1.1.1　智能制造装备发展内因

生产力发展始终是人类社会发展的决定性因素,现代科学技术的进步提升着人类生产力发展与变革的速度。智能制造装备通过先进制造技术、信息技术和智能技术的集成和深度融合,将实现人类社会生产力的跨越式发展。20 世纪以来,人们对生产力发展水平的注意力主要偏重于生产过程的自动化,自动化程度的提高极大地解放了生产过程中的体力劳动。但随着人类对更高生产能力、生产质量和生产效率的要求,越来越多的生产问题需要更多的脑力劳动来决策。如极端制造、超精密加工、高速高效加工以及考虑可持续发展问题的绿色制造等,都是传统工艺和成熟经验无法解决的生产制造问题,迫切需要智能化加工设备。

1. 极端制造系统问题

随着人类社会不断对深空、深海等极端条件的挑战,各种极端制造问题成为人类生产力发展的主攻方向。如大型空间站舱体的一次性成型问题(见图1-2);用于深海探测潜水器的高强度、超大构件的精密锻造问题;万吨级大型船舶用整体结构件及其精密焊接问题;飞机制造与热连轧机组制造等复杂巨系统制造问题[4]等。在这类极端条件中,常大量采用整体薄壁结构和复杂曲面结构,以满足零件极端服役性能的要求。这类生产问题制造成本高、制造过程复杂、试错代价高,需要在有限的实验条件下,获得尽可能多的经验和数据。因此制造装备需要具有较强的数据采集和分析能力,通过对生产工艺数据、设备运行状态、工件加工质量,以及材料应力、应变等数据的实时跟踪和采集,结合信息物理系统,进行正确的数值模拟与仿真,实现有效的数据分析和预判,进而降低试错成本,提升生产能力。

同时科学家在微尺度物质结构和形态上的挖掘与制造技术的突破,正不断地创造着具有新结构、新功能的产品。新的纳米制造工艺,需要在 $1cm^2$ 的芯片上集成数十亿个电子管(见图1-3);基于原子尺度的增材制造技术,通过大分子可控组装能够"跳动"的心脏、具有"呼吸"功能的肺气囊等人造器官;科学家构建的量子计算机"九章",处理"高斯玻色取样"的速度比最快的超级计算机快一百万亿倍;超精密磨削技术已经将零件表面加工质量提升到皮米级的原子尺度[5]。目前,制造技术已由毫米级的手工制造、微米及纳米级的机器制造,逐步进入到了原子和近原子尺度的皮米级制造,这就需要新一代具有更高感知能力、创新驱动控制和人工智能技术的智能制造装备来实现。

图1-2 中国空间站构想图[2]

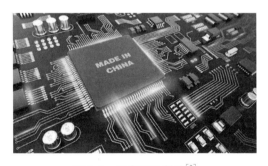

图1-3 国产芯片制造[3]

2. 难加工材料复杂工艺问题

对于一些难加工材料的复杂工艺过程,如满足极限工况使用要求的氮化硅陶瓷球(见图1-4)的超精密加工问题,其材料硬度达到 $2840 \sim 3320 kgf/mm^2$,且对加工精度和表面质量都有很高的要求,通常只能在复杂的混合金刚石磨料的柔性流道内研磨加工,影响其加工精度的工艺条件多达40余个[5]。借助于先进的传感器与检测技术,通过大数据分析和人工智能方法,一些最重要的工艺参数才能够被提取出来,这就要求新一代研磨机具有更高的智能化水平。而对于硬脆石材雕塑制品(见图 1-5)的复杂加工工艺问题,其材料组成成分和结构复杂,每一块石材都有不同的工艺特性,每一道工序的加工工艺参数都会对刀具产生较大的影响。借助于加工过程的实时监控和数字化模型的准确预测,工艺路径和参数才能够不断地得到优化[6]。对于高温合金、钛合金、高强度钢、复合材料等难加工材料,在高速切削过程中,切削温度高、刀具磨损严重,零件在制造中加工变形和切削振动现象严重,加工精度和表面完整性难以保证,必须充分考虑切削过程的非线性、时变、大应变、高应变率、高温、高压和多场耦合等复杂工程问题[7],这些都要求智能制造装备具有高效、可靠的检测、分析和控制能力。

图 1-4　氮化硅陶瓷球

图 1-5　石材复杂工艺制品

3. 高速高效绿色制造问题

"力争 2030 年前实现碳达峰,2060 年前实现碳中和"是中国政府确定的重大发展战略决策,事关中华民族永续发展和构建人类命运共同体。"推动技术和产业变革朝着信息化、数字化、智能化方向加速演进"是主要战略方向。切削加工技术的高速高效绿色制造过程,并不是纯粹的几何制造过程,而是典型的力热强耦合的物理制造过程。切削加工过程涉及的材料学、弹塑性力学、断裂力学、传热学、运动学、动力学和摩擦学等多学科交叉问题,切削过程中的各种物理现象如切削力、切削热、切削振动和刀具磨损等,与工件、刀具、机床和夹具所构成的工艺系统具有密切联系。工艺系统的制造误差、刀具磨损、受力变形、受热变形以及定位误差和测量误差等因素都会直接影响零件的加工质量[8]。在智能切削加工过程中,通过将先进传感器与检测技术、数据技术、智能算法与机床运动控制相结合,实现对切削加工状态和表面质量的实时监测与动态控制,它要求智能制造装备具有实时监测与分析能力、具有数据传输和共享能力、能够对控制决策进行准确和快速的响应能力。

4. 离散型制造模式的智能化

离散型制造是大部分工业产品的主要生产方式,离散型制造的产品往往由多个零件经过一系列并不连续的工序加工装配而成,这些零件往往由同一工厂的不同部门或者不同的工厂生产完成。离散型制造企业往往生产相关和不相关的较多品种和系列的产品,其生产过程是由不同零部件加工子过程或并联或串联组成的复杂过程,其过程中包含着更多的变化和不确定因素。因此,离散型制造企业的产能主要由加工要素的配置合理性决定,企业的管理水平和数据收集与运用能力已经成为离散型企业发展的核心竞争力。这些数据既包括产品及其构成的产品结构、工艺路线、物料信息、生产调度、质量管理等与产品密切相关的生产数据,还包括生产管理、财务管理、人力资源管理等生产要素。如图1-6和图1-7所示,现代离散型制造企业需要借助于工业互联网、云制造和人工智能等手段,将企业内部和企业与企业之间的物料流、信息流和控制流等数据在生产过程中汇集起来,把企业的人、财、物、产、供销及相应的物流、信息流、资金流、管理流、增值流等紧密地集成起来实现资源优化和共享,使企业运行向着精细化和智能化的方向发展。

图1-6 智能化车间

图1-7 智能化工厂模型

5. 流程工业生产过程的智能化

石油、化工、钢铁、有色金属、建材和电子等流程工业行业,面临着资源综合利用率低、能源消耗大、环境污染严重等问题,特别是流程工业涉及原料变化频繁、工况波动剧烈;生产过程涉及物理化学反应,机理复杂;生产过程连续,不能停顿,任一工序出现问题必然会影响整个生产线和最终的产品质量。流程工业迫切需要对原料成分、设备状态、工艺参数和产品质量等进行实时和全面的检测,实现生产过程的高效化与绿色化、生产工艺和生产流程智能化的制造模式转变。如图1-8和图1-9所示,通过将复杂工业过程控制、全流程运行监控与管理大数据,企业运作管理与决策和生产管理与决策大数据,工艺研究实验大数据等工业资源和人工智能技术相结合,实现知识型工作智能化,借助计算机和通信技术与流程工业物理资源的紧密融合与协同,实现生产工艺智能优化和生产流程智能优化[9]。

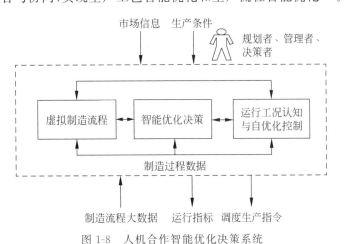

图1-8 人机合作智能优化决策系统

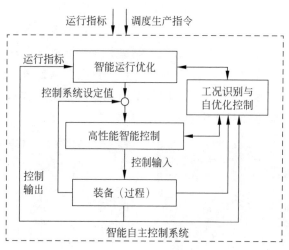

图 1-9　工业过程智能自主控制系统

1.1.2　智能制造装备发展外因

满足人类对美好生活的向往，是社会发展的根本目标，也是智能制造装备发展的追求。标准化的大规模生产极大地丰富了人们的物质生活，人们在追求更多个性需求的同时，希望获得更好的用户体验和实现更富有创造性的劳动创造，关注人的发展和需求是智能制造装备产品和技术发展的主要着力点。

1. 多样化的个性需求

随着大众化功能性需求的广泛性满足，人们对于产品的需求开始向着功能与文化价值共存的多样化个性需求发展，消费者不再是被动的，客户与市场的针对性定位更加细分化。如图 1-10 和图 1-11 所示，从消费品到生产工具，批量定制生产已经成为制造业的主流生产模式。批量定制生产是一种集企业、客户、供应商和环境于一体，在系统思想指导下，用整体优化的思想，充分利用企业已有的各种资源，在标准化技术、现代设计方法学、信息技术和先进制造技术等的支持下，根据客户的个性化需求，通过模块化、平台化、配置设计和变型设计等技术，使得最终产品在外部多样化与内部少样化之间达到综合最优，以批量生产的低成本、高质量和高效率提供定制产品和服务的生产方式[10]。数量极少的产品要快速、有效、低成本地生产制造，制造模式必须是设计、协作、准备、制造、检测、物流、消费、报废回收的全流程全寿命的动态智能控制，物体、组织、个人、服务等的网络无缝连接才能应对[11]。产品要在消费者直接或间接的参与下完成，就需要对产品的用户体验具有及时的收集和分析能力。5G 等通信技术的发展极大地丰富了"互联网＋大数据＋人工智能"的统计分析手段，柔性化生产制造系统和 3D 打印等新型制造技术则在定制化生产中展示了独有的优势，智能制造装备体现出了应对多样化个性需求的快速响应能力。

图 1-10 宝马定制汽车

图 1-11 智能机床定制

2. 更高质量的生产服务

服务经济已经成为全球工业发展的主要趋势之一,其核心是增加生产附加价值,优质服务可以为企业带来额外的价值。制造与服务的深度融合,使经济的增长越来越多地依托用户感知价值的创造。产品价值创造的重心正在由制造过程向顾客的使用过程和需求满足过程转变,由此导致了制造与服务在产品生命周期中价值比重的重新分配。产品通过服务增值为用户提供更多的附加价值,吸引用户参与产品配置和服务模式协同创新,溢出更多的用户感知价值,也成为制造业塑造差异化竞争优势的重要手段,制造企业需要加强服务化变革和协同创新以持续寻求新的利润点[12]。如图 1-12 所示,产品全生命周期大数据的运用为制造业整个生命周期管理的改善与优化带来了新的机遇:借助互联网和 5G 通信技术的发展,用户体验和需求能够及时汇总到生产和服务端,进而提高产品更新迭代速度;工业互联网、云制造的发展使"制造即服务"能够更快地实现,分散制造资源和能力的服务化为社会化的集成、分享和使用提供了可能;以产品全生命周期管理为依托的绿色回收和再制造技术,为可持续发展创造着新的价值。以物联网、产品嵌入式信息装置、智能传感器等为主要技术特征的新一代智能设备,极大地推动了制造业从自动化向服务化、智能化的发展。

3. 更富价值的劳动创造

马克思的劳动价值理论,是马克思主义政治经济学体系的出发点,马克思说:"一切商品的价值都是由人的劳动创造的。"2020 年 11 月 24 日,习近平总书记在全国劳动模范和先进工作者表彰大会上指出:"劳动是一切幸福的源泉。"人类社会活动的本质在于创造劳动价值,参加社会劳动实现价值创造是人最基本的社会需求[14]。工业自动化通过对人类重复性体力和脑力劳动的替代,提高了社会平均劳动生产率,使人们能够创造更多的劳动价值。

技术的进步推动了制造领域新一轮的产业变革,以互联网、大数据、云计算为代表的新一代信息技术与传统工业融合发展,制造业呈现出新的方向,以智能化、网络化、数字化、服务化、绿色化为核心特征的智能制造成为制造业发展的重大趋势。智能制造的提出是技术创新累积到一定程度的必然结果,是制造业依据其内在发展逻辑经过长时间的演变和整合逐步形成的制造模式[15]。智能制造是集成制造、精益生产、敏捷制造、虚拟制造、数字化制造、网络化制造等多种先进制造模式的综合,它通过信息物理系统(cyber-physical systems,CPS),实现人、设备、产品、服务等制造要素与资源的相互识别、实时交互和信息集成,改变了传统制造业设计、制造、管理、服务的方式。智能制造的应用能够减少生产加工过程中的脑力劳动,完成复杂的任务,提高生产质量,节约加工成本,其灵活化、方便化、个性化的生产组织方式,也使得中、小型企业在竞争中更具有优势,承担的风险更低。

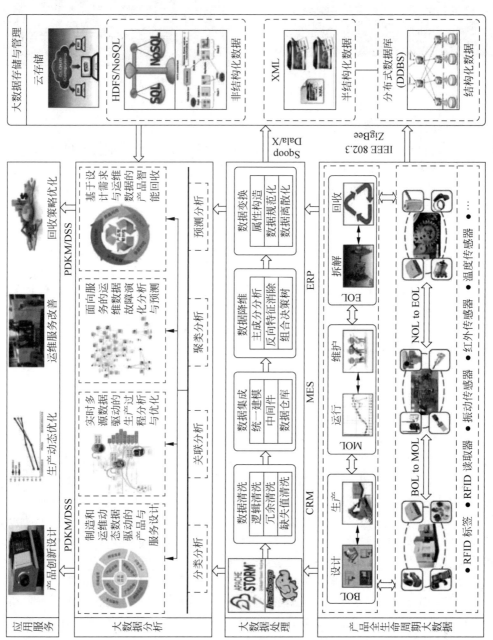

图 1-12 一种生命周期大数据驱动的复杂产品智能制造服务体系构架[13]

　　智能制造装备是智能制造技术的重要载体。智能制造装备通过模拟人的体力和脑力劳动过程,实现工业生产过程的智能化,大幅降低劳动者的体力和部分脑力劳动,帮助劳动者创造更大的价值。智能制造装备融合了先进制造技术、数字控制技术、现代传感技术以及人工智能技术,具有感知、学习、决策、执行等功能,是实现高效、高品质、节能环保和安全可靠生产的下一代制造装备。智能制造装备是传统制造产业升级改造,实现生产过程自动化、智能化、精密化、绿色化的有力工具,是培育和发展战略性新兴产业的重要支撑,也是衡量一个国家工业化水平的重要标志。

1.1.3　智能制造与装备发展路径

1. 国内外智能制造与装备发展战略

　　20 世纪 80 年代,工业发达国家已开始对智能制造进行研究,并逐步提出智能制造系统和相关智能技术。进入 21 世纪,人工智能和网络信息技术的迅速发展,使实现智能制造的条件逐渐成熟。在国际金融危机之后,虚拟经济出现泡沫,制造业强国开始将重心转回实体制造,如表 1-1 所示,世界各国纷纷颁布了一系列发展智能制造的国家战略,期望以发展制造业刺激国内经济增长,巩固大国地位。

表 1-1　部分国家的智能制造发展战略[16]

战略名称	国家	时间	战略核心
"中国制造 2025"	中国	2015 年	把智能制造作为"两化融合"的主攻方向,着力发展智能装备和智能产品,使生产过程智能化,全面提高企业在生产、研发、管理和服务过程中的智能化水平
"再工业化"计划	美国	2009 年	发展先进制造业,实现制造业的智能化,保持美国制造业价值链上的高端位置和全球控制者地位
"工业 4.0"计划	德国	2013 年	通过信息物理系统实现人、设备与产品的实时连通、相互识别和有效交流,构建一个高度灵活的个性化和数字化的智能制造模式
"机器人新战略"	日本	2015 年	通过科技和服务创造新价值,以"智能制造系统"作为该计划核心理念,促进日本经济的持续增长,应对全球大竞争时代
"高价值制造"战略	英国	2014 年	应用智能化技术和专业知识,以创造力带来持续增长和高经济价值潜力的产品、生产过程和相关服务,达到重振英国制造业的目标
"新增长动力规划及发展战略"	韩国	2009 年	确定三大领域 17 个产业为发展重点推荐数字化工业设计和制造业数字化协作建设,加强对智能制造基础开发的政策支持
"印度制造"计划	印度	2014 年	以基础设施建设、制造业和智慧城市为经济改革战略的三根支柱,通过智能制造技术的广泛应用将印度打造成新的"全球制造中心"

　　1)"中国制造 2025"

　　2015 年,国务院印发《中国制造 2025》,围绕实现制造强国的战略目标,《中国制造 2025》中明确了 9 项战略任务和重点,并制定了通过"三步走"实现制造强国的战略目标:第一步,到 2025 年迈入制造强国行列;第二步,到 2035 年我国制造业整体达到世界制造强国阵营中等水平;第三步,到新中国成立一百年时,制造业大国地位更加巩固,综合实力进入世界制造强国前列[17]。党的二十大报告进一步提出,要"推动制造业高端化、智能化、绿色化发展",指明了制造业高质量发展的前进方向。要加速数字技术在制造业的应用推广,以"鼎新"带动"革故",推进制造业发展模式向智能化转型,再塑中国制造新优势。如表 1-2 所示,2011 年以来,国家发布了一系列智能制造行业文件。

表 1-2　2011—2021 年中国智能制造行业文件一览表[18]

时间	部门	文件名称	主 要 内 容
2011 年 12 月	国务院	《工业转型升级规划(2011—2015 年)》	以科学发展为主题,以加快转变经济发展方式为主线,着力提升自主创新能力,推进信息化与工业化深度融合,改造提升传统产业,培育壮大战略性新兴产业,加快发展生产性服务业,调整和优化产业结构,把工业发展建立在创新驱动、集约高效、环境友好、惠及民生、内生增长的基础上,不断增强我国工业核心竞争力和可持续发展能力
2012 年 7 月	国务院	《"十二五"国家战略性新兴产业发展规划》	突破新型传感器与智能仪器仪表、自动控制系统、工业机器人等感知、控制装置及其伺服、执行、传动零部件等核心关键技术,提高成套系统集成能力,推进制造、使用过程的自动化、智能化和绿色化;提出了智能装备产业发展路线图并将智能装备工程列为二十项重大工程之一
2015 年 5 月	国务院	《中国制造 2025》	提出紧密围绕重点制造领域关键环节,开展新一代信息技术与制造装备融合的集成创新和工程应用。依托优势企业,紧扣关键工序智能化、关键岗位机器人替代、生产过程智能优化控制、供应链优化,建设重点领域智能工厂/数字化车间
2016 年 12 月	工信部、财政部	《智能制造发展规划(2016—2020 年)》	2025 年前,推进智能制造发展实施"两步走"战略:第一步,到 2020 年,智能制造发展基础和支撑能力明显增强,传统制造业重点领域基本实现数字化制造,有条件、有基础的重点产业智能转型取得明显进展;第二步,到 2025 年,智能制造支撑体系基本建立,重点产业初步实现智能转型
2017 年 7 月	国务院	《新一代人工智能发展规划》	为抢抓人工智能发展的重大战略机遇,构筑我国人工智能发展的先发优势,加快建设创新型国家和世界科技强国,文件制定了"三步走"的战略目标:第一步,到 2020 年人工智能总体技术和应用与世界先进水平同步;第二步,到 2025 年人工智能基础理论实现重大突破,部分技术与应用达到世界领先水平;第三步,到 2030 年人工智能理论、技术与应用总体达到世界领先水平,成为世界主要人工智能创新中心,智能经济、智能社会取得明显成效
2017 年 11 月	国务院	《关于深化"互联网+先进制造业"发展工业互联网的指导意见》	以全面支撑制造强国和网络强国建设为目标,围绕推动互联网和实体经济深度融合,聚焦发展智能、绿色的先进制造业,构建网络、平台、安全三大功能体系,增强工业互联网产业供给能力,持续提升我国工业互联网发展水平,深入推进"互联网+",形成实体经济与网络相互促进、同步提升的良好格局,有力地推动现代化经济体系建设

续表

时间	部门	文件名称	主　要　内　容
2018 年 8 月	工信部、国标委	《国家智能制造标准体系建设指南（2018年版）》	按照"共性先立、急用先行"的原则,制定安全、可靠性、检测、评价等基础共性标准,识别与传感、控制系统、工业机器人等智能装备标准,智能工厂设计、智能工厂交付、智能生产等智能工厂标准,大规模个性化定制、运维服务、网络协同制造等智能服务标准,人工智能应用、边缘计算等智能赋能技术标准,工业无线通信、工业有线通信等工业网络标准,机床制造、航天复杂装备云端协同制造、大型船舶设计工艺仿真与信息集成、轨道交通网络控制系统、新能源汽车智能工厂运行系统等行业应用标准,带动行业应用标准的研制工作。推动智能制造国家和行业标准上升成为国际标准
2021 年 2 月	人社部、工信部	《关于颁布智能制造工程技术人员等 3 个国家职业技术技能标准的通知》	制定了智能制造工程技术人员、大数据工程技术人员、区块链工程技术人员 3 个国家职业技术技能标准
2021 年 3 月	国务院	《中华人民共和国国民经济和社会发展第十四个五年规划和2035 年远景目标纲要》	坚持把发展经济着力点放在实体经济上,加快推进制造强国、质量强国建设,促进先进制造业和现代服务业深度融合,强化基础设施支撑引领作用,构建实体经济、科技创新、现代金融、人力资源协同发展的现代产业体系。深入实施智能制造和绿色制造工程,发展服务型制造新模式,推动制造业高端化智能化绿色化。建设智能制造示范工厂,完善智能制造标准体系
2021 年 12 月	工信部	《"十四五"智能制造发展规划》	推进智能制造,关键要立足制造本质,紧扣智能特征,以工艺、装备为核心,以数据为基础,依托制造单元、车间、工厂、供应链和产业集群等载体,构建虚实融合、知识驱动、动态优化、安全高效的智能制造系统。到 2025 年,规模以上制造业企业基本普及数字化,重点行业骨干企业初步实现智能转型。到 2035年,规模以上制造业企业全面普及数字化,骨干企业基本实现智能转型

2）美国"再工业化"计划

美国"再工业化"计划框架从重振制造业到大力发展先进制造业,积极抢占世界高端制造业的战略出发,积极推动智能制造产业发展。为了重塑美国制造业的全球竞争优势,将高端制造业作为再工业化战略产业政策的突破口。作为先进制造业的重要组成,以先进传感器、工业机器人、先进制造测试设备等为代表的智能制造,得到了美国政府、企业各层面的高度重视,创新机制得以不断完善,相关技术产业展现出了良好发展势头。美国瞄准清洁能源、生物制药、生命科学、先进原材料等高新技术和战略新兴产业,加大研发投入,鼓励科技创新,培训高技能员工,力推 3D 打印技术、工业机器人等应用。

3）德国“工业 4.0”计划

德国著名的“工业 4.0”计划则是一项全新的制造业提升计划,其模式是由分布式、组合式的工业制造单元模块,通过工业网络宽带、多功能感知器件,组建多组合、智能化的工业制造系统。“工业 4.0”计划以智能化工厂建设来带动复杂制造系统的应用,通过开放虚拟工作平台与广泛使用人机交互系统,使得企业的工作内容、工作流程、工作环境等发生深刻改变,再造智能制造流程,颠覆封闭性的传统工厂车间管理模式,将智能化设备、智能化器件、智能化管理、智能化监测等技术集成全新的制造流程。“工业 4.0”计划从根本上重构了包括制造、工程、材料使用、供应链和生命周期管理在内的整个工业流程。

4）日本“机器人新战略”

日本是全球工业机器人装机数量最多的国家,其机器人产业也极具竞争力。为适应产业变革的需求和维持其“机器人大国”的地位,2015 年 1 月,日本政府发布了《机器人新战略》,计划在制造、服务、医疗护理、基础设施、自然灾害应对、工程建设、农业等领域广泛使用机器人,在战略产业推进机器人开发与应用的同时,打造应用机器人所需的环境,使机器人随处可见。

1.2　智能制造装备的内涵

1.2.1　机械制造装备的发展过程

从中华民族古老纺车到现代智能化制造系统,制造装备本质都是通过提供工具与工件之间的相对运动,实现加工制造。如图 1-13 和图 1-14 所示,制造装备的核心包括:动力装置、传动装置和执行系统。在原始制造装备中,人力或畜力是主要的动力源,人在制造系统中起着决定性作用,感知、判断和控制着制造装备的动力装置、传动装置和执行系统。

图 1-13　纺车

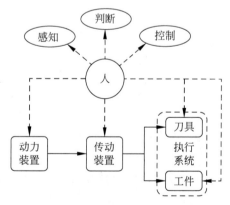

图 1-14　原始制造装备组成

第一次、第二次工业革命的发展使制造装备进入了电气时代。内燃机和电动机等动力机械成为主要动力源,工具和工件的相对速度变快,载荷变大,各种金属材料的加工变为可能。如图 1-15 所示,齿轮、凸轮、螺旋丝杠等传动机构,轴承、导轨等支撑部件成为制造装备的主要部件,刀具及其切削技术、润滑和冷却技术等的发展使制造装备的性能得到不断提高,专用刀架、三角爪盘等辅助工具,使生产效率不断提高。

图 1-15　普通车床 CA6140

　　如图 1-16 所示,这个阶段人们通过控制机床的动力装置和传动装置,控制刀具和工件之间的相对运动;标尺等测量工具和手轮等辅助构件帮助人们进行感知、判断和控制;人们在切削加工过程中不断地总结经验,积累知识,进行学习,不断地提高自身的技术水平。技术工人是机械产品加工质量的决定性因素,高级技工和成熟工人通过不断的实践积累经验;工艺的优化主要依靠人的经验积累以及理论和实验分析;工艺信息在师傅和徒弟等有限的范围内传播;生产材料、任务、工序等生产信息主要通过报表的形式传递。

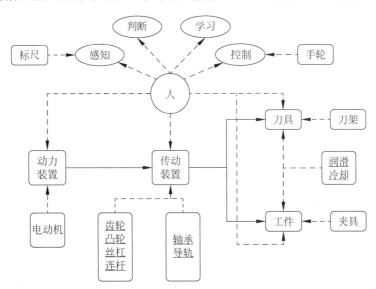

图 1-16　电气化制造装备组成

　　第三次工业革命使制造装备进入了自动化时代,自动化设备的发展极大地解放了人的体力劳动和部分脑力劳动,制造装备可以按照预定的指令执行加工制造过程,并反馈部分加工信息。数控加工中心(如图 1-17 所示)已经能够实现复杂制品的五轴数控加工,制造装备的控制系统及其控制精度等成为产品质量的决定性因素之一。CAM、CAPP 等工艺软件的发展,促进了工艺和生产信息的数字化,并使生产信息能够在设备、车间和工厂内被广泛使

数控加工
视频

用；实验研究和数值方法等研究手段使工艺技术得到快速提升，精度保持性、加工可靠性、设备经济性等技术指标极大提高。电主轴、动力刀塔等功能部件促进制造装备的细分市场逐渐发展成熟。

图 1-17　数控加工中心

自动化制造装备组成如图 1-18 所示。这个阶段人们通过学习不断掌握现代设计、分析和工艺工具的运用，通过对产品和制造装备的数字化，生产制造系统生产指令，并通过生产和实验活动，研究生产制造过程和制造结果，改进生产工艺和技术。掌握成熟工艺技术的工艺工程师和具有丰富知识的研究人员，成为推动技术发展和创新的关键因素之一。

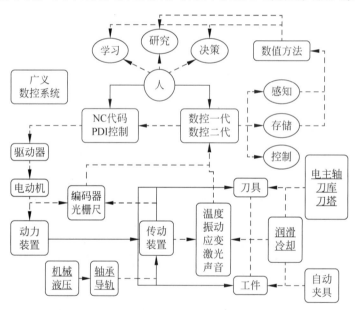

图 1-18　自动化制造装备组成

工业互联网、5G 通信等技术的发展和大数据、云计算、人工智能的先进计算方法的发展，使制造装备进入了智能化发展的新阶段。智能制造装备组成如图 1-19 所示：更加先进的感知系统使制造装备的产生数据能够被及时采集和分析；数字化的孪生系统为制造装备构建了物理模型的数字双胞胎；机器学习帮助人们从海量数据中学习和分析制造装备的运行状态和结果。制造装备的智能化将极大地提升制造装备的迭代效率，使生产水平和生产效率向更高层次发展。

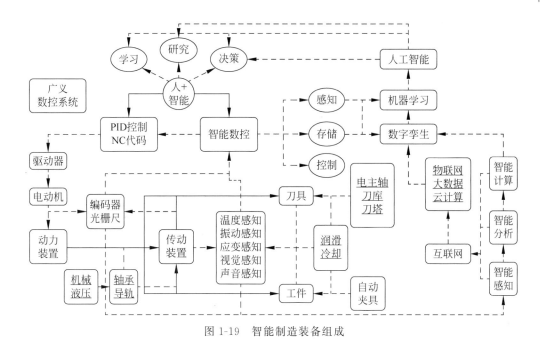

图 1-19　智能制造装备组成

新一代智能制造系统主要由智能产品、智能生产及智能服务三大功能系统以及工业智联网和智能制造云两大支撑系统集成而成(见图 1-20)。

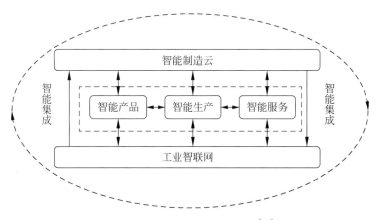

图 1-20　新一代智能制造系统[19]

　　智能产品和装备是新一代智能制造系统的主体。智能产品是智能制造和服务的价值载体,智能制造装备是智能制造的技术前提和物质基础。新一代智能制造将给产品与制造装备带来无限的创新空间,使产品与制造装备产生革命性变化。

　　智能手机和智能汽车是两个典型的例证。有些产品,例如 iPhone X 和华为 mate 10 已经搭载了人工智能芯片,开始具有了学习功能。在不久的将来,新一代人工智能全面应用到手机上,将为智能手机带来新的革命性变化。汽车正在经历燃油汽车—电动汽车(数字化)—网联汽车(网络化)的发展历程,将朝着无人驾驶汽车(智能化)的方向前进。新一代智能制造技术将为产品和装备的创新插上腾飞的翅膀、开辟更广阔的天地。预计到 2035年,中国各种产品与制造装备将从"数字一代"整体跃升成"智能一代",升级为智能产品和装备,重点研制:智能工业机器人、智能加工中心、无人机、智能舰船、智能汽车、智能列车、智能挖掘机、智能医疗器械、智能手机、智能家电等十大重点智能产品。

智能生产是新一代智能制造系统的主线。智能工厂是智能生产的主要载体。智能工厂根据行业的不同可分为离散型智能工厂和流程型智能工厂,追求的目标都是生产过程的优化,大幅提升生产系统的性能、功能、质量和效益,重点发展方向都是智能生产线、智能车间、智能工厂。

新一代人工智能技术与先进制造技术的融合将使生产线、车间、工厂发生大变革,企业将会向自学习、自适应、自控制的新一代智能工厂进军。"机器换人"有助于企业生产能力的技术改造、智能升级,不仅能解决一线劳动力短缺和人力成本升高的问题,更能从根本上提高制造业的质量、效率和企业竞争力。在今后相当长的一段时间内,企业的生产能力升级——生产线、车间、工厂的智能升级将成为推进智能制造发展的一个主要战场。

流程工业在中国国民经济中占有基础性的战略地位,产能高度集中,且数字化网络化基础较好,最有可能在新一代智能制造领域率先实现突破。如石化行业智能工厂建立数字化、网络化、智能化的生产运营管理新模式,可极大地优化生产,提高安全环保水平。

离散型智能工厂将应用新一代人工智能技术实现加工质量的升级、加工工艺的优化、加工装备的健康保障、生产的智能调度和管理,建成真正意义上的智能工厂。重点突破:3C加工、薄膜晶体管制造、汽车覆盖件冲压、基于3D打印的铸造、家电制造互联工厂等产业。

以智能服务为核心的产业模式和业态变革是新一代智能制造系统的主题。新一代人工智能技术的应用,将催生制造业实现从以产品为中心向以用户为中心的根本性转变,产业模式从大规模流水线生产转向规模定制化生产,产业形态从生产型制造向生产服务型制造转变,完成深刻的供给侧结构性改革。近期突破重点是在10个行业推行两种智能制造新模式:规模化定制在家电、家具、服装行业推广应用;远程运维服务在航空发动机、高铁装备、通用旋转机械、发电装备、工程机械、电梯、水/电/气表监控管理行业的推广应用。

智能制造云和工业智联网是新一代智能制造系统的重要支撑。"网"和"云"带动制造业从数字化向网络化、智能化发展,重点是"智联网""云平台"和"网络安全"3个方面。系统集成将智能制造各功能系统和支撑系统集成为新一代智能制造系统。系统集成是新一代智能制造最基本的特征和优势,新一代智能制造内部和外部均呈现系统"大集成",具有集中与分布、统筹与精准、包容与共享的特性。

1.2.2 智能制造装备定义与特征

智能制造装备,指具有感知、分析、推理、决策、控制功能的制造装备,它是先进制造技术、信息技术和智能技术的集成与深度融合[20]。

智能制造装备是先进制造技术、信息技术和人工智能技术的高度集成,也是智能制造产业的核心载体。智能制造装备通常由包含智能单元技术的装备本体与相关的智能使能技术组成,装备本体需要具备优异的性能指标,如精度、效率及可靠性,而相关的使能技术则是使装备本体具有自感知、自适应、自诊断、自决策等智能特征的关键途径。智能制造装备关键技术如图1-21所示,其中典型的智能使能技术包括物联网、大数据、云制造、人工智能等。

以智能机床为例,其本体为高性能的机床装备,具有重复定位精度、动/静刚度、主轴转

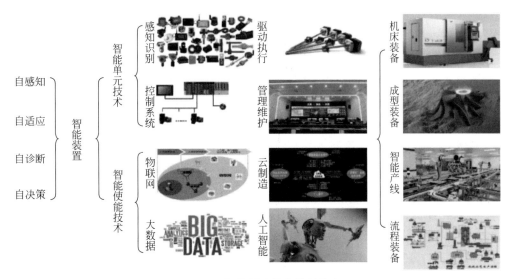

图 1-21 智能制造装备关键技术

动平稳性、插补精度、平均无故障时间等性能特征。在此基础上,通过智能传感技术使得机床能够自主感知加工条件的变化,如利用温度传感器感知环境温度,利用加速度传感器感知工件振动,利用视觉传感器感知是否出现断刀,进一步对机床运行过程中的数据进行实时采集与分类处理,形成机床运行大数据知识库。通过机器学习、云计算等技术实现故障自诊断并给出智能决策,最终实现智能抑振、智能热屏蔽、智能安全、智能监控等功能,使装备具有自适应、自诊断与自决策的特征。

单个的智能机床虽然具备智能特征,但其功能和效率始终是有限的,无法满足现代制造业规模化发展的需求。因此,需要基于智能制造装备,进一步发展和建立智能制造系统。智能制造系统则是由不同功能的智能制造装备组成,如智能机床、智能机器人以及智能测量仪;多台智能制造装备组成了数字化生产线,实现了各智能制造装备之间的连接;进一步多条数字化生产线组成了数字化车间,实现了各数字化生产线之间的连接;最后多个数字化车间组成了智能工厂,实现了各数字化车间之间的连接;智能制造系统的最上一层为应用层,由物联网、云计算、大数据、机器学习、远程运维等使能技术组成,为各级智能制造系统提供技术支撑与服务,而互联互通广泛存在于各级智能制造系统,智能传感主要位于智能制造装备与传感器之间。需要说明的是,人是任何智能制造系统的最高决策者,具有最高管理权限,可以对各级智能制造系统进行监督与调整。

和传统的机械装备相比,智能制造装备具有自我感知能力、自主规划和决策能力、自学习和自维护能力以及自优化能力。

1. 自我感知能力

智能制造装备具有收集和理解工作环境信息、实时获取自身状态信息的能力。智能制造装备能够准确获取表征装备运行状态的各种信息,并对信息进行初步的分析和加工,提取主要特征成分,反映装备的工作性能。自我感知能力是整个制造系统获取信息的源头。

2. 自主规划和决策能力

智能制造装备能够依据不同来源的信息进行分析、判断和规划自身行为。智能制造装备能根据环境和自身作业状况的信息进行实时规划和决策,并根据处理结果自行调整控制策略至最优运行方案。这种自律能力使整个制造系统具备抗干扰、自适应和容错等能力。

3. 自学习和自维护能力

智能制造装备能够自主建立强有力的知识库和基于知识的模型,并以专家知识为基础,通过运用知识库中的知识,进行有效的推理判断,并进一步获取新的知识,更新并删除低质量知识,在系统运行过程中不断地丰富和完善知识库,通过学习使知识库不断进化。智能制造装备能够对系统进行故障诊断、排除及修复,并依据专家知识库提供相应的解决维护方案,保持系统在正常状态下运行。这种特征使智能制造装备能够自我优化并适应各种复杂的环境。

4. 自优化能力

相比于传统的制造装备,智能制造装备具有自优化能力。制造装备在使用过程中不可避免地存在损耗,传统的机器或系统的性能因此会不断退化。智能制造装备能够依据设备实时的性能,调整本身的运行状态,保证装备系统的正常运行。

1.2.3 智能制造与装备发展的基本范式

智能制造是一个大概念,是一个不断演进的大系统。智能制造是新一代信息技术与先进制造技术的深度融合,贯穿于产品、制造、服务全生命周期的各个环节及相应系统的优化集成,旨在实现制造的数字化、网络化、智能化,不断提升企业的产品质量、效益、服务水平,推动制造业实现创新、绿色、协调、开放、共享式发展。

近年来,国家"新一代人工智能引领下的智能制造研究"课题组,在智能制造的演进发展中,总结、归纳和提升出智能制造的 3 种基本范式,即:数字化制造——第一代智能制造,数字化网络化制造——"互联网＋制造"或第二代智能制造,数字化网络化智能化制造——新一代智能制造[21](见图 1-22),智能制造 3 种基本范式适应不同的制造企业。

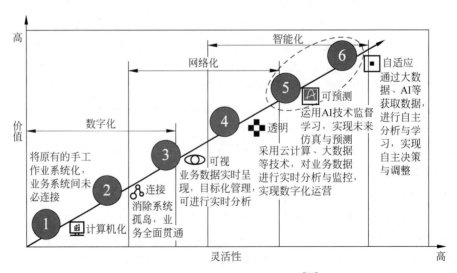

图 1-22　智能制造 3 种基本范式[22]

1. 数字化制造

数字化制造是智能制造的第一个基本范式，也可称为第一代智能制造。数字化制造是在数字化技术和制造技术融合的背景下，通过对产品信息、工艺信息和资源信息进行数字化描述、分析、决策和控制，快速生产出满足用户要求的产品。数字化制造的主要特征表现为：第一，在产品方面，数字技术在产品中得到广泛应用，形成以数控机床等为代表的"数字一代"产品；第二，在制造方面，大量应用数字化装备、数字化设计、数字化建模与仿真，采用信息化管理；第三，集成和优化运行成为生产过程的突出特点。

20世纪80年代以来，中国企业逐步推广应用数字化制造，推进设计、制造、管理过程的数字化，推广数字化控制系统和制造装备，推动企业信息化，取得了巨大的技术进步。特别是近年来，各地大力推进"机器换人""数字化改造"，建立了一大批数字化生产线、数字化车间、数字化工厂，众多企业完成了数字化制造升级，中国数字化制造迈入了新的发展阶段。同时，必须清醒地认识到，中国大多数企业，特别是广大中小企业，还没有完成数字化制造转型。面对这样的现实，中国在推进智能制造过程中必须实事求是，踏踏实实地完成数字化"补课"，进一步夯实智能制造发展的基础。

2. 数字化网络化制造

数字化网络化制造是智能制造的第二种基本范式，也可称为"互联网＋制造"，或第二代智能制造，可对应于国际上推行的 Smart Manufacturing。20世纪90年代末以来，互联网技术逐步成熟，中国"互联网＋"推动互联网和制造业深度融合，人、流程、数据和事物等过去相互孤立的节点被网络连接起来，通过企业内、企业间的协同，通过各种社会资源的集成与优化，"互联网＋制造"重塑制造业的价值链，推动制造业从数字化制造发展到数字化网络化制造阶段。"互联网＋制造"的主要特征为：第一，在产品方面，在数字技术应用的基础上，网络技术得到普遍应用，成为网络连接的产品，设计、研发等环节实现协同与共享。第二，在制造方面，在实现厂内集成基础上，进一步实现制造的供应链、价值链集成和端到端集成，制造系统的数据流、信息流实现连通。第三，在服务方面，设计、制造、物流、销售与维护等产品全生命周期以及用户、企业等主体通过网络平台实现连接和交互，制造模式从以产品为中心走向以用户为中心。

中国工业界紧紧抓住互联网发展的战略机遇，大力推进"互联网＋制造"，制造业、互联网龙头企业纷纷布局，将工业互联网、云计算等新技术应用于制造领域。一方面，一批数字化制造基础较好的企业成功实现数字化网络化升级，成为数字化网络化制造示范；另一方面，大量还未完成数字化制造的企业，则采用并行推进数字化制造和"互联网＋制造"的技术路线，通过"以高打低、融合发展"，完成了数字化制造的"补课"，同时跨越到"互联网＋制造"阶段，实现了企业的优化升级。

德国"工业4.0"和美国工业互联网完整阐述了数字化网络化的制造范式，提出了实现数字化网络化制造的技术路线。但由于这两个理论提出较早，当时新一代人工智能还没有实现战略突破，因此他们的理论总体上还只适用于数字化网络化制造范式，并没有进入新一代智能制造范式，还不是真正意义上的第四次工业革命。

3. 数字化网络化智能化制造

数字化网络化智能化制造是智能制造的第三种基本范式，也可称为新一代智能制造，可对应于国际上推行的 Intelligent Manufacturing。近年来,在互联网、云计算、大数据和物联网等新一代信息技术快速发展形成群体性突破的推动下,以大数据智能、跨媒体智能、人机混合增强智能、群体智能等为代表的新一代人工智能技术加速发展,实现了战略性突破。新一代人工智能技术与先进制造技术深度融合,形成新一代智能制造——数字化网络化智能化制造。新一代人工智能的本质特征是具备了学习的能力,具备了生成知识和更好地运用知识的能力,实现了质的飞跃。

新一代智能制造为制造业的设计、制造、服务等各环节及其集成带来根本性变革,新技术、新产品、新业态、新模式将层出不穷,深刻影响和改变社会的产品形态、生产方式、服务模式,乃至人类的生活方式和思维模式,极大地推动社会生产力的发展。新一代智能制造将给制造业带来革命性的变化,将成为制造业未来发展的核心驱动力。

智能制造的三个基本范式体现了智能制造发展的阶段性和融合性特点,三个基本范式沿时间脉络逐一展开,既是相关技术发展到一定阶段和产业结合,各有其所在阶段的特点,也都面临着当时阶段所需要重点解决的问题,体现着先进信息技术与制造技术融合发展的阶段性特征。在发展过程中,三个基本范式在技术上并不是割裂的,而是相互交织、迭代升级,通过技术融合相互促进发展,体现着智能制造发展的融合性特征。

1.3　智能制造装备基本系统

1.3.1　智能制造装备的分类

智能制造装备目前涉及领域众多,在各个领域中的应用和需求逐渐增多,其重要性也随着制造产业的发展逐渐凸显。现阶段几种典型的智能制造装备主要包括智能机床、智能机器人、增材制造装备、智能成型制造装备、特种智能制造装备等。

1. 智能机床

智能机床是能够自主决策制造过程的机床。智能机床在整个制造过程中,能够监控、诊断和纠正在生产过程中出现的各类偏差,能够计算并预报切削刀具、主轴、轴承和导轨的剩余寿命,提供剩余使用时间和更换时间以及当前状态,为加工生产提供最优化的解决方案。

2. 智能机器人

智能机器人能根据环境与任务的变化,实现主动感知、自主规划、自律运动和智能操作,是可用于搬运材料、零件、工具的操作机,或是为了执行不同的任务,具有可改变和可编程动作的专门系统,是一个在感知—思维—效应方面全面模拟人的机器系统。与传统的工业机器人相比,具备感知环境的能力、执行某种任务而对环境施加影响的能力和把感知与行动联系起来的能力。

3. 增材制造装备

增材制造不采用一般意义上的模具或刀具加工零件,而是采用分层叠加法即用 CAD 造型生成 STL 文件,通过分层切片等步骤进行分层处理,借助计算制控制的成型机,将一层一层的材料堆积成实体原型。不同于传统制造将多余的材料去除掉,增材制造技术可以精确地控制材料成型,提高材料利用率,能够生产传统工艺无法加工的复杂零件。

4. 智能成型制造装备

智能成型制造装备是在铸造、焊接、塑性成型、增材制造等成型加工装备上,应用人工智能技术、数值模拟技术和信息处理技术,以一体化设计与智能化过程控制方法,取代传统材料制备与加工过程中的"试错法"设计与工艺控制方法,以实现材料组织性能的精确设计与制备加工过程的精确控制,获得最佳的材料组织性能与成型加工质量。

5. 特种智能制造装备

特种智能制造装备是基于科学发现的新原理、新方法和专门的工艺知识,为适应超常加工尺度、精度、性能、环境等特殊条件而产生的装备,常使用于超精密加工、难加工材料加工、巨型零件加工、多工序复合加工、高能束加工、化学抛光加工等特殊加工工业。

1.3.2 智能制造装备关键问题

1. 实时感知与识别[23]

实时感知与识别是智能制造装备的必备功能。新型传感技术和射频识别技术(RFID)、高速数据传输与处理技术、视觉导航与定位技术等都是实时感知与识别技术研发的热点。RFID 和传感器结合与集成不仅具有感知与识别功能,还有传输和联网功能。数控机床和机器人的各种感知功能越来越丰富,并组成无线传感网络和嵌入式互联网。

1)实时感知与识别技术面临的关键问题

(1)工作过程复杂、环境恶劣的要求。负载、温度、热变形和应力应变的实时高精测量,零件高精高效的在线测量,以及装备性能劣化的实时感知等亟须新型传感技术和识别技术的突破。

(2)装备的自律控制要求。由于感知对象的多样性和多维性,基于视觉等多源信息的三维环境建模和图像理解能力亟待提升,高速图像识别、运动图像的去抖/去模糊能力有待增强。

(3)感知系统组网要求。装备的感知和识别系统具有高精高速数据传输、安全处理和容错能力,异构信息无缝交换能力。

2)智能制造装备感知与识别技术的预期目标

(1)新型传感技术。突破高灵敏度、高精度、高可靠性和高环境适应性的传感技术;采用新原理、新材料、新工艺的传感技术,完善微弱传感信号提取与处理技术。

(2)识别技术。主要包括低功耗小型化 RFID 制造技术,超高频和微波 RFID 核心模块制造技术和装备,完善基于深度的三维图像识别技术,物体缺陷识别技术。

(3)主要包括高速实时视觉环境建模、图像理解和多源信息融合导航技术,力/负载实时感知和辨识技术,应力应变在线测量技术,多传感器优化布置和感知系统组网配置技术。

2. 性能预测和智能维护技术[24]

在复杂工作环境下,性能预测和智能维护是装备可靠运行的关键,为此需要提高监控的实时性、预测的精确性、控制的稳定性和维护的主动性。面向复杂工况的状态监控技术和装备性能预测技术等是当今装备研发的热点,已开发了初级的智能化产品和功能模块,如振动监测模块、刀具磨损/破损监控模块等,其功能和智能水平尚需进一步提高。

1)智能制造装备的性能预测和智能维护技术面临的关键问题

(1)监测信号与运行状态间存在复杂的关系,难以实时准确地表征运行状态和加工状态的重要特征。

(2)复杂环境中系统整体功能的安全评估技术的研究刚刚起步,寿命预测技术研究仍不成熟。

(3)装备性能演化机制的研究刚刚起步,装备性能指标体系尚待完备,其性能指标与制造过程状态特征的映射关系有待深入研究。

2)性能预测和智能维护技术的预期目标

(1)突破在线和远程状态监测和故障诊断的关键技术,建立制造过程状况(如振动、负载、热变形、温度、压力等)的参数表征体系及其与装备性能表征指标的映射关系。

(2)研究损伤智能识别、自愈合调控与智能维护技术,完善损伤特征提取方法和实时处理技术,建立表征装备性能、加工状态的最优特征集,最终实现对故障的自诊断自修复。

(3)实现重大装备的寿命测试和寿命预测,对可靠性与寿命精确评估。

3. 智能工艺规划和智能编程技术[25]

数控机床的加工工艺规划与数控编程应综合考虑机器结构、工件几何形状、工艺系统的物理特性和作业环境,优化加工参数和运动轨迹,保证加工质量和提高加工效率。而现有编程系统主要是面向零件几何形状的编程,没有综合考虑机床、工装和零件材料的特性等,不能适应加工条件、应力分布、温度变化的不确定性。实现智能工艺规划和智能编程还需要逐步积累专家经验与知识,建立相关的数据库和知识库。

1)智能工艺规划和智能编程技术面临的关键问题

(1)由于机床的机械结构十分复杂,系统刚度和应力分布对位姿的依赖性,界面行为具有不确定性。机电液的复杂耦合关系造成了复杂的多场耦合问题,要建立精确的全功能和全性能工艺系统模型仍有一定的困难,需借助虚拟现实环境,进行模拟与仿真。

(2)构建加工工艺数据库及工艺参数优化专家系统,需要进行大量的实验。实现工艺数据库与工艺系统模型的集成、定性知识与定量知识的融合与推理还面临着一定的困难。

(3)专家经验与计算机智能的融合技术作为工艺决策的重要基础有待完善,加工工艺系统的自治配置和自治运行仍比较困难。

2)智能工艺规划和智能编程技术的预期目标

(1)深入研究工艺系统的各子系统之间的复杂界面行为和耦合关系,建立工艺系统和作业环境的集成数学模型及其标定方法,实现加工和作业过程的仿真、分析、预测及控制。

(2)建立面向典型行业的工艺数据库和工艺知识库,完善机床的模型库,逐步积累专家经验与知识,实现工艺参数和作业任务的多目标优化。

(3)完善专家经验与计算智能的融合技术,提升智能规划和工艺决策的能力,建立规划与编程的智能推理和决策的方法,实现基于几何与物理多约束的轨迹规划和数控编程。

4. 智能数控系统与智能伺服驱动技术[26]

数控机床的智能化也反映在数控功能的不断丰富和提升,如视觉伺服功能、力反馈和力/位混合控制功能、振动控制功能、负荷控制功能、质量调控功能、伺服参数和插补参数自调整功能、各种误差补偿功能等。伺服系统 PID 参数的快速优化设置问题、各轴伺服参数的匹配和耦合控制问题尚待进一步解决。

1) 智能数控系统与智能伺服驱动技术面临的关键问题

（1）精度达纳米级，加速度超过 $10g$ 的精密、高速、高加速运动控制技术；视觉伺服、视觉精密定位技术；重载、大惯量条件下的快速动作响应与精度控制技术。

（2）切削过程中的切削力、热、振动对加工精度和表面质量的影响机制和刀具的磨损机理较为复杂，难以建立精确的预测模型和提出合理的调控策略。

2) 智能数控系统与智能伺服驱动技术的预期目标

（1）完善智能伺服控制技术、运动轴负载特性的自动识别技术；实现控制参数自动优化配置；实现多轴插补参数自动优化控制；实现各种误差在线精密补偿；实现面向控形和控性的智能加工；基于智能材料和伺服智能控制的振动主动控制技术。

（2）完善视觉感知和视觉伺服功能、力反馈和力/位混合控制功能；突破基于伺服驱动信号的实时防碰撞技术、非结构环境中的视觉引导技术，实现自律加工。

（3）运用人工智能与虚拟现实等智能化技术，实现基于虚拟现实环境的智能操作，发展智能化人机交互技术。

1.3.3 智能制造装备主要技术

1. 物联网

1) 物联网的概念

麻省理工学院的 Ashton 教授最先提出物联网的概念，其理念是基于射频识别（RFID）、电子产品代码（FPC）等技术，在互联网的基础上，通过信息传感技术把所有的物品连接起来，构造一个实现物品信息实时共享的智能化网络，即物联网。

随着研究的不断深入，不同的研究机构分别从不同的侧重点对物联网进行了再定义，但是至今还没有一个统一的、精确的物联网的定义。目前有如下几个具有代表性的物联网定义。

定义 1：物联网是未来网络的整合部分，它是以标准、互通的通信协议为基础，具有自我配置能力的全球性动态网络设施。在这个网络中，所有实质和虚拟的物品都有特定的编码和物理特性，通过智能界面无缝连接，实现信息共享。

定义 2：物联网指通过信息传感设备，按照约定的协议，把任何物品与互联网连接起来，进行信息交换和通信，以实现智能化识别、定位、跟踪、监控和管理，它是在互联网基础上延伸和扩展的网络。

定义 3：由具有标识、虚拟个性的物体/对象所组成的网络，这些标识和个性运行在智能空间，使用智慧的接口与用户、社会和环境的上下文进行连接和通信。

目前存在很多与物联网并存的术语。如传感器网络、泛在网络等。传感器网络是以感知为目的，实现人与人、人与物、物与物全面互联的网络，其通过传感器的方式获取物理世界的各种信息，结合互联网、移动通信网等网络进行信息的传送与交互，采用智能计算技术对信息进行分析处理，实现对物理世界的感知，进而完成智能化的决策和控制。泛在网络是指无所不在的网络，它的基本特征是无所不在、无所不包、无所不能，帮助人类实现在任何时间、任何地点、任何人、任何物都能顺利地通信。根据物联网、传感器网络和泛在网络各自的概念和特征，三者间的关系如图 1-23 所示，可以概括为：传感器网络是物联网的组成部分、泛在网络是物联网发展的远景。

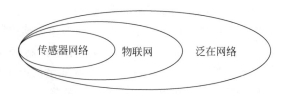

图 1-23 物联网与传感器网络、泛在网络间的关系[27]

2）物联网的体系构架

目前对于物联网的体系构架，国际电信联盟给出了公认的 3 个层次，从上到下依次是感知层、网络层和应用层，如图 1-24 所示。

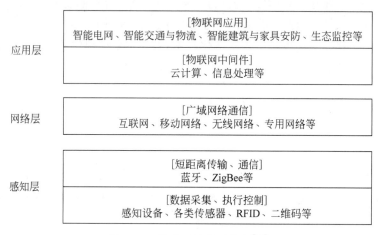

图 1-24 物联网的体系构架[28]

（1）感知层。物联网的感知层主要完成物理世界中信息的采集和数据的转换与收集，主要由各种传感器（或控制器）和短距离传输网络组成。传感器（或控制器）用于对物体的各种信息进行全面感知、采集、识别并实现控制，短距离传输网络将传感器收集的数据发送到网关或将应用平台控制指令发送到控制器。感知层的关键支撑技术为传感器技术和短距离传输网络技术。

（2）网络层。物联网的网络层主要完成信息的传递和处理，由接入单元和接入网络组成。接入单元是连接感知层的网桥，汇聚从感知层获得的数据，并将数据发送到接入网络。接入网络主要借助现有的通信网络，安全、可靠、快速地传递感知层信息，实现远距离通信。网络层的关键技术包含了现有的通信技术，如移动通信技术、有线宽带技术等，也包含了终端技术，如实现传感网与通信网结合的网桥设备等。

（3）应用层。应用层是物联网和用户的接口，主要任务是对物理世界的数据进行处理、分析和决策，主要包括物联网中间件和物联网应用。物联网中间件是一种独立的系统软件或者服务程序，将公共的技术进行统一封装；而物联网应用是用户直接使用的各种应用，主要包括企业和行业应用、家庭物联网应用，如生态监控应用、车载应用等。应用层的主要技术是各类高性能计算与服务技术。

3）物联网的关键技术

国际电信联盟报告指出，射频识别（RFID）技术、传感技术、智能技术、纳米技术是物联网的4个关键性技术。其中,RFID技术被称为四大技术之首,是构建物联网的基础技术。

(1)射频识别技术。RFID技术是一种高级的非接触式自动识别技术,它通过无线射频的方式识别目标对象和获取数据,可以在各种恶劣环境下工作,识别过程无需人工干预。RFID技术源于20世纪80年代,到了90年代进入应用阶段。与传统的条码相比,它具有数据存储量大、使用寿命长、无线无源、防水和安全防伪等特点,具有快速读写、长期跟踪管理等优势。

(2)传感技术。传感技术是指从物理世界获取信息,并对所收集的信息进行处理和识别的技术,其在物联网中的主要功能是对物理世界进行信息的采集和处理,涉及传感器、信息的处理和识别。传感器是感受被测物理量并按照一定的规律将被测量转换为可用信号的器件或装置,通常由敏感元件和转换元件组成;信息处理主要是指对收集的信息进行存储、转换和传送,信息的总量保持不变;信息识别是对处理过的信息进行分辨和归类,根据提取的信息特征与对象的关联模型进行分类和识别。

(3)智能技术。智能技术是指通过在物体中嵌入智能系统,使物体具备一定的智能化,能够和用户实现沟通,从而进行信息交换。目前主要的智能技术包括机器学习、模式识别、信息融合、数据挖掘及云计算等。在物联网中,智能技术主要完成物品的"说话"功能。

(4)纳米技术。纳米技术指在0.1~100nm微尺度上的一类高新技术。纳米技术可以使传感器尺寸更小,精确度更高,可以极大地改善传感器的性能。结合纳米技术与传感技术,可以将物联网中体积越来越小的物体进行连接,从而扩展物联网的边界范围。

2. 大数据

1) 大数据的概念

大数据是指存储在各种介质中的大规模的各种形态的数据,对各种存储介质中的海量信息进行获取、存储、管理、分析、控制而得到的数据便是大数据。IBM公司提出了大数据的5V特点,即 Volume(大量)、Velocity(高速)、Variety(多样)、Value(低价值密度)、Veracity(真实性)[29]。大数据的大不止体现在容量方面,更体现在其价值方面,相较于数据量的大小,数据的多元性和实时性对大数据的价值有着更加直接的影响。大数据技术的意义并不在于数据本身,而在于将数据转变为信息,再从信息中获取知识,从而可以更好地进行决策。

基于大数据的概念,工业和信息化部2019年发布的《工业大数据白皮书(2019版)》中提出了工业大数据的定义:工业大数据是指在工业领域中,围绕典型智能制造模式,从客户需求到销售、订单、计划、研发、设计、工艺、制造、采购、供应、库存、发货和交付、售后服务、运维、报废或回收再制造等整个产品全生命周期各个环节所产生的各类数据及相关技术和应用的总称[30]。通过工业大数据可以对智能制造各阶段的情况进行真实描述,从而更好地了解、分析和优化制造过程。因此,工业大数据是智能制造的智慧来源。

2) 大数据的主要实现方式

大数据的架构在逻辑上主要分为4层,即数据采集层、数据存储和管理层、数据分析层及数据应用层,如图1-25所示。

(1)数据采集层。数据采集层是大数据架构中非常重要也是最基础的层次。对于大数据系统而言,数据来源主要可分为以下几类:①由各种工业传感器采集的数据,例如机器设备的运行状态、环境指标、操作人的操作行为等,这部分数据的特点是每条数据内容很少,但是频率极高；②文档数据，包括制造图纸、设计图纸、仿真数据等；③由其他设备传输得到的数据，例如现场拍摄的视频、图片信息，声音及语音信息等；④操作人员手工录入的信息。以上信息构成了数据采集的来源。

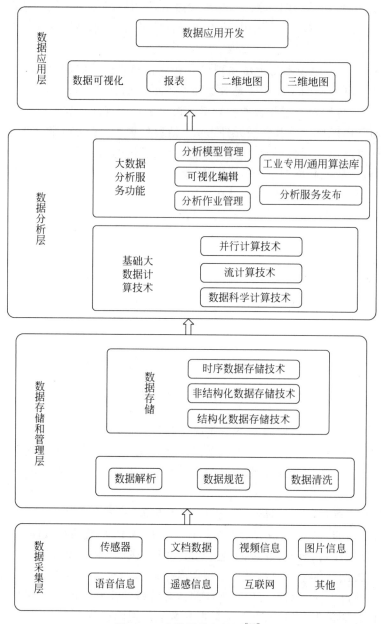

图 1-25　大数据的架构图[31]

　　（2）数据存储和管理层。数据采集结束后，需要进行数据存储和管理。通常对采集到的数据先进行一定程度的处理，例如，视频流信息需要解码，语音信息需要识别，各类工业协议需要解析。识别处理后对数据进行规范、清洗，之后便可以对数据进行存储和管理。存储过程中首先需要对数据进行分类，典型的存储技术包括时序数据存储技术、非结构化数据存储技术、结构化数据存储技术等。

（3）数据分析层。数据分析层包含基础大数据计算技术和大数据分析服务功能。并行计算技术、流计算技术和数据科学计算技术属于基础大数据计算技术。在基础大数据计算技术的基础上，构建大数据分析服务功能，其中包括分析模型管理、分析作业管理、分析服务发布等。通过对数据的建模、计算和分析将数据转变为信息，从信息中获取知识。

（4）数据应用层。数据应用层包括数据可视化技术和数据应用开发技术。通过数据可视化将分析处理后的多来源、多层次、多维度的数据以直观简洁的方式展示给用户，使用户更容易理解，从而可以更好地作出决策。数据可视化包括很多方式，如报表、二维地图、三维地图等。数据应用开发技术主要指利用移动应用开发工具，进行大数据应用开发，便于实现预测与决策。

3. 云制造

1）云计算的概念

云计算的概念被提出以来，尚未出现一个统一的定义。综合不同文献资料对云计算的定义，可以认为云计算是一种分布式的计算系统，有两个主要特点：第一，其计算资源是虚拟的资源池，将大量的计算资源池化，与之前的单个计算资源（见图 1-26（a））或多个计算资源（见图 1-26（b））共同形成了大型的资源池（见图 1-26（c）），并将其中的一部分以虚拟的基础设施、平台、应用等方式提供给用户；第二，计算能力可以有弹性地、快速地根据用户的需求增加或减少，当用户对计算能力的需求有变化时，可以快速地获得或退还计算资源，为用户节约了成本，同时也使资源池的利用效率大大提高。除此之外，在一部分资料中，基于上述云计算平台的云计算应用，也被囊括进云计算的概念中。

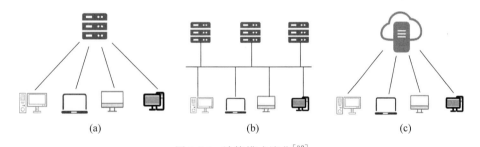

图 1-26 计算模式演化[32]

（a）单个计算资源；（b）多个计算资源；（c）大型资源池

2）云计算的主要实现方式

与传统的自建数据中心或是租用硬件设备不同，在云计算中，用户向商家租用虚拟化的计算资源。计算资源有很多类别，依据所提供的计算资源不同，云计算的实现方式大致可以分为 3 种：基础设施即服务（IaaS）、平台即服务（PaaS）和软件即服务（SaaS）。值得一提的是，这种分类方式只是帮助读者、学者理解和研究云计算，三者的界限不一定清晰，同时也没有必要过于清晰地划分其界限。

如图 1-27 所示，最初所有需要庞大计算量的用户都需要自己搭建数据中心。需要自己配置机房、电力、网络等资源，并利用这些资源安装硬件设备与操作系统，才能在系统上运行软件并提供服务。后来某些没有足够财力、人力的用户开始向大型企业租用硬件设备，来完成自己的计算任务。20 世纪六七十年代，在 IBM 公司提出虚拟机的概念后，租用虚拟机的方式为广大需要大规模计算任务的用户提供了方便,尽管没有达到"云化"的程度,但已经具备了云计算的雏形。

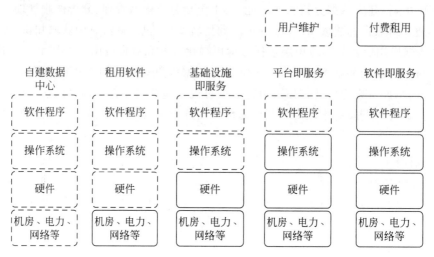

图 1-27 云计算服务[33]

(1) 基础设施即服务(IaaS)。基础设施即服务是云计算中最底层的服务,商家将自己的基础设施虚拟化,且优化对基础设施的管理,达到较高的自动化程度,称为"云化"或"池化"。用户可以按照自己的需要从商家处获得一部分基础设施的使用权。在具体操作过程中,商家会提供这些设施的对外接口,用户可以按照自己的需求,安装 Windows 或 Linux 操作系统,可操作性强。典型的例子有 AWS EC2、Hadoop、Windows Azure、谷歌云平台等。

(2) 平台即服务(PaaS)。基础设施即服务具有很多优点,但比较底层,用户购买后还需要自行安装操作系统、通用软件等,才可以运行自己的程序,并不适合短时间内需要增大计算量的用户。平台即服务(PaaS)是比基础设施即服务更高层的云计算服务,商家配备好操作系统及通用的部分应用软件,用户购买云计算服务后,可以仅处理与自己程序相关的内容。比较有代表性的有 Google app engine、微软 Azure、AWS elastic beanstalk 等。

(3) 软件即服务(SaaS)。云计算服务的最高一层是软件即服务,云计算提供商完成全部工作,用户直接付费就可以使用软件,适用于不关心背后原理逻辑,需要直接使用的用户。最常见的就是邮箱,用户在任意终端上都可以用网页登录邮箱,处理邮箱里的信息。用户需要在终端存储大量的数据,不需要在终端安装软件,也不需要在终端进行复杂的计算,只需要联网就可以在云端完成工作。类似的软件即服务还可以用于项目管理、日程管理、表单统计及数据分析等。

4. 人工智能与机器学习

人工智能是一种替代或辅助人进行决策的技术手段,主要指基于计算机的数据处理能力,模拟出人的某些思维过程或智能行为,使计算机或受其控制的机电系统数据评价与决策过程中表现出人的智能。目前,人工智能主要包含七大技术领域,即机器学习、知识图谱(语义知识库)、自然语言处理、计算机视觉(图像处理)、生物特征识别、人机交互、AR/VR(新型视听技术)等。其中机器学习是人工智能的核心技术和重要实现方式,是其他细分领域的底层机制。

机器学习是一门典型的交叉学科,涉及概率论、统计学、凸分析、逼近论、系统辨识、优化理论、计算机科学、算法复杂度理论和脑科学等诸多领域,主要指利用计算机模拟人类的学习行为,使其自主获取新知识或掌握某种技能,并在实践训练中重组自己已有的知识结构,不断改善其工作性能。机器学习过程的本质是基于已知数据构建一个评价函数,其算法成立的基本原理在于数值和概念可以相互映射。

如图 1-28 所示,机器学习的基本实现方式可描述为:将具象的概念映射为数据,同目标事物的观测数据一起组成原始样本集,计算机根据某种规则对初始样本进行特征提取,形成特征样本集,经由预处理过程,将特征样本拆分为训练数据和测试数据,再调用合适的机器学习算法,拟合并测试评价函数,即可用之对未来的观测数据进行预测或评价。

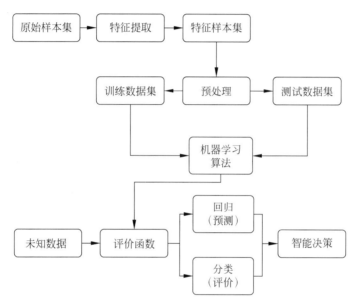

图 1-28　机器学习基本流程图[34]

5. ChatGPT 与智能制造

ChatGPT 是由人工智能实验室 OpenAI 研发的基于人工智能技术的聊天机器人,它基于 GPT(generative pre-trained transformer,生成式预训练变压器)模型来生成文本响应。GPT 是一种使用自监督学习方式预训练的神经网络模型,它能够生成连贯、自然、人类可读的文本,并且能够对输入的文本做出有意义的响应。这种机器人模型使用了大量的训练数据和深度学习算法,从而能够在各种语言和主题的聊天场景中与用户进行自然、流畅的交互。

如图 1-29 所示,ChatGPT 在智能制造领域有许多的应用:在自动机器人控制方面可以提供基于自然语言的控制以及增强机器人的能力,使其能够完成更多的任务;在自动机器人技术方面可以优化自动化制造过程,提高生产效率,减少生产成本;在自动化质量控制方面可以自动检测产品质量,并及时发出质量报告;在智能物料检测方面可以检测原材料的质量,确保产品质量;在智能装配方面可以实现自动装配,提高装配效率;在智能测试方面可以根据测试结果快速确定产品是否符合要求;在智能检修方面可以快速发现机器故障,以及提供维护建议;在智能预测方面可以根据历史数据和实时数据预测未来的生产状况;

在智能报表方面可以自动生成可视化的报表,便于管理者快速了解生产状况等。

ChatGPT 在智能制造方面有着很好的发展趋势,主要包括以下几个方面。

(1)语音与图像识别技术的结合。未来,ChatGPT 将更加注重语音和图像的识别技术,从而更加准确地理解用户的意图和需要。这将有助于 ChatGPT 更好地应对智能制造中的复杂交互场景,提高用户的体验和满意度。

(2)与自动化技术的结合。ChatGPT 与自动化技术的结合将越来越紧密,从而实现生产过程的自动化、智能化和柔性化。例如,ChatGPT 可以与自动化设备进行交互,实现自动化的生产流程控制和优化。

(3)多领域交叉应用。ChatGPT 将在智能制造领域与其他技术进行交叉应用,从而带来更加丰富的应用场景。例如,ChatGPT 可以与物联网技术结合,实现智能设备的远程控制和监控;与大数据技术结合,实现生产数据的分析和预测。

(4)个性化服务。未来,ChatGPT 将更加注重个性化服务,根据用户的需求和行为习惯提供定制化的服务和建议。这将有助于提高用户的满意度和忠诚度,进一步推动智能制造的发展。

(5)安全和隐私保护。随着智能制造的发展,安全和隐私保护将成为越来越重要的问题。ChatGPT 将更加注重安全和隐私保护技术的应用,从而保障用户和企业的信息安全和隐私。

总之,ChatGPT 在智能制造领域可与其他智能技术进行交叉应用,其发展趋势将会越来越多元化和复杂化,最终实现更加智能化和定制化的服务,推动智能制造的发展和进步。

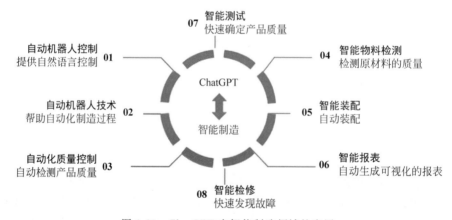

图 1-29　ChatGPT 在智能制造领域的应用

6. 数字孪生

数字孪生,是指针对物理世界中的物体,通过数字化的手段来构建一个数字世界中一模一样的实体,借此来实现对物理实体的了解、分析和优化。数字孪生在制造业中具有显著的优势,数字孪生通过设计工具、仿真工具、物联网等手段,将物理设备的各种属性映射到虚拟空间中,形成一个可拆卸、可复制、可修改、可删除的数字图像,提高了操作者对物理实体的理解。数字孪生使生产更加方便,也将缩短生产周期。

数字孪生充分利用物理模型、传感器更新、运行历史等数据,集成多学科、多物理量、多尺度、多概率的仿真过程,在虚拟空间中完成映射,从而反映相对应的实体装备的全生命周期过程。数字孪生通过对目标感知数据的实时了解,借助于对经验模型的预测和分析,通过机器学习可以计算和总结出一些不可测量的指标,也可以大大地提高对机械设备和过程的理解、控制和预测。通过对物理空间和逻辑空间中的对象实现深刻的认识、正确的推理和精确的操作，数字孪生可以提高设计、运行、控制和管理的效率。

数字孪生被形象地称为"数字化双胞胎"，是智能工厂的虚实互联技术，从构想、设计、测试、仿真、生产线、厂房规划等环节，可以虚拟和判断出生产或规划中所有的工艺流程，以及可能出现的矛盾、缺陷、不匹配，所有情况都可以用这种方式进行事先的仿真，缩短大量的方案设计及安装调试时间，加快交付周期。

数字化双胞胎技术是将带有三维数字模型的信息拓展到整个生命周期中的影像技术，最终实现虚拟与物理数据同步和一致，它不是让虚拟世界做现在我们已经做到的事情，而是发现潜在问题、激发创新思维、不断追求优化进步——这才是数字孪生的目标所在。

数字孪生技术帮助企业在实际投入生产之前即能在虚拟环境中优化、仿真和测试，在生产过程中也可同步优化整个企业流程，实现高效的柔性生产，缩短产品的开发周期，提高企业的核心竞争力。

数字孪生技术是制造企业迈向工业4.0战略目标的关键技术，通过掌握产品信息及其生命周期过程的数字思路将所有阶段（产品创意、设计、制造规划、生产和使用）衔接起来，并连接到可以理解这些信息并对其作出反应的生产智能设备。

数字孪生将各专业技术集成为一个数据模型，并将 PLM（产品生命周期管理软件）、MOM（生产运营系统）和 TIA（全集成自动化）集成在统一的数据平台下，也可以根据需要将供应商纳入平台，实现价值链数据的整合，业务领域包括产品数字孪生、生产数字孪生和设备数字孪生（见图1-30）。

1）产品数字孪生

在产品的设计阶段，利用数字孪生可以提高设计的准确性，并验证产品在真实环境中的性能。这个阶段的数字孪生的关键能力包含：①数字模型设计，使用 CAD 工具开发出满足技术规格的产品虚拟原型，精确地记录产品的各种物理参数，以可视化的方式展示出来，并通过一系列验证手段来检验设计的精准程度；②模拟和仿真，通过一系列可重复、可变参数、可加速的仿真实验，来验证产品在不同外部环境下的性能和表现，在设计阶段就可验证产品的适应性。产品数字孪生将在需求驱动下，建立基于模型的系统工程产品研发模式，实现"需求定义—系统仿真—功能设计—逻辑设计—物理设计—设计仿真—实物试验"全过程闭环管理，包含如图1-31所示的几个方面。

2）生产数字孪生

在产品的制造阶段，生产数字孪生的主要目的是确保产品可以被高效、高质量和低成本地生产，它所要设计、仿真和验证的对象主要是生产系统，包括制造工艺、制造设备、制造车间、管理控制系统等。

利用数字孪生可以加快产品导入的时间，提高产品设计的质量，降低产品的生产成本和提高产品的交付速度。产品生产阶段的数字孪生是一个高度协同的过程。通过数字化手段构建起来的虚拟生产线，将产品本身的数字孪生同生产设备、生产过程等其他形态的数字孪生高度集成起来，具体实现的功能如图1-32所示。

3）设备数字孪生

如图1-33所示，作为客户的设备资产，产品在运行过程中将设备运行信息实时传送到云端，以进行设备运行优化、可预测性维护，并通过设备运行信息对产品设计、工艺和制造迭代优化。

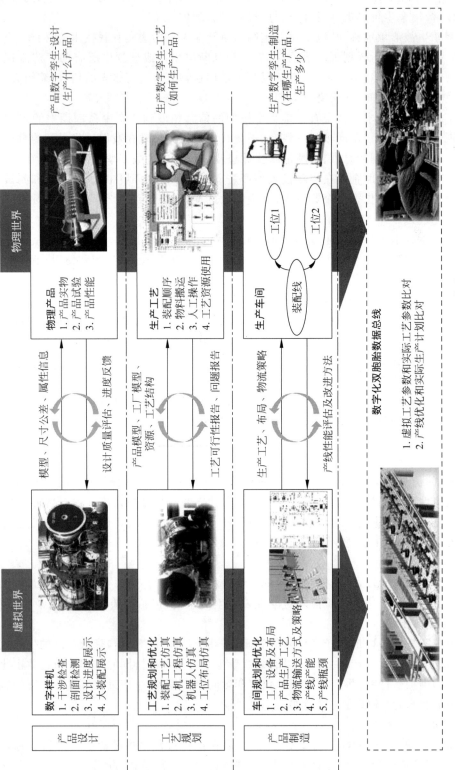

图 1-30　数字孪生技术在装备行业的应用[35]

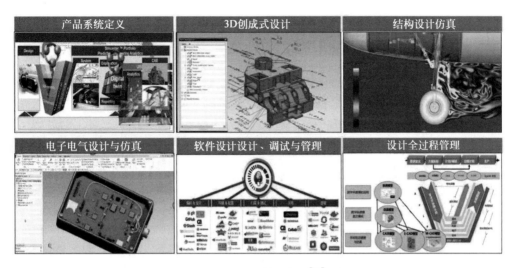

图 1-31 产品数字孪生[36]

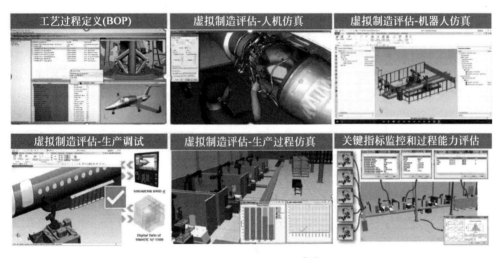

图 1-32 生产数字孪生[37]

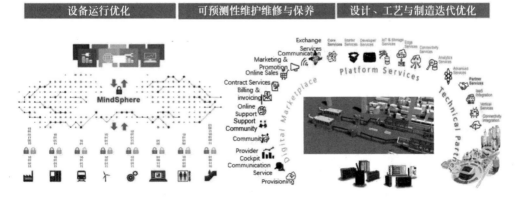

图 1-33 设备数字孪生[38]

1.4 本书的主要目标和内容

本书是智能制造系列教材中的主干教材之一,主要是使学习智能制造技术的相关专业学生理解和掌握智能制造装备及系统的基本概念、组成和原理,初步具备智能制造装备及系统设计开发、运行管理、实验分析和科学研究的能力。全书共包括 7 个章节,分为三大部分。第一部分是绪论,主要介绍智能制造装备的发展需求,基本概念和组成;第二部分是构成智能制造装备的关键技术,包括第 2 章智能感知系统、第 3 章智能控制系统技术、第 4 章智能驱动与执行;第三部分是智能制造装备的集成应用,包括第 5 章智能制造装备单元技术、第 6 章智能制造装备集成技术和第 7 章智能制造装备系统集成。

第 1 章主要通过问题探索的方式,使学生深刻理解智能制造装备在解决各种工程问题时,表现出的具体功能要求,掌握智能制造装备涉及的基本概念、核心问题和关键技术,初步具备针对复杂工程问题,提出智能制造装备及系统具体功能需求的能力。

第 2 章从智能感知系统定义和原理出发,揭示智能感知系统的主要特征和核心指标,阐述其关键技术与典型类型。要求学生初步具有根据复杂工程问题,合理选择、使用和评价智能传感系统的能力,具有相关知识自我学习和信息综合的能力。

第 3 章主要介绍典型智能控制系统的组成、智能控制算法及人机交互系统,并通过智能制造装备的智能运维与管理,使学生理解并掌握智能控制系统构建和智能控制算法的运用。要求学生熟悉典型控制系统组成、工作原理及技术特点;了解人机交互系统的基本概念、组成、典型产品和发展趋势;掌握典型的智能控制算法的基本原理、典型案例和技术特点及其适用范围;掌握智能制造装备运维与管理的一般过程、动力学基础和基本方法。初步具备根据工程问题需求,合理设计、选用和开发智能控制系统硬件、人机交互系统和智能控制算法的能力。

第 4 章主要介绍智能制造装备驱动系统的组成、工作原理及其在智能制造装备中的应用。要求学生掌握智能驱动系统的特性分析方法,理解各类驱动与执行系统可控智能因素,初步具备根据具体工况要求,设计并构建合适的智能驱动系统,包括驱动形式、类型,参数技术和性能指标等,并具有进行性能分析和评价的能力。

第 5 章主要阐明智能制造装备数控系统、智能化主轴单元技术和智能刀具系统技术的相关概念和定义,以生产加工中的实际案例为对象,对智能制造装备各类核心单元技术进行系统学习。要求学生理解智能制造装备单元技术组成,掌握智能制造装备数控系统、智能化主轴单元技术和智能刀具系统技术相关概念和定义,了解实际生产加工中智能制造装备单元工作原理与相互之间作用关系,掌握一定的智能编程、主轴热预测、刀具切削性能检测等分析方法。

第 6 章重点讲解典型智能单机系统,包括智能车削加工机床、智能数控加工中心、增材制造装备和工业机器人。重点阐述各单机系统的主要智能化特征、核心指标和主要技术要点和实际应用。要求学生理解智能单机装备的智能化特征,掌握智能化单机装备的核心指标,能够根据特定生产要求,提出智能单机装备的主要技术要求和指标。

第 7 章重点探讨智能生产线、柔性化智能制造系统、智能化流程装备和智能工程与生产系统设计与规划的一般流程、技术要点和核心问题。要求学生初步具备智能产线、柔性化智能系统、智能化流程装备和智能工厂与生产系统设计开发、运行管理和系统分析的能力。

习题

一、填空题

1. 智能感知与识别技术研发的热点主要包括：_____、_____、_____和_____。

2. 智能制造装备性能预测和智能维护的关键在于提高：_____的实时性、_____的精确性、_____的稳定性和_____的主动性。

3. 物联网三个公认的层次分别是指：_____、_____和_____。

4. 大数据的 5V 特点是指：_____、_____、_____、_____和_____。

5. 人工智能包含的主要七大技术领域分别是：_____、_____、_____、_____、_____、_____以及_____等。

二、简答题

1. 数字孪生在智能加工技术中的具体作用有哪些？

2. 机器学习涉及的基础学科主要有哪些？

3. 智能工艺规划和智能编程技术可以解决的问题主要有哪些？

4. 智能数控系统与智能伺服驱动技术主要发展目标有哪些？

三、思考题

1. 以普通车床为例，简述其智能化改造的目标和关键技术问题。

2. 请通过学习骑行自行车的过程，简述制作一个会骑自行车的机器人应该具备哪些功能要求。

参考文献

[1] 周济,李培根,周艳红,等.走向新一代智能制造[J].Engineering,2018,4(1):28-47.

[2] 李培根.浅谈智能制造的本质和真谛[N].中国科学报,2019-05-30(008).

[3] 李培根,陈立平.在孪生空间重构工程教育:意识与行动[J].高等工程教育研究,2021(3):1-8.

[4] 李培根.浅说智能制造[J].科技导报,2019,37(8):1.

[5] 赵升吨.高端锻压制造装备及其智能化[M].北京:机械工业出版社,2019.

[6] 杨芙,鞠洪涛,贾征,等.焊接新技术[M].北京:清华大学出版社,2019.

[7] 田锋.制造业知识工程[M].北京:清华大学出版社,2019.

[8] 李晓雪.智能制造导论[M].北京:机械工业出版社,2019.

[9] 谭建荣,冯毅雄.智能设计:理论与方法[M].北京:清华大学出版社,2019.

[10] 刘敏,严隽薇.智能制造:理念、系统与建模方法[M].北京:清华大学出版社,2019.

[11] 廉师友.人工智能导论[M].北京:清华大学出版社,2020.

[12] 吴玉厚,王浩,孙健,等.氮化硅陶瓷磨削表面质量的建模与预测[J].表面技术,2020,49(3):281-289.

[13] 王立平,张根保,张开富,等.智能制造装备及系统[M].北京:清华大学出版社,2020.

[14] 吴玉厚,赵德宏.异型石材数控加工装备与技术[M].北京:科学出版社,2011.

[15] 朱铎先,赵敏.机·智:从数字化车间走向智能制造[M].北京:机械工业出版社,2019.

[16] 梁乃明,方志刚,李荣跃,等.数字孪生实战:基于模型的数字化企业(MBE)[M].北京:机械工业出版社,2019.

[17] 高亮,邱浩波,肖蜜,等.优化驱动的设计方法[M].北京:清华大学出版社,2020.

[18] 高亮,张春江,李新宇.类电磁机制算法的研究与应用[M].武汉:华中科技大学出版社,2017.

[19] 张洁,秦威,高亮.大数据驱动的智能车间运行分析与决策方法[M].武汉:华中科技大学出版社,2020.

[20] 林忠钦.中国制造2025与提升制造业质量品牌战略[J].国家行政学院学报,2016(4),4-92.

[21] 周济.智能制造——"中国制造2025"的主攻方向[J].中国机械工程,2015(17),12.

[22] 高亮,张国辉,王晓娟,等.柔性作业车间调度智能算法及其应用[M].武汉:华中科技大学出版社,2012.

[23] 林忠钦,来新民,金隼,等.复杂产品制造精度控制的数字化方法及其发展趋势[J].机械工程学报,2013,49(6):11.

[24] 李淑慧,沈洪庆,倪啸枫,等.车身覆盖件冲压成形面畸变缺陷形成机理研究[J].机械工程学报,2013,49(6):153-159.

[25] 郭东明.硅片的超精密磨削理论与技术[M].北京:电子工业出版社,2019.

[26] 李伯虎,柴旭东,张霖.智慧制造云[M].北京:化学工业出版社,2020.

[27] 李伯虎,李兵,中国电子学会.云计算导论[M].北京:机械工业出版社,2018.

[28] 李伯虎."互联网+智能制造"新兴产业发展行动计划研究[M].北京:科学出版社,2019.

[29] 谭建荣.智能制造:关键技术与企业应用[M].北京:机械工业出版社,2017.

[30] 刘检华,孙清超,程晖,等.产品装配技术的研究现状、技术内涵及发展趋势[J].机械工程学报,2018,54(11):2-28.

[31] 卢秉恒.高端装备制造业发展重大行动计划研究[M].北京:科学出版社,2019.

[32] 张洁,秦威.制造系统智能调度方法与云服务[M].武汉:华中科技大学出版社,2018.

[33] 王喜文.5G为人工智能与工业互联网赋能[M].北京:机械工业出版社,2019.

[34] 黄志坚.机械设备振动故障监测与诊断[M].北京:化学工业出版社,2017.

[35] WU Y,ZHANG L. Intelligent Motorized Spindle Technology [M]. Singapore City: Springer Nature Singapore Pte Ltd. 2020.

[36] 高金吉.中国高端能源动力机械健康与能效监控智能化发展战略研究[M].北京:科学出版社,2017.

[37] 中国科协智能制造学会联合体.中国智能制造重点领域发展报告(2019—2020)[M].北京:机械工业出版社,2019.

[38] 国家智能制造标准化总体组.智能制造基础共性标准研究成果(一)[M].北京:电子工业出版社,2018.

[39] 中国电子技术标准化研究院.智能制造标准化[M].北京:清华大学出版社,2018.

第2章

智能感知系统

导学

感知技术是智能制造装备的眼睛、耳朵、鼻子、触觉神经,是智能制造装备获取信息的源泉,它要比鹰的眼睛更精、比蝙蝠的耳朵更灵、比鼹鼠的嗅觉更灵敏。现代科学技术的发展,促进了智能感知技术的发展,使其向着更精、更快、更准的方向发展;同时智能技术的不断发展又进一步对其感知技术提出了更高的要求。

本章首先从智能感知技术的定义开始,揭示智能感知技术的主要特征和核心指标,阐述智能感知的关键技术,再分别介绍各种典型的内部和外部感知技术以及多传感器信息融合感知技术。

教学目标和要求:理解智能感知技术的工作原理和关键技术,掌握智能感知技术关键核心指标,掌握各类内部、外部和新型感知技术的特点和性质;初步具有根据复杂工程需求,合理选择和使用智能传感系统的能力;具有相关知识自我学习和信息综合的能力。

重点:理解智能感知技术工作原理,掌握智能感知关键技术指标,掌握各类内部、外部和新型感知技术的特点和性质。

难点:位姿感知技术和柔性腕力感知技术等新型感知技术的基础概念及特性。

2.1 智能感知技术概述

2.1.1 智能感知技术的定义

智能感知技术是指将物理世界的信号通过摄像头、话筒或者其他传感器的硬件设备,借助语音识别、图像识别等前沿技术,映射到数字世界,再将这些数字信息进一步提升至可认知的层次,如记忆、理解、规划、决策等,如图 2-1 所示。

智能感知中的智能指的是事物在网络、大数据、物联网和人工智能等技术的支持下,所具有的智慧能动地满足人类各种需求的属性。比如无人驾驶汽车,它将传感器物联网、移动互联网、大数据分析等技术融为一体,达到减轻或一定程度上取缔人们手动地操纵车辆的目的,从而能动地满足人的出行需求。而在媒体行业中,相对传统媒体,智能化是建立在数据化的基础上的媒体功能的全面升华。它意味着新媒体能通过智能技术的应用,逐步具备类似于人类的感知能力、记忆和思维能力、学习能力、自适应能力和行为决策能力,在各种场景

图 2-1　人工智能[1]

中,以人类的需求为中心,能动地感知外界事物,按照与人类思维模式相近的方式和给定的知识与规则,通过数据的处理和反馈,对随机性的外部环境作出决策并付诸行动。

　　智能感知中的感知是人类认识自然、掌握自然规律的实践途径之一,是科学研究中获得感性材料、接受自然信息的途径,是形成、发展和检验自然科学规律的实践途径之一。人类认识和了解世界,最开始是以感觉器官感知自然信息开始的。我们通过视觉、听觉、触觉等器官感知物质的颜色、形状、声响、温度变化,但是人的感知器官对事物变化的感知有一定的局限性。而机器在感知方面比起人类有很大的优势,因为人类往往是被动地感知信息,但是机器可以主动感知。作为人类感官的延伸——传感器,其技术的发展,扩展了人类感知信息的能力。现如今,人类可以通过各种传感器获取所需的信息。

　　智能感知由应用层、感知层与信息层 3 个层次组成[2],如图 2-2 所示。

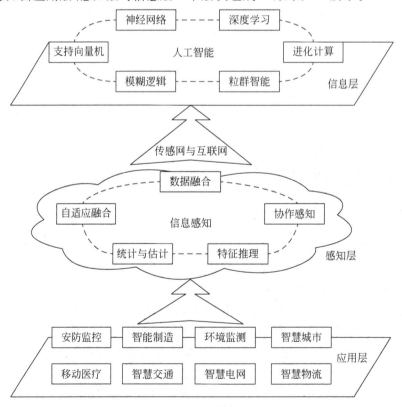

图 2-2　人工智能与信息感知框架

其中,应用层面向实际应用对象,涵盖了安防监控、环境监测、智能制造、智慧城市等被测的物理环境对象;感知层基于传感网与物联网对应用层的物理环境对象进行信息的感知,信息感知涵盖了数据融合的基础理论,采用了协作感知、自适应融合、统计与估计、特征推理的理论和方法;信息层基于信息感知的数据,采用神经网络、深度学习、进化计算、粒群智能、模糊逻辑、支持向量机等人工智能的理论和方法,实现了智能感知。

2.1.2　智能感知技术与人工智能的关系

人工智能
视频

人工智能主要分为 3 个阶段[3]:第一阶段为运算智能,即计算机能够快速运算和记忆存储的功能;第二阶段为智能感知,即计算机具有通过各种传感器来获取物理世界的信息的能力;第三阶段为认知智能,即计算机具有了像人一样理解、分析、推理等能力。当前社会正处于智能感知快速发展的阶段,并朝着认知智能的终极目标进军。

智能感知和人工智能之间存在密切的关系。智能感知是指通过传感器、图像识别、语音识别、自然语言处理等技术,使计算机系统能够感知和理解外部环境,并从中提取有用的信息。而人工智能是一种模拟人类智能的计算机系统,其目标是使计算机能够执行类似于人类的智能任务,如学习、推理、决策和问题解决等。

智能感知技术是实现人工智能的重要基础。通过智能感知技术,计算机系统能够从多个传感器和数据源中获取输入信息,并进行数据采集、处理和分析。这些输入信息可以是图像、声音、文本等不同类型的数据。而智能感知利用机器学习、模式识别、数据挖掘等人工智能技术,对感知到的信息进行处理和分析,从中提取特征、识别模式、理解语义等,以实现对环境的感知和理解。

智能感知技术为人工智能系统提供了关键的输入数据和背景信息。这些感知到的数据可以被用来训练和改进人工智能模型,使其能够更准确地理解和解释外部环境,做出更智能的决策和行为。智能感知技术还可以为人工智能系统提供实时的、多源的、多模态的数据输入,丰富了系统的感知能力和应用场景。

同时,人工智能技术也促进了智能感知系统的进一步增强和优化。人工智能算法和方法,如深度学习、神经网络、模型融合等,可以应用于智能感知系统中的数据处理、特征提取、模式识别等环节,以提高感知的准确性和效率。人工智能技术还可以用于智能感知系统的自动学习和自适应,使系统能够根据不同环境和任务的变化,调整感知策略和参数设置,提供更灵活和智能的感知能力。

因此,智能感知和人工智能是相辅相成、互相促进的关系。智能感知技术提供了数据和信息基础,为人工智能系统的智能决策和行为提供支持;而人工智能技术为智能感知系统提供了更强大的数据分析和推理能力。如何将两者进行有机的结合,具有重要的理论和实际应用价值[4]。

2.1.3　智能感知技术的特点和关键技术

1. 智能感知技术的特点

智能感知技术具有以下特点。

(1)多模态感知:智能感知技术能够从多个传感器和数据源中获取多种类型的输入信

息,包括图像、声音、文本等。通过融合多模态的数据,可以获取更全面、更丰富的信息,提高感知的准确性和鲁棒性。

(2)实时性:智能感知技术能够实时地感知和处理数据,以适应快速变化的环境。它可以实时采集数据、进行实时处理和分析,并及时提供反馈和响应,以支持实时决策和应用需求。

(3)自适应性:智能感知技术具有自适应能力,能够根据不同环境和任务的变化,调整感知策略和参数设置。它可以学习和适应新的情境,提供个性化的感知服务,以满足用户的需求和偏好。

(4)高度智能化:智能感知技术利用人工智能和机器学习算法,可以对感知到的数据进行高级处理和分析。它能够自动学习、识别模式、提取特征,并从中获取有用的信息和知识,支持更高级别的决策和行为。

(5)多源信息融合:智能感知技术能够从多个数据源和传感器中融合信息,综合利用各种感知输入。通过信息融合,可以提高感知结果的准确性和鲁棒性,增强对环境的全局理解。

(6)高效能耗比:智能感知技术注重提高能源效率和计算效率,它可以通过优化算法、数据压缩、分布式处理等方式,降低能耗并提高处理速度,以适应资源有限和功耗敏感的应用场景。

(7)可扩展性:智能感知技术具有良好的可扩展性,可以应用于不同领域和应用场景。无论是智能交通、智能家居、工业自动化还是医疗健康等领域,智能感知技术都可以根据需求进行定制和扩展,满足不同应用的感知需求。

2. 智能感知关键技术

1)智能感知器

感知传感器是智能感知技术的核心之一,根据所完成任务的不同,一般可分为内部感知器和外部感知器。在应用中都应该具有以下性质。

(1)测量范围:传感器应能对所测信息的输入信号的最大值和最小值都有显像。

(2)灵敏度:一般来说,在任何应用中的传感器应该具有足够的灵敏度,这样才可以在输入信号作用下有正确的信息输出。灵敏度就是输入和输出之间的关系,它表示输出相对于非测量参数输入(比如环境参数的变化)所发生的变化。当环境参数变化时,理想的情况是传感器的灵敏度变化为0或者很小,这样环境变化就很容易忽略。如果环境参数的影响比较大,是不能忽略不计的,需进一步采用补偿的方法改进。

(3)精确度:用来衡量传感器的实际输出与理想输出的接近程度。它说明测量结果的错误程度。任何可能的错误都会发生,这也取决于调校的方法。精确度可以用绝对值表示或者输出满量程的百分比表示。

(4)稳定性:通常情况下,应用于实际领域的传感器往往需要使用较长时间。因此传感器要有足够的稳定性。即传感器能在一定时间内,在相同的输入时能够有稳定的输出。对于稳定性而言,常用术语"漂移"来描述输出是随着时间而变化的,它可用输出满量程的百分比来表示。

(5)重复性:重复性对于任何传感器都非常重要,特别是用于关键应用场合的传感器。它是指传感器在重复应用中有相同数量输入的情况下,有着相同数量的输出,它也被称为

"可重复性"。通常表示为输出满量程的百分比,如式(2-1)所示:

$$重复性 = \frac{最大输出(在输入时) - 最小输出(同一个输入时)}{满量程} \times 100 \qquad (2\text{-}1)$$

(6) 静态和动态特性:当为某个应用领域选择传感器时,传感器的静态特性和动态特性都要考虑到,如上升时间、时间参数和响应建立时间。例如,利用压力传感器测量动态气流速度变化的风洞应用中,传感器的信号输出必须随着风速变化,此时就需要快速的响应时间,否则达不到监测要求。但是响应时间也不是越快越好,过快的传感器响应会引入未过滤和不需要的系统噪声或者湍流压力波动等,造成对系统监测的干扰。因此,在设计中理解传感器的静态特性和动态特性需求是十分重要的。

(7) 能量收集:传感器已广泛用于无线传感网络(wireless sensor networks,WSN)中,为保证网络传感器能量持续供应,可采用能量收集技术实现网络传感器部件长效供电。能量收集是利用环境中的能量进行收集并实现应用。目前能量收集可利用机械振动、光能、温度变化、电磁场、风能、热能、化学能等。其中以机械振动和光能的应用最为广泛。

(8) 温度变化以及其他环境参数变化的补偿:由于环境温度、湿度和其他环境参数的变化,传感器的响应也会受到影响。为了减少外部因素造成的影响,传感器的信号调整部分必须要有合适的补偿机制。

例 2.1　传感器在输入时的最大输出电压为 2.88mV,同一个输入时的最小输出电压为 2.86mV,满量程为 3mV,试求传感器的重复性。

解:由式(2-1)可得:

$$重复性 = \frac{2.88\text{mV} - 2.86\text{mV}}{3\text{mV}} \times 100\% = 0.667\%$$

2) 多传感器数据融合

数据融合是 20 世纪 80 年代诞生的信息处理技术[5],主要解决多传感器信息处理问题,多传感器数据融合研究如何充分发挥各个传感器的特点,把分布在不同位置的多个同类或不同类型传感器所提供的局部、不完整的观察信息加以综合,利用其互补性、冗余性,克服单个传感器的不确定性和局限性,提高整个传感器系统的有效性能,以形成对系统环境相对完整一致的感知描述,提高测量信息的精度和可靠性,从而提高智能识别系统识别、判断、决策、规划、反应的快速性和准确性,同时也降低其决策风险(见图 2-3)。

智能感知需要多种人工智能方法的综合集成应用。人工智能方法主要涵盖神经网络、深度学习、模糊计算和进化计算等方面,以实现复杂系统的智能应用。

(1) 神经网络。神经网络的主要特征是大规模的并行运算处理、分布式的信息存储、良好的自适应性和自组织性以及很强的学习功能、联想功能和容错功能,它能够处理连续的模拟信号(例如连续变换的图像信号),还可以处理不精确的、不完全的模糊信息。所以神经网络的优势具体表现为:

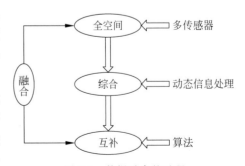

图 2-3　数据融合的过程

① 神经网络具有良好的快速性。当神经网络并行分布工作时,各组成部分同时参与运

算,虽然单个神经元的动作速度不快,但网络总体的处理速度极快。

②　神经网络具有鲁棒性。信息分布于整个网络各个权重变换之中,某些单元的障碍不会影响网络的整体信息处理功能。

③　神经网络具有较好的容错性。在只有部分输入条件,甚至包含了错误输入条件的情况下,网络也能给出正确的解。

此外,神经网络在处理自然理解、图像识别、智能机器人控制等疑难问题方面都具有独到的优势。

（2）深度学习。深度学习作为机器学习算法研究中的一项新技术,其目的是建立、模拟人脑分析学习的神经网络。深度学习是人工神经网络研究的前沿方向,也是最重要的人工智能实现方法之一。深度学习框架将特征与分类器结合到一个框架中,是一种自动学习特征的方法。深度学习是基于数据特征的自学习,减少了人工提取特征的工作量,其包含的深层模型使其特征具有更强的表达能力,从而实现对大规模数据的学习与表达。

深度学习与浅学习相比具有以下优点:

①　在网络表达复杂目标函数的能力方面,浅结构神经网络有时无法很好地实现高变函数等复杂高维函数的表示,而用深度结构神经网络能较好地表征。

②　深度学习网络结构是对人类大脑皮层的最好模拟。与大脑皮层一样,深度学习对输入数据的处理是分层进行的,每一层神经网络可提取原始数据不同水平的特征。

③　在信息共享方面,深度学习获得的多重水平的提取特征可以在类似的不同任务中重复使用,相当于对任务求解提供了一些无监督的数据,可以获得更多的有用信息。

④　深度学习比浅层学习具有更强的表现能力,但深度的增加使得如何获得非凸目标函数的局部最优解,成为学习困难的主要因素。

⑤　深度学习方法试图找到数据的内部结构,发现变量之间的真正关系形式。数据表示方法对训练学习能否成功产生很大的影响,高效的表示能够消除输入数据中与学习任务无关的因素,从而避免对学习性能的影响,同时还可保留对学习任务有用的信息。

（3）模糊计算技术。美国加州大学伯克利分校 L. Zadeh 教授发表了著名的论文 Fuzzy Sets(模糊集),开创了模糊理论。L. Zadeh 教授曾提出一个著名的不相容原理:"随着系统复杂性增加,人们对系统进行精确而有效的描述能力会降低,直至一个阈值、精确和有效成为互斥"。其实质在于:真实世界中的问题、概念往往没有明确的界限,而传统数学分类总试图定义清晰的界限,这是一种矛盾,一定条件下会变成对立的东西。这就引出一个极其简单又重要的思想:任何事情都离不开隶属程度这样一个概念。这是模糊理论的基本出发点。

随着系统复杂度的提高,当复杂性达到与人类思维系统可比拟时,传统的数学分析方法就不适用了。模糊数学或模糊逻辑更接近于人类思维和自然语言,因此,模糊理论为复杂系统分析、人工智能研究提供了一种有效的方法。

（4）进化计算技术。进化计算是智能计算的重要组成部分,已在各领域得到较为广泛的应用。基于仿生学理论,科学家从生物中寻求构建人工智能系统的灵感。从生物进化的机理中发展出适合于现实世界复杂问题优化的模拟进化算法（simulated evolutionary optimization）,主要有 Holland、Bremermann 等创立的遗传算法,Rechenberg 和 Schwfel 等创立的进化策略以及 Fogel、Owens、Walsh 等创立的进化规则,同时,Fraser、Baricelli 等一些生物学家做了生物系统进化的计算机仿真。

2.1.4　智能感知技术应用

智能感知技术要求因应用领域不同,各有侧重[6]。如:

1. 军工领域应用

在军用领域,要求智能感知以及导航系统具有更强的自主性和可靠性。例如:卫星导航系统凭借其全球性、连续性、高精度,是目前应用最广的导航系统,比如美国的 GPS,我国的北斗。卫星导航系统属于无线电导航方式,通过太空中的卫星对地发射无线电信号,载体通过接收信号并对自身进行定位,这种导航方式易受到外界干扰。在现代战争中,卫星导航系统这种弱点容易被利用,造成严重后果。例如在 2011 年与 2017 年,伊朗通过干扰与模拟卫星导航信号,诱捕了美国两架无人机。所以随着战争对抗性的增强,就要求智能导航系统具有更强的自主性与可靠性。

近年来,DARPA(Defense Advanced Research Projects Agency,美国国防高级研究计划局,主要负责研发军事高新技术)制定了多项卫星导航阻止环境下的导航发展计划(指的是由于自然或人为因素,卫星导航系统无法使用的环境)。2014 年 DARPA 启动了快速轻量自主(fast lightweight autonomy,FLA)项目,Udine 提高了小型无人机在 GPS 阻止环境中执行自主飞行任务的能力。2016 年,麻省理工学院完成了 FLA 项目首飞,其研发的小型旋翼飞行器达到了 20m/s 的飞行速度。2017 年,FLA 项目进行了避障飞行测试。试验飞行器中搭载了惯性传感器、激光雷达、视觉传感器等多类传感器,实现了自主避障飞行。2018 年,FLA 项目进行了室内自主感知、路径规划飞行测试。

2. 民用领域应用

在民用领域[7],随着现代化社会的发展,各类行业对智能感知也提出了许多方面的需求。特别是在环境感知方面应用较为广泛,又可进一步分为:

1) 室外环境感知

室外环境感知应用最多的两方面是无人驾驶车辆和无人机。无人车的技术结构主要分为环境感知、导航定位、路径规划和运动控制 4 个方面[8-9]。

无人车通过传感器与算法实现无人驾驶的目的,就要求其实现自主定位与环境感知这两项重要的技术。(自主定位指的是对汽车的实时位置进行估计,通常采用惯性传感器、GPS 以及视觉传感器实现。环境感知是指对车辆周围的其他车辆、行人、路标等行车过程中的信息进行辨识)。无人车在行驶过程中需要对环境信息进行实时获取并处理。从目前的大多数技术方案来看,激光雷达对周围环境的三维空间感知完成了 60%～75% 的环境信息获取,其次是相机获取的图像信息,再次是毫米波雷达获取的定向目标距离信息,以及 GPS 定位及惯性导航获取的无人车位置及自身姿态信息,最后是其他超声波传感器、红外线传感器等其他光电传感器获取的各种信息。

无人驾驶车辆使用了多种传感器进行环境感知,将这些传感器安装于车辆固定位置后,需要对这些传感器进行标定。在无人车行驶过程中,对环境感知的要求是极其多样和复杂的,作为一个地面自主行驶机器人,其应该具备提取路面信息、检测障碍物、计算障碍物相对于车辆的位置和速度等能力。也就是无人车对道路环境的感知通常至少包含结构化道路、非结构化道路检测,行驶环境中行人和车辆检测,交通信号灯和交通标志的检测等能力。

无人机智能感知是指当无人机面向高动态、实时、不透明的任务环境,无人机应该能够做到感知周边环境并规避障碍物、机动灵活并容错飞行、按照任务要求自主规划飞行路径、自主识别目标属性、能够用自然语言与人交流等。也就是说,实现单机飞行智能的无人机应当具备环境感知与规避、自动目标识别、鲁棒控制、自主决策、路径规划、语义交互等能力。

为增强无人机全天候侦察能力,机上安装有光电红外传感器和合成孔径雷达组成的综合传感器,使用综合传感器后,既可单独选择图像信号,也可综合使用各种传感器的情报。美军捕食者无人机安装有观察仪和变焦彩色摄像机、激光测距机、第三代红外传感器、能在可见光和中红外两个频段上成像的柯达 CCD 摄像机及合成孔径雷达。对于中小型战术无人机而言,目前普遍装备的观测传感器有数字相机、摄像机等光电红外成像传感器以及声呐、激光等距离测量传感器,可同时对目标进行测向或(和)测距。

近年来,民用无人机、家用机器人等也得到了较大的发展,以大疆科技为代表的企业代表了国际无人机行业最高的水平。民用无人机被广泛应用于娱乐摄影、精准农业(见图 2-4)、物流运输、交通检测、资源勘探等领域。

图 2-4　大疆 T20 植保无人飞机

2) 室内环境感知

在智能制造领域,室内环境感知的应用在特种工作机器人上得到了充分体现。

机器人环境感知技术伴随着机器人的出现而产生。机器人的环境一般是指机器人所处的空间环境,机器人通过对环境的认知来定位、避障和导航。随着机器人技术的进步,机器人环境的概念也在拓宽,除了它的运动空间环境,还包括其他的一些自然环境因素,例如气体环境、气候参数等。在煤矿、化工厂等场所,人类已经在利用机器人动态感知危险气体的浓度,或者通过气味搜索危险源。

图 2-5　气源探测机器人

图 2-5 所示为一款气源搜索研究用的机器人——德国蒂宾根大学为研究气源追踪策略而改进的移动机器人亚瑟。机器人还可以监视环境中指定的特定目标。在银行等场所,自主巡逻的机器人可以在无人值守的状态下监视窃贼的入侵,也可以在公共场所监视并跟踪特定目标。在伊拉克战场上,Irobot 的机器人利用探测器探测并排除地雷。

由于单一传感器存在功能局限,因此机器人经常同时装备多种传感器,利用传感器信息融合技术发挥各传感器的特长,获取更广泛和可靠的环境信息。常用的传感器有超声波传感器、红外传感器、摄像机和激光测距仪等。超声波传感器的成本比较低,用于粗略判断障碍物的方位和距离,对于简单、空旷环境下的障碍物识别比较有效。红外线传感器的感知距离比较短,一般用来补充超声波测距盲区的不足,该传感器对温度和颜色敏感,普适性差。视觉传感器的信息最丰富,是环境感知的重要传感器,尤其是全景视觉,可以感知有限区域内 360° 方向上的信息。当需要准确判断物体的尺寸和方位时,可以采用双目视觉,利用三角测量等方法测定物体的空间距离。对于高速运动物体的感知和跟踪,通常采用高速摄像机。

空气环境传感器包括感知气流的风速计,感知气候特征的温度、湿度和气压传感器,感知各种气体的传感器以及感知火情的烟雾传感器等。环境接触作用感知的传感器包括加速度计、触觉传感器、滑觉传感器、缓冲带等,主要感知环境对机器人产生的触碰作用。

在民用智能生活领域,室内环境感知也常见于家用机器人和智能家居中。家用机器人(为家庭服务的特种机器人)可提供运输、清洗、监护等服务,它需要与人类发生互动,必然要求其能智能感知人类的位置、行为甚至情绪以达到相应的任务。目前机器人常用的传感器包括视觉传感器、激光雷达、轮速传感器等。智能家用机器人通过各种信息传感设备,如传感器、射频识别技术、全球定位系统、红外感应器、激光扫描器、气体感应器等各种装置与技术,实时采集任何需要监控、连接、互动的物体或过程,采集其声、光、热、电、力学、化学、生物、位置等各种需要的信息,再通过互联网连接进而实现物与物、物与人,所有的物品与网络的连接,方便识别、管理和控制。在智能家居中,它们将计算机技术、数字化技术及信息技术应用于传统家电,使家电具备智能化和信息网络功能。与普通家居相比,智能家居不仅具有传统的居住功能,同时能够提供信息交互功能,使得人们能够在外部查看家居信息和控制家居的相关设备,具有远程控制、远程维护及防盗报警的功能,便于人们有效安排时间,使得家居生活更加安全、舒适。

2.2 内部感知器

智能感知技术可以通过各种传感器来获取周围的环境信息,可以说,传感器技术从根本上决定和制约着智能制造系统环境感知的发展。内部感知器在嵌入式系统和物联网设备中扮演着重要的角色。通过收集和分析设备内部的数据,系统可以及时地检测和诊断设备的问题,为系统的维护和优化提供支持。此外,内部感知器还可以用于设备的自适应控制和优化,以提高设备的性能和效率。

目前,内部感知技术已经开发出各种各样的传感器,包括位置感知、速度感知、加速度感知、倾角感知、力觉感知等。

2.2.1 位置感知

位置感知是指可以被动或主动确定其位置的设备。通过位置传感器可以对多种材料、零件、工具、设备等对象进行实时跟踪并确定所定义的坐标系或固定对象的精确坐标。在智能制造系统中,位置传感器可分为直线位移传感器和角位移传感器。位置传感器被广泛应用于各种工业和商业应用中,从高端军用和防务应用到低成本的汽车和家用电器。

1. 光电式位置传感器

光电式位置传感器通常被称为编码器,它是位置传感器的一种常见形式。在所有这些传感器中,基本原理都是一样的:光束照射到光栅,光电探测器测量光,产生一个位置信号。有一个中心有轴的光电码盘,其上有环形通、暗的刻线,有光电发射和接收器件读取,获得 4 组正弦波信号组合成 A、B、C 和 D,每个正弦波相差 90°相位差(相对于一个周波为 360°),将 C、D 信号反向,叠加在 A、B 两相上,可增强稳定信号;另外每传输出一个 Z 相脉冲以代表零位参考位。由于 A、B 两相相差 90°,可通过比较 A 相在前还是 B 相在前,以判别编码器的正转与反转,通过零位脉冲,可获得编码器的零位参考位。

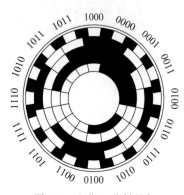

图 2-6　六位二进制码盘

1) 码盘

码盘是编码器核心部件,其内孔由安装码盘的被测轴径尺寸决定,码盘外径由码盘上的码道数和码道径向(宽度)尺寸决定。码道数由分辨力决定,n 道码道的角度分辨力为:$360°/2n$。码道径向尺寸由敏感元件的几何参数和物理特性决定。

码盘在结构上由一组同心圆环码道组成,同心圆环的径向距离就是码道宽度。根据分辨力 $2\pi/2^n \mathrm{rad}$,可把码盘面分成 2^n 个扇形区,如图 2-6 所示:这样由正交的极坐标曲线簇与 2^n 条径向线组成 2^n 个扇形网格。

以二进制为例,2^n 个扇形网格区对应着 2^n 组数字编码,确定了码盘上 2^n 个角位置对应的(输出)数字量,由输出的数字量(编码)可知角位移量。根据二进制数的规律,每个扇形网格是由 n 个"1"或"0"小网格组成的一组数字编码。采用不同传感原理的绝对编码器,"1"或"0"小网格有不同内涵。例如,在光电式编码器中,"1"对应透明码区,光源发出的光透过码盘由光敏管接收;"0"对应不透明码区,光敏管接收不到光源发出的光。对于磁电式编码器,则"0"对应磁化区,"1"对应非磁化区。磁敏元件为小磁环,每个环上绕两个线圈,一个是询问绕组,通恒频恒幅交流电,另一个为读出绕组。

2) 输出电路

光电式编码器的光源常用发光二极管。对光源要考虑其光谱和光敏元件匹配,以及光源的工作温度范围。光电式编码器的光敏元件可采用光敏二极管、光敏三极管或硅光电池。使用硅光电池时,输出电压为 $10\sim20\mathrm{mV}$,通常接一个集成差动高增益运算放大器,其作用类似于施密特触发器。预置一个触发电平,称为监控电平,是由单独一个光敏元件扫描一个完全清晰码道产生的(无码码道)。把监控电平输入到所有数据码道的放大器中,用以克服光源照度变化和电源电平变化产生的输出电平漂移。如图 2-7 所示。

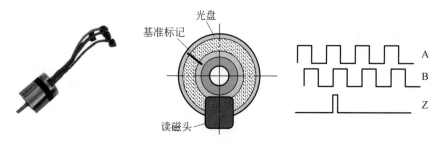

图 2-7　光学传感器利用光学圆盘测量角度

2. 磁位置传感器

磁位置传感器的测量原理：当永磁体与磁探测器有相对移动时，磁场的变化与它们的相对位移成比例。一种常见的形式是霍尔效应传感器，可以制造成芯片形式。它们常用于汽车和电动机的应用场合，性能适中，如图 2-8 所示。

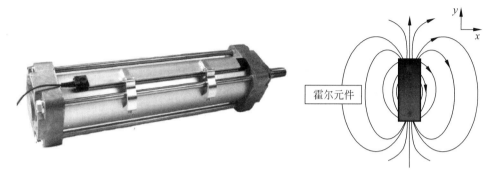

图 2-8　霍尔效应传感器

霍尔效应指出，当薄的扁平电导体有电流流过且置于磁场中时，磁场会影响电荷载流子，迫使它们积聚在导体的一侧，以平衡磁场的干扰。这种电荷的不均匀分布导致在导体两侧之间产生的电位差被称为霍尔电压。该电势发生在垂直于电流流动方向和磁场方向的方向上。如果导体中的电流保持在一个恒定值，霍尔电压的大小将直接反映磁场的强度。

在霍尔效应位置传感器中，被测量位置的物体连接到安装在传感器轴中的磁铁上。随着物体移动，磁铁的位置相对于传感器中的霍尔元件发生变化。然后，这种位置移动会改变施加在霍尔元件上的磁场强度，这反过来会反映为测量的霍尔电压的变化。这样，测得的霍尔电压就成了物体位置的指标[10]。

磁位置传感器克服了许多与光电编码器有关的缺陷，因为它们对外来物质更具兼容性。然而，这些传感器很少被用于高准确度要求的场合，主要受磁滞效应的影响，以及运动和静止部件之间的精密机械加工的影响。

3. 磁致伸缩位移传感器

图 2-9 是磁致伸缩位移传感器，这种传感器利用一种特殊的现象，叫作"磁致伸缩"。这种现象存在于一些材料中，当磁铁靠近材料时，它会使沿着材料传递的能量发生反射。位置可以从能量脉冲沿着磁致伸缩材料来回移动的时间来测量，磁致伸缩材料通常是一条细线或一条带。几乎所有的磁致伸缩传感器都是直线传感器，因为精细的磁致伸缩带必须小心地安装在壳体内，比如铝型。壳体使得磁致伸缩位移传感器不受磨损和寿命问题的影响，适用于高压应用场合，比如液压油缸，因此广泛应用于液位测量，特别是用于数十米高的超大油罐的液面监测。磁致伸缩位移传感器应用也存在局限性，从制造工艺来说，每个传感器与精密的外壳组合后，都需要由制造商来校准，这使得磁致伸缩位移传感器相对昂贵。从使用条件来说，磁致伸缩位移传感器最明显的特点是对温度敏感。磁致伸缩数据表中的准确度指标通常是在恒定温度条件下的，因此，设计工程师需要利用给出的温度系数来计算实际能达到的准确度。从设计装配来说，微小的磁致伸缩材料非常精细，其长度两端的支架也至关重要。上述局限性使得磁致伸缩位移传感器不适用于严酷的冲击/振动环境中。

图 2-9　磁致伸缩位移传感器

4. 感应式位置传感器

1) 线性可变差动变压器(LVDT)

感应式位置传感器通过在传感器线圈中感应出的磁场特性的变化来检测物体的位置。

第一种是线性可变差动变压器或者 LVDT 位置传感器。在 LVDT 位置传感器中,三个单独的线圈缠绕在空心管上,其中一个是初级线圈,另外两个是次级线圈。这三个线圈是串联的,但次级线圈的相位关系是 $180°$,相对于初级线圈异相。铁磁芯或电枢放置在空心管内,电枢连接被测量位置的物体。将激励电压信号施加到初级线圈,在 LVDT 位置传感器的次级线圈中感应出电动势(EMF)。

线性可变差动变压器(LVDT 位置传感器)通过测量两个次级线圈之间的电压差,可以确定电枢的相对位置(以及它所连接的物体)。当电枢在空心管中精确居中时,EMF 抵消,导致没有电压输出。但是随着电枢离开中心(零)位置,电压及其极性会发生变化。所以,电压幅度及其相位角提供的信息不仅反映了远离中心(零)位置的移动量,还反映了它的方向。LVDT 位置传感器可提供良好的精度、分辨率、高灵敏度,并在整个传感范围内提供良好的线性度,无摩擦。

LVDT 位置传感器可用于跟踪线性运动,等效的设备 RVDT(旋转可变差动变压器)则可以跟踪物体的旋转位置。RVDT 的功能与 LVDT 位置传感器相同,仅在构造细节上有所不同。

2) 电感式接近传感器

电感式接近传感器有四个主要组件:产生电磁场的振荡器、产生磁场的线圈、施密特触发器和输出放大器。它基于电感效应来工作,通过测量电感变化来检测目标物体的存在。

电感式接近传感器允许检测传感器头前面的金属物体,而无需与检测物体本身产生任何物理接触,非常适合在肮脏或潮湿的环境中使用。电感式接近传感器的"感应"范围非常小,通常为 $0.1\sim12\mathrm{mm}$。

除工业应用外,电感式接近传感器也常用于交通信号灯控制器,通过改变路口和十字路口的交通信号灯来控制交通流量。将矩形电感线圈埋入柏油路面,当汽车或其他道路车辆经过此感应回路时,车辆的金属车身会改变回路电感并激活传感器,从而提醒交通信号灯控制器有车辆在等待。

这类位置传感器的一个主要缺点是它们是"全向的",即它们会感应金属物体的上方、下方或侧面。此外,尽管电容式接近传感器和超声波接近传感器目前也有应用,但它们不能检测非金属物体。

5. 激光测距与激光雷达

激光测距的原理简单,与无线电雷达一样,将激光对准目标发射后,测量它返回的时间。如果信号从发射到接收再到反射之间的时间为 t,则信号发射点到目标点的距离为:

$$d = \frac{ct}{2} \tag{2-2}$$

式(2-2)中,c 为光速。这里的关键是要准确测量时间 t。

激光的方向性强、单色性好、光能量密集,这对于测远距离、判定目标方位、提高接收系统的信噪比和保证测量精确性等都有利。因此,以激光为光源的测距仪很受重视。目前多以红宝石激光器、钕玻璃激光器、二氧化碳激光器、砷化镓激光器等作为测距仪的光源。

在激光测距仪的基础上,进一步发展了激光雷达,它不仅能测目标距离,还可以测出目标方位,以及目标的速度和加速度等。激光雷达已成功用于对人造卫星进行测距和跟踪。

例 2.2　如果信号从发射到接收再到反射之间的时间为 30s,则信号发射点到目标点的距离为多少?(光速 $= 3 \times 10^8$ m/s)

解:由式(2-2)可得:

信号发射点到目标点的距离 $d = \dfrac{3 \times 10^8 \times 30}{2} = 4.5 \times 10^9$ m

2.2.2　速度感知

在工程实际应用中,机械转速及线速度是重要的被测量。单位时间内位移的增量就是速度。速度包括线速度和角速度,与之相对应的有线速度传感器和角速度传感器,都统称为速度传感器。速度传感器按工作原理可分为电磁式、光电式、电涡流式、光断续器式等。按照测量原理又可分为基于相关性的测速法和多普勒雷达测速等[11]。

1. 基于相关性的测速法

相关测速法是利用求随机过程互相关函数极值的方法来测量速度的。设平稳随机过程观察的时间为 T,则它的互相关函数为:

$$R_{xy}(\tau) = T^{-1} \int_0^T y(t) x(x - \tau) \mathrm{d}t \tag{2-3}$$

当被测物体以速度 v 运动时,其表面总有些可测的痕迹变化或标记。在固定的距离 L 上装两个光敏器件,如图 2-10 所示,A 和 B 用于检测痕迹变化。转换输出信号波,如图 2-10 所示。这两个信号是测量获得物体表面变化的随机过程 $x(t)$、$y(t)$。在被测条件基本相同的情况下,$x(t)$、$y(t)$ 这两个随机信号只是在时间上滞后 t_0,即:

$$y(t) = x(t - t_0) \tag{2-4}$$

式中,t_0 是物体上某点从 A 运动到 B 的时间,测量 t_0 后可求得物体速度 v,即 $v = L/t_0$。计算 t_0 的方法是计算互相关函数的极值法。在测量足够长的时间 T 内,$x(t)$、$y(t)$ 互相关函数为:

$$
\begin{aligned}
R_{xy}(\tau) &= \lim_{T \to \infty} T^{-1} \int_0^T y(t) x(x - \tau) \mathrm{d}t \\
&= \lim_{T \to \infty} T^{-1} \int_0^T x(t - t_0) x(x - \tau) \mathrm{d}t = R_x(\tau - t_0) \tag{2-5}
\end{aligned}
$$

和 $R_x(\tau)$ 相比,$R_x(\tau-t_0)$ 相当于把自相关函数 $R_x(\tau)$ 延时 t_0 的值。当 $t=t_0$ 时,$R_x(\tau-t_0)$ 有极大值,也就是互相关函数 $R_x(\tau)$ 有极大值,此时 τ 就是所求的 t_0 值。

将 $x(t)$、$y(t)$ 送到模拟相关分析仪中,改变滞后时间,可以得到互相关函数随滞后时间 τ 变化的曲线,其最大值时所对应时间就是 t_0,求得 t_0 即求得速度 v。在工程上,用这种方法可以测量轧钢时的板材速度、流体流动速度、汽车速度等。

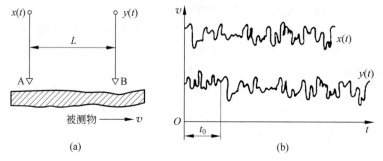

(a)   (b)

图 2-10　相关测速法原理

2. 多普勒雷达测速

多普勒雷达有发射机、接收机、混频器、检波器、放大器及处理电路等组成。当发射信号和接收到的回波信号经混频后,两者产生差频现象,差频的频率为多普勒频率。图 2-11 所示是利用多普勒雷达检测线速度的工作原理图。多普勒雷达产生的多普勒频率为

$$f_d = \frac{2v\cos\theta}{\lambda_0} \tag{2-6}$$

式中,v 为被测物体的线速度;θ 为探测信号源的发射方向与被测体的速度方向的夹角;λ_0 为信号波的波长;$v\cos\theta$ 为电磁波方向与被测物体的速度分量。已知夹角 θ 和信号波的波长 λ_0,就可以根据测出的多普勒频率 f_d 得出被测物体的速度 v。

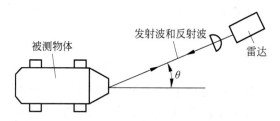

图 2-11　多普勒雷达检测线速度的工作原理图

激光或电磁波多普勒雷达测运动物体线速度的方法已广泛应用于车辆行驶速度检测。采用超声多普勒可测量流体的速度,如在工业监测中利用超声多普勒测量管道中流体的体积流量等。

2.2.3　加速度感知

加速度传感器实质上是一种力传感器,利用质量块承受加速度作用的惯性力 F,可以测得加速度 a。加速度与运动物体的质量相关,按照加速度引起的作用力对敏感原件的作用形式,加速度传感器可分成弯曲型、压缩型和剪切型。

1．弯曲型加速度传感器

应变片式和压阻片式加速度传感器多采用弯曲型。弯曲型加速度传感器是一种新型的加速度传感器,它采用了柔性电子学技术,将传感器制作成柔性、弯曲的形状,能够适应各种曲面表面。与传统的硬性加速度传感器相比,弯曲型加速度传感器具有更高的灵活性和可塑性。当应变片粘贴在弹性梁上时,利用弹性元件的弯曲变形引起的应变片电阻阻值变化来测量加速度。工作原理是利用压电效应,当传感器感受到外界的加速度变化时,弯曲型传感器内部的压电材料会产生电荷,从而产生相应的电压信号。这些信号可以被读取并用于计算物体的加速度和运动状态。

2．压缩型加速度传感器

根据压电效应,压电元件厚度变形和剪切变形的压电常数值最大,因此利用厚度变形制成压缩型加速度传感器。

压缩型加速度传感器由基座、压电元件和惯性质量块 M 组成,并以一定方式预紧,主要类型如图 2-12 所示,这类传感器的特点是结构简单、灵敏度高、频率响应高。

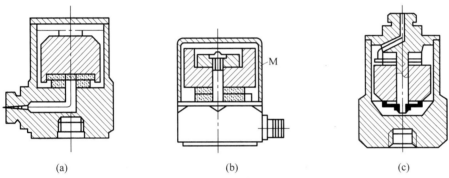

(a)　　　　　　　　　　(b)　　　　　　　　　　(c)

图 2-12　典型压缩性压电加速度传感器结构图

（a）基座压缩型；（b）单端中心压缩型；（c）倒置中心压缩型

压电元件由双晶片组成,在电荷聚集表面制作电极。压电元件上放置大密度金属或合金质量块,对压电元件及质量块施加预紧力,静态预载荷应大于传感器在振动或冲击测试中可能承受的最大动态压力,整个组件装在一个刚度较大的底座上。

测试时,将基座与刚性质量块固定在一起,振动时质量块承受与基座相同的振动,并受到加速度方向相反的惯性力作用。质量块产生与加速度成正比的交变力,作用在压电元件上,由于电压效应,产生交变电荷。当振动频率远低于固有频率时,与作用力成正比输出,经前置放大器输入信号处理电路,得到与加速度成正比的输出电压。如信号处理电路加入积分电路还可得到振动速度或位移。

压电元件若使用压电陶瓷,则压电陶瓷受惯性力作用产生表面电荷 $Q = d_{33}F$,加速度传感器输出电荷灵敏度系数为 $K_q = \dfrac{Q}{a} = d_{33}m$。可见,灵敏度系数与压电常数成正比,与质量成正比。

3．剪切型加速度传感器

利用剪切变形可制成剪切型加速度传感器。

剪切型加速度传感器的底座向上延伸,如同一根圆柱,将圆环式压电元件套在圆柱上,再套上惯性质量环。工作时,传感器振动,惯性力作用在压电元件上产生剪切变形,剪切应力作用使压电元件内外表面产生电荷,电场方向垂直于极化方向。这种结构的传感器由于质量弹簧系统与外壳隔开,受外界噪声干扰较小。因其固有频率高,所以剪切型加速度传感器频率响应范围宽,适合于高频振动的测量,并易实现小型化,其主要类型如图 2-13 所示。

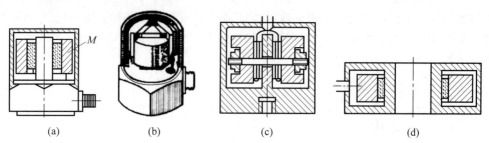

图 2-13　剪切型加速度传感器的类型、结构示意图
(a) 环形剪切型;(b) 三角平面剪切型;(c) 平面剪切型;(d) 中空环剪切型

除上述 3 类加速度传感器之外,利用电容式工作原理制成加速度传感器也被广泛应用。图 2-14 是电容式加速度传感器结构示意。绝缘体 6 位于传感器四角,质量块 4 由两根簧片 3 支撑置于充满空气的壳体 2 内。其工作原理是当测量垂直方向的直线加速度时,传感器壳体固定在被测的振动体上,使传感器壳体相对质量块运动,因而使得固定于壳体 2 的两固定极板 1、5 相对质量块 4 运动,致使固定极板 5 与质量块 4 的 A 面组成电容 C_{x1} 值,下固定极板 1 与质量块 4 的 B 面组成电容 C_{x2} 值随之改变,一个增大,一个缩小,他们的差值正比于被测加速度。

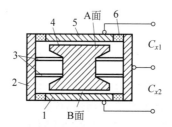

1—下固定极板;2—壳体;3—簧片;4—质量块;5—上固定极板;6—绝缘体。
图 2-14　电容式加速度传感器结构示意图

2.2.4　倾角感知

角度计量是几何量计量的重要组成部分。角度量的范围广,平面角按平面所在的空间位置可分为:在水平面内的水平角(或称方位角),在垂直面内的垂直角(或称倾斜角),空间角是水平角和垂直角的合成。按量程可分为圆周分度角和小角度。按标称值可分为定角和任意角。按组成单元可分为线角度和面角度。按形成方式可分为固定角和动态角,固定角是指加工或装配成的零组件角度,仪器转动后恢复至静态时的角位置等;动态角是指物体或系统在运动过程中的角度,如卫星轨道对地球赤道面的夹角,精密设备主轴转动时的轴线角漂移,测角设备在一定角速度和角加速度运动时,输出的实时角度信号等。

倾角传感器又称作倾斜仪、测斜仪、水平仪、倾角计,经常用于系统的水平角度变化测量。理论基础就是牛顿第二定律,根据基本的物理原理,在一个内部系统中,速度是无法测量的,但却可以测量其加速度。如果初速度已知,就可以通过积分计算出线速度,进而可以计算出直线位移。所以它其实是运用惯性原理的一种加速度传感器。

倾角感知技术被广泛应用于许多领域,包括航空航天、汽车、建筑、医疗设备和消费电子产品等。在航空航天领域,倾角感知器通常用于导航系统和飞行控制系统中,以确定飞机相对于地球的方向和位置。在汽车领域,倾角感知器可用于车辆稳定性控制系统和驾驶员辅助系统中。在建筑领域,倾角感知器可用于监测建筑物的倾斜和变形。在医疗设备领域,倾角感知器可用于体位检测和运动监测等应用中。在消费电子产品领域,倾角感知器常用于智能手机、平板电脑、游戏手柄等设备中,以实现屏幕自动旋转和姿态控制等功能。

1. 加速度倾角传感器

MEMS 加速度计不能直接测量部件的倾角。在测量角度时,它通过检测部件在静止或匀速运动状态下重力矢量在其各轴上的投影分量,采用三角函数求得坐标轴与重力方向(即竖直方向)的夹角,计算出物体的倾斜角度。加速度计测倾角原理如图 2-15 所示。倾角传感器经常用于水平测量,从工作原理上可分为"固体摆""液体摆"两种倾角传感器,下面就它们的工作原理进行介绍。

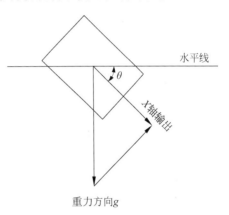

图 2-15　加速度计测倾角原理图

图 2-15 中,部件 X 轴与水平线的倾角 θ 和重力矢量有式(2-7)所示的关系:

$$A_X[g] = l[g]\sin\theta \tag{2-7}$$

式中,A_X 为加速度计 X 轴的输出;θ 为倾斜角度。

通过反正弦函数即可求得部件的角度。但该方法中,当部件的倾斜角度越接近 $\pm 90°$ 时,对加速度计的灵敏度要求会越高。图 2-16 所示为在 MATLAB 上模拟的 $0.1°$ 精度下加速度计灵敏度要求。从图 2-16 中可以看出,当要求的测量范围为 $\pm 23.7°$ 时,灵敏度需要达到 $1.599 \text{mg}/0.1°$;当测量范围为 $\pm 90°$ 时,灵敏度需要提高到 $0.01675 \text{mg}/0.1°$。

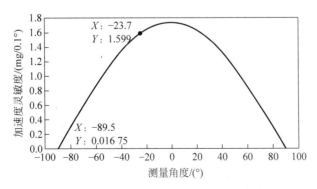

图 2-16　$0.1°$ 精度下加速度计灵敏度要求曲线

目前,流行的方法是根据三轴加速度计的数据,利用正切函数进行角度求解。它利用正弦函数与余弦函数的互补关系进行角度求解,可以在某一测量范围内降低单轴加速度数据灵敏度不高带来的误差。本书采用式(2-8)所示方法,计算 X 轴与水平面的夹角。

$$\theta = \arctan\left(\frac{A_X}{A_Y^2} + A_Z^2\right) \tag{2-8}$$

式中,A_Y 和 A_Z 分别为加速度计 Y 轴和 Z 轴的输出。

2. 激光干涉倾角传感器

图 2-17 所示为俯仰偏摆角测量的光路,包括移动单元和固定单元。固定单元固定于静止的安装基准上,发射激光光束,并且接收和检测反射光束。移动单元固定于直线导轨系统工作台上,用于感知和反馈工作台的位姿变化。

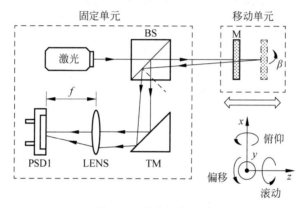

图 2-17　俯仰摆角测量

光束由激光器发射后通过分光棱镜(BS)分为两条光束,透射光线沿测量方向垂直入射到移动单元平面镜,反射后通过分光镜、直角转向棱镜(TM),经过透镜入射到位敏传感器(PSD)上。当移动单元产生俯仰偏摆角度变化时,将引起平面镜空间姿态变化,此时平面反射镜的法向量变为:

$$N_M = \begin{bmatrix} -\beta & \alpha & -1 \end{bmatrix}^T \tag{2-9}$$

式中,α、β 分别为移动单元绕 x 轴和 y 轴转动误差。通过空间光追迹法可以得到进入透镜的光线向量变为

$$I_2 = \begin{bmatrix} -2\beta & 2\alpha & -1 \end{bmatrix}^T \tag{2-10}$$

以初始位置时光束通过透镜中心作为基准,则在测量位置处由于透镜入射光束产生角度偏移引起的 PSD1 检测到光斑相对于参考位置处的水平和竖直位移变化分别为:

$$d_{1x} = -f\tan2\beta$$
$$d_{1y} = f\tan2\alpha \tag{2-11}$$

式中,d_{1x} 为 PSD1 检测到的光斑水平位移变化;f 为透镜焦距;d_{1y} 为 PSD1 检测到光斑的竖直位移变化。移动单元运动中角度变化较小,因此有 $2\alpha \approx \tan2\alpha$,$2\beta \approx \tan2\beta$,其角度变化与 PSD1 位移信号对应关系如下:

$$\alpha \approx \frac{d_{1y}}{2f}$$

$$\beta \approx -\frac{d_{1x}}{f} \tag{2-12}$$

2.2.5 力觉感知

1. 力觉传感器分类

力觉传感器按照结构可分为：柱筒式力传感器、梁式力传感器。

1) 柱筒式力传感器

柱筒式力传感器结构简单、紧凑，可设计成拉、压或拉压式，其中实心柱式可承受较大负荷。根据材料力学原理，截面为 A、弹性模量为 E 的柱筒式弹性元件的应变 ε 与作用力 F 的关系为：

$$\varepsilon = F/(AE) \tag{2-13}$$

例 2.3 某柱筒式力传感器横截面积为 $100\mathrm{m}^2$，弹性模量 $5\mathrm{N/m}^2$，若施加 $200\mathrm{N}$ 的作用力，则其应变为？

解：由式(2-13)可得：

应变力 $\varepsilon = \dfrac{200}{100 \times 5} = 0.4$

为了提高灵敏度，即在给定的作用力下产生较大的应变 ε，应减少横截面积 A。但 A 的减小受材料的许用应力和对力与应变关系的线性要求的限制。若允许 A 减小，则其抗弯能力也减弱，传感器对横向干扰力敏感。

电阻应变片用于动态力测量时，采用不平衡电桥电路。如图 2-18 所示是输出端接放大器的直流不平衡电桥电路。根据实际情况采用单应变片(单臂桥)、双应变片(双臂桥)和四应变片(全桥)工作方式。应变片未受力时，阻值无变化，$R_1 R_4 = R_2 R_3$，电桥维持初始平衡，其输出电压为零；应变片承受应力时应变片产生 ΔR 的变化，电桥的不平衡输出为

$$U_{\mathrm{out}} = \frac{U R_1 R_2}{(R_1 + R_2)^2}\left(\frac{\Delta R_1}{R_1} - \frac{\Delta R_2}{R_2} - \frac{\Delta R_3}{R_3} + \frac{\Delta R_4}{R_4}\right) \tag{2-14}$$

若第一桥臂接入的应变片 R_1，其他接固定电阻，传感头受力使应变片产生 ΔR_1 的变化，电桥产生不平衡输出。假设 $R_2/R_1 = n$，考虑电桥初始平衡条件及省略分母中的微量 $\Delta R_1/R_1$，则可写为：

$$U_{\mathrm{out}} \approx \frac{U(1+\mu)}{(1+n)^2}\frac{\Delta R_1}{R_1} \tag{2-15}$$

式中，μ 为泊松比。

由式(2-15)可知，输出电压正比于应变片的阻值变化 ΔR_1，当 $n=1$ 时输出 U_{out} 最大。

对于精度要求特别高的力传感器，可在电桥某一臂上串接一个温度敏感电阻 R_g，以补偿因应变片电阻温度系数产生的微小差异；用另一温度敏感电阻 R_m 和电桥串联，改变电桥的激励电压，以补偿弹性元件弹性模量随温度变化而变化的影响。这两个电阻都应装在力传感器内部，以保证和应变片处于相同温度环境。

实际上，被测力在截面上的作用不是均匀分布的，这主要是因为作用力不可能正好沿弹性元件轴线，而是与轴线相交一微小角度。这使弹性元件除受拉伸或压缩外，还受横向力

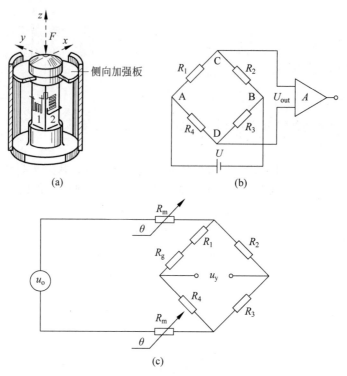

图 2-18　应变片柱式力传感器

和弯矩的作用。因此在传感器结构设计上采用横向刚度较大、纵向刚度较小的承弯膜片来消除横向力的影响。图 2-18(a) 中的侧向加强板即承弯膜片，用来增大弹性元件在 x-y 平面中的刚度，减小侧向力对输出的影响。加强板的 z 向刚度很小，以免明显影响传感器的灵敏度。附加承弯膜片的柱式元件结构如图 2-19 所示，常采用单膜和双膜两种形式。

对于弹性元件、应变片的粘贴和桥路的选用，应尽可能地消除偏心、弯矩和温度的影响。应变片粘贴位置和桥路如图 2-20 所示，一般将应变片对应地粘贴在应力均匀的柱表面的中间部分，如图 2-20(a) 所示，并连接成所示的桥路。其中 T_1 和 T_3、T_2 和 T_4 分别串联成一个桥臂，对应于图中的 R_3 和 R_1；C_1 和 C_3、C_2 和 C_4 分别串联对应图中的 R_2 和 R_4，四组应变片分别放在相对臂内，以减少弯矩影响。

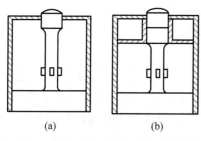

图 2-19　附加承弯膜片的柱式原件

（a）单模式；（b）双模式

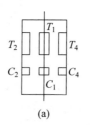
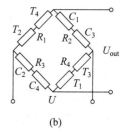

图 2-20　应变片粘贴位置和桥路

（a）粘贴位置示意图；（b）桥路

柱筒式力传感器的不足是截面积随载荷而改变所导致的非线性，但对此可进行补偿。

2）梁式力传感器

为了获得较大的灵敏度,常用梁式结构。如果结构和粘贴都对称,应变片参数又相同,则这种传感器除了具有较高的灵敏度外,还便于实现温度补偿和消除 x 和 y 方向力的干扰。

(1) 等截面梁。等截面梁结构如图 2-21 所示,弹性元件为一端固定的悬臂梁,其长、宽、厚分别为 l、b、h。当力作用在自由端时,在固定端界面中产生最大应力,而自由端的扰度最大。在距离固定端较近、距载荷点为 l_0 的上、下表面,顺着 l 方向分别贴上灵敏度为 K 的应变片 R_1、R_2,在 R_1、R_2 的对面位置贴 R_3、R_4,此时若 R_1、R_2 受拉,则 R_3、R_4 有大小相等、符号相反的应变。将 4 个应变片组成差动全桥,可提高灵敏度。

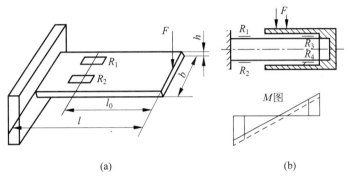

(a)   (b)

图 2-21 等截面梁结构示意图

根据式(2-15)可得差动全桥的输出方式为:

$$U_{\text{out}} = U \frac{\Delta R_1}{R_1} = UK_\varepsilon = \frac{6UKFl_0}{bh^2E} \tag{2-16}$$

如图 2-21(a)所示,等截面梁的问题是力 F 的作用点偏移将引起误差。改进结构如图 2-21(b)所示。将 4 个应变片分别粘贴在两个不同截面上,此时若作用力有所偏移,如图中虚线所示,则 R_1、R_2 处的应变绝对值增大,R_3、R_4 处的应变绝对值减小。应变量的计算方法基本同前。带副梁的等截面梁,由于增加副梁和改变应变片的粘贴位置,使得 l_0 缩小,弯矩也减小,对载荷点的位置要求降低,中间加载也便于结构设计。

(2) 等强度梁。图 2-22 是固定端宽度为 b 的等强度梁结构示意图。在自由端有力 F 作用时,在梁表面整个长度方向产生的应变都相等。该应变大小为:

$$\varepsilon = \frac{6Fl_0}{bh^2E} \tag{2-17}$$

梁自由端所需要的最小宽度为:

$$b_{\min} = \frac{3F}{2h[\tau]} \tag{2-18}$$

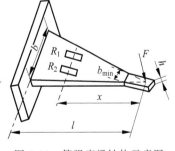

图 2-22 等强度梁结构示意图

式中,$[\tau]$ 为材料的许用切应力。

等强度梁对长度方向上粘贴应变片的位置要求不严,梁的尺寸根据最大载荷 F 和材料的许用应力确定。但其自由端挠度不能太大,否则荷重方向不垂直梁的表面,将产生误差。

2. 力觉传感器工作原理

力觉传感器按照工作原理可分为：压电式力传感器和光纤压力传感器。

1）压电式力传感器

压电式力传感器利用压电材料（通常采用 SiO_2）实现力/电转换。与其他类型的力传感器相比，有以下特点：静态刚性好、固有频率高、灵敏度高、分辨率高；具有良好的线性、滞后及重复性、可测频带宽，动态误差小，因此特别适用于动态测力；由于采用石英晶体，热释电效应小，无自发电极化效应，长期使用性能稳定、寿命长；体积小、结构紧凑、安装调整方便；石英晶体由不锈钢壳体封装，处于完全密封状态，因此耐腐蚀、耐潮湿；缺点是不适于测量静态力。单项和多项压电式力传感器的出现和发展，使得动态力测试提高到一个新的水平。

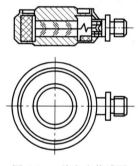

图 2-23　单向力传感器

（1）单向力传感器。图 2-23 所示的单向力传感器用来测量传感器承载面垂直的外力及法向力 F_Z，即所谓"测力垫圈"。这种传感器采用 XY 切型晶体，根据压电系数 d_{11} 实现力/电转换，晶盒内只含有 XY 单元晶组。其主要特点是体积小、质量轻、固有频率高，便于组合。

（2）三向力传感器。三向力传感器可同时测量空间中的任何一个力或多个力，分解并合并到三坐标轴输出。用多个三向力传感器按不同情况组成测力系统，可对更多复杂的力系进行综合动态测量。图 2-24(a)所示为三向力传感器结构，图 2-24(b)为压电组件，图 2-24(c)为晶片组合的示意图。

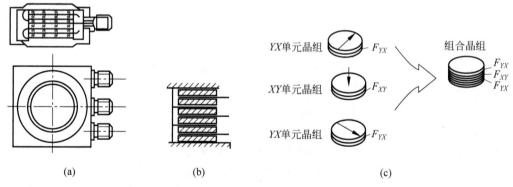

图 2-24　三向力传感器结构示意图

(a) 结构图；(b) 压电组件；(c) X、Y、Z 双晶片

压电式力传感器的工作原理和工作特性与电压式加速度传感器基本相同，由图 2-24 可知，以单项力 F_Z 作用为例，参照式代入 $F_z = ma$，即可得单向压缩式压电力传感器的电荷灵敏度幅频特性为：

$$\left| \frac{Q}{F_Z} \right| = A(\omega_n)d_{11} = \frac{d_{11}}{\sqrt{[1-(\omega/\omega_n)^2]^2 + (2\xi\omega/\omega_n)^2}} \tag{2-19}$$

$A(\omega_n)$ 表示输出信号的幅值 ω 与输入信号幅值 ω_n 之比，称为幅频特性。

当 $\omega/\omega_n < 1, A(\omega_n) \approx \omega/\omega_n < 1$，输出几乎为 0，即不响应输出信号。

当 $\omega/\omega_n=1,A(\omega_n)\approx\dfrac{1}{2}$,示波器实际输入功率为理想输入功率的一半。

当 $\omega/\omega_n>1,A(\omega_n)\approx1$,示波器实际输入电压约等于理想输入电压,即几乎不产生测量误差。

可见,当 $\omega/\omega_n>1$(即 $\omega>\omega_n$)时,式(2-19),将变为

$$Q/F_Z\approx d_{11}\quad\text{或}\quad Q\approx d_{11}F_Z\tag{2-20}$$

这时,力传感器的输出电荷 Q 与被测力 F_Z 成正比。

2) 光纤压力传感器

光纤压力传感器是利用膜片反射(反射表面)发生受压弯曲的原理制成的,也可利用固定在膜片的可动反射体,使反射光通量重新分布而制成。图 2-25 所示,光纤压力传感器是基于全内反射条件面被破坏的原理。

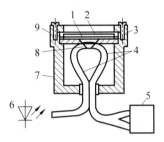

1—膜片；2—光吸收层；3—垫圈；4—发射光纤/接收光纤；5—桥式光电探测器；6—发光
二极管；7—壳体；8—棱镜；9—上盖。

图 2-25　全内反射光纤力传感器

其工作过程为:膜片 1 受压后弯曲,改变了棱镜 8 的顶面与光吸收层 2 的气隙间隙,引起棱镜上全内反射界面的局部破坏,造成光纤内传输光波部分离开上界面,折射进入吸收层并被吸收,改变了从发射光纤 4(左)进入接收光纤 4(右)的光强。用桥式光电探测器 5 就可以检测出气隙变化所引起的光强变化,这一光强的变化又反映了被测压力的大小。图 2-25 中,3 为垫圈,6 为发光二极管,7 为壳体,9 为上盖。

当无压力作用时,膜片未变形,膜片于光纤之间保持较大的初始气隙,膜片光照较大,反射接收到光纤的光强较大,光电探测器输出的光电信号也较大。膜片受压力作用向下弯曲,光纤与膜片间气隙减小,膜片光照面积缩小,一部分光折射进入膜片光吸收层被吸收,致使反射进入接收光纤的光强减小,光电探测器输出的光电信号变小。输出光电信号大小由光纤与膜片间的距离以及膜片形状决定。对周围固定的小挠度膜片,膜片中心的最大挠度计算公式为:

$$\omega_0=\frac{3p(1-\mu^2)r^4}{16Eh^3}\tag{2-21}$$

式中,p 为压力;μ 为泊松比;r 为膜片有效半径;E 为弹性模量;h 为厚度。

$\omega_0\leqslant h/3$ 时,传感器输出具有较好的线性度;ω_0 过大将产生明显的非线性输出。测量大压力时,若膜片直径一定,则需要增加膜片厚度 h。

光纤压力传感器是动态压力测量装置,其频率特性是重要参数,对周边固定的小挠度膜片,其最低固有频率为

$$f_0 = \frac{2.56h}{\pi r^2} \sqrt{\frac{E}{3(1-\mu^2)\rho}} \tag{2-22}$$

式中，ρ 为材料密度，其单位为 kg/m^3，膜片固有频率与材料性能及结构尺寸有关。若选直径为 $2mm$，厚度为 $0.65mm$ 的不锈钢膜片，f_0 可达 $128kHz$。

影响传感器频率响应的。除膜片固有频率外，还有压力容腔导管及光电探测器频率特性等。通常传感器的频率响应低于膜片固有频率，反向偏置的光敏二极管的光电流随入射光变化的上升时间决定了响应频率低于膜片固有频率。这种压力传感器的频响相当高，尺寸小，受流体气场影响小，灵敏度高，受振动、温度及声波影响较小，适用于动态压力测量。

3. 力矩传感器

力矩传感器根据其测量原理可以分为应变式、电容式、压电式、光电式、磁电式、磁致伸缩式、光纤式、无线声表面波式等多种类型。各种类型的力矩传感器的工作原理不同，因此具有不同的测量精度与测量范围，其结构、尺寸大小、适用的工作环境等也各不相同。

1）磁电式力矩测量

磁电式力矩传感器是利用电磁感应原理将被测量力矩转换成电信号的一种传感器，属于有源传感器。其输出功率较大且性能稳定，具有移动的工作带宽。根据电磁感应定律，当导体在稳恒均匀磁场中沿垂直磁场方向运动时，导体内产生的感应电动势为

$$e = \left[\frac{d\Phi}{dt}\right] = Bl\frac{dx}{dt} = Blv \tag{2-23}$$

式中，t 为磁通时间，x 为导体的运动距离，Φ 为磁通，B 为稳恒均匀磁场的磁感应强度，l 为导体的有效长度，v 为导体相对磁场的运动速度。

当一个 W 匝的线圈相对静止地处于随时间变化的磁场中时，设穿过线圈的磁通为 Φ，则线圈内的感应电动势 e 与磁通变化率 $d\Phi/dt$ 有如下关系

$$e = -W\frac{d\Phi}{dt} \tag{2-24}$$

传感器的检测元件由永久磁铁、感应线圈以及铁芯组成。如图 2-26 所示，当齿轮旋转时，齿轮轮齿凹凸变化引起磁路气隙的变化，进而使磁通发生变化。由电磁感应产生交流电压，其频率在数值上等于齿轮齿数与转速的乘积。当力矩作用在扭转轴上时，两个磁电式力矩传感器输出的感应电压 u_1 和 u_2 存在相位差，其相位差与作用于轴上的力矩之间的关系为

$$M = \frac{GI_P V\varphi}{ZL} \tag{2-25}$$

式中，Z 为齿轮旋转一周所产生的信号脉冲的个数，L 为磁电式力矩传感器间的距离，I_P 为扭转轴上的惯性矩大小，G 为剪切模量。

磁电式力矩传感器具有非接触式测量、精度较高、性能可靠、不需中间传输环节等特点。然而，该力矩传感器也具有结构相对复杂、制造成本高、响应时间较长、结构尺寸及质量较大等缺点。

2）无线声表面波式力矩测量

无线声表面波（SAW）式力矩测量是一种结合雷达和无线 SAW 技术的新方法。SAW扭矩传感器由压电晶片、叉指换能器（IDT）和反射栅（$R_1 \sim R_3$）组成，可测量与扭矩测量轴

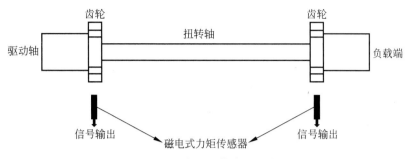

图 2-26　磁电式力矩传感器工作原理

成 45°的应变。SAW 扭矩传感器接收由天线发射的高频电磁波,IDT 将接收到的信号转换成在压电晶片上传播的 SAW,包含测量信息的反射 SAW 再由 IDT 转换成电磁脉冲序列,经天线发射后最终由雷达设备接收。通过信号处理器对信号进行分析,并送至计算机进行数据处理和存储。其工作原理如图 2-27 所示。

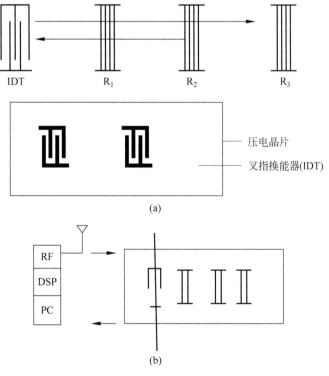

图 2-27　SAW 扭矩传感器工作原理

(a) 传感器结构;(b) 遥测系统原理图

　　无线声表面波式力矩传感器具有传统力矩传感器无法比拟的优越性能,如该种力矩传感器为无源无线传感器,其可靠性高、体积小,能够在高温及被污染的恶劣环境下工作,具有很强的适应性。而且无线声表面波式力矩传感器几乎不会老化,可以在很大程度上节约成本。该种力矩传感器出现较晚,目前其相关技术并不成熟,还需要进一步研究[12]。

2.3 外部感知器

外部感知技术是智能系统本身相对其周围环境的定位,负责检测距离、接近程度和接触程度之类的变量,便于智能系统的引导以及对物体的识别和处理。外部感知技术包括视觉感知、触觉感知、接近度感知、超声感知、电磁感知以及多传感器融合感知等。以智能机器人为例,外部感知技术的传感器一般安装在机器人的头部、肩部、腕部、腿部、足部等。

2.3.1 视觉感知

视觉感知,顾名思义,客观事物通过人的视觉在人脑中形成直接反映,引申来说,智能视觉感知是利用计算机技术处理并且更好地解释视觉图像,使机器能够拥有类似人类或者其他有视觉处理系统的高等动物所具备的理解外部世界的能力[13]。

在智能制造领域,视觉感知是目前研究的热点和难点,尽管在智能视觉感知这个研究板块中仍存在一些难以理解、待解决的问题,但该技术目前还是取得了长足的进步,尤其是最近几年来,视频内容以及深度学习的迅速发展,智能视觉感知研究获得了大量的数据支撑。各国均顺应时代的发展,进行了相应的规划,制定并且规范了项目部署,数据量的增加使大范围视觉感知以及无人平台成为重要的研究方向,相关行业各公司也都推出了与视觉感知相关的智能产品。因此,目前已有许多重要的应用场景,如广泛应用于智慧交通、智能汽车、智能安防、微电子、医疗影像分析、军事、机器人等众多领域。

视觉感知的实现主要是通过视觉传感器。视觉传感器具有从一整幅图像捕获光线的能力,并且整合成图像,图像的清晰和细腻程度常用分辨率来衡量,以像素数量表示,邦纳工程公司提供的部分视觉传感器能够捕获 130 万像素。因此,无论距离目标数米或数厘米远,传感器都能"看到"细腻的目标图像。

视觉传感器通常是一个摄像机,有的还包括云台等辅助设施。它是一个将图像传感器、数字处理器、通信模块和 I/O 控制单元集成到一个单一的相机内,独立地完成预先设定的图像处理和分析任务的传感器。视觉传感器可分为被动传感器和主动传感器,被动传感器是用摄像机等对目标物体进行摄影,获得图像信号;主动传感器是借助于发射装置向目标物体投射光图像,再接收返回信号测量距离。

$$
视觉传感器\begin{cases}被动传感器\begin{cases}单目摄像机\\[1em]多目摄像机\end{cases}\\[1em]主动传感器:深度摄像机\end{cases}
$$

视觉传感器分为 3 大类:一是电感耦合器件(CCD);二是 CMOS 图像传感器,又称扫描光电二极管阵(SSPA);三是电荷注入器件(CID)。目前使用最广泛的是电耦合器件制成的视觉传感器,飞利浦、柯达、富士公司等都有相关产品。

1. CCD 视觉传感器

飞利浦公司拥有业界最大尺寸的 CCD 图像传感器,如图 2-28 所示。在数码相机的应用中,其 35mm 尺寸的 CCD 已经应用在"Contax"的数码相机中,成为专业数码相机的代言人。其次,该公司还具有独特的"Frame-Transfer CCD"(面扫描)技术,该产品在应用中可实现每秒 30～60 幅的速率,这是真正视频信号的速度。

图 2-28　飞利浦公司的 CCD 传感器

柯达公司的 CCD 图像传感器采用了广受好评的 TO CCD(氧化铟锡)技术,而不是传统的聚硅化合物,如图 2-29 所示。其特点是敏锐度更高,透光性比一般的 CCD 图像传感器提高了 20%,对于一般的 CCD 图像传感器感应较弱的蓝光以及抗杂讯干扰方面有突破性的改善,其对蓝光的感应能力提高了 2.5 倍,同时大幅降低了杂讯干扰,使影像更锐利、色彩更准确,为专业数码摄影提供了高解析度、高锐利度的影像。

富士公司研制的"Super CCD"(超级蜂窝结构,如图 2-30 所示)使用的是八边形的感光单元,即蜂巢的八边形结构,因此其感光单元面积要高于传统 CCD 图像传感器。这样会获得 3 个好处:一是可以提高 CCD 图像传感器的感光度;二是提高动态范围;三是提高信噪比。这 3 个优点加上 SuperCCD 更高的生成像素成为富士公司在数码相机产品上的最大卖点。

图 2-29　柯达公司的 CCD 传感器

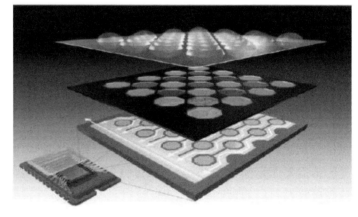

图 2-30　蜂窝结构

2. CMOS 图像传感器

CMOS 图像传感器技术在过去十年里取得了巨大进展。成像器件不仅在性能上得到了极大的提升,而且随着配备内置相机的手机的广泛应用而获得了显著的商业成功。它的基本工作原理是:外界的光照射到 CMOS 图像传感器像素阵列上时,会引发光电效应并在像素单元内产生相应的电荷;行选择单元根据需要,选用相应的行像素单元,传感器行像素单元内的图像信号通过各自所在列的信号总线传输到对应的模拟信号处理单元和 A/D 转换器,被转换成数字图像信号并输出;行选择逻辑单元可以对像素阵列逐行或隔行扫描,与列选择逻辑单元配合使用,可实现图像的窗口提取功能。模拟信号处理单元的主要功能是对信号进行放大处理,并提高信噪比。此外,为了获得质量合格的实用摄像头,芯片必须包含各种控制电路,如曝光时间控制、自动增益控制等;为确保芯片内各部分电路按规定的节拍动作,需使用多个时序控制信号;为方便摄像头的应用,该芯片还需输出一些时序信号,如同步信号、行起始信号、场起始信号等。

2.3.2 触觉感知

触觉传感器的研究已有 40 多年的历史。当前,随着硅材料微加工技术和计算机技术的发展,触觉传感器已逐渐实现集成化、微型化和智能化,涉及多种类型,但其工作原理主要集中在压电式、压阻式、电容式、光波导式和磁敏式等。另外,聚偏二氟乙烯和压敏导电橡胶等作为敏感材料已经被广泛应用于触觉传感器的研制中。

1. 压电式触觉传感器

压电式触觉传感器是基于敏感材料的压电效应来完成测力功能的。由于材料内部的晶格结构具有某些不对称性,因此,材料产生的应变会使内部电子分布呈现局部不均匀性,从而产生净电场分布。因此,在晶体表面上出现正负束缚电荷,其电荷密度与施加的外力成正比关系。

基于压电陶瓷(PZT)材料的压电效应,印度研究人员制造了一种压电触觉传感器,该传感器将独立的电极阵列均匀地排列在压电陶瓷的上下表面。电极阵列的规模将对传感器的性能产生重要影响,如图 2-31 所示。

自 Kawai 发现聚偏二氟乙烯(PVDF)具有良好的压电效应以来,越来越多的研究人员已使用聚偏二氟乙烯开发触觉传感器。PVDF 材料具有质量轻,柔韧性好、压电性强、灵敏度高、线性好、频带宽、时间和温度稳定性好等优点。与大多数其他敏感材料相比,PVDF 的柔软性更接近人体皮肤,可以用于制作面积较大的柔性触觉传感器阵列,并且不会受到目标物体形状的限制。由于 PVDF 材料的研究和应用,使得触觉传感器的"类皮肤化"成为可能,柔性触觉传感器的研究又向前迈进了一大步。PVDF 的压电效应可描述为,当 PVDF 膜处于压力下时,其输出电荷与所受压力成正比:$Q=dF$,d 为 PVDF 材料的压电-应变常数。

基于 PVDF 材料的三维力触觉传感头由四角椎体、4 个 PVDF 压电膜和 1 个基座组成。传感器的工作原理是施加在四角椎体表面上的 x、y、z 三维力在 ABCD 4 个 PVDF 膜上产生不同的压力。因此,4 个 PVDF 膜输出的电荷与所有压力成比例。电荷通过 Q/V 转换电路转换为电压信号,通过检测 4 路电压信号即可确定作用在传感头上的三维力信息。

大多数压电式触觉传感器具有带宽长、灵敏度高、信噪比高,可靠性强大和质量轻等优点,但是由于需要从每个传感器单元获取信号数据,因此,这种类型的传感器的信号处理电路通常比较复杂。另外,由于需要分别累积由电压材料产生的电荷,因此,需要为每个传感器单元配备电荷放大器,该电路难以实现,并且传感器的成本也增加。另外,一些压电敏感材料还需要做一个良好的防潮措施,限制了传感器的应用。

2. 压阻式触觉传感器

压阻式触觉传感器的工作原理是基于敏感材料的压阻效应——当某些材料受到外力作

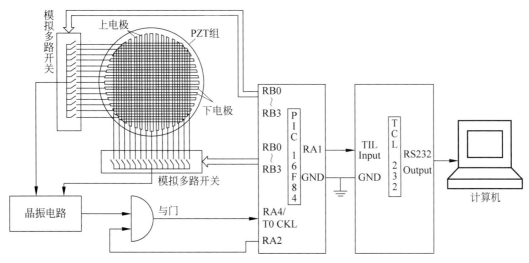

图 2-31　压电式触觉传感器

用时,材料的电阻值会因外部形态或内部结构的变化而相应地变化。一般来说,材料的电阻值的变化与其所受外力之间存在一定的数学关系。1954 年,史密斯(C. Smith)详细研究了硅材料的压阻效应。研究人员开始使用硅来开发压力传感器,发现硅材料的压阻效应灵敏度是金属应变仪(电阻应变仪)的 $50 \sim 100$ 倍,更适合用作压力传感器的敏感材料。

韩国研究人员使用 MEMS 集成技术,基于硅压阻效应制造了三维力触觉阵列传感器。研究人员使用 MEMS 工艺在硅膜的边缘制作了 4 个压阻体。每个压阻体都可以用作独立的应变仪。当外力作用在传感器上时,硅膜变形,并且 4 个压阻体的电阻值发生变化。可以根据电阻值与硅材料的压力之间的关系,并通过检测电阻值的变化来获得作用在传感器上的三维力信息。

中国科学院智能机械研究所也使用 MEMS 技术生产了一种能够检测三维力的触觉传感器阵列。该传感器不仅可以检测接触压力的分布和大小,还可以知道滑动的趋势和发生情况等信息。传感器阵列由敏感单元、传力柱、橡胶层、保护阵列和基板等组成,其结构如图 2-32 所示。其中,敏感单元是传感器系统中最关键的构件,设计成方形的 E 型膜结构,作用在膜上的三维力所产生的应变由 3 组集成在 E 型膜上的力敏电阻所构成的检测电路检出。传感器阵列共包括 32 个敏感单元,按 4×8 的阵列排布。

一般来说,基于硅压阻效应的触觉传感器具有以下优点。

(1) 高频响应:某些传感器可以具有超过 1.5MHz 的固有频率,适合动态测量场合。

(2) 体积小:有利于触觉传感器的小型化发展。

(3) 高测量精度:误差可低至 $0.01\% \sim 0.1\%$。

(4) 高灵敏度:是普通金属应变计的数 10 倍。

(5) 可以在振动:腐蚀和强干扰等恶劣环境下工作。

不过,这种类型的传感器存在高温、制造工艺复杂和成本高的缺点。

除了上述几种压阻式触觉传感器之外,随着材料科学的不断发展,越来越多的研究人员注意到导电橡胶材料的良好压阻特性,柔性触觉传感器阵列是通过使用这种材料开发的。

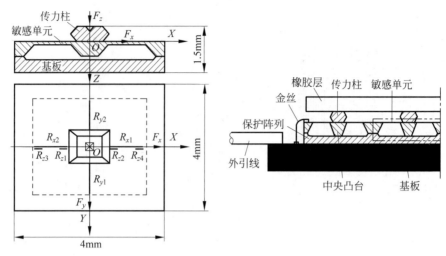

图 2-32　压电式触觉传感器

3. 光学触觉传感器

光学触觉传感技术作为触觉传感的一个新的发展方向,已研究至少 30 年了,它与电学触觉传感器有着不同的工作原理和方式。信号的传输是以光为载波,对光进行调制的结果,例如光强、相位和频率等。相比于电学触觉传感器,光学触觉技术的优势有:更高的集成度、更大的频带宽度、更低的功耗、极小的信号延迟和串扰等。这是由于光与电的物理特性的不同:①光的频率高达 500THz,电系统内典型的时钟频率为 10MHz～10GHz;②光的波长很短,约为 500nm,电系统内传输信号的波长为 3cm～30m;③光具有 2eV 的量子能量,电子能量仅为 40neV～40μeV。尽管光学触觉技术有潜在的理论优势,但距离工业大规模应用还有一定距离,目前还有许多关键技术需要解决,例如传感元件的材料、效率、功耗和生产成本等。下面介绍一种光学触觉传感器。

基于光波导原理的触觉传感器,是在光波导上分布由硅橡胶制作而成的圆柱触头和圆锥触头,两种触头一一对应且中间连接一段橡胶垫,多对触头间的橡胶垫相连接。在光波导的另一面放置新型光电敏感器件 PSD 和图像采集器件 CCD。当没有外力作用时,光波按全反射原理在波导介质通道中传播。当外界物体接触圆柱触头时,触头受力变形,与之对应的圆锥触头因受到挤压而变形。因圆锥触头与波导介质是接触的,从而改变了波导中光波的传播状态,导致光从波导介质中泄露而出,在波导的表面形成一系列光斑。通过 PSD 和 CCD 可同时采集到光强信号和光斑图像信息,这些信息不仅可以用于检测三向力,还能用于确定与外界物体接触的位置。

2.3.3　接近度感知

传统的智能感知技术基本都包含视觉和触觉传感器;视觉感知技术提供方位捕捉和物体距离信息,触觉感知提供接触情况下的应力及其分布信息。实际的应用场景下,往往存在物距较小的情况,此时视觉传感器往往会无法捕捉距离信息,而同时感知技术未接触到物体,触觉感知技术也无法正常获取物体信息,为感知技术的盲区。所以,智能感知技术在具有视觉、触觉能力的同时,还需要接近度感知的辅助。接近度感知技术主要感知较小物距下的距离信息(几毫米至 1 厘米),在弥补视觉、触觉感知技术盲区的同时,使得智能感知技术在视觉捕捉物体、接近物体、抓取物体全过程中,连续地检测物体以及环境信息。表 2-1 为视觉、距离以及接近度传感器的功能对比[14]。

触觉感知
技术视频

表 2-1　视觉、距离以及接近度传感器的功能对比表

传感器类型	感知范围	主 要 功 能
视觉传感器	几十厘米至几十米	视觉功能,捕获外界图像信息
距离传感器	几十厘米至几米	获取距离信息,实现物体探测或规避障碍物
接近度传感器	几毫米至几厘米	获取接近情况物体的准确距离,实现机械手的抓取功能

接近度传感器是用来控制自身与周围物体之间的相对位置或距离的传感器,用来探测一定距离范围内是否有物体接近、物体的接近距离和对象表面形状及倾斜等状态。它一般在智能感知技术中起两方面作用:对物体的抓取以及避障。接近度传感器一般用非接触式测量元件。接近度传感器有霍尔效应传感器、电磁感应式、光电式、电容式、气压式、超声波式、红外式以及微波式等多种类型。其中,光电式接近传感器的应答性好、维修方便,尤其测量精度很高,是目前使用最多的传感器,但其信号处理复杂,使用环境受到一定的限制(如环境光度或污浊)。

从 20 世纪 80 年代开始,国内外学者开始对接近度传感器进行研究,基于不同原理的感知方式衍生出多种接近度传感器,如电阻式、电容式、电感式、光电式霍尔效应等。其中,基于电容和电感方式的接近度传感器具有结构简单、成本低、适合在严苛的环境下工作等特点。同时,相较于电阻式的接近度传感器,电容、电感式传感器的响应速度更快。对于需要在机械装置或自动化设备中以非接触方式精确地探测金属物体的大多数应用,电感式接近度传感器是首选产品。

电感式接近度传感器由 3 大部分组成:振荡器、开关电路及放大输出电路。振荡器产生一个交变磁场。当金属目标接近这一磁场,并达到感应距离时,在金属目标内产生涡流,从而导致振荡衰减,以至于停振。振荡器振荡及停振的变化被后级放大电路处理并转换成开关信号,触发驱动控制器件,从而达到非接触式的检测目的。

电感式接近度传感器只对金属对象敏感,因此电感式接近度传感器不能应用于非金属对象检测。同时,由于高频振荡线圈产生的交变磁场是散射的,当金属对象不断接近传感器的前端时,会触发传感器状态的变化,而且在传感器的周围出现金属对象时,传感器也会发出信号。对检测正确性要求较高的场合或传感器安装周围有金属对象的情况下,需要选用屏蔽式电感性接近度传感器,因为这种类型的传感器事先已经将振荡线圈周围的磁场进行了屏蔽,只有当金属对象处于传感器前端时,才触发传感器状态的变化。图 2-33 为接近度传感器原理图。

电感式接近度传感器可以分为磁感应器式接近度传感器和振荡器式接近度传感器。磁感应器式接近度传感器按构成原理又可分为线圈磁铁式、电涡流式和霍尔式。①线圈磁铁式:由装在壳体内的一块小的永磁铁和绕在磁铁上的线圈构成,当被测物体进入永磁铁的磁场时,就在线圈里感应出电压信号。②电涡流式:由线圈、激励电路和测量电路组成,线圈受激励而产生交变磁场,当金属物体接近时就会由于电涡流效应而输出电信号。③霍尔式:由霍尔元件或磁敏二极管、三极管构成,当磁敏元件进入磁场时就产生霍尔电势,从而

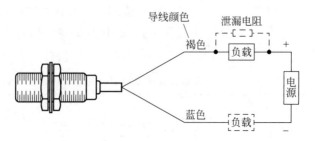

图 2-33　接近度传感器原理图

能检测出引起磁场变化的物体接近度。磁感应器式接近度传感器有多种灵活的结构形式以适应不同的应用场合,可直接用于对传送带上经过的金属物品计数,也可做成空心管状,对管中落下的小金属品计数,还可套在钻头外面,在钻头断损时发出信号,使机床自动停车。常见实物及接线形式如图 2-34、图 2-35 所示。

振荡器式接近度传感器有两种形式:一种形式为利用组成振荡器的线圈作为敏感部分,进入线圈磁场的物体,吸收磁场能量而使振荡器停振,从而改变晶体管集电极电流来推动继电器或其他控制装置工作。另一种形式为采用一块与振荡回路接通的金属板作为敏感部分,当物体(例如人)靠近金属板时便形成耦合电容器,从而改变振荡条件而导致振荡器停振。这种传感器又称为电容式继电器,常在智能制造中用于电动机的接通或断开、门控系统、防盗报警、安全保护装置以及产品计数等。

图 2-34　接近度传感器实物图

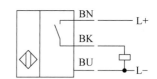

图 2-35　一种接近度传感器的接线形式

2.3.4　超声波感知

声波是声音的传播形式。声波是一种机械波,由物体振动产生,借助各种介质向四面八方传播。按声波的频率分类,频率在 20Hz 以下的声波称为次声波,频率在 20kHz 以上的声波称为超声波,20Hz～20kHz 频率范围内的声音是人耳可听到的声音,如图 2-36 所示。

超声波为直线传播方式,频率越高,衍射能力越弱,但反射能力越强。因此,利用超声波的这种性质就可制成超声波传感器。另外,超声波在空气中传播速度较慢,为 340m/s,这就使得超声波传感器的使用变得非常简单。

超声波具有以下特征:超声波能在气体、液体、固体及生物体中传播,在很多情况下,可在光、热、电磁波等不能传播的介质中传播;超声波是一种弹性波,除了纵波以外,还有横波、表面波等多种波动式。纵波是指质点的振动方向和波的传播方向一致的波;横波是指质点的振动方向和波的传播方向垂直的波;表面波是质点的振动介于横波和纵波之间,沿着表面传播,振幅随着深度的增加而迅速衰减的波。

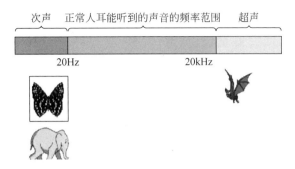

图 2-36　声波范围

超声波的波长等于声速除以频率,即 $\lambda = \dfrac{c}{f}$。超声波在各种介质中的传播速度有所不同,不过都要远远低于电磁波的传播速度(3×10^8 m/s)。其波长短时与普通光类似,对于小型声源可以得到锐方向性的波束,方位分辨率也很高。若超声波垂直入射在两种声阻抗不同的分界面,则要产生反射波与透射波,其反射率 r 可表示为

$$r = \frac{p_r}{p_0} \tag{2-26}$$

式中,p_r 为反射波声压,p_0 为入射波声压。

例 2.4　某超声波的频率为 500Hz,则它的波长是多少?(超声波是声速传播：340m/s)

解：由波长经验公式 $\lambda = \dfrac{c}{f}$ 可得：

波长 $\lambda = \dfrac{340}{500} = 0.68$m

例 2.5　超声波垂直入射在两种声阻抗不同的分界面,入射波声压 300Pa,反射波声压 400Pa,试求其反射率。

解：超声波反射率的经验公式 $r = \dfrac{p_r}{p_0}$ 可得：

$$r = \frac{300}{400} = 0.75$$

超声波对于空气与液体、空气与固体之间的反射率为 100%。超声波在介质中传播时,逐次产生衰减的现象,可归结为物理与介质两种原因：对于前者,由于超声波一般以球面波进行传播,因此,能量密度随着距离的增长而减小;对于后者,波能量变成热能而被介质吸收。另外,介质的声阻抗不同时,会产生散射波与反射波等,因此,超声波逐次产生衰减。频率越高,衰减一般越大,并随着介质的不同而有较大的差别。

超声波传感器主要由发射器、接收器和控制部分等构成,也称换能器(图 2-37)。其发射器和接收器用来完成超声波的发射与接收。

按工作原理分类,超声波传感器分为压电式、磁致伸缩式、电磁式等形式。其中,压电式换能器

图 2-37　超声波传感器实物图

最为常见,材料主要是压电晶体和压电陶瓷。目前,铁电陶瓷是应用最广泛的带压电效应的材料。另外,也有具有压电效应的有机材料,但是,由于稳固性较差,迄今为止其应用还十分有限。

1. 压电式超声波传感器

压电式超声波传感器是一种使用压电材料来产生和接收超声波信号的传感器。它通过在压电晶体上施加电压来产生超声波信号,或者通过检测压电晶体上产生的电信号来接收反射回来的超声波信号。压电式超声波传感器的压电材料通常是一些具有压电效应的晶体材料,例如石英、铌酸锂、锆钛酸钾等。在这些压电晶体中,施加电压会使晶体产生微小的变形,从而产生超声波信号;而当晶体受到超声波信号的作用时,会产生微小的电荷值或电压值,从而检测到超声波信号。压电式超声波传感器广泛应用于测量、检测、探伤等领域。例如,压电式超声波传感器可以用于检测材料的缺陷、壁厚、硬度等参数,以及检测管道、机器、结构等物体的缺陷或损伤。压电式超声波传感器也可以用于水下声呐、医学超声诊断等领域。压电式超声波传感器具有灵敏度高、频率范围广、响应速度快等优点。然而,由于压电材料的特性,压电式超声波传感器的应用受到温度、湿度等环境因素的影响较大,需要注意环境因素对传感器测量结果的影响。

2. 磁致伸缩式超声波传感器

磁致伸缩式超声波传感器是一种利用磁致伸缩效应来产生和接收超声波信号的传感器。磁致伸缩式超声波传感器通常由磁致伸缩材料、电磁线圈和振动器组成。当电磁线圈通电时,会在磁致伸缩材料中产生磁场,磁场会使磁致伸缩材料发生微小的尺寸变化,从而产生超声波信号;而当磁致伸缩材料受到反射回来的超声波信号的作用时,会产生微小的电信号或电荷值,从而检测到超声波信号。磁致伸缩式超声波传感器具有灵敏度高、频率响应范围宽、抗干扰性能好等优点。它可以广泛应用于非破坏检测、医学诊断、材料检测、声波通信等领域。例如,磁致伸缩式超声波传感器可以被用来检测金属零件的缺陷、裂纹等,或者用于检测人体内部组织的状态和变化等。然而,磁致伸缩材料对温度、磁场、机械应力等环境因素的变化敏感。因此,在使用磁致伸缩式超声波传感器时,需要注意环境因素对传感器的影响,以保证测量结果的准确性。

超声波对液体、固体的穿透本领很大,尤其是在不透明的固体中,它可穿透几十米的深度。超声波碰到杂质或分界面会产生显著反射形成反射回波,碰到活动物体能产生多普勒效应。因此,超声波传感器可以制成超声波探鱼器如图 2-38 所示。不仅如此,超声波检测更是广泛应用在工业、国防、生物医学等方面。

超声波距离传感器可以广泛应用在物位(液位)监测、机器人防撞、各种超声波接近开关,以及防盗报警等相关领域,工作可靠、安装方便、防水、发射夹角较小、灵敏度高、方便与工业显示仪表连接,也提供发射夹角较大的探头。超声波检测广泛应用在工业、国防、生物医学等方面。

随着科学技术的快速发展,超声波将在传感器中的应用越来越广,是一个正在蓬勃发展而又有无限前景的技术及产业领域。展望未来,超声波传感器作为一种新型的非常重要的工具在各方面都有很大的发展空间,它将朝着更加高定位高精度的方向发展,以满足日益发展的社会需求。

图 2-38　超声波探鱼器

2.3.5　电磁感知

电磁感知作为智慧家庭与城市、安防检查、生物医学等领域的基础性、关键性和共性问题,既是电子与信息领域的研究焦点,也是世界各国角逐的颠覆性技术。目前,北京大学李廉林教授团队和东南大学崔铁军教授团队将人工智能和人工材料有机结合,综合挖掘且充分利用二者在数据信息调控和电磁物理调控方面的强大能力,从而实施物理与数据的一体化调控,构建了智能电磁感知的新框架。该研究为开发高效率、低能耗、低成本的感知技术开辟了新思路。

然而,现有的电磁感知在体制和算法两方面存在一系列挑战性难题,例如,成本高、效率低、精度差等,这些不足在一定程度上制约了其在未来 5G/6G、人工智能时代的进一步发展。

具体来讲,现有的感知体制(包括合成孔径体制、相控阵体制、孔径编码体制等)无法兼顾系统硬件成本和数据获取效率,现有算法(包括信号处理算法、逆散射算法等)无法兼顾算法复杂性和图像质量。电磁传感器又叫电磁式传感器、磁电传感器等,电磁传感器是把被测物理量转换为感应电动势的一种传感器,又称电磁感应式传感器或电动力式传感器。主要是针对测速齿轮而设计的发电型传感器,将被测量在导体中感生的磁通量变化,转换成输出信号变化。

电磁流量传感器是根据法拉第电磁感应定律设计的,在测量管轴线和磁场磁力线相互垂直的管壁上安装一对检测电极,当导电液体沿测量管在交变磁场中,与磁力线成垂直方向运动时,导电液体切割磁力线产生感应电动势,此感应电动势由测量管上的两个检测电极检出,如图 2-39 所示。用下列公式表示

$$E = BVD \tag{2-27}$$

式中,E 为感应电动势;B 是磁场的磁通密度;V 代表导电液体平均流速,m/s;D 则是导管的内径,m。

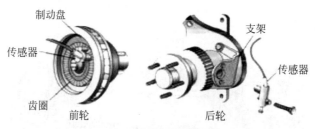

图 2-39　检测电极

例 2.6　导电液体切割磁力线产生感应电动势，如图 2-39 所示，若磁场的磁通密度为 300T，导电液体平均流速 1000m/s，导管内径 3m，试求其感应电动势。

解：由式（2-26）可得：

感应电动势：$E = 300 \times 1000 \times 3 = 9 \times 10^5 \mathrm{V}$

在今天所用的电磁效应的传感器中，磁旋转传感器是重要的一种。磁旋转传感器主要由半导体磁阻元件、永久磁铁、固定器、外壳等几个部分组成。典型结构是将一对磁阻元件安装在一个永久磁铁的磁极上，元件的输入输出端子接到固定器上，然后安装在金属盒中，再用工程塑料密封，形成密闭结构，这个结构就具有良好的可靠性。磁旋转传感器有许多半导体磁阻元件无法比拟的优点。除了具备很高的灵敏度和很大的输出信号外，而且有很强的转速检测范围，这是电子技术发展的结果。另外，这种传感器还能够应用在很大的温度范围中，有很长的工作寿命、抗灰尘、水和油污的能力强，因此耐受各种环境条件及外部噪声。所以，这种传感器在工业应用中受到广泛的重视。

磁旋转传感器在工厂自动化系统中主要应用在机床伺服电机的转动检测、工厂自动化的机器人臂的定位、液压冲程的检测、工厂自动化相关设备的位置检测、旋转编码器的检测单元和各种旋转的检测单元等[15]。

2.4　新型感知技术

2.4.1　位姿感知

位姿感知是指通过传感器等获取物体在空间中的位置和方向信息的过程。通常，位姿感知系统会利用多个传感器来获取物体的位置和方向信息，并结合相应的算法对数据进行处理，最终获得物体在三维空间中的坐标和姿态信息。

1. 非接触式位置传感器

与接触式位置传感器不同，非接触式位置传感器是一种能够测量物体位置并转换为电信号输出的设备，它无须通过物理接触的方式来实现位置测量。

非接触式位置传感器的工作原理通常基于磁场或光学原理。其中，磁场原理的传感器是通过检测磁场的变化来确定物体的位置，这种传感器通常包括一个磁场源和一个磁场传感器，通过检测磁场源和传感器之间的磁场强度变化来确定物体的位置。而光学原理的传感器则是通过测量反射光的强度、相位或时间差等参数来确定物体的位置，这种传感器通常包括一个发光器和一个光电传感器，通过测量发射器和传感器之间光的反射特性来确定物体的位置。

非接触式位置传感器采用霍尔效应、磁阻效应、电磁感应原理、电容原理等技术设计制造,不存在相对摩擦,产品的寿命有所提高。该类传感器具有高精度、高可靠性、长寿命等优点,因此在许多领域得到了广泛应用。同时,随着传感器技术的不断发展,非接触式位置传感器也将不断更新和升级,其应用范围也将不断扩大。

2. 电感应式位置传感器

电感应式位置传感器采用电磁感应原理,即当电磁感应闭合电路的一部分导体在磁场中做切割磁力线运动时,导体中就产生感应电流。其结构同其他角度传感器一样,也是由定子和转子组成的。电感应式位置传感器大致有两种形式:一种是线圈绕组式,此类产品需要庞大的铁芯来缠绕感应线圈,体积较大,结构复杂,需要后端的信号调理电路,虽测量精度较高,但价格较贵,目前主要应用在 EPS 系统中的扭矩测量,KOYO 公司和 NSK 公司都有该类型产品;另一种是平面线圈式,平面线圈感应传感器定子由平面激励、接收线圈及电子元件组成,还包括一个标准 PCB 和 ASIC,转子由特定几何形状闭合导线制成的冲压件(导电材料或 PCB 元件)制成。目前,德国海拉公司采用平面线圈式位置传感器技术设计开发的位置传感器,在加速踏板、执行器等角度反馈中得到大量应用。平面线圈式位置传感器设计结构比较简单,在 PCB 上的定子由激励线圈、3 个感应接收线圈和其他信号处理电子元件组成,转子是一块简单的冲压金属片。

感应式位置传感器的关键不是在于平面线圈的图形设计,而在于定制芯片技术,其信号处理单元接收线圈的电压信号,进行整流、放大并成对地将其按比例输出。输出信号有模拟信号、脉冲调制信号和总线通信。同时能在 $-40 \sim +50℃$ 的温度范围和振动高达 $30g$ 的情况下工作,具有可靠性好、寿命长、耐湿度性能好等特性,并能在各种不同形式的电磁场下工作。感应式位置传感器的制造难点在于平面线圈的化学腐刻工艺水平,当然还有定制的信号处理单元的封装技术,如不采用定制芯片,成本将很高。感应式位置传感器具有如下优点:受机械公差影响小,无需设定温度补偿,不需额外的磁性材料,不受磁场和电信号的干扰,能够实现所有汽车电磁兼容性的要求,测量角度都可达到 $360°$,甚至更大,应用灵活,能够实现角位移和线性位移的测量。在整个寿命周期和温度范围内能够将精度保持在 1% 以内。在机电装置中,这种技术可以将传感器同其他电子元件集成到同一个 PCB 中。海拉传感器的布置简单就是其传感器的一个最大优势,将其集成至控制单元不需要额外的壳体和线束,线束的简化及连接件减少,同时还有利于可靠性的提高。

3. 姿态传感器

姿态传感器是基于 MEMS 技术的高性能三维运动姿态测量系统。它包含三轴陀螺仪、三轴加速计、三轴电子罗盘等辅助运动传感器,通过内嵌的低功耗 ARM 处理器输出校准过的角速度、加速度、磁数据等,通过基于四元数的传感器数据算法进行运动姿态测量,实时输出以四元数、欧拉角等表示的零漂移三维姿态数据。姿态传感器可广泛应用于航空航天、机器人、智能设备和虚拟现实等领域。它可以帮助人们感知物体或者人体的状态和位置信息,从而实现更加精确的控制、定位和导航。同时,姿态传感器也可以用于运动分析、姿势评估、体育训练等领域,帮助人们更好地了解身体的运动状态和姿势,从而进行更加科学的训练和调整。陀螺仪是利用高速回转体的动量矩,敏感壳体相对惯性空间绕正交于自转轴的一个或两个轴的角运动检测装置。利用其他原理制成的角运动检测装置起同样功能的也称陀螺仪。如图 2-40 为姿态传感器。

图 2-40　姿态传感器

2.4.2　柔性感知

目前,许多智能化的检测设备已经大量地采用了各种各样的传感器,其应用早已渗透到诸如工业生产、海洋探测、环境保护、医学诊断、生物工程、宇宙开发、智能家居等方面。随着信息时代的应用需求越来越高,对被测量信息的范围、精度和稳定情况等各性能参数的期望值和理想化要求逐步提高。特殊环境与特殊信号下,气体、压力、湿度的测量需求对普通传感器提出了新的挑战。

面对越来越多的特殊信号和特殊环境,新型传感器技术已向以下趋势发展:开发新材料、新工艺和开发新型传感器;实现传感器的集成化和智能化;实现传感技术硬件系统与元器件的微小型化;与其他学科的交叉整合的传感器。同时,还希望传感器具有透明、柔韧、延展、可自由弯曲甚至折叠、便于携带、可穿戴等特点。随着柔性基质材料的发展,满足上述各类趋势特点的柔性传感器在此基础上应运而生。

1. 柔性传感器的特点

柔性材料是与刚性材料相对应的概念,一般地,柔性材料具有柔软、低模量、易变形等属性。常见的柔性材料有:聚乙烯醇(PVA)、聚对苯二甲酸乙二酯(PET)、聚酰亚胺(PI)、聚萘二甲酸乙二醇酯(PEN)、纸片、纺织材料等。而柔性传感器则是指采用柔性材料制成的传感器,具有良好的柔韧性、延展性,甚至还可自由弯曲甚至折叠,而且结构形式灵活多样,可根据测量条件的要求任意布置,能够非常方便地对复杂被测量进行检测。新型柔性传感器在电子皮肤、医疗保健、电子、电工、运动器材、纺织品、航天航空、环境监测等领域得到广泛应用。

2. 柔性传感器的分类

柔性传感器种类较多,分类方式也多样化。按照用途分类,柔性传感器包括压力传感器、气体传感器(酒驾检测)、湿度传感器(天气预报)、温度传感器(体温计)、应变传感器、磁阻抗传感器和热流量传感器(冰箱)等;按照感知机理分类,柔性传感器包括电阻式、电容式、压磁式和电感式等。

3. 常见柔性传感器

1) 柔性气体传感器

柔性气体传感器在电极表面布置对气体敏感的薄膜材料,其基底是柔性的,具备轻便、柔韧易弯曲、可大面积制作等特点,薄膜材料也因具备更高的敏感性和相对简便的制作工艺而备受关注。这很好地满足了特殊环境下,气体传感器的便携、低功耗等需求,打破了以往

柔性传感器视频

气体传感器不易携带、测量范围不全面、量程小、成本高等不利因素,可对 NH、NO、乙醇气体进行简单精确的检测,从而引起人们的广泛关注。

2) 柔性压力传感器

柔性压力传感器在智能服装、智能运动、机器人"皮肤"等方面有广泛运用。聚偏氟乙烯、硅橡胶、聚酰亚胺等作为其基底材料已广泛用于柔性压力传感器的制作,它们有别于采用金属应变计的测力传感器和采用 N 型半导体芯片的扩散型普通压力传感器,具有较好的柔韧性、导电性及压阻特性。如图 2-41 为柔性压力传感器。

3) 柔性湿度传感器

湿度传感器主要有电阻式、电容式两大类。湿敏电阻器特点是在基片上覆盖一层用感湿材料制成的膜,当空气中的水蒸气吸附在感湿膜上时,元件的电阻率和电阻值都发生变化,利用这一特性即可测量湿度。湿敏电容器一般是用高分子薄膜制成,常用的高分子材料有聚苯乙烯、聚酰亚胺、酪酸醋酸纤维等。

湿度传感器正从简单的湿敏元件向集成化、智能化、多参数检测的方向迅速发展,传统的干湿球湿度计或毛发湿度计已无法满足现代科技发展的需要。柔性湿度传感器以低成本、低能耗、易于制造和易集成到智能系统制造等优点已被广泛研究。制作该类

图 2-41　柔性压力传感器

柔性湿度传感器的基底材料与其他柔性传感器类似,制造湿度敏感膜的方法也有很多,包括浸涂、旋转涂料、丝网印刷和喷墨印刷等。

柔性传感器结构形式灵活多样,可根据测量条件的要求任意布置,能够非常方便地对特殊环境与特殊信号进行精确快捷测量,解决了传感器的小型化、集成化、智能化发展问题,这些新型柔性传感器在电子皮肤、生物医药、可穿戴电子产品和航空航天中有重要作用。但目前对于碳纳米管和石墨烯等用于柔性传感器的材料制备技术工艺水平还不成熟,也存在成本、适用范围、使用寿命等问题。常用柔性基底存在不耐高温的缺点,导致柔性基底与薄膜材料间应力大、黏附力弱。柔性传感器的组装、排列、集成和封装技术也有待进一步提高。

4. 柔性传感器的常用材料

1) 柔性基底

为了满足柔性电子器件的要求,轻薄、透明、柔性和拉伸性好、绝缘耐腐蚀等性质成为柔性基底的关键指标。在众多柔性基底的选择中,聚二甲基硅氧烷(PDMS)成为人们的首选。它的优势包括方便易得、化学性质稳定、透明和热稳定性好等。尤其在紫外光下黏附区和非黏附区分明的特性使其表面可以很容易地黏附电子材料。很多柔性电子设备通过降低基底的厚度来获得显著的弯曲性;然而,这种方法局限于近乎平整的基底表面。相比之下,可拉伸的电子设备可以完全黏附在复杂和凹凸不平的表面上。目前,通常有两种策略来实现可穿戴传感器的拉伸性。第一种方法是在柔性基底上直接黏合低杨氏模量的薄导电材料;第二种方法是使用本身可拉伸的导体组装器件。通常是由导电物质混合到弹性基体中制备。

2) 金属材料

金属材料一般为金银铜等导体材料,主要用于电极和导线。对于现代印刷工艺而言,导

电材料多选用导电纳米油墨,包括纳米颗粒和纳米线等。金属的纳米粒子除了具有良好的导电性外,还可以烧结成薄膜或导线。

3) 无机半导体材料

以 ZnO 和 ZnS 为代表的无机半导体材料由于其出色的压电特性,在可穿戴柔性电子传感器领域显示出了广阔的应用前景。

一种基于直接将机械能转换为光学信号的柔性压力传感器被开发出来。这种传感器利用了 ZnS-Mn 颗粒的力致发光性质。力致发光的核心是压电效应引发的光子发射。压电 ZnS 的电子能带在压力作用下产生压伏效应而产生倾斜,这样可以促进 Mn^{2+} 的激发,接下来的去激发过程发射出黄光(580nm 左右)。

一种快速响应(响应时间小于 10ms)的传感器就是由这种力致发光转换过程得到的,通过自上而下的光刻工艺,其空间分辨率可达 $100\mu m$。这种传感器可以记录单点滑移的动态压力,其可以用于辨别签名者笔迹和通过实时获得发射强度曲线来扫描二维平面压力分布。所有的这些特点使得无机半导体材料成为未来快速响应和高分辨压力传感器材料领域最有潜力的候选者之一。

4) 有机材料

大规模压力传感器阵列对未来可穿戴传感器的发展非常重要。基于压阻和电容信号机制的压力传感器存在信号串扰,导致测量不准确,这个问题成为发展可穿戴传感器最大的挑战之一。而晶体管的使用为减少信号串扰提供了可能。因此,在可穿戴传感器和人工智能领域的很多研究都是围绕如何获得大规模柔性压敏晶体管展开的。

典型的场效应晶体管是由源极、漏极、栅极、介电层和半导体层五部分构成,参数有载流子迁移率、运行电压和开/关电流比等。根据多数载流子的类型可以分为 P 型(空穴)场效应晶体管和 N 型(电子)场效应晶体管。传统上用于场效应晶体管研究的 P 型聚合物材料主要是噻吩类聚合物,其中最为成功的例子便是聚(3-己基噻吩)(P3HT)体系。萘四酰亚二胺(NDI)和苝四酰亚二胺(PDI)显示了良好的 N 型场效应性能,是研究最为广泛的 N 型半导体材料,被广泛应用于小分子 N 型场效应晶体管当中。与无机半导体结构相比,有机场效应晶体管(OFET)具有柔性高和制备成本低的优点,但也有载流子迁移率低和操作电压高的缺点。

5. 柔性传感器的应用

柔性电子涉及很多领域,华为公司发布的柔性可折叠手机也采用了柔性电子技术,一般的柔性电子采用有机和无机材料混合制造,具有非常好的柔韧性。柔性传感器是利用柔性材料制作的传感器,这种传感器具有非常强的环境适应性,同时随着物联网和人工智能的发展,很多柔性传感器具有集成度高和智能化的特点。

柔性传感器的优势让它具有非常好的应用前景,包括在医疗电子、环境监测和可穿戴等领域。如在环境监测领域,科学家将制作成的柔性传感器置于设备中,可监测台风和暴雨的等级;在可穿戴方面,柔性的电子产品更易于测试皮肤的相关参数,因为人的身体不是平的。

柔性压力传感器在智能服装、智能运动、机器人"皮肤"等方面有广泛运用。聚偏氟乙烯、硅橡胶、聚酰亚胺等作为其基底材料已广泛用于柔性压力传感器的制作,它们有别于采用金属应变计的测力传感器和采用 N 型半导体芯片的扩散型普通压力传感器,具有较好的柔韧性、导电性及压阻特性。余建平等提出了一种能够同时实现向压力与向剪切力测量的新型三维柔性电容触觉传感阵列。基于柔性印制电路板(FPCB)的感应电极层和基于聚二甲基硅氧烷(PDMS)的浮动电极层,将脆弱的接口电路加工在底部的感应电极层上,大幅提高传感阵列的挠曲刚度。衣卫京等碳将碳系导电复合材料涂覆到针织面料后形成的导电针织面料,其具有明显的压阻性能。在压力范围内,该导电针织面料的压力与电阻关系呈现良好的线性关系,且具有良好的重复性。该面料可以用于智能服装、柔性人台等的压力测量,对于可穿戴设备的研究具有一定的意义。利用 PEN 作为柔性衬底,有机材料作为导电层,制作得到的浮栅型存储器具有良好的性能,制作的柔性压力感知阵列也具有较高的分辨率。SoHM 等在垂直排列的碳纳米管排列中嵌入 PDMS 电极层制作出柔性压力传感器,能模拟触觉传感功能,可用于机器人"皮肤"研究。

2.4.3 工件识别感知

工件的检测识别是工业生产中必不可少的步骤,其主要目的是辨识送入机床待加工的工件或者毛坯是否是要求加工的工件或毛坯,同时还要求辨识工件或毛坯的当前位姿信息。在小型或自动化要求不高的工业生产中,工件的检测识别可由人工完成,而在大型工业生产或制造柔性自动化系统中,需要将大量的各类工件自动送到加工系统中的不同加工设备中,因此需要对工件进行自动检测识别,利用计算机视觉结合人工智能的方法来实现工件的自动检测识别,这是当前研究的重要领域。根据统计,人类接收的信息 80% 以上来自视觉,因此,采用视觉传感器比采用其他传感器获取工作环境及工件信息等有多方面的优势[16],表现为:

(1) 即使在丢弃了绝大部分的视觉信息后,所剩下的关于周围环境的信息仍然比激光雷达和超声波等更多更精确。

(2) 激光雷达和超声等传感器的原理都是通过主动发射脉冲和接收反射脉冲来测距的,因此,当多个工件同时在工作台上时,相互之间可能产生干扰,而视觉是被动测量,不存在这种问题。

(3) 激光雷达和超声波数据的采样周期一般比摄像机长,不能及时地为高速运动的机器人提供信息,相比之下,视觉传感器的采样速率则非常快。

当然,视觉传感器也存在一些缺点,如在雾天、阳光直射以及晚上,还不如毫米波雷达等主动式传感器;主动式传感器可以直接测量目标的距离、运动速度等参量,而视觉则需要经过计算才能得到。然而,在结构化环境中,如实验室环境、自动化生产车间等,视觉传感器在信息量和采集速度上的两大优势决定了其在工件自动检测识别的发展中必将起着至关重要的作用。随着计算机性能的不断提高和计算机视觉技术的快速发展和完善,利用计算机来识别图像中的目标已经成为研究的热点。更由于高速的硬件实现方法的普及与推广,使得实时的图像识别技术得以更好地应用于实践。因此,利用计算机视觉结合人工智能的方法来实现工件的自动检测识别具有重大的实践意义。

工件检测识别的初期主要采用人工识别的方法。但是随着在线速度的不断加快,对工件检测识别要求的不断提高,人工检测识别已逐渐不能适应工业发展的需要。于是涌现出了大量新兴的技术以满足工件检测识别的要求,如涡流检测技术、红外检测技术、超声波检测技术、射线检测技术、全息摄影检测技术、机器视觉检测技术等。这些技术给工件检测识别注入了新的活力,也使工件的自动化程度迅速提高。在这些新兴技术中,机器视觉系统以其获取信息丰富、精确的优点获得了最为广泛的应用,如机器人装配的视觉辅助可以识别零部件尺寸、形状,以保证装配的正确性和质量的控制。同时,还可以按视觉识别的信息,利用物流系统装卸产品,对快速行进中的工零件进行识别,确定物体相对于坐标的位置与姿态,完成物件定位和分类,辨识物体的位置距离与姿态角度,提取规定参数的特征并完成识别,进行误差的检测等。

目前,工件识别方法多采用基于传统摄像机的标定方法。从计算思路的角度上看,传统的摄像机标定方法可以分成四类,即利用最优化算法的标定方法、利用摄像机变换矩阵的标定方法、进一步考虑畸变补偿的两步法和采用更为合理的摄像机成像模型的双平面标定方法。根据求解算法的特点也可以分为直接非线性最小化方法(迭代法)、闭式求解方法和两步法。

(1) 利用最优化算法的标定方法。这一类摄像机标定方法可以假设摄像机的光学成像模型非常复杂,包括成像过程中的各种因素,并通过求解线性方程的手段来求取摄像机模型的参数。然而,这种方法完全没有考虑摄像机过程中的非线性畸变问题,为了提高标定精度,非线性最优化算法仍不可避免。该方法主要有以下两个方面的缺点:首先,摄像机标定的结果取决于摄像机的初始给定值,如果初始值给得不恰当,很难通过优化程序得到正确的标定结果;其次,优化程序非常费时,无法实时地得到标定结果。Dainis 和 Juberts 给出了利用直接线性变换方法,引入了非线性畸变因素后进行摄像机标定的结果,他们的系统能够准确地测量机器人的运动轨迹。该系统能够实时地测量出机器人的运动轨迹,但并不要求标定算法对系统的标定是实时的。

(2) 利用摄像机变换矩阵的标定方法。从摄影测量学中的传统方法可以看出,刻画三维空间坐标系与二维图像坐标系关系的方程一般来说是摄像机内部参数和外部参数的非线性方程。如果忽略摄像机镜头的非线性畸变,并且把透视变换矩阵中的元素作为未知数,给定一组三维控制点和对应的图像点,就可以利用线性方法求解透视变换矩阵中的各个元素。这一类标定方法的优点是不需要利用最优化方法来求解摄像机的参数,从而运算速度快,能够实现摄像机参数的实时的计算。但仍然存在如下缺点:首先,标定过程中不考虑摄像机镜头的非线性畸变,标定精度受到影响;其次,线性方程中未知参数的个数大于要求解的独立的摄像机模型参数的个数,线性方程中未知数不是相互独立的。这种过分参数化的缺点是,在图像含有噪声的情况下,解得线性方程中的未知数也许能很好地符合这一组线性方程,但由此分解得到的参数值却未必与实际情况很好地符合。利用透视变换矩阵的摄像机标定方法被广泛应用于实际的系统,并取得了满意的结果。

(3) 进一步考虑畸变补偿的两步法。该标定方法的思想是先利用直接线性变换方法或者透视变换矩阵方法求解摄像机参数,再以求得的参数为初始值,考虑畸变因素,并利用最优化算法进一步提高标定精度[17]。

2.5 多传感器信息融合

数据融合是一项信息处理技术,诞生于 20 世纪 80 年代,旨在解决多传感器信息处理问题。多传感器信息融合技术,也称为多源信息融合技术或多传感器数据融合技术。如今,它已成为一个受到高度关注的热门研究领域,跨越了多个学科、行业和领域。多传感器数据融合研究的核心是如何充分利用各个传感器的特点,综合分布在不同位置的多个同类或不同类传感器所提供的局部、不完整的观察量,通过利用互补性和冗余性来克服单个传感器的不确定性和局限性,从而提高整个传感器系统的有效性能,并形成对系统环境相对完整一致的感知描述。这种技术有助于提高测量系统信息的精确性和可靠性,从而降低决策风险。多传感器融合技术在智能系统的识别、判断、决策、规划和反应方面具有重要作用,可以显著提高数据融合的快速性和准确性[18]。

2.5.1 多传感器数据融合目标和多物理域信息获取及其作用

单一传感器获得的仅是环境特征的局部、片面的信息,信息量非常有限,且每个传感器还受到自身品质、性能及噪声的影响,采集到的信息往往不完善,带有较大的不确定性,甚至是错误的。而融合多个传感器的信息可以在较短时间内,以较小的代价得到使用单个传感器所不可能得到的精确特征。因此,通过多传感器进行测量并进一步融合数据,对于全面了解被测信息对象,提高准确性而言有重要意义。

在复杂动态环境中,智能主体可能处于强干扰、不规则运动等不良状态,对声光电磁多物理域信息获取产生电磁辐射干扰、背景噪声、运动模糊甚至信号中断等影响,对后续多模态信息融合的结果产生难以预估的误识别和欠识别。由于环境的复杂性,单一物理域对单一模态信息获取存在其独有的干扰,导致多物理域信息获取过程中带来多种不同的噪声源,使得多物理域信息获取成为难点。非视觉模态信息由于其各个物理域特性和变化规律不同,与视觉模态信息获取方法存在差异。视觉模态信息通过 CCD 或 CMOS 摄像机将影像信息通过图像采集卡转换为数字图像信号,滤波后通过成像优化方法获取清晰图像。而非视觉模态信息通过压电效应、光电效应和霍尔效应等方式,将声、光、电、磁通过数据采集卡进行滤波放大处理,转换成数字信号。由于信息获取途径不同,导致两者在时间域、空间域上存在异构性、非对称性等差异,对于信号处理产生较大难度。因此,提出采用基于可拓理论多物理域信息获取方法,采用人工设计的无参考评价指标与卷积神经网络评价指标进行联合判别的方法,作为获取视觉模态和非视觉模态信息质量评价指标,采用自适应关键帧技术对信息进行优化,获取高质量的多物理域信息。

2.5.2 数据融合的层次结构和决策层融合

数据融合是将全部传感器的观测数据进行融合,然后从融合的数据中提取特征向量,并进行判断识别。这便要求传感器是同质的,如果传感器是异质的,则数据只能在特征层或者决策层进行融合。数据层融合的优点是保持了尽可能多的原始信息,缺点是处理的信息量大,因而处理实时性较差。

数据融合按其在多传感器信息处理层次中的抽象程度,可以分为低层数据层融合、特征层融合和决策层融合。低层数据层融合主要是对来自多个传感器的原始数据进行预处理和校准,以确保数据的准确性和一致性,包括数据的时间同步、坐标转换、噪声过滤等处理,以消除传感器之间的差异。特征层融合是指从不同传感器中提取的特征被组合和融合,以获得更丰富和更具信息量的特征表示。该过程包括特征的选择、提取、降维等技术,可以减少冗余和噪声,并提取出最相关的特征。同时,这种融合可以保持目标/事件的属性估计。其缺点是融合精度比低层数据层融合差。其结构如图 2-42 所示。

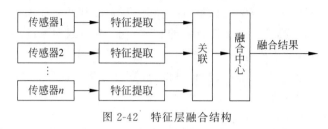

图 2-42　特征层融合结构

决策层融合是在数据融合的最高层次上进行的,它将来自不同传感器的决策或推断结果进行集成和综合,以得出最终的决策结果。决策层融合可以基于不同的准则和权重来进行,并考虑传感器之间的可靠性、精度、权威性等因素。常见的决策层融合方法包括投票法、权重分配法和模型融合法等。

决策层融合的目标是最大程度地提高系统的决策性能和鲁棒性。通过综合多个传感器的决策结果,可以减少单一传感器的局限性,提供更可靠和准确的决策。然而,决策层融合也需要考虑到不同传感器之间的异质性和不确定性,以及可能的冲突和错误。因此,选择适当的决策融合方法和算法是非常重要的。其结构如图 2-43 所示。

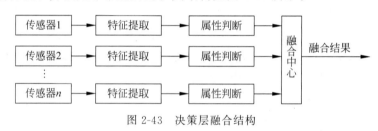

图 2-43　决策层融合结构

2.5.3　数据融合的体系结构

在许多实际应用中,传感器配置在不同的环境中,根据信息融合处理方式的不同,可以将信息融合分为集中式、分布式和混合式 3 种。集中式融合系统只有一个融合中心,所有的传感器信息都直接传送到该中心进行融合。在融合中心,多个传感器的信息被整合在一起,完成信息融合的任务。这种系统结构简单,但是要求传感器之间的通信和数据传输能力较强。集中式融合系统可以通过集中处理所有信息来获得全局的状态估计,但也存在单点故障的风险。其结构如图 2-44 所示。

分布式融合系统由多个局部融合节点和一个融合中心组成。每个局部融合节点负责接收并处理特定的传感器信息,并将处理结果传输给融合中心。通常假设各局部融合节点是相互独立的,它们可以通过不同的通信方式与融合中心进行通信。这种结构可以减轻融合中心的负担,提高系统的可扩展性和容错性。其结构如图 2-45 所示。

混合式融合系统结合了集中式和分布式的特点。系统中可以存在多个局部融合节点,并且每个节点可以进行一定程度的信息融合和处理。这些节点的处理结果可以进一步传送给一个主要的融合中心进行全局的信息融合和决策。其结构如图 2-46 所示。

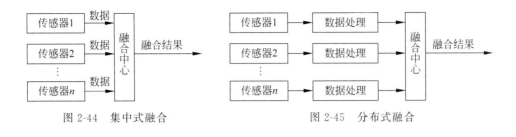

图 2-44　集中式融合　　　　　　　　　图 2-45　分布式融合

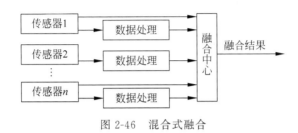

图 2-46　混合式融合

不同结构的融合系统在性能上有很大区别。集中式融合系统可以实现全局的状态估计,但对通信和数据处理能力要求较高。分布式融合系统可以降低传感器节点之间的通信负担,提高系统的可扩展性和容错性。混合式融合系统可以兼顾集中式和分布式的优点,适应不同的应用场景和需求。根据具体的应用需求和系统资源,可以选择合适的信息融合结构来实现最佳的性能[19]。

2.5.4　数据融合的分类与特点

数据融合可以根据不同的分类标准进行分类。以下是常见的分类方式。

1)基于信息类型的分类

(1)时空信息融合。将来自不同时间和空间的数据进行融合,以获得完整的时空信息。

(2)语义信息融合。将来自不同源的语义信息进行融合,以获得更全面和准确的语义理解。

2)基于处理方式的分类

(1)特征级数据融合。从不同传感器获得的原始数据中提取特征,并将特征进行融合。

(2)决策级数据融合。将来自不同传感器的决策结果进行集成和综合,以得出最终的决策。

3)基于数据处理方法的分类

(1)模型驱动数据融合。使用数学模型和算法来融合数据,例如概率推理、机器学习方法等。

(2)数据驱动数据融合。直接从数据中学习和提取信息,例如聚类、关联规则挖掘等。

数据融合的特点包括:

(1)综合性。数据融合可以将来自多个传感器或多个数据源的信息进行综合,以获得更全面和准确的信息。

(2)增强性能。通过融合多个信息源,可以提高系统的性能和能力,例如提高决策准确性、降低误报率等。

（3）容错性。当某个传感器发生故障或提供的信息不可靠时，数据融合可以通过其他可用的传感器提供的信息来弥补缺失或纠正错误。

（4）鲁棒性。数据融合可以通过结合多个传感器的信息，减少对单一传感器的依赖，从而提高系统的鲁棒性和可靠性。

（5）处理复杂性。数据融合可能需要处理大量的数据和信息，并使用适当的算法和方法来进行数据的提取、融合和决策。处理复杂性是数据融合的一个挑战，需要合适的算法和技术来处理和分析大规模的数据。

（6）实时性。数据融合的实时性是一个重要考虑因素。在许多应用中，特别是对于实时决策和控制的场景，数据融合需要能够及时地处理和融合大量的数据，并在合理的时间范围内提供结果。

（7）置信度与不确定性。在数据融合中，不同传感器或数据源的质量和可靠性可能存在差异。因此，数据融合需要考虑数据的置信度和不确定性，以合理地权衡不同来源的数据对最终结果的影响。

2.5.5　数据融合存在的问题

数据融合在理论研究和实际应用中仍有大量的问题有待解决。信息融合系统是一个具有强烈不确定性的复杂大系统，处理方法受到现有理论、技术、设备的限制。因此，在对信息融合系统研究的过程中存在一些固有的问题。

（1）传感器组的设计：很多人都认为多个低档的传感器可以替代一个精确传感器。但是在实际上如果不经过特殊处理，多个低劣传感器（探测和识别率低于 50%）的融合结果往往比单个传感器还要差。在信息融合应用中，一般认为传感器性能是静态的、高斯的和零均值概率分布，然而在现实世界中，传感器性能是动态和非高斯的。环境条件能够使传感器性能大幅度变化，随着传感器越来越先进，环境条件却对它们的影响越来越复杂。如果使用不恰当的传感器，或在其性能、误差统计等方面给出错误的先验信息，就很难获得理想的融合效果。因此在信息融合系统的设计中，为了保证系统的精确度、实时性以及降低成本，应该根据理论模型和测试数据范围适当选择合适的传感器组，并且兼顾系统的操作方便性和可靠性。同时为了精确描述传感器的性能，还要考虑局部动态环境的影响及其对策，小心地对传感器动态性能进行建模或校准。该信息与传感器数据在一起，作为融合算法选择和使用的必要的输入。另外，应该仔细分析每组传感器的类型，从而决定如何从传感器数据中提取尽可能多的信息，还要进行适当的规范转换、滤波、特征提取，以及修正等步骤。

（2）算法的选择：在选择信息融合算法的时候，要明白并不存在完美的算法，应该根据可以获得的先验数据来分析和选择适当的鲁棒和精确的算法。这就带来了融合算法对先验信息的依赖问题，设计者可以考虑多算法的自适应混合途径来解决问题。对于实际应用中存在的训练数据不足的情况，可以考虑混合模式识别技术。另外，如果把模式分类器与一个自动推理环节相结合，根据具体任务或实际环境来解释得到的结果，也有可能克服由于缺乏训练数据带来的问题。对于算法实时性问题，各种实际应用中的计算量和快速性要求是不一样的。同时，算法的鲁棒性与精度之间存在着矛盾，实际上鲁棒性的操作比最优的操作精度要差一些。因此，应该根据实际问题，对算法的实时性、精确性和鲁棒性做合理地折中选择，这是算法选择的重要准则。

2.5.6　多传感器数据融合智能故障诊断策略

由于单个传感器只能获取局部的信息,对于功能部件多、故障信息复杂的数控机床,需采用多种传感器来获取不同种类、不同状态的信息。多传感器信息融合方法是用多种传感器从多方面探测系统的多种物理量,利用计算机技术对系统运行状态的多传感器信息源进行监测,进而综合运用多种人工智能和现代信号处理方法的各自优点,取长补短,优势互补,实现准确、及时地机械系统运行状态判断。该方法的特点在于,多传感器信息融合系统能有效地利用传感器资源最大限度地获得有关被测对象和状态的信息量。与单一传感器系统相比,多传感器信息集成与融合的优点突出地表现在信息的冗余性、容错性、互补性、实时性和低成本性。将系统中若干相同类型或不同类型的传感器所提供的相同形式或不同形式、同时刻或不同时刻的测量信息加以分析、处理与综合,得到对被测对象全面、一致的估计。由于机床功能部件种类复杂,多信号调制和监测信号种类多样性的特点,对机床的动态测控与智能诊断面临被测对象多、分析处理数据量大及诊断过程中时变性、随机性、模糊性等问题,使得单一的故障诊断方法难以对设备运行的故障状态做出准确有效的预示,这是制约其实际应用效果的关键因素。因此,综合运用多数据融合方法和混合智能故障诊断策略,是智能故障辨识的发展趋势。

近年来,国内外研究人员将专家系统、模糊理论、神经网络、聚类分析、进化算法等人工智能方法应用于数控机床的故障诊断中。基于神经网络的智能故障诊断是近年来应用最为广泛的一种方法。目前,此方法的研究主要集中在两个方面:一是把不同的神经网络模型应用到故障诊断中,如采用 BP 神经网络、径向基神经网络、概率神经网络和自组织特征映射神经网络等;二是改进现有神经网络学习算法或研究新的算法,以提高故障诊断与预报的准确性和效率。上述方法均具有一定的适用性和局限性,如存在诊断信息不完整、神经网络缺乏故障训练样本、早期故障与严重故障的关系等问题。而且大型复杂数控装备需要监测的对象多,分析处理的数据量大,用单一的人工智能方法,难以完成对整个系统运行状况的有效监控。

目前,数据融合技术虽然在目标识别、医学诊断等领域得到了广泛的应用,但在故障诊断领域,这一技术的应用尚处于起步阶段,在机器故障诊断系统中引入数据融合技术,主要是基于以下 3 个原因:

(1) 多传感器的应用可能形成不同通道的信号。随着故障诊断系统的庞大化和复杂化,传感器的类型和数目急剧增多,从多传感器形成了传感器群,由于传感器的组合不同,可提供设备的不同类型、不同部位的信息,传统的故障诊断方法只是对机器状态信息中的一种或几种信息进行分析,从中提取有关机器行为的特征信息。虽然利用一种信息有时可以判断机器的故障,但在许多情况下得出的诊断结果并不可靠。只有从多方面获得关于同一对象的多维信息,并加以综合利用,才能对设备进行更可靠、更准确的诊断。

(2) 同一信号形成了不同的特征信息。在机器故障诊断中,故障形成的原因非常复杂,不同的故障可能以同一征兆的形式表现出来。例如,不平衡、不对中、轴承座松动、转子径向碰撞等都会引起旋转机械转子的异常振动。因此,转子的振动信号包含了大量反映转子状态的特征信息,只有综合利用这些特征信息才能诊断出转子的故障。

(3) 在故障诊断中的不确定性。在故障诊断系统中,由于诊断对象的不确定性、系统噪声以及传感器的测量误差等原因,由传感器提供的信息一般是不完整、不精确和模糊的,甚至可能是矛盾的,即包含了大量的不确定性。

2.5.7　无线多传感器网络

无线多传感器网络是由大量的传感器节点组成,每个节点各自独立工作,而且每个传感器节点包含多种传感器,这些不同的传感器分别对目标进行探测,采集数据,然后利用无线网络将传感器采集到的数据传输到大型处理终端,对数据进行融合、分析、处理。无线多传感器网络的每个节点中的各个传感器的组成不尽相同,但一般都包含以下几个部分,即数据采集传感器敏感元(传感单元)、数据处理电路放大处理部分(处理单元)、数据传输无线传输部分(通信单元)和电源,此外在特定用途下还包括定位单元和移动单元。其组成部分如图 2-47 所示。

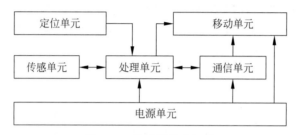

图 2-47　传感器节点组成

无线传感器网络综合了传感器技术、信息处理技术、网络拓扑技术及无线通信技术等多种先进技术,其主体是低成本、低功耗、多功能、集成化的传感器。这些多传感器节点具有无线通信、数据采集和处理、协同合作传输的功能。无线多传感器网络能够通过所包含的多传感器进行实时监测、感知和采集各种环境或监测对象的信息,通过预处理电路对信息进行预处理,并通过随机自组织无线通信网络以多跳中继方式将探测到的信息传送到用户终端,使用户完全掌握监测区域的情况并作出反应。在无线多传感器网络的传播中,由于多传感器节点数量众多,因此是通过飞机散播、人工埋置和火炮发射等方式完成。这种采用随机投放方式进行的节点部署,使得多传感器节点是任意散落在被监测区域内的,每个传感器节点位置不能预先确定。在任意时刻,节点间通过无线传输信道连接,形成网络拓扑结构,通过无线传输部分对数据进行传输和接收,通过节点的这种广播式中继传输,最终将各种传感器采集到的数据传输到处理终端。因此,无线多传感器网络中的各节点间具有很强的协同能力,通过局部的数据采集、预处理以及节点间的数据相互传输来完成全局任务。

无线多传感器网络采用的是一种无中心节点的全分布系统,大量传感器节点密集部署,传感器节点间的距离很短,每跳的距离较短,因此采用的是多跳一、对等印的通信方式,而不采用传统的单跳、主从的通信方式,因为多跳、对等通信方式能使系统中嵌入的无线收发器可以在较低的能量级别上工作。另外,多跳通信方式可以有效地避免在长距离无线信号传播过程中遇到的信号衰减和干扰等各种问题。

这种分布式传感器网络可以在独立的环境下运行,也可以通过网关连接到现有的网络基础设施上,如这样远程用户可以通过浏览采集的信息。这种网络与传统的无线自组织加密网络相比,在网络规模方面有以下的一些特点,分布式传感器网络包含的节点数量比传统网络高几个数量级。分布式传感器网络中节点的分布密度,可能达到每平方米上百个节点的密度,要比传统网络大很多。由于电源持久和环境因素,使得这种分布式传感器网络中的节点很容易损坏。在分布式传感器网络中的节点很小,由于各种环境因素,传感器节点很容易发生移动或损坏,因此使得网络的拓扑结构频繁变化,不稳定。在通信方式方面,分布式传感器网络中的各节点主要使用无线广播式通信,以加快信息传播的范围和速度,并可以节省电力,而不能像传统网络节点那样采用点对点的通信方式。分布式传感器网络各节点由于能源存储受限,使得其不能承担太大的工作量。由于数量的原因,分布式传感器网络中的各节点没有统一的标识,因此,它主要以数据为中心,很难进行精确的点定位。

节点及关联

智能感知编程常用软件平台：arduino；Visual Studio；Python……

智能感知前期课程：数字电路；模拟电路；机器人学；C 语言。

习题

一、填空题

1. 人工智能主要分为_____、_____、_____ 3 个阶段。

2. 智能感知(人工智能与信息感知)由_____、_____与_____ 3 个层次组成。

3. 深度学习作为机器学习算法研究中的一项新技术,其目的是_____。

4. 在智能制造系统中位置传感器可分为_____和_____两种。

5. 转速传感器按工作原理可分为_____、_____、_____、_____等。

6. 速度传感器可分为_____、_____等。若按照测量原理又可分为_____和_____等。

7. 压缩型加速度传感器由_____、_____和_____组成,并以一定方式预紧,这类传感器的特点是_____、_____、_____。

8. 倾角传感器经常用于水平测量,从工作原理上可分为_____、_____两种倾角传感器。

9. 应变式力与称重传感器主要由_____、_____、_____三部分构成。

10. 视觉传感器分为三大类：一是_____；二是_____,又称扫描光电二极管阵 (SSPA)；三是_____。

11. 传统的智能感知技术基本都包含_____和_____传感器,_____系统提供方位捕捉和物体距离信息,_____提供接触情况下的应力及其分布信息。

12. 压电式触觉传感器是基于敏感材料的"_____"来完成测力功能的。

13. 压阻式触觉传感器的工作原理是基于敏感材料的_____——当某些材料受到外力作用时,材料的电阻值会因外部形态或内部结构的变化而相应地变化。

14. 电容式触觉传感器的工作原理是将测得的_____信息转换为_____变化。

二、选择题

1. 以激光为光源的测距仪很受重视,这是因为激光(　　　)。

　　　A. 方向性强　　　　　　　　　　　B. 光能量密集

　　　C. 单射性好　　　　　　　　　　　D. 稳定可靠

　2. 加速度传感器可分成(　　)。

　　　A. 弯曲型　　　　　　　　　　　　B. 压缩型

　　　C. 剪切型　　　　　　　　　　　　D. 压力型

　3. 倾角传感器经常用于系统的水平角度变化测量,其理论基础是(　　)。

　　　A. 牛顿第一定律　　　　　　　　　B. 牛顿第二定律

　　　C. 牛顿第三定律　　　　　　　　　D. 惯性定律

　4. 压电式力传感器采用石英晶体,因此(　　)。

　　　A. 热释电效应小

　　　B. 长期使用性能稳定、寿命长

　　　C. 能准确测量静态力

　　　D. 耐腐蚀、耐潮湿

　5. 光纤压力传感器的特点是(　　)。

　　　A. 频响相当高

　　　B. 灵敏度高

　　　C. 不适用于动态压力测量

　　　D. 受振动、温度及声波影响较小

　6. 在旋转扭矩测量法中,最简单、可靠且精度高的是(　　)。

　　　A. 电容应变式扭矩传感器

　　　B. 电阻应变式扭矩传感器

　　　C. 电压应变式扭矩传感器

　　　D. 电流应变式扭矩传感器

　7. "Frame-Transfer CCD"(面扫描)技术,该产品在应用中可实现每秒(　　)幅的速率。

　　　A. 45~60　　　　B. 55~60　　　　C. 35~55　　　　D. 30~60

　8. 自 Kawai 发现(　　)具有良好的压电效应以来,越来越多的研究人员已使用它来开发触觉传感器。

　　　A. 聚偏二氟乙烯　　　　　　　　　B. 压电陶瓷

　　　C. 聚乙烯醇　　　　　　　　　　　D. 压敏导电橡胶

　9. 电容式触觉传感器的工作原理是将测得的力信息转换为(　　)量变化。

　　　A. 电流　　　　　　B. 电压　　　　　　C. 电容　　　　　　D. 电子

　10. (多选)磁感应器式接近度传感器按构成原理又可分为(　　)。

　　　A. 线圈磁铁式　　　　　　　　　　B. 电涡流式

　　　C. 霍尔式　　　　　　　　　　　　D. 电阻式

三、简答题

　1. 什么是智能感知技术?

　2. 要实现智能感知,就必须要完成信息的感知与数据的融合,所以要求智能传感系统具有哪些特点?

3. 什么是无人机智能感知？

4. 压电式力传感器与其他类型的力传感器相比具有什么优缺点？

5. 基于硅压阻效应的触觉传感器具有哪些优点和缺点？

6. 振荡器式接近度传感器有哪两种形式？请简述原理。

7. 用电容式工作原理也可制成加速度传感器，如图 2-14 所示，试分析其工作原理？

8. 光纤压力传感器是利用膜片反射(反射表面)发生受压弯曲的原理制成的，也可利用固定在膜片的可动反射体，使反射光通量重新分布而制成，如图 2-25 所示，光纤力传感器是基于内全反射条件而被破坏的原理，试分析图 2-25 光纤力传感器的工作过程。

四、计算题

1. 有两个传感器测量系统，其动态特性可以分别用下面两个微分方程描述，试求这两个系统的时间常数 τ 和静态灵敏度 K。

$$30\frac{\mathrm{d}y}{\mathrm{d}t}+3y=1.5\times10^{-5}T \tag{2-28}$$

式中，y 为输出电压，单位为 V；T 为输入温度，单位为℃。

$$1.4\frac{\mathrm{d}y}{\mathrm{d}t}+4.2y=9.6x \tag{2-29}$$

式中，y 为输出电压，单位为 V；x 为输入压力，单位为 Pa。

2. 一个二阶力传感器系统，已知其固有频率 $f_0=800\mathrm{Hz}$，阻尼比 $\zeta=0.14$，现用它作工作频率 $f=400\mathrm{Hz}$ 的正弦变化的外力测试时，其幅值比 $A(\omega)$ 和相位角 $\varphi(\omega)$ 各为多少；若该传感器的阻尼比 $\zeta=0.7$ 时，其 $A(\omega)$ 和 $\varphi(\omega)$ 又将如何变化？

3. 假设惠斯通直流电桥的桥臂 1 是一个 120Ω 的金属电阻应变片($K=2.00$，检测用)，桥臂 1 的相邻桥臂 3 是用于补偿的同型号批次的应变片，桥臂 2 和桥臂 4 是 120Ω 的固定电阻，如图 2-48 所示。流过应变片的最大电流为 30mA。

(1) 画出该电桥电路，并计算最大直流供桥电压。

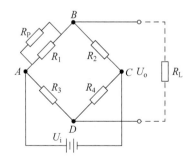

图 2-48　计算题 3 差动电桥电路

(2) 若检测应变片粘贴在钢梁(弹性模量 $E=2.1\times10^{11}\mathrm{N/m^2}$)上，而电桥由 5V 电源供电，试问当外加负荷 $\sigma=70\mathrm{kg/cm^2}$ 时，电桥的输出电压是多少？

(3) 假定校准电阻与桥臂 1 上未加负荷的应变片并联，试计算为了产生与钢梁加载相同输出电压所需的校准电阻值。

4. 在材料为钢的实心圆柱试件上，沿轴线和圆周方向各贴一片电阻为 120Ω 的金属应变片 R_1 和 R_2，把这两应变片接 λ 差动电桥(见图 2-49)。若钢的泊松比 $\mu=0.285$，应变片

的灵敏度系数 $K=2$，电桥的电源电压 $U_i=2V$，当试件受轴向拉伸时，测得应变片 R_1 的电阻变化值 $\Delta R=0.48\Omega$，试求电桥的输出电压 U_o；若柱体直径 $d=10\text{mm}$，材料的弹性模量 $E=2\times10^{11}\text{N/m}^2$，求其所受拉力大小。

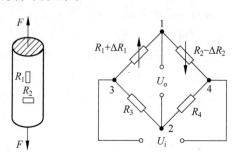

图 2-49　计算题 4 差动电桥电路

5. 某压电晶体的电容为 1000pF，$k_q=2.5\text{C/cm}$，电缆电容 $C_C=3000\text{pF}$，示波器的输入阻抗为 $1\text{M}\Omega$ 和并联电容为 50pF，求：

(1) 压电晶体的电压灵敏度系数 K_u。

(2) 测量系统的高频响应。

(3) 如系统允许的测量幅值误差为 5%，可测最低频率是多少？

(4) 如频率为 10Hz，允许误差为 5%，用并联连接方式，电容值是多大？

参考文献

[1] 高金吉.机器故障诊治与自愈化[M].北京：高等教育出版社,2012.

[2] 赵升吨.高端锻压制造装备及其智能化[M].北京：机械工业出版社,2019.

[3] 黄志坚.机械设备振动故障监测与诊断[M].北京：化学工业出版社,2017.

[4] 田锋.制造业知识工程[M].北京：清华大学出版社,2019.

[5] 李杰.从大数据到智能制造[M].上海：上海交通大学出版社,2019.

[6] 李杰,邱伯华,刘宗长,等.CPS：新一代工业智能[M].上海：上海交通大学出版社,2017.

[7] 李杰.工业人工智能[M].上海：上海交通大学出版社,2016.

[8] 塔克.无人的演进：人工智能会杀死我们吗?[M].薛原,凌复华,译.上海：上海交通大学出版社,2020.

[9] 高金吉.中国高端能源动力机械健康与能效监控智能化发展战略研究[M].北京：科学出版社,2017.

[10] WANG S Y,WAN J F,ZHANG D Q,et al. Towards smart factory for Industry 4.0：A self-organized multi-agent system with big data based feedback and coordination[J]. Computer Networks,2015.

[11] ZHANG Y F,ZHANG G,WANG J Q,et al. Real-time information capturing and integration framework of the internet of manufacturing things[J]. International Journal of Computer Integrated Manufacturing,2015,28：709.

[12] 刘玉旺,刘金国,骆海涛.与人共融机器人的关节力矩测量技术[M].武汉：华中科技大学出版社,2018.

[13] 中国科协智能制造学会联合体.中国智能制造重点领域发展报告(2019—2020)[M].北京：机械工业出版社,2019.

[14] WANG L H. An overview of function block enabled adaptive process planning for machining[J].

Journal of Manufacturing Systems,2015,35：10-2.

[15] CHEN F,LU X D,ALTINTAS Y. A novel magnetic actuator design for active damping of machining tools[J]. International Journal of Machine Tools and Manufacture,2014,85：58-69.

[16] PARK H S,TRAN N H. Development of a smart machining system using self-optimizing control [J]. The International Journal of Advanced Manufacturing Technology,2014,74：1365-1380.

[17] KOVAC P,RODIC D,PUCOVSKY V,et al. Multi-output fuzzy inference system for modeling cutting temperature and tool life in face milling[J]. Journal of Mechanical Science and Technology,2014,10：4247-4256.

[18] 国家智能制造标准化总体组. 智能制造基础共性标准研究成果（一）[M]. 北京：电子工业出版社,2018.

[19] 金学波,苏婷立. 多传感器信息融合估计理论及其在智能制造中的应用[M]. 武汉：华中科技大学出版社,2018.

第3章

智能控制系统技术

导学

控制系统是智能制造装备的大脑。与传统控制系统相比,智能控制系统通过互联网、大数据、云计算等手段,通过智能控制算法,进行自主分析、判断和决策,从而实现对机械装备的智能控制。

本章在介绍智能控制系统硬件和新型人机交互系统的基础上,重点阐述主流的智能控制和人工智能算法,并借助智能制造装备的运维与管理,说明智能控制系统运行模式。

教学目标和要求:熟悉 PLC/PAC、DCS 以及 FCS 等典型控制系统组成、工作原理及技术特点,了解智能控制系统硬件选择方法和配置技术;了解人机交互系统的基本概念、组成、典型产品和发展趋势;了解智能控制产生的问题,掌握典型的智能控制算法的基本原理、典型案例和技术特点及其适用范围;了解设备安全信息化管理主要内容,理解碰摩故障等典型故障机理的系统动力学分析方法。

重点和难点:智能控制和人工智能算法的工作原理、主要特征、技术优势和应用。

3.1 智能控制硬件系统

本节主要介绍三大智能控制系统技术,分别是可编程逻辑控制器(programmable logic controller,PLC)/可编程自动化控制器(programmable automation controller,PAC)系统技术、分散控制系统(distributed control system,DCS)集散控制系统技术和现场总线控制系统(fieldbus control system,FCS)过程控制系统技术。分别从其概念、组成架构、工作原理、主要优势以及应用方面对三大智能控制系统进行介绍。目前这三大智能控制系统在我们的生活中发挥着重要的作用。

3.1.1 PLC/PAC 系统技术

可编程控制器就是常说的 PLC,最早出现的时间可以追溯到 19 世纪末。PLC 发展到今天已经形成了大、中、小各种规模的系列化产品[1]。除逻辑控制外,PLC 大多具有完善的数据运算能力,可应用于各种数字控制领域。

PLC 的基本结构包括电源、中央处理单元、存储器、输入单元、输出单元等。

(1)电源:用于将交流电转换成 PLC 内部所需的直流电。

(2) 中央处理单元：中央处理器(CPU)是 PLC 的控制中枢，也是 PLC 的核心部件，其性能决定了 PLC 的性能，中央处理器的作用是处理和运行用户程序，进行逻辑和数学运算，控制整个系统使之协调。

(3) 存储器：存储器是具有记忆功能的半导体电路，它的作用是存放系统程序、用户程序、逻辑变量和其他信息。

(4) 输入单元：输入单元是 PLC 与被控设备相连的输入接口，是信号进入 PLC 的桥梁，它的作用是接收主令元件、检测元件传来的信号。

(5) 输出单元：输出单元也是 PLC 与被控设备之间的连接部件，它的作用是把 PLC 的输出信号传送给被控设备，即将中央处理器送出的弱电信号转换成电平信号，驱动被控设备的执行元件。输出的类型有继电器输出、晶体管输出和晶闸管输出 3 种类型。

PLC 的工作原理包含 3 个阶段的内容，即输入采样阶段、扫描程序阶段和输出刷新阶段如图 3-1 所示。在输入采样阶段中，利用扫描方式对采样数据进行读取，数据存储在输入映像寄存器，在完成数据的输入流程后，会继续转入用户程序中开展下一步的执行输出。对于用户程序执行阶段，PLC 控制器在对用户程序做扫描处理的过程中，始终遵循自上而下的原则，同时在规定的顺序指导下完成核算作业，核算同样也需要按照自上而下的原则。当用户程序执行结束后，PLC 控制器就进入系统输出刷新阶段。在此期间，CPU 按照 I/O 映像区内对应的状态和数据刷新所有的输出锁存电路，再经输出电路驱动相应的外部设备。

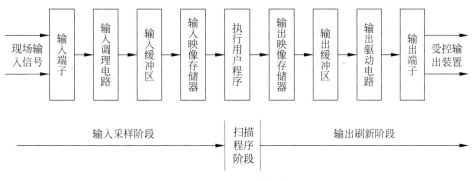

图 3-1　PLC 工作原理

PLC 技术在电气设备自动化控制系统中的应用有以下几个方面。

(1) PLC 技术在控制模拟量中的应用。在实际的工业生产中存在例如温度、流速、压强、液位等连续变化的模拟量，应用 PLC 技术能够实现模拟量与数字量的互相转换，即 A/D 和 D/A 转换，使模拟量可以转换成能够被记录和追踪的数字量，这样一来就能够控制模拟量，同时 PLC 对模拟量也可以进行监控。

(2) PLC 技术在开关量控制中的应用。PLC 技术在控制系统中不断实践和应用的整个过程，关键是利用编程存储器代替继电器，从而实现对机械设备的控制。

(3) PLC 技术在闭环控制系统中的应用。将 PLC 技术应用于电机启动系统闭环控制中，能够实现系统的自动化甚至智能化控制，不仅控制效率得到了提升，而且还更好地保障了闭环控制系统的稳定性。

PLC 的技术特点：具有较强的可靠性和抗干扰能力，通用性强，控制程序可变、功能强，适用面较广、编程简单，上手难度低、降低控制系统设计和施工的工作强度，并且体积和重量具有明显的优势。

PAC(可编程化自动控制器)的概念定义为：控制引擎的集中，涵盖 PLC 用户的多种需要，以及制造业厂商对信息的需求。PAC 包括 PLC 的主要功能和扩大的控制能力，以及 PC-based 控制中基于对象的、开放数据格式和网络连接等功能。从技术层面分析，PAC 是一种总线型分布式控制系统，PAC 系统总线技术作为工业现场的一种通信方式，具有传输速度快、数据量大、易于扩展安装和维护等优点[2]。

PAC 技术特点：PAC 结合了 PC 的处理器、内存及软件，并且拥有 PLC 的稳定性、坚固性和分布式本质，PAC 采取开放式结构，使用 COTS(commercial of the shelf，集成通信技术)，也就是它是选用市面上已经成熟可用的产品组合成 PAC 平台。

PAC 优势：①提高生产率和操作效率。一个通用轻便的控制引擎和综合工程开发平台允许快速地开发、实施和迁移，且由于它的开放性和灵活性，确保了控制、操作、企业级业务系统的无缝集成，优化了工厂流程。②降低操作成本。使用通用、标准架构和网络，降低了操作成本，让工程师能为一个体现成本效益、使用现货供应的平台选择不同系统部件，而不是专有产品和技术。③使用户对其控制系统拥有更多的控制力，使用户拥有更多的灵活性来选择适合每种特殊应用的硬件和编程语言，以他们自己的时间表来规划升级，并且可在任何地方设计、制造产品。

PAC 与 PLC 的主要区别：

(1) PAC 的性能是基于它的轻便控制引擎和标准、通用、开放的实时操作系统、嵌入式硬件系统设计以及背板总线。

(2) PAC 采用通用的实时操作系统，采用标准、通用的嵌入式硬件系统结构设计，其处理器可以使用高性能 CPU。

(3) PAC 系统的编程软件为同一平台，包括逻辑控制、运动控制、过程控制和人机界面等各功能。

综上所述，高新技术快速发展的背景下，PLC 技术应运而生并实现了广泛的应用。将先进的 PLC 技术应用于电气工程自动化控制领域，解决了传统技术存在的诸多不足。同时新一代控制系统 PAC 已经在我国机械、冶金、化工、水处理、交通等行业的自动化控制中得到了应用，效果良好。

3.1.2　DCS 集散控制系统技术

集散控制系统简称 DCS，也可直译为"分散控制系统"或"分布式计算机控制系统"。它是相对于集中式控制系统而言的一种计算机控制系统，综合了计算机、通信、显示和控制等技术，其基本思想是分散控制、集中操作、分级管理、配置灵活以及组态方便[3]。

DCS 控制系统是由计算机技术、信号处理技术、测量控制技术、通信网络技术和人机接口技术相互发展渗透而产生的。它既不同于分散的仪表控制系统，又有别于集中式计算机控制系统，而是在吸收了两者的基础上发展完善起来的一门系统控制技术。

DCS 的结构是一个分布式系统，从整体逻辑结构上讲，是一个分支树结构。其纵向结构分为过程控制级、控制管理级和生产管理级三级递阶结构。整个系统由 3 部分组成，即集中管理部分、分散控制检测部分和网络通信部分。系统结构图如图 3-2 所示。

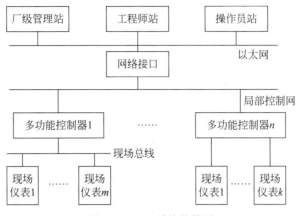

图 3-2　DCS 系统结构图

（1）集中管理部分包括工程师站、操作员站和上位机。

工程师站：负责系统的管理、控制组态、系统生成与下装。

操作员站：人机接口，由 PC 系统负责生产工艺的控制、过程状态显示、报警状态显示、实时数据和历史数据的显示打印等。

上位机：即管理计算机，它实现生产调度管理、优化及计算、生产经营管理与分析决策等层次的管理和计算。

（2）分散控制部分功能：现场检测模拟量、数字量和脉冲量的输入输出并进行转换处理；各种控制回路的运算；控制运算结果的直接输出。

（3）网络通信部分：包括局域网和控制网络以及网络间的接口网关设备。各种功能站之间的数据、指令的通信传输。

DCS 控制系统的应用：随着 DCS 的性能提高、功能增强、价格下降、产品系列增多，其市场销售量逐年增长。据统计，我国化工和石化企业应用 DCS 最为普遍，有 100% 的大型乙炔厂，95% 的大型氨厂都安装了 DCS 控制系统，尤其是所有新建的化工装置，不论规模大小，都无一例外地采用了 DCS 控制系统。

DCS 控制系统的技术特点：集散型控制系统是采用标准化、模块化和系列化设计，由过程控制级、控制管理级和生产管理级所组成的一个以通信网络为纽带的集中显示操作管理，控制相对分散，具有灵活配置、组态方便的多级计算机网络系统结构。

3.1.3　FCS 过程控制系统技术

现场总线控制系统（FCS）是一种基于 DCS/PLC 发展起来的新技术，实现了从控制室到现场设备的双向串行数字通信总线连接，现场总线系统（FCS）中的"现场"更多的是指现场中的设备，不是指具体的位置[4]。

FCS 在工控领域中的应用：FCS 技术从开始在工控领域推广，尤其在石油化工行业应用之后，其逐步在世界工业大范围得到应用和推广。FCS 现场总线控制技术在相关选矿企业中深入应用，对企业发展有着重要的作用。FCS 技术经过实践证明，现场总线模式为工控领域控制系统带来很多益处。尤其是在环境恶劣的场所，FCS 充分发挥了其独有的抗干扰能力强、数据传输快且准确无误等技术特点。

FCS 在工控化领域的技术特点主要有以下几个方面。

（1）增强了现场信息的集成能力。FCS 技术的应用和大力推广，提高了工控领域在现场对被控对象的控制和协调能力，特别是用户能够通过现场总线从被控设备中获取大量极其具有价值的数据信息。

（2）FCS 具有开放性、互换性、可操作性等优势。FCS 跟 DCS 区别之一，就是它通信协议的对外开放性，其结果是有利于不同系统网络之间的互联，彼此能够建立起通信机制。由于现场总线控制系统中的设备都具有相同标准的总线协议，这样由现场总线控制的设备都具有了互换性和可操作性的特点，从而减少了用户的备品备件，节省了设备的维护成本。

（3）FCS 具有可靠性高和可维护性好的特点。如果要确保整个系统能够安全地运行，系统就要实时地对现场所有被控设备进行不停地检测和诊断，且这种诊断方式必须是在线的模式。另外，系统在对生产现场设备进行远程操作和监控期间，所有现场的控制参数都是预先设置好的，如果系统检测到故障，马上在线修改参数值，这充分体现了 FCS 可维护性的特点。

3.2　人机交互系统

近年来，很多应用领域中的设备系统都面临着监控技术升级的问题。其中，主流技术就是基于上下位机结构的计算机监控。设备系统的智能化功能及水平高低主要由上位机软件来实现，而人机交互软件是其重要组成部分，它可以提供各种数据处理、网络连接以及友好的人机界面等功能[5]。

人机交互（human-machine interaction）是一门研究系统与用户之间的交互关系的学问，是研究关于设计、评价和实现供人们使用的交互计算系统以及有关这些现象进行研究的科学。狭义地讲，人机交互技术主要是研究人与计算机之间的信息交换，主要包括人到计算机和计算机到人的信息交换两部分。对于前者，人们可以借助键盘、鼠标、操纵杆、数据服装、眼动跟踪器、位置跟踪器、数据手套、压力笔等设备，用手、脚、声音、姿势或身体的动作、视线甚至脑电波等向计算机传递信息；对于后者，计算机通过打印机、绘图仪、显示器、头盔式显示器、音箱等输出或显示设备给人提供信息。它涉及计算机科学、心理学、认知科学和社会学以及人类学等诸多学科，是信息技术的一个重要组成部分，并将继续对信息技术的发展产生巨大的影响。

3.2.1　人机交互系统功能

智能设备系统是一种典型的人机交互系统模型，在这个模型中包括智能仪器、用户和个人计算机应用软件 3 个部分，这三者之间的关系如图 3-3 所示。

智能设备系统中的智能仪器可能有多个，图 3-3 只用一个示意，而个人计算机应用软件的载体个人计算机本身就是一台智能仪器。在智能设备系统中，应用软件中的人机界面属于软件界面，一方面可以将用户的命令准确无误地下达给软件中的程序；另一方面可以接收到软件通过界面向用户反馈的信息。而个人计算机应用软件的另一职责是保证用户和智能仪器之间的通信，这就需要软件中要有合理的通信协议和流程控制方法，而且要求智能仪器上有相关的通信接口、程序及相关驱动的支持。

随着智能仪器的微型化、网络化、智能化、多功能化和数据处理能力的提高,用户对通信速度和通信方式的要求也越来越高,能够方便地组网和实现与 Internet 的连接[6]。

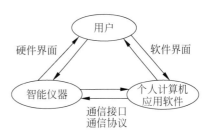

图 3-3　智能设备系统人机交互模型

多数台式计算机上面都有 RS-232C 串行接口,因此串口通信是上下位机通信最常用的方式,其编程也较简单。在传输距离较近,且对传输速度没有较高要求的情况下,智能设备系统中的设备间通信可以采用串口通信方式。

随着笔记本式计算机的应用越来越普及,笔记本式计算机 USB 接口可用于连接多达 127 个外设,如鼠标、调制解调器和键盘等。将 USB 技术引入智能设备系统,给用户提供了极大的方便。当智能设备系统对通信速率要求较高,而个人计算机与节点智能设备距离较近,又要求可以方便连接的时候,智能设备系统中的设备间通信可以采用 USB 通信方式。

以太网(Ethernet)是当前广泛使用的,采用共享总线型传输媒体方式的局域网,采用带冲突检测的载波监听多路访问(CSMA/CD)机制,TCP/IP 协议是其中的标准化协议[7]。 WiFi(wireless fidelity)是一种短程无线传输技术,能够在数百英尺范围内支持互联网接入的无线电信号。WiFi 通信因其成本低、方便组网、传输速度高等优点,在智能仪器或设备中增加该通信接口功能,已经成为一种发展趋势。WiFi 技术引入智能设备系统,使得各个智能设备间无需进行电缆连接,即可实现通信,方便快捷。

3.2.2　人机交互系统组成

人机交互系统是研究人与计算机之间通过相互理解的交流与通信,在最大程度上为人们完成信息管理,服务和处理等功能,使计算机真正成为人们工作学习助手的一门技术科学。人机交互的发展经历了几个阶段:早期的手工作业阶段、作业控制语言及交互命令语言阶段、图形用户界面阶段、网络用户界面阶段、多通道和多媒体的智能人机交互阶段[8]。随着嵌入式设备的广泛应用,特别是智能设备系统的普及,其人机交互也变得越来越重要。以第四代自然交互与通信系统为例,其概念模型如图 3-4 所示,系统的主要组成部分如下。

(1)多模态输入/输出:多模态输入/输出是第四代人机交互与通信的主要标志之一。多模态输入包括键盘、鼠标、文字、语音、手势、表情、注视等多种输入方式;而多模态输出包括文字、图形、语音、手势、表情等多种交互信息。

(2)智能接口代理:智能接口代理是实现人与计算机交互的媒介。

(3)视觉获取:视觉系统主要用于实时获取外部视觉信息。

(4)视觉合成:使人机交互能够在一个仿真或虚拟的环境中进行,仿佛现实世界中人与人之间的交互。

(5)对话系统:目前主要有两种研究趋势,一种以语音为主,另一种从某一特定任务域入手,引入对话管理概念,建立类似于人与人对话的人机对话。

(6)Internet 信息服务:扮演信息交流媒介的角色。

(7)知识处理:自动地提取有效的可为人们利用的知识。

(8)看视频、接收器(audio-video receivers,AVR)转化:信号扩增、解码、输入/输出和转移等。

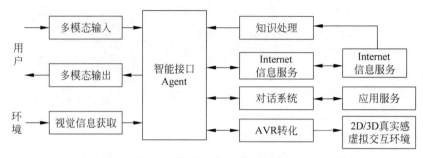

图 3-4　第四代人机自然交互与通信的概念模型

3.2.3　新型人机交互系统

计算机系统的人机交互功能主要依靠可输入输出的外部设备和相应的软件来完成。可供人机交互使用的设备主要有键盘、显示器、鼠标、各种模式识别设备等。近年来,随着机器视觉、人工智能、模式识别技术的发展,以及相应的计算机软硬件技术的进步,以手势识别、动作识别、语音识别等为基础的自然人机交互技术不断涌现。交互的模式也从单一通道输入向多通道输入改变,最终达到智能和自然的目的。

1. 语音识别

语音识别(automatic speech recognition,ASR)是人工智能领域的关键技术之一,其目的是让计算机能够"听懂"人类的语言,并将语音转换成文本。ASR 技术开启了智能人机交互系统应用的大门,是实现机器翻译、自然语言理解的基础,其研究工作自 19 世纪 50 年代就已经开始,通过几代学者的不断努力,经历了从简单少量词汇识别到复杂大量词汇识别的过程。近年来,伴随着人工智能领域深度学习技术的飞速发展,ASR 技术性能也显著提升并被广泛应用,且逐步实用化并实现产品化。人们在生活和工作中无时无刻不体验着 ASR 技术带给我们的便利,例如语音输入法、语音助手等智能语音软件以及机器人、点餐机、车载语音等智能语音交互系统等。

科大讯飞股份有限公司可以提供包括语音识别、语音合成和声纹识别等全方位的语音交互平台,是拥有自主知识产权的智能语音技术公司。2017 年底,该公司发布了汽车智能交互系统飞鱼 2.0,这是该公司推出的面向车厂定制的跨平台软件产品(见图 3-5)。广汽 GS8 型 SUV 汽车搭载了该系统,通过语音识别实现了空调温度控制、车窗开闭以及地图导航等智能操作。该系统的优势还包括具有阵列降噪功能,过滤噪声后,语言识别率更高;同时还具有声纹识别及回声消除功能。这两种功能可实现驾驶人的身份认证并消除其他音源对交互的干扰。

2. 多点触控

多点触控技术(又称多重触控、多点感应、多重感应,英译为 multitouch 或 multi-touch)是一种允许多用户、多手指同时传输输入信号,并根据动态手势进行实时响应的新型交互技术。该项技术采用裸手作为交互媒介,使用电学或者视觉技术完成信息的采集与定位,能在没有传统输入设备(如鼠标、键盘等)的情况下进行计算机的人机交互操作。

图 3-5 搭载科大讯飞语音识别系统的汽车

多点触控摒弃了键盘、鼠标的单点操作方式。用户可通过双手进行单点触摸,也可以以单击、双击、平移、按压、滚动以及旋转等不同手势触摸屏幕,实现随心所欲地操控,从而更好更全面地了解对象的相关特征(文字、录像、图片、三维模拟等信息)。如图 3-6 所示,用户可以通过单手或者多手直接操控计算机。

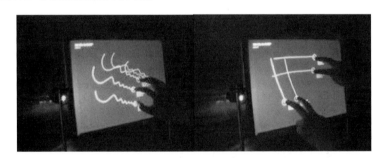

图 3-6 单手触控(左)与双手触控(右)

第七代伊兰特轿车中控屏搭载的智能网联系统,可提供智能语音识别、车家互控、BLE蓝牙钥匙、BlueLink、位置共享等便捷功能。中控屏幕采用高清电容屏,操作平顺无卡顿,支持多点触控,不同的操作方式会有不同的效果呈现。五个手指同时触碰屏幕,中控屏自动进入屏幕休眠状态;四个手指同时触碰屏幕,中控屏进入主界面;三个手指同时触碰屏幕,中控屏回到主菜单。触摸屏使得用户直接触摸设备的应用功能,减少对外部按钮的依赖(见图 3-7)。

图 3-7 伊兰特中控屏五指触碰进入休眠状态

3. 手势交互

手势交互是指人通过手部动作表达特定的含义和交互意图,通过具有符号功能的手势来进行信息交流和控制计算机的交互技术。例如,可以采用如图 3-8 所示的生活中的 6 种手势类型,将其语义分别定义为确定/抓取、返回/释放、锁定/解锁、右选、待转/移动、左选操作指令。

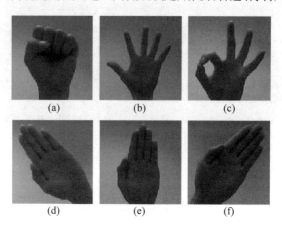

图 3-8　手势类型

(a) 拳头;(b) 开手掌;(c) OK 手势;(d) 右挥动;(e) 闭手掌;(f) 左挥动

2015 年,宝马公司率先发布了搭载手势识别的 7 系,而且前后也不断有 OEM 在尝试推出搭载这项功能的量产车,手势控制正在成为一种更值得期待的车内交互方式(见图 3-9)。通过不同的手势,手势交互可以实现接挂电话、调节音量、选择歌曲、控制导航、控制车辆(空调、座椅、窗户等)等功能,还包括主驾和副驾、后排乘客交互的多种场景。

图 3-9　手势在人车交互中的应用

智能网联汽车是指搭载先进车载传感器、控制器、执行器等装置,融合现代通信与网络技术,实现车与车、路、人、云等智能信息交换、共享,具备复杂环境感知、智能决策、协同控制等功能,可实现安全、高效、舒适、节能行驶,并最终实现替代人来操作的新一代汽车[9]。未来人车交互一定是多维度的,随着类脑智能技术充分发挥其增强智能网联汽车(intelligent connected vehicle,ICV)多维感知、全局洞察、实时决策、持续进化等认知方面的潜能,利用云端的超强计算能力和 AI 技术,将构建基于类脑信息认知与处理手段的超级车载智能终端和云边端一体化的智慧交通大脑[10]。同时,类脑计算在语音识别与合成、多点触控识别、手势识别等方面的应用,将促进 ICV 人机交互技术性能的飞跃与提升。

3.3　智能控制算法

3.3.1　智能控制问题概述

人工智能控制主要用于某些模糊的、非线性的、非结构化的无法用常规数学模型描述的复杂对象。对于具有较精确教学模型的系统,通常用一些常规方法进行控制[11]。一个控制系统水平的高低主要取决于控制效果[12]。另外,在数学处理上,常把静态做成动态的特殊情形,或将一个线性回归模型用神经元网络结构描述,用以说明动态系统对静态系统的包容、神经元网络结构对线性回归的包容,便于统一分析,但若以此为依据,便要将一个静态系统说成动态系统,将一线性回归说成神经元网络。智能控制算法在应用到一些科学问题时,具有一些共同的需要认真研究的问题。这些问题主要表现在以下几个方面。

（1）如何确定其适用范围,即什么类型的智能算法使用到什么样的实际系统是比较有效的。

（2）这些智能算法常常与系统的复杂性研究有关。其讨论的对象是一定量非线性元件之间由于相互作用而出现的现象,例如系统无序到动态有序的现象或从混沌到有序的现象。物质进化过程的不可逆性及其机制,复杂系统的适应性特征等,对这些现象的出现所进行的研究在方法论上与传统的数学、物理等科学研究不同,需要一种新的思维方法和理论,而这些方法与智能算法有时有相当好的契合[13]。

（3）人们常将具有严格定义的物理、化学和生物界确定的方程、函数或泛函数作为对象。具有十分确定的数学公式而建立起来的算法称为传统的算法。在相对简单的问题中,传统计算与智能计算之间的差别比较清楚[14]。但对于日益复杂的大规模计算可能会呈现出一种"你中有我,我中有你"的复杂交叉情况。

（4）在人的学习与研究过程中常常会出现灵感这一现象,复杂性研究的人将此种现象归结为思索过程中的涌现行为,并认定这是非线性复杂性引起的,但至今在计算机模仿人的思维中并未能揭示或复现这一有时非常有价值的过程。

3.3.2　典型智能控制算法

1. 遗传算法

遗传算法（genetic algorithm,GA）是近几年发展起来的一种崭新的全局优化算法。1962 年,霍兰德教授首次提出了 GA 算法的思想,它借用了仿真生物遗传学和自然选择机理,通过自然选择、遗传、变异等作用机制,实现各个个体适应性的提高。从某种程度上说,遗传算法是对生物进化过程进行的数学方式的仿真[15]。

遗传算法的典型算例：个体编码,即遗传算法的运算对象是表示个体的符号串,所以必须把变量 x_1,x_2 编码为一种符号串。本题中用无符号二进制整数来表示。因 x_1,x_2 为 0～7 之间的整数,所以分别用 3 位无符号二进制数来表示,将它们连接在一起所组成的 6 位无符号二进制数就形成了个体的基因型,表示一个可行解[16]。

例如,基因型 $X=101110$ 所对应的表现型是：$x=[5,6]$。个体的表现型 x 和基因型 X 之间可通过编码和解码程序相互转换。

遗传步骤：遗传算法的主要过程及流程图如图 3-10 所示。

主要过程：①编码；②初始群体的生成；③交换；④适应度值评估检测；⑤选择；⑥变异；⑦中止。

遗传算法流程图如图 3-10 所示。

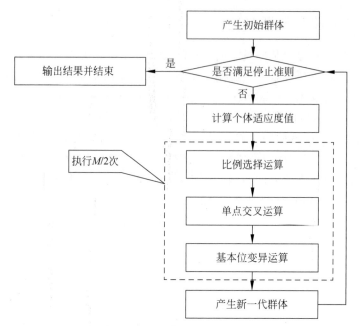

图 3-10　遗传算法流程图

2. 蚁群算法

蚁群算法(ant colony optimization，ACO)，又称蚂蚁算法，是一种用来在图中寻找优化路径的概率型算法。它由 Marco Dorigo 于 1992 年在他的博士学位论文中提出，其灵感来源于蚂蚁在寻找食物过程中发现路径的行为。蚁群算法是一种模拟进化算法，初步的研究表明该算法具有许多优良的性质。针对 PID 控制器参数优化设计问题，将蚁群算法设计的结果与遗传算法设计的结果进行了比较，数值仿真结果表明，蚁群算法具有一种新的模拟进化优化方法的有效性和应用价值[17]。

如图 3-11 所示，蚂蚁从 A 点出发，速度相同，食物在 D 点，可能随机选择路线 ABD 或 ACD。假设初始时每条分配路线一只蚂蚁，每个时间单位行走一步，本图为经过 9 个时间单位时的情形：走 ABD 的蚂蚁到达终点，而走 ACD 的蚂蚁刚好走到 C 点，为一半路程。经过 18 个时间单位时的情形：走 ABD 的蚂蚁到达终点后得到食物又返回了起点 A，而走 ACD 的蚂蚁刚好走到 D 点。

假设蚂蚁每经过一处所留下的信息素为 1 个单位，则经过 36 个时间单位后，所有开始一起出发的蚂蚁都经过不同路径从 D 点取得了食物，此时 ABD 的路线往返了 2 趟，每处的信息素为 4 个单位，而 ACD 的路线往返了 1 趟，每处的信息素为 2 个单位，其比值为 2∶1。寻找食物的过程继续进行，则按信息素的指导，蚁群在 ABD 路线上增派 1 只蚂蚁(共 2 只)，而 ACD 路线上仍然为 1 只蚂蚁。再经过 36 个时间单位后，两条线路上的信息素单位积累为 12 和 4，比值为 3∶1。若按以上规则继续，蚁群在 ABD 路线上再增派 1 只蚂蚁(共 3 只)，而 ACD 路线上仍然为 1 只蚂蚁。再经过 36 个时间单位后，两条线路上的信息素单

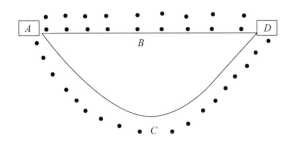

图 3-11　蚁群算法典型案例

位积累为 24 和 6,比值为 4∶1。若继续进行,则按信息素的指导,最终所有的蚂蚁会放弃 ACD 路线,而都选择 ABD 路线[18]。这也就是正反馈效应。

蚁群算法:蚁群算法的主要过程及流程图如下。

主要过程:①初始化;②为每只蚂蚁选择下一个节点;③更新信息素矩阵;④检查终止条件;⑤输出最优值。

蚁群算法流程图如图 3-12 所示。

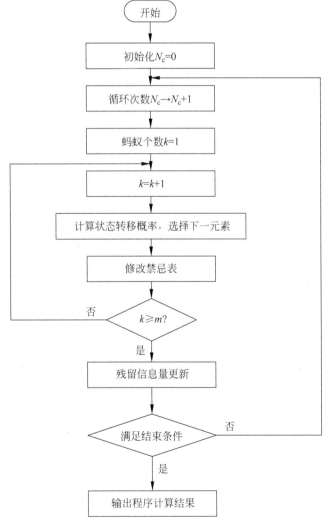

图 3-12　蚁群算法流程图

3. 禁忌搜索

禁忌搜索(tabu search/taboo search, TS)的思想最早由 Glover(1986)提出,它是对局部领域搜索的一种扩展,是一种全局逐步寻优算法,是对人类智力过程的一种模拟[19]。TS算法通过引入一个灵活的存储结构和相应的禁忌准则来避免迂回搜索,并通过藐视准则来赦免一些被禁忌的优良状态,进而保证多样化的有效探索以最终实现全局优化。相对于模拟退火和遗传算法,TS是又一种搜索特点不同的元启发式算法。

禁忌搜索典型算例:

禁忌搜索算法求解 TSP 问题 Python 实现的算例分析

tabu_size=2(禁忌表长)

$S_1=[2,1,4,3]$, $f(S_1) = 500$, tabu_list $=[]$, $S_0 = [2,1,4,3]$, best_so_far$=500$

如表 3-1 所示,随机交换 S_0 中两个元素的位置,一共不重复地交换 M(候选集合长度)次。

表 3-1 随机交换 S_0 中两个元素的位置

交换元素	候选集合(领域)	目标函数值
(2,1)	[1,2,3,4]	480
(1,4)	[2,4,1,3]	436
(4,3)	[2,1,3,4]	652

如表 3-2 所示,对 S_0 交换 1 和 4 时,目标函数值最优,此 $S_2=[2,4,1,3]$, $f(S_2)=436$, 将(1,4)添加到禁忌表中,tabu_list$=[(1,4)]$,令 $S_0=S_2$, best_so_far$=436$。随机交换 S_2 中两个元素的位置,总共不重复地交换 M 次。

表 3-2 交换 1 和 4 使目标函数最优

交换元素	候选集合(领域)	目标函数值
(2,4)	[4,2,1,3]	460
(4,1)	[2,1,4,3]	500
(1,3)	[2,4,3,1]	608

如表 3-3 所示,对 S_2 交换 2 和 4 时目标函数值最优,此时 $S_3=[4,2,1,3]$ S_0 和 best_so_far 保持不变,$f(S_3)=460$ 将(2,4)添加到禁忌表中,tabu_list$=[(1,4),(2,4)]$随机交换 S_2 中两个元素的位置,总共不重复地交换 M 次。

表 3-3 交换 2 和 4 使目标函数最优

交换元素	候选集合(领域)	目标函数值
(4,2)	[2,4,1,3]	436
(2,1)	[4,1,2,3]	440
(1,3)	[4,2,3,1]	632

对 S_3 交换 4 和 2 时目标函数最优,虽然(2,4)已经在禁忌表中,但是 $f(S_3)=436<$best_so_far$=460$,所以此时只需将禁忌表中的元素(2,4)调整一下位置即可(放在现有元素的最

后面)。此时 $S_4=[2,4,1,3]$,$f(S_4)=436$,tabu_list$=[(2,4),(1,4)]$。……不断迭代直到达到迭代终止条件。

禁忌搜索主要过程:

(1) 在搜索中,构造一个短期循环记忆表——禁忌表,禁忌表中存放刚刚进行过的 $|T|$(T 称为禁忌表)个邻居的移动,这种移动即解的简单变化。

(2) 禁忌表中的移动称为禁忌移动。对于进入禁忌表中的移动,在以后的 $|T|$ 次循环内是禁止的,以避免回到原来的解,从而避免陷入循环。$|T|$ 次循环后禁忌解除。

(3) 禁忌表是一个循环表,在搜索过程中被循环的修改,使禁忌表始终保持 $|T|$ 个移动。

(4) 即使引入了禁忌表,禁忌搜索仍可能出现循环。因此,必须给定停止准则以避免出现循环。当迭代内所发现的最好解无法改进或无法离开它时,算法停止。

禁忌搜索算法流程如图 3-13 所示。

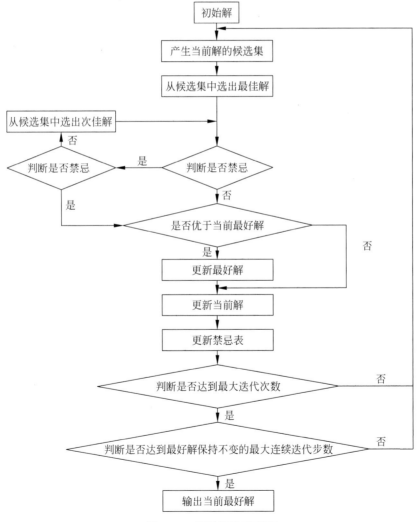

图 3-13　禁忌算法流程图

4. 模拟退火

模拟退火（simulated annealing，SA）是一种通用概率算法，用来在一个大的搜寻空间内寻找命题的最优解。模拟退火算法来源于固体退火原理，将固体加温至充分高，再让其徐徐冷却。加温时，固体内部粒子随温度升高变为无序状，内能增大，而徐徐冷却时，粒子渐趋有序，在每个温度都达到平衡态，最后在常温时达到基态，内能减为最小。

模拟退火典型算例：

已知背包的装载量为 $c=8$，现有 $n=5$ 个物品，它们的重量和价值分别是 $(2,3,5,1,4)$ 和 $(2,5,8,3,6)$。试使用模拟退火算法求解该背包问题，写出关键的步骤。求解：假设问题的一个可行解用 0 和 1 的序列表示，例如 $i=(1010)$ 表示选择第 1 和第 3 个物品，而不选择第 2 和第 4 个物品。用模拟退火算法求解此例的关键过程如图 3-14 所示。

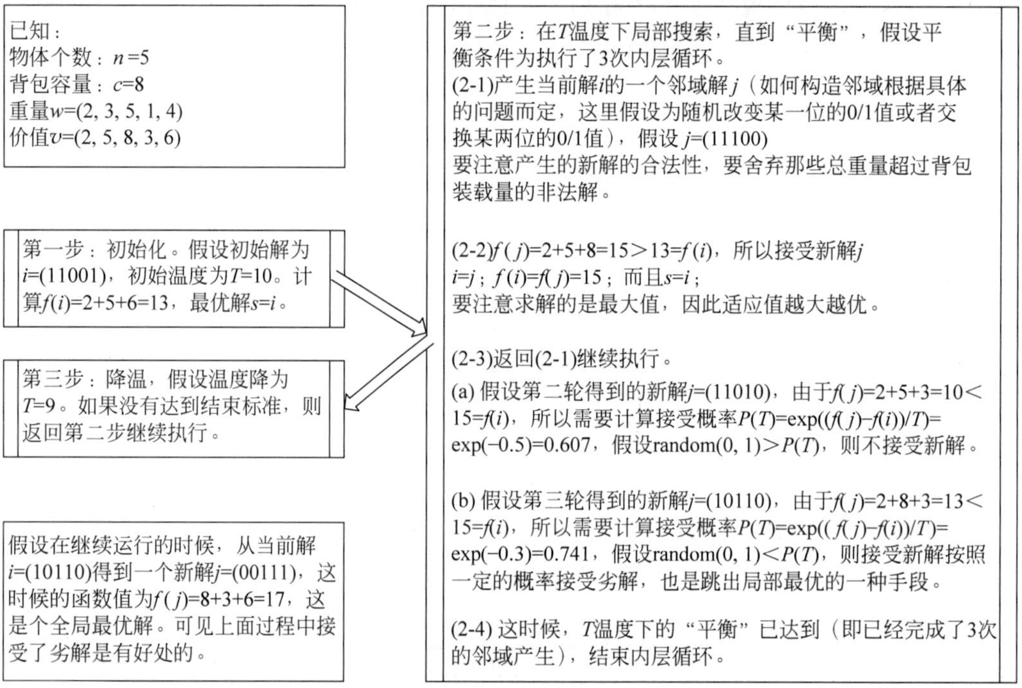

已知：
物体个数：$n=5$
背包容量：$c=8$
重量 $w=(2,3,5,1,4)$
价值 $v=(2,5,8,3,6)$

第一步：初始化。假设初始解为 $i=(11001)$，初始温度为 $T=10$。计算 $f(i)=2+5+6=13$，最优解 $s=i$。

第三步：降温，假设温度降为 $T=9$。如果没有达到结束标准，则返回第二步继续执行。

假设在继续运行的时候，从当前解 $i=(10110)$ 得到一个新解 $j=(00111)$，这时候的函数值为 $f(j)=8+3+6=17$，这是个全局最优解。可见上面过程中接受了劣解是有好处的。

第二步：在 T 温度下局部搜索，直到"平衡"，假设平衡条件为执行了 3 次内层循环。
(2-1) 产生当前解 i 的一个邻域解 j（如何构造邻域根据具体的问题而定，这里假设为随机改变某一位的 0/1 值或者交换某两位的 0/1 值），假设 $j=(11100)$
要注意产生的新解的合法性，要舍弃那些总重量超过背包装载量的非法解。

(2-2) $f(j)=2+5+8=15>13=f(i)$，所以接受新解 j，$i=j$；$f(i)=f(j)=15$；而且 $s=i$；
要注意求解的是最大值，因此适应值越大越优。

(2-3) 返回 (2-1) 继续执行。
(a) 假设第二轮得到的新解 $j=(11010)$，由于 $f(j)=2+5+3=10<15=f(i)$，所以需要计算接受概率 $P(T)=\exp((f(j)-f(i))/T)=\exp(-0.5)=0.607$，假设 $\mathrm{random}(0,1)>P(T)$，则不接受新解。

(b) 假设第三轮得到的新解 $j=(10110)$，由于 $f(j)=2+8+3=13<15=f(i)$，所以需要计算接受概率 $P(T)=\exp((f(j)-f(i))/T)=\exp(-0.3)=0.741$，假设 $\mathrm{random}(0,1)<P(T)$，则接受新解按照一定的概率接受劣解，也是跳出局部最优的一种手段。

(2-4) 这时候，T 温度下的"平衡"已达到（即已经完成了 3 次的邻域产生），结束内层循环。

图 3-14　模拟退火典型算例

模拟退火：模拟退火的主要过程及流程图如下。

模拟退火算法主要过程：

（1）由一个产生函数从当前解产生一个位于解空间的新解。为便于后续的计算和接受，减少算法耗时，通常选择由当前新解经过简单地变换即可产生新解的方法，如对构成新解的全部或部分元素进行置换、互换等，注意到产生新解的变换方法决定了当前新解的邻域结构，因而对冷却进度表的选取有一定的影响。

（2）计算与新解所对应的目标函数差。因为目标函数差仅由变换部分产生，所以目标函数差的计算最好按增量计算。事实表明，对大多数应用而言，这是计算目标函数差的最快方法。

（3）判断新解是否被接受，判断的依据是一个接受准则，最常用的接受准则是 Metropolis 准则：若 $\Delta T<0$，则接受 S' 作为新的当前解 S，否则以概率 $\exp(-\Delta T/T)$ 接受 S' 作为新的当前解 S。

（4）当新解被确定接受时，用新解代替当前解，这只需将当前解中对应于产生新解时的变换部分予以实现，同时修正目标函数值即可。此时，当前解实现了一次迭代。可在此基础上开始下一轮试验。而当新解被判定为舍弃时，则在原当前解的基础上继续下一轮试验。

模拟退火算法流程如图 3-15 所示。

5. 贪心算法

贪心算法（又称贪婪算法）是指，在对问题求解时，总是做出在当前看来是最好的选择。也就是说，不从整体最优上加以考虑，做出的仅是在某种意义上的局部最优解。贪心算法不是对于所有问题都能得到整体最优解，但对范围相当广泛的许多问题都能产生整体最优解或者是整体最优解的近似解。

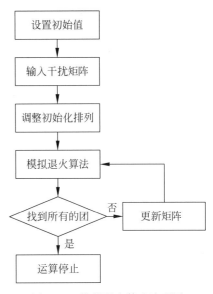

图 3-15　模拟退火算法流程图

贪心算法典型算例：

[背包问题]有一个背包，背包容量是 $M=150$。有 7 个物品，物品可以分割成任意大小，要求尽可能让装入背包中的物品总价值最大，但不能超过总容量。

物品	A	B	C	D	E	F	G
质量	35	30	60	50	40	10	3025
价值	10	40	30	50	35	40	

分析：

目标函数：$\sum pi$ 最大

约束条件是装入的物品总质量不超过背包容量：$\sum wi \leqslant M(M=150)$

（1）根据贪心的策略，每次挑选价值最大的物品装入背包，得到的结果是否最优？

（2）每次挑选所占质量最小的物品装入是否能得到最优解？

（3）每次选取单位质量价值最大的物品，成为解本题的策略。

值得注意的是，贪心算法并不是完全不可以使用，贪心策略一旦经过证明成立后，它就是一种高效的算法。

贪心算法还是很常见的算法之一，这是由于它简单易行，构造贪心策略不是很困难。可惜的是，它需要证明后才能真正运用到题目的算法中。一般来说，贪心算法的证明围绕着整个问题的最优解一定由在贪心策略中存在的子问题的最优解得来。

对于例题中的 3 种贪心策略，都是无法成立（无法被证明）的，解释如下。

（1）贪心策略：选取价值最大者。反例：

$W=30$

物品：A　　B　　C

质量：28　　12　　12

价值：30　　20　　20

根据策略,首先选取物品 A,接下来就无法再选取了,可是,选取 B、C 则更好。

(2)贪心策略:选取质量最小。它的反例与第一种策略的反例差不多。

(3)贪心策略:选取单位质量价值最大的物品。反例:

$W=30$

物品:A B C

质量:28 20 10

价值:28 20 10

根据策略,3 种物品单位质量价值一样,程序无法依据现有策略作出判断,如果选择 A,则答案错误。

贪心算法:贪心算法的主要过程及流程图如下。

主要过程:

(1)建立数学模型来描述问题。

(2)把求解的问题分成若干子问题。

(3)对每一子问题求解,得到子问题 d 的局部最优解。

(4)把子问题的局部最优解合成原来解问题的一个解。

贪心算法流程图如图 3-16 所示。

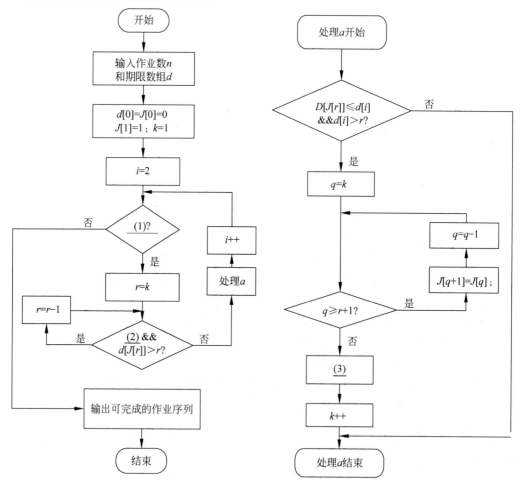

图 3-16　贪心算法流程图

3.3.3　人工智能算法

从 2018 年开始,作为人工智能核心要素的"算法"概念开始兴起,并逐渐取代空泛的"人工智能"概念,成为法学界研究人工智能的聚焦点。人工智能算法,即通过计算机来模拟人的思维和智能,在一定的输入前提下,按照设定程序运行,①由计算机来完成特定功能的输出,解决特定问题的方法的准确描述或清晰的有限指令。②它可以增强人在某些领域的决策能力,甚至在某些方面可以代替人作出决策。但其在为人类提供更加迅捷高效的决策依据的同时,也会潜在地对人类的视域、判断乃至选择产生影响,进而不断改变资本与个人权利、国家权力的关系[20]。与传统智能控制算法相比,新一代人工智能不但以更高水平接近人的智能形态存在,而且以提高人的智力能力为主要目标来融入人们的日常生活,比如跨媒体智能、大数据智能、自主智能系统等。在越来越多的一些专门领域,人工智能的博弈、识别、控制、预测甚至超过人脑的能力,比如人脸识别技术。新一代人工智能技术正在引发链式突破,推动经济社会从数字化、网络化向智能化加速跃进。

人工智能算法按照模型训练方式不同可以分为监督学习(supervised learning)、无监督学习(unsupervised learning)和半监督学习(semi-supervised learning)三大类。

(1) 如表 3-4 所示,常见的监督学习算法包含:

表 3-4　监督学习算法

人工神经网络类	反向传播、玻尔兹曼机、卷积神经网络、网络、多层感知器、径向基函数网络、受限玻尔兹曼机、回归神经网络、自组织映射、尖峰神经网络等
贝叶斯类	朴素贝叶斯、高斯贝叶斯、多项朴素贝叶斯、平均-依赖性评估贝叶斯信念网络、贝叶斯网络等
决策树类	分类和回归树、迭代算法、C5.0 算法、卡方自动交互检测、决策残端、ID3 算法、随机森林、SLIQ 等
线性分类器类	Fisher 的线性判别、线性回归、逻辑回归、多项逻辑回归、朴素贝叶斯分类器、感知、支持向量机等

(2) 如表 3-5 所示,常见的无监督学习算法包含:

表 3-5　无监督学习算法

人工神经网络类	生成对抗网络,前馈神经网络、逻辑学习机、自组织映射等
关联规则学习类	先验算法、Eclat 算法、FP-Growth 算法等
分层聚类算法	单连锁聚类、概念聚类等
聚类分析	BIRCH 算法、DBSCAN 算法,期望最大化、模糊聚类、K-medians 聚类、均值漂移算法、OPTICS 算法等
异常检测类	K-最近邻算法、局部异常因子算法等

(3) 如表 3-6 所示,常见的半监督学习算法包含:

表 3-6　半监督学习算法

强化学习类算法	Q 学习、状态-行动-奖励-状态-行动、DQN、策略梯度算法、基于模型强化学习、时序差分学习

续表

深度学习类算法	深度信念网络、深度卷积神经网络、深度递归神经网络、分层时间记忆、深度玻尔兹曼机、栈式自动编码器、生成对抗网络

3.3.4　智能控制发展趋势

未来的智能控制发展之路将是智能控制与新的复杂系统的结合，与相关交叉学科的融合，需要结合智能控制发展的阶段性特征展开持续探索。我们将深入推进智能技术研究成果的航天工程应用，同时也将着力开展基础性研究，在人工智能技术的可解释性、可控性和可信性等方面探索研究，智能控制技术将不断融合新方法、解决新问题、拓展新应用、攀登新高度。

3.4　智能运维与管理

智能运维
视频

3.4.1　机械状态监测与故障诊断

随着测试技术、信息技术和决策理论的快速发展，在航空、航天、通信和工业应用等各个领域的工程系统日趋复杂，系统的综合化、智能化程度不断提高，研制、生产，尤其维护和保障的成本也越来越高。同时，由于组成环节和影响因素的增加，发生故障和功能失效的概率逐渐加大。因此，机械设备的智能运维和健康管理逐渐成为研究者关注的焦点。基于复杂系统可靠性、安全性和经济性的考虑，以预测技术为核心的故障预测和健康管理策略得到了越来越多的重视和应用，已发展为自主式后勤保障系统的重要基础。

对机械设备进行状态监测和故障诊断可以提高设备的可靠性，实现由"事后维修"到"预知维修"的转变，保证产品的质量，避免重大事故的发生，降低事故危害性，从而获得潜在的巨大经济效益和社会效益。对于机械设备的故障诊断，最根本的问题在于故障机理分析。所谓故障机理，就是通过理论或大的实验分析得到反映设备故障状态信号与设备系统参数之间联系的表达式，据此改变系统的参数可改变设备的状态信号。设备的异常或故障是在设备运行中通过其状态信号（二次效应）变化反映出来的。因此，通过监测在设备运行中出现的各种物理、化学现象，如振动、噪声、温升、压力变化、功耗、变形、磨损和气味等，可以快速、准确地提取设备运行时二次效应所反映的状态特征，并根据该状态特征找到故障的本质原因。

3.4.2　典型故障机理分析

机械设备典型故障包括磨损故障、裂纹故障、碰摩故障、不平衡故障、不对中故障和失稳故障等（见表 3-7）。导致机械设备故障的因素和模式异常复杂，通常可以表述为在故障因素的影响下，通过故障机理的作用，最后以某些故障模式展现出来。故障因素是全部可能导致机械设备故障的因素的集合。故障机理是指在应力和时间的条件下，导致发生故障的物理化学或机械过程等。故障模式是故障的表现，并不揭示故障的实质原因。对于机械设备的故障诊断问题，最根本的是故障机理分析。只有通过故障机理分析才能从根本上找到提高设备可靠性的有效方法。机器在运行过程中的振动是诊断的重要信息，振动的位移、速度和加速度都反映了机器的运行状态。

表 3-7　重大装备典型故障

类　型	原　因	分　类
磨损故障	重大装备在使用的过程中,由于摩擦、冲击、振动、疲劳、腐蚀和变形等造成的相应零部件的形态发生变化,功能逐渐(或突然)降低以致丧失的现象	按照摩擦表面破坏的机理和特征可以将磨损故障分为:磨粒磨损故障、黏着磨损故障、疲劳磨损故障、腐蚀磨损故障以及微动磨损故障
裂纹故障	零部件在应力或环境的作用下,其表面或内部的完整性或连续性被破坏产生裂纹的一种现象	按照裂纹的形态,可以将裂纹分为闭裂纹、开裂纹和开闭裂纹
碰摩故障	转子某处的变形量和预期振动量相加大于预留的动静间隙,从而使得转子和定子发生摩擦	按照机组发生碰摩故障的碰摩方向分类,可以将碰摩故障分为径向碰摩、轴向碰摩和组合碰摩
不平衡故障	大型旋转装备中转子受材料、质量、加工、装配以及运行中多种因素的综合影响,其质量中心和旋转中心线之间存在一定的偏心现象,使得转子在工作室形成周期性的离心力干扰,从而最终引起机械振动,甚至导致机械设备的停工和损毁现象不平衡故障	按照其故障机理,可以分为静不平衡故障、偶不平衡故障,以及动不平衡故障
不对中故障	机械设备在运行状态下,转子与转子之间的连接对中超出正常范围,或者转子轴径在轴承中的相对位置不良,不能形成良好的油膜和适当的轴承负荷,从而引发机器振动或联轴节、轴承损坏的现象	根据不对中故障的形式,可以将不对中故障分类为:角度不对中故障、平行不对中故障和综合不对中故障
失稳故障	零部件在运行过程中,由于突然的环境变化或应力作用失去原有的平衡状态,从而丧失继续承载的能力,最终导致整个机械设备产生振动的现象	无
喘振故障	在流体机械装备中,当进入叶轮的气体流量减少到某一最小值时,装备中整个流道为气体流量漩涡区所占据,这时装备的出口压力将突然下降,而较大容量的管网系统中压力并不会马上下降,从而出现管网气体箱装备倒流的现象	喘振故障是装备严重失速和管网互相作用的结果,故障的主要原因包括:装备转速下降而被压未能及时下降、网管压力升高或装备气流流量下降以及装备进气温度升高而进气压力下降
油膜涡动及振荡故障	当转子轴颈在滑动轴承内作高速旋转运动的同时,随着运动楔入轴径与轴承之间的油膜压力发生周期性变化,迫使转子轴心绕某个平衡点作椭圆轨迹的公转运动的现象	无
轴电流故障	当重大装备的转子在高速旋转的过程中,一旦转子带电,其建立的对地电压升高到某一数值时,电阻最小区域的绝缘通路被击穿,发生电火花放电的现象	无
松动故障	装备在连续运行状态下过大的振动导致其连续状态发生的变化连接结构出现松动,使得装备不能正常工作的现象	装备发生松动故障的主要原因有外在激振力过大、装配不善、预紧力不足等

3.4.3 故障识别与诊断

信号特征提取技术是实现故障诊断的重要手段。机械系统结构复杂、部件繁多,采集到的动态信号是各部件振动的综合反映,且由于传递途径的影响,信号变得更复杂。在诊断过程中,首先分析设备运转中所获取的各种信号,提取信号中的各种特征信息,从中获取与故障相关的征兆,利用征兆进行故障诊断。

工程实践表明,不同类型的机械故障在动态信号中会表现出不同的特征波形,如旋转机械失衡振动的波形与正弦波相似,内燃机燃爆振动波形具有高斯函数包络的高频信号,齿轮、轴承等机械零部件出现剥落、裂纹等故障,还有往复机械的气缸、活塞、气阀磨损缺陷,它们在运行中产生冲击振动呈现接近单边振荡衰减的响应波形,而且随着损伤程度的发展,其特征波形也会发生改变。近年来,广泛应用的傅里叶变换、短时傅里叶变换和小波变换等可以说都是基于内积原理的特征波形基函数信号分解,旨在灵活运用与特征波形相匹配的基函数去更好地处理信号,提取故障特征。

3.4.4 设备安全智能监控

设备安全智能监控是先进安全监控技术和新一代人工智能检测技术的深度融合,对设备的运行状态参数(如温度、压力、振动、噪声和润滑等参数)及生产工艺流程进行在线实时监控和检测记录,对运行大数据通过云计算进行智能分析,动态检测监控设备的运行状态和工艺进度,智能预测设备的运行状态发展趋势,尽早发现设备运行过程中的早期故障,通过智能分析判断故障部位和原因,提出相应维修对策,进行智能维修,从而达到设备安全智能监控的目的,确保设备安全、可靠、高效运行。

设备安全信息化管理是开展设备安全智能监控重要的基础条件,主要包括设备点检管理、作业工艺管理和设备软件管理三方面。设备点检管理是做好设备安全可靠运行与信息化管理的关键点。设备点检分岗位点检和专业点检两种形式。岗位点检必须由操作人员完成,主要负责设备的日常巡检,是设备安全信息化管理中的最基本环节,是确保设备安全可靠运行的第一防线。专业点检必须由专业点检人员完成,对技术含量较高的设备、流水线及智能柔性加工自动线等主要易损件进行定量化管理。作业工艺管理是指把设备管理、生产管理、质量管理、现场管理和安全管理等多项内容有机结合起来,使得现代设备工程安全信息化管理体系得到持续改进。主要体现为作业工艺 QC 表的编制、正确运用和改善改进等。设备软件管理是指建立以设备状态监测数据和信息化软件技术为支撑的设备管理系统,将使企业建立全寿命周期的现代设备工程平台。它支持底层的各种离线及在线监测仪器,并与企业 ERP、MES 等管理信息化和自动化系统实现数据交换。对收集的设备状态数据进行分析,给出状态报警信息及异常状态记录,并结合设备故障数据及其他相关运行数据指导设备可靠性维护与检修工作的实施,备品配件的优化采购,为优化检修提供技术支撑。

3.4.5 基于多传感器数据融合的机械系统故障诊断

由于单个传感器只能获取局部的信息,对于功能部件多、故障信息复杂的数控机床,需采用多种传感器来获取不同种类、不同状态的信息。多传感器信息融合方法是用多种传感器从多方面探测系统的多种物理量,利用计算机技术对系统运行状态的多传感器信息源进行监测,进而综合运用多种人工智能和现代信号处理方法的各自优点,取长补短、优势互补,实现准确、及时的机械系统运行状态判断。该方法的特点在于,多传感器信息融合系统能有效地利用传感器资源最大限度地获得有关被测对象和状态的信息量。与单一传感器系统相比,多传感器信息集成与融合的优点突出地表现在信息的冗余性、容错性、互补性、实时性和低成本性。将系统中若干相同类型或不同类型的传感器所提供的相同形式或不同形式、同时刻或不同时刻的测量信息加以分析、处理与综合,得到对被测对象全面、一致的估计。由于机床功能部件种类复杂,多信号调制和监测信号种类多样性的特点,对机床的动态测控与智能诊断面临被测对象多,分析处理数据量大及诊断过程中时变性、随机性、模糊性等问题,使得单一的故障诊断方法难以对设备运行的故障状态作出准确有效的预示,这是制约其实际应用效果的关键因素。因此,综合运用多数据融合方法和混合智能故障诊断策略,是智能故障辨识的发展趋势。

近年来,国内外研究人员将专家系统、模糊理论、神经网络、聚类分析、进化算法等人工智能方法应用于数控机床的故障诊断中。基于神经网络的智能故障诊断是近年来应用最为广泛的一种方法。目前,此方法的研究主要集中在两个方面:一是把不同的神经网络模型应用到故障诊断中,如采用 BP 神经网络、径向基神经网络、概率神经网络和自组织特征映射神经网络等;二是改进现有神经网络学习算法或研究新的算法,以提高故障诊断与预报的准确性和效率。上述方法均具有一定的适用性和局限性,如存在诊断信息不完整、神经网络缺乏故障训练样本、早期故障与严重故障的关系等问题。而且大型复杂数控装备需监测的对象多,分析处理的数据量大,用单一的人工智能方法,难以完成对整个系统运行状况的有效监控。

目前,数据融合技术虽然在目标识别、医学诊断等领域得到了广泛的应用,但在故障诊断领域,这一技术的应用尚处于起步阶段,在机器故障诊断系统中引入数据融合技术,主要是基于以下 3 个原因:

(1) 多传感器的应用可能形成不同通道的信号。随着故障诊断系统的庞大化和复杂化,传感器的类型和数目急剧增多,从多的传感器形成了传感器群,由于传感器的组合不同,可提供设备的不同类型、不同部位的信息,传统的故障诊断方法只是对机器状态信息中的一种或几种信息进行分析,从中提取有关机器行为的特征信息。虽然利用一种信息有时可以判断机器的故障,但在许多情况下得出的诊断结果并不可靠。只有从多方面获得关于同一对象的多维信息,并加以综合利用,才能对设备进行更可靠更准确的诊断。

(2) 同一信号形成了不同的特征信息。在机器故障诊断中,故障形成的原因非常复杂,不同的故障可能以同一征兆的形式表现出来。例如,不平衡、不对中、轴承座松动、转子径向碰撞等都会引起旋转机械转子的异常振动。因此,转子的振动信号包含了大量反映转子状态的特征信息,只有综合利用这些特征信息才能诊断出转子的故障。

(3) 在故障诊断中的不确定性。在故障诊断系统中,由于诊断对象的不确定性、系统噪声以及传感器的测量误差等原因,由传感器提供的信息一般是不完整、不精确和模糊的,其至可能是矛盾的,即包含了大量的不确定性。

3.4.6　旋转机械转子智能运维算例

旋转机械中转子与定子碰摩是指转子振动超过许用间隙时,发生的转子与定子接触的现象。引发转子系统碰摩故障的原因有很多,如转子不平衡和不对中、轴的挠曲和裂纹、转定子间隙过小、温度变化和流体自激振动等。碰摩是涡轮发动机、压缩机和离心机等大型高速旋转机械转子系统的常见故障之一,也是引起机械系统失效的主要原因之一。转子与定子发生摩擦时,将造成转子和定子之间间隙增大、密封磨损、系统出现异常振动等,使机械效率严重降低。

碰摩过程是一种典型的非光滑、强非线性问题,振动信号中不仅包括周期分量,也包括拟周期和混沌运动。碰摩系统的动力学响应还与转子、定子和支承部件的材料及力学特性有关。因此,合理地建立碰摩转子系统的动力学模型,在此基础上进行动力学分析,深入研究具有各种非线性特征的转子系统碰摩时发生的振动特性,能够揭示转子系统的运动规律,改善系统动力学特性,为设备安全、稳定运行提供技术保障,为转子系统故障诊断和优化设计提供理论依据。由于转子系统的径向间隙比轴向间隙小,因此径向碰摩发生的概率较高。合理建立径向碰摩模型是对碰摩转子系统响应进行动力学分析的前提。

1. 碰摩系统动力学模型

如图 3-17 所示为含有碰摩故障的简化对称支承转子轴承系统,O_1 为定子的几何中心,O_2 为转子的质心,转子等效集中质量为 m,定子径向刚度 k_c,k 为弹性轴刚度。

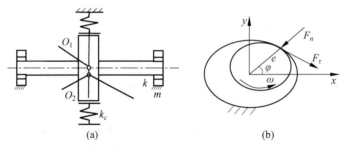

图 3-17　碰摩系统模型

当转子轴心位移大于静止时转子与定子间隙时将发生碰摩。简化碰摩转子系统,不考虑摩擦热效应,并假设转子与定子发生弹性碰撞,其转子局部碰摩力模型如图 3-17 所示。此时,既有接触法向上的互相作用力,即法向碰摩力 F,又有两者相对运动在接触面上的切向作用力,即切向摩擦力 F_n,φ 为碰摩点与 x 轴夹角,e 为转子轴心位移,ω 为转子转动角速度。

2. 碰摩力模型

碰摩动力学研究中,应根据研究的需要和工程的实际情况,选择合适的碰摩力模型,我们主要从法向和径向两方面对碰摩力模型进行分析。分段线性碰摩力模型是目前广泛使用的碰摩力模型之一,其将转子与定子的碰摩过程用分段线性弹簧来描述,并将弹簧刚度定义

为碰撞刚度,法向碰摩力可以表示为

$$F_n = \begin{cases} k_c(e-\delta), & e \geqslant \delta \\ 0, & e < \delta \end{cases} \tag{3-1}$$

式中,e 为转子的径向位移,$e = \sqrt{x^2+y^2}$;x、y 为转子质心在 x 和 y 方向位移;δ 为静止时转子与定子间隙;k_c 为碰摩刚度系数。

碰摩过程除了碰撞过程外,还包括摩擦过程。摩擦可能会阻碍转子系统的运动,造成旋转机械能量的损失。由于线性库仑摩擦力模型形式简单,近似效果较好,是计算切向摩擦力时最常用的模型。线性库仑力模型的切向摩擦力为

$$F_\tau = fF_n \tag{3-2}$$

式中,f 为转子和定子间的摩擦系数,碰摩力在 x 和 y 方向的分量可以表示为

$$\begin{cases} F_x = -F_n\cos\varphi + F_\tau\sin\varphi \\ F_y = -F_n\sin\varphi - F_\tau\cos\varphi \end{cases} \tag{3-3}$$

式中,$\sin\varphi = y/e$,$\cos\varphi = x/e$,代入前式中可得

$$\binom{F_x}{F_y} = -\frac{e-\delta}{e}k_c \begin{pmatrix} 1 & -f \\ f & 1 \end{pmatrix} \binom{x}{y} (e \geqslant \delta), \quad F_x = F_y = 0(e < \delta) \tag{3-4}$$

3. 碰摩转子系统的动力学方程

对简化的碰摩转子系统进行受力分析,可以建立系统的基本动力学方程

$$\begin{cases} m\ddot{x} + c\dot{x} + kx = me\omega^2\cos(\omega t) + F_x \\ m\ddot{y} + c\dot{y} + kx = me\omega^2\sin(\omega t) + F_y \end{cases} \tag{3-5}$$

式中,m 为转子质量;c 为转子阻尼系数;k 为转子刚度系数。

令 $2n = \dfrac{c}{m}$,$\omega_n^2 = \dfrac{k}{m}$,$\omega_{nc}^2 = \dfrac{k_c}{m}$,$v = \dfrac{\omega_{nc}^2(e-\delta)}{e}$,其中 n 为衰减系数,单位 1/s,则动力学方程可写为

$$\begin{cases} \ddot{x} + 2n\dot{x} + (\omega_n^2 + v)x - fvy = e\omega^2\cos(\omega t) \\ \ddot{y} + 2n\dot{y} + (\omega_n^2 + v)y - fvx = e\omega^2\sin(\omega t) \end{cases} \tag{3-6}$$

4. 碰摩转子系统仿真

对于本章研究的碰摩转子系统,其主要参数如下:轴长 814.5mm,轴直径 16mm,圆盘位于转轴中央,直径 90mm,宽度 20mm。一端为简支,另一端支承可以轴向滑动。采用有限元分析方法进行碰摩仿真计算,划分的轴单元及约束条件如图 3-18 所示,主要参数如表 3-8 所示。

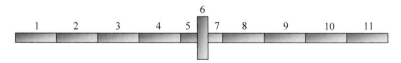

图 3-18　转子系统的有限元网格

表 3-8　有限元法进行转子动力学仿真的主要参数

网格编号	1	2	3	4	5	6	7	8	9	10	11
单元长度/mm	90.5	90.5	90.5	90.5	30.5	20	40	90.5	90.5	90.5	90.5
直径/mm	16	16	16	16	16	16	16	16	16	16	16

对于刚性支承,设轴承支承刚度 $K_{xx}=7\times10^6\,\mathrm{N/m}$,阻尼系数 $C_{xx}=1.5\times10^2\,\mathrm{N/(m/s)}$。计算得到前两阶临界转速分别为 1900r/min 和 8000r/min。在转盘处发生圆周局部碰摩,对转速 3000r/min 的系统响应进行计算,得到如下几种典型工况的仿真结果:

(1) $\delta=2.8\times10^{-5}\,\mathrm{m}$,$f=0.1$,$k_c=5\times10^4\,\mathrm{N/m}$,得到的转子振动响应和轴心轨迹如图 3-19 所示。

(2) $\delta=2.8\times10^{-5}\,\mathrm{m}$,$f=0.2$,$k_c=5\times10^4\,\mathrm{N/m}$,得到的转子振动响应和轴心轨迹如图 3-20 所示。

(3) $\delta=3.2\times10^{-5}\,\mathrm{m}$,$f=0.2$,$k_c=5\times10^4\,\mathrm{N/m}$,得到的转子振动响应和轴心轨迹如图 3-21 所示。

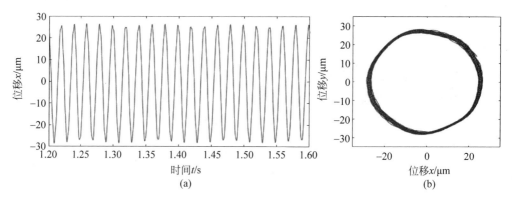

图 3-19　$\delta=2.8\times10^{-5}\,\mathrm{m}$,$f=0.1$,$k_c=5\times10^4\,\mathrm{N/m}$ 的仿真结果

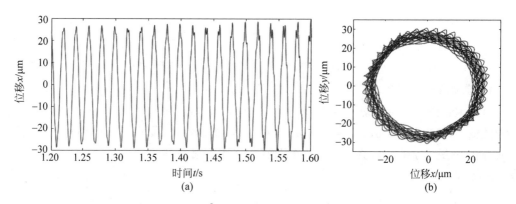

图 3-20　$\delta=2.8\times10^{-5}\,\mathrm{m}$,$f=0.2$,$k_c=5\times10^4\,\mathrm{N/m}$ 的仿真结果

5. 碰摩故障响应特性

转子与定子发生径向碰摩瞬间,转子刚度增大;转子被反弹脱离接触后,转子刚度减小。因此,转子刚度在碰摩过程中不断变化,其振动由转子横向自由振动与强迫的旋转运

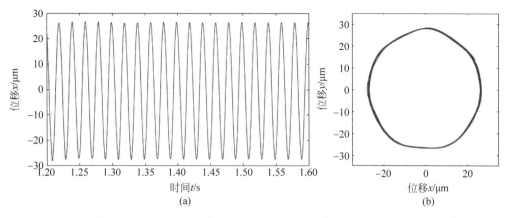

图 3-21 $\delta = 3.2 \times 10^{-5} \mathrm{m}, f = 0.2, k_c = 5 \times 10^4 \mathrm{N/m}$ 的仿真结果

动、涡动运动叠加在一起,就会产生一些特有的、复杂的振动响应频率。

6. 碰摩维护智能化

基于上述机理分析,在旋转机械关键位置布设传感器获取振动、温度、电流等运行状态信息。通过对振动信号进行频域变换处理得到特征频率,并通过数据可视化界面进行展示,根据其数据与健康状态的对比分析进行监控,这便形成智能化碰摩监控技术。

在监控技术基础上,通过大数据分析和人工智能相关算法与技术(神经网络、模糊聚类、深度学习等)的应用,得到关于旋转机械健康状态评估、寿命评估、动态性评估及可靠性分析等信息。在此基础上,定量确定碰摩位置、程度等关键信息,为故障维护提供决策依据,帮助提供设备利用率,降低用户损失。

习题

一、选择题

1. PLC 的编程语言有哪些( )。

    A. 梯形图   B. 指令表   C. 顺序功能图

2. 可编程控制器简称是( )。

    A. PLC   B. PC   C. CNC

3. PLC 的工作方式是( )。

    A. 等待工作方式   B. 中断工作方式

    C. 扫描工作方式   D. 循环扫描工作方式

二、思考题

1. 简述 PLC 的工作过程。

2. PLC 的应用范围有哪些?

3. 国内外有哪些公司生产 PLC? 它们有哪些主要的产品?

4. 什么是互锁与自锁?

5. 什么是遗传算法? 它有什么优点?

6. 智能控制与传统控制相比,有哪些主要特点?

7. 智能控制的发展趋势是怎样的？目前智能控制的发展正面临哪些问题？

8. 什么是人机交互技术？

9. 你日常生活见过哪些人机交互的应用？举例说明，人机交互带来哪些便利。

10. 在人们所使用过的数字产品或服务中，列举用起来不方便的系统，并思考感觉使用不方便的原因。

11. 请你思考一下，未来人机交互的发展趋势。

12. 分别阐述重大机械装备的典型故障，并分析成因。在实际机械设备运行中，还会经常出现哪些涉及安全问题的故障，并阐述原因。

13. 工业大数据时代，数据分析方法有什么新的特点？依据数据驱动的工业大数据故障诊断方法有几方面组成？

三、计算题

1. 暑假，小明想出门旅游，经过筛选，决定选择青海、杭州和桂林三地中的一处。3 个地方各有千秋，小明迟迟做不了决定。请用 AHP 的方法，设计小明旅游的指标体系，并根据自己设定的指标，帮助他决定旅游的去处。

2. 已知下列 4 组数据：

$X_1 = (46.3, 44.2, 42.6, 42.5)$；

$X_2 = (39.7, 42.5, 44.3, 45.6)$；

$X_3 = (3.5, 3.3, 3.5, 3.5)$；

$X_4 = (6.7, 6.8, 5.4, 4.7)$

以 X_1 为参考序列，求出 X_2, X_3, X_4 3 个指标与参考序列的关联度。

3. 请利用遗传算法求下述二元函数的最大值：

$$\max f(x_1, x_2) = x_1^2 + x_2^2$$
$$s.t. x_1 \in \{1, 2, 3, 4, 5, 6, 7, 8, 9\}$$
$$x_2 \in \{1, 2, 3, 4, 5, 6, 7, 8, 9\}$$

4. 夫妻博弈：求解夫妻博弈中的纳什均衡解。

		丈夫	
		时装	足球
妻子	时装	2,1	1,5
	足球	3,6	2,3

5. 请用参数 $W_{ij}^{(l)}$、$b_i^{(l)}$ 将图中 $a_1^{(2)}$、$a_2^{(2)}$、$a_3^{(2)}$、$h_{wb}(x)$ 表示出来。

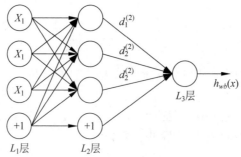

6. 求解规划问题：$\max f(x_1,x_2)=x_1^2+x_2^2$，s. t. $x_1\in\{0,1,2,\cdots,7\}$，$x_2\in\{0,1,2,\cdots,7\}$。

7. 背包问题的解顺序表达形式与算法实现。设有一个容积为 b 的背包，n 个尺寸分别为 $a_i(i=1,2,\cdots,n)$，价值分别为 $c_i(i=1,2,\cdots,n)$ 的物品，$0-1$ 数学背包的数学模型为：

$$\max\sum_{i=1}^{n}c_i x_i，\quad \text{s. t.} \sum_{i=1}^{n}a_i x_i\leqslant b，\quad x_i\in\{0,1\}，\quad i=1,2,\cdots,n。$$

8. 我方有一个基地，经度和纬度为 $(70,40)$。假设我方飞机的速度为 $100\mathrm{km/h}$。我方排除一架飞机从基地出发，侦察完所有的目标，再返回原来的基地。在敌方每一目标点的侦察时间不计，求该架飞机所花费时间。（假设我方飞机巡航时间可以充分长）

例　已知敌方 100 个目标的经度、纬度如下：

经度	纬度	经度	纬度	经度	纬度	经度	纬度
53.7121	15.3046	51.1758	0.0322	46.3253	28.2753	30.3313	6.9348
56.5432	21.4188	10.8198	16.2529	22.7891	23.1045	10.1584	12.4819
20.1050	15.4562	1.9451	0.2057	26.4951	22.1221	31.4847	8.9640
26.2418	18.1760	44.0356	13.5401	28.9836	25.9879	39.4722	20.1731
28.2694	29.0011	32.1910	5.8699	36.4863	29.7284	0.9718	28.1477
8.9586	24.6635	16.5618	23.6143	10.5597	15.1178	50.2111	10.2944
8.1519	9.5325	22.1075	18.5569	0.1215	18.8726	48.2077	16.8889
31.9499	17.6309	0.7732	0.4656	47.4134	23.7783	41.8671	3.5667
43.5474	3.9061	53.3524	26.7256	30.8165	13.4595	27.7133	5.0706
23.9222	7.6306	51.9612	22.8511	12.7938	15.7307	4.9568	8.3669
21.5051	24.0909	15.2548	27.2111	6.2070	5.1442	49.2430	16.7044
17.1168	20.0354	34.1688	22.7571	9.4402	3.9200	11.5812	14.5677
52.1181	0.4088	9.5559	11.4219	24.4509	6.5434	26.7213	28.5667
37.5848	16.8474	35.6619	9.9333	24.4654	3.1644	0.7775	6.9576
14.4703	13.6368	19.8660	15.1224	3.1616	4.2428	18.5245	14.3598
58.6449	27.1485	39.5168	16.9371	56.5089	13.7090	52.5211	15.7957
38.4300	8.4648	51.8181	23.0159	8.9983	23.6440	50.1156	23.7816
13.7909	1.9510	34.0574	23.3960	23.0624	8.4319	19.9857	5.7902
40.8801	14.2978	58.8289	14.5229	18.6635	6.7436	52.8423	27.2880
39.9494	29.5114	47.5099	24.0664	10.1121	27.2662	28.7812	27.6659
8.0831	27.6705	9.1556	14.1304	53.7989	0.2199	33.6490	0.3980
1.3496	16.8359	49.9816	6.0828	19.3635	17.6622	36.9545	23.0265
15.7320	19.5697	11.5118	17.3884	44.0398	16.2635	39.7139	28.4203
6.9909	23.1804	38.3392	19.9950	24.6543	19.6057	36.9980	24.3992
4.1591	3.1853	40.1400	20.3030	23.9876	9.4030	41.1084	27.7149

9. 计算论域 $U=\{u_1,u_2,u_3,u_4,u_5\}$，$A=\dfrac{0.2}{u_1}+\dfrac{0.4}{u_2}+\dfrac{0.6}{u_3}+\dfrac{0.8}{u_4}+\dfrac{1}{u_5}$，$B=\dfrac{0.4}{u_1}+\dfrac{0.6}{u_2}+\dfrac{1}{u_3}+\dfrac{0.6}{u_4}+\dfrac{0.4}{u_5}$，求 $A\cup B$，$A\cap B$。

10. 设模糊矩阵

$$\boldsymbol{Q} = \begin{bmatrix} 0.4 & 0.5 & 0.3 \\ 0.8 & 0.6 & 1 \\ 0.2 & 0.8 & 0.4 \\ 0.7 & 0.2 & 0.8 \end{bmatrix}, \quad \boldsymbol{R} = \begin{bmatrix} 0.6 & 0.8 \\ 0.7 & 0.5 \\ 0.6 & 0.4 \end{bmatrix},$$

求 $\boldsymbol{Q} \circ \boldsymbol{R}$。

11. 已知下列 4 组数据：

$X_1 = (46.3, 44.2, 43.6, 42.5)$;

$X_2 = (39.7, 42.5, 44.3, 45.6)$;

$X_3 = (3.5, 3.3, 3.5, 3.5)$;

$X_4 = (6.7, 6.8, 5.4, 4.7)$

以 X_1 为参考序列，求出 X_2, X_3, X_4 3 个指标与参考序列的关联度。

参考文献

[1]　刘敏,严隽薇.智能制造[M].北京:清华大学出版社,2019.

[2]　朱文海,施国强,林廷宇.从计算机集成制造到智能制造:循序渐进与突变[M].北京:电子工业出版社,2020.

[3]　范君艳,樊江玲.智能制造技术概论[M].武汉:华中科技大学出版社,2019.

[4]　周珂,白艳茹.小型智能机器人制作[M].北京:清华大学出版社,2019.

[5]　杨正洪,郭良越,刘玮.人工智能与大数据技术导论[M].北京:清华大学出版社,2019.

[6]　张小红,秦威,杨帅.智能制造导论[M].上海:上海交通大学出版社,2019.

[7]　张秀彬,应俊豪.汽车智能化技术原理[M].上海:上海交通大学出版社,2019.

[8]　YAN H,WU Y,SUN J,et al. Acoustic model of ceramic angular contact ball bearing based on multi-sound source method[J]. Nonlinear Dynamics,2020,99(2):1155-1177.

[9]　陈龙.基于多源数据挖掘的汽车智能驾驶系统有效性评价[M].北京:清华大学出版社,2019.

[10]　邓朝晖.智能制造技术基础[M].武汉:华中科技大学出版社,2017.

[11]　周润景.模式识别与人工智能[M].北京:清华大学出版社,2018.

[12]　王雪.人工智能与信息感知[M].北京:清华大学出版社,2018.

[13]　杨绍忠.工业机器人智能装配生产线装调与维护[M].武汉:华中科技大学出版社,2018.

[14]　李航.统计学习方法[M].北京:清华大学出版社,2012.

[15]　周志华.机器学习[M].北京:清华大学出版社,2016.

[16]　HAN J W,KAMBER M,PEI J.数据挖掘概念与技术[M].裴健,坎伯,韩家炜,等,译.北京:机械工业出版社,2012.

[17]　臧冀原,王柏村,孟柳,等.智能制造的三个基本范式:从数字化制造、"互联网+"制造到新一代智能制造[J].中国工程科学,2018,20(4):13-18.

[18]　吴玉厚,潘振宁,张丽秀.改进型BBO算法抑制电主轴转矩脉动[J].机械工程学报,2020,56(18):197-204.

[19]　闫海鹏,吴玉厚.基于PCNN的图像椒盐噪声滤除方法[J].智能系统学报,2017,12(2):272-278.

[20]　卢玉锋,刘艳春.可编程自动化控制器(PAC)技术基础[M].北京:中国铁道出版社,2016.

第 4 章

智能驱动与执行

导学

执行机构是一种能提供直线或旋转运动的驱动装置,它利用某种驱动能源,并在特定控制信号下工作。随着科技发展,执行机构向小型化、集成化、智能化发展。执行元件根据使用能量的不同,可以分为电气式、液压式和气压式等几种类型。电气式执行元件包括控制用电动机、静电电动机、磁致伸缩器件、压电元件、超声波电动机以及电磁铁等。控制用电动机驱动系统一般由电源供给电力,经电力变换器变换后输送到电动机,使电动机作回转(或直线)运动,驱动负载机械运动,并服从指令器给定的指令。大多数智能型电动机应该具有便利的参数遥控设定功能、完善的自诊断及保护功能、丰富的在线显示功能、先进的控制功能及较强的现场适应性。

教学目标及要求:了解智能制造装备驱动系统的组成及其工作原理,了解新型伺服驱动系统的工作原理及其在智能制造装备中的应用,掌握智能驱动系统的特性。理解各类驱动单元的工作原理,理解各类驱动与执行系统可控智能因素,包括各类输入、输出参数和性能监测指标。初步具备根据具体工况要求,选择合适的驱动单元,包括驱动形式、类型,参数技术和性能指标等,并能进行性能分析和评价的能力。

重点:智能伺服驱动器。

难点:智能驱动系统的特性分析。

4.1 智能驱动原理

4.1.1 智能驱动系统概述

伺服系统是指以机械位置或角度作为控制对象的自动控制系统。在自动控制理论中,伺服系统成为随动控制系统,它与恒值控制系统相对应。在数控机床中,伺服系统主要指各坐标轴进给驱动的位置控制系统。伺服系统接收来自 CNC 装置的进给脉冲,经变换和放大,再驱动各加工坐标轴按指令脉冲运动,使各个轴的刀具相对工件产生各种复杂的机械运动,加工出所要求的复杂形状。

智能驱动系统是在伺服系统的基础上,结合智能控制原理,使系统在运行的过程中,能够结合环境数据、自身运行数据对伺服参数进行优化以及故障自诊断和分析。

常见驱动器类型有：

（1）直流伺服电动机。直流伺服电动机是最容易控制的电动机类型，直流伺服电动机分为有刷和无刷电机。由于直流电动机主要由线性励磁和电枢电流组成，直接控制励磁和电枢电流可以保证电动机的转矩和转速。可应用在火花机、机械手和精确的机器等。

（2）交流伺服电动机。交流伺服电动机分异步型交流伺服电动机和同步型交流伺服电动机。它是电力拖动系统中应用最为广泛的一种电机。比如应用在金属切削机床、卷扬机、冶炼设备、农业机械、轧钢设备、工业机械等设备中。

（3）步进伺服电动机。步进伺服电动机又称脉冲电动机，随着数字计算技术的发展，步进电动机的应用日益广泛。例如，在数控机床、绘图机、自动记录仪表中，都使用了步进电动机。

4.1.2　直流伺服电动机及控制原理

直流电机是指能将直流电能转换成机械能（直流电动机）或将机械能转换成直流电能（直流发电机）的旋转电机。当作电动机运行时是直流电动机，将电能转换为机械能；当作发电机运行时是直流发电机，将机械能转换为电能。直流电机的调速性能很好，启动转矩较大，特别是调速性能是交流电机所不及的。因此，在对电机的调速性能和起动性能要求较高的生产机械上，大都使用直流电机进行拖动。

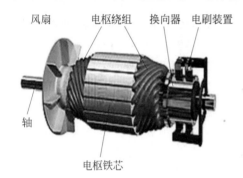

图 4-1　直流电机结构

1. 直流伺服电动机的工作原理

直流电机由转子（电枢）、定子（励磁绕组或者永磁体）、换向器、电刷等部分构成，如图 4-1 所示。直流电动机因其良好的调速性能而在电力拖动中得到广泛应用，如轧钢机、电力牵引、挖掘机械、纺织机械、龙门刨床等，所以对直流电机的了解和研究仍然意义重大。

直流电动机是将电能转换为机械能的设备，是以通电导体在磁场中受电磁力作用的原理而制成的。其工作原理如图 4-2 所示。

磁场：图 4-2 中 N 和 S 是一对固定的磁极，用以产生磁场，其磁感应强度沿圆周呈正弦分布。容量较小的电动机是用永久磁铁作磁极的。容量较大的电动机的磁场是由直流电流通过绕在磁极铁芯上的绕组产生的。用来形成 N 极和 S 极的绕组称为励磁绕组，励磁绕组中的电流称为励磁电流 I_f。

电枢绕组：在 N 极和 S 极之间，有一个能绕轴旋转的圆柱形铁心，其上紧绕着的一个线圈称为电枢绕组（图 4-2 中只画出一匝线圈），电枢绕组中的电流称为电枢电流 I_a。它是直流电机的主要电路部分，是通过电流和感应产生电动势以实现机电能量转换的关键部件。

换向器：电枢绕组两端分别接在两个相互绝缘，而和绕组同轴旋转的半圆形铜片——换向片上，组成一个换向器。换向器上压着固定不动的炭质电刷。在直流发电机中，它将绕组内的交变电动势转换为电刷端上的直流电动势。

电枢：铁芯、电枢绕组和换向器所组成的旋转部分称为电枢。电枢铁芯有两个用处：

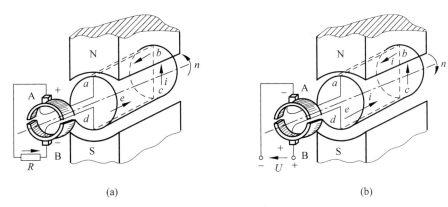

图 4-2　直流电动机的工作原理

一是作为主磁路的主要部分；二是嵌放电枢绕组。

给两个电刷加上直流电源，如图 4-2(a)所示，则有直流电流从电刷 B 流入，经过线圈 $dcba$，从电刷 A 流出，根据法拉第电磁感应定律，载流导体 ab 和 cd 受到电磁力的作用，其方向可由左手定则判定，两段导体受到的力形成了一个转矩，使得转子逆时针转动。这就是直流电动机的工作原理。外加的电源是直流的，但由于电刷和换向片的作用，在线圈中流过的电流是交流的，其产生的转矩的方向却是不变的。

直流电动机按励磁方式分为他励电动机、串励电动机、并励电动机和复励电动机。

2. 直流伺服电动机的控制原理

直流电机具有速度易控制、起动和制动性能良好，并在宽范围内平滑调速等特点，因此在冶金、机械制造、轻工等工业部门得到广泛的应用。对于直流电机的控制，需要从电机的起动、调速、反转、制动 4 个方面考虑。下面就以他励直流电动机为例，说明直流电动机的控制原理。

1) 他励直流电动机的起动方法

电动机的起动是指电动机接通电源后，由静止状态加速到稳定运行状态的过程。起动时间虽然短，但如不能采用正确的起动方法，电动机就不能正常安全地投入运行。为此，应对直流电动机的起动过程和方法进行分析。

起动瞬间，起动转矩和起动电流分别为

电主轴

$$T_{st} = C_T \Phi I_{st} \qquad (4-1)$$

式中，T_{st} 为起动转矩，单位为 N·m；C_T 为转矩常数，$C_T = pZ/(2\pi a)$。其中 p 为磁极对数，Z 为全部有效导体数，a 为支路对数；Φ 为磁通，单位为 Wb；I_{st} 为起动电流，单位为 A。

$$I_{st} = \frac{U_N - E_a}{R_a} = \frac{U_N}{R_a} \qquad (4-2)$$

式中，U_N 为额定电压，单位为 V；E_a 为感应电动势，单位为 V；R_a 为电枢绕组，单位为 Ω。

起动时，由于转速 $n=0$，电枢电动势 $E_a=0$，而且电枢电阻 R_a 很小，所以起动电流很大。过大的起动电流会引起电网电压下降、影响电网上其他设备的正常用电、使电动机的换向恶化；同时过大的冲击转矩会损坏电枢绕组和传动机构。一般直流电动机不允许直接起动。

一般直流电动机的最大允许电流为($1.5 \sim 2I_N$),为了限制过大的起动电流,由式(4-1)可以看出,可以采用两种办法起动:一种是降低电源电压;另一种是电枢回路串电阻。

(1) 降低电源电压起动。起动时,降低电源电压 U。

$$I_{st} = U_N/R_a = 1.5 \sim 2I_N \tag{4-3}$$

$$T_{st} = C_T \Phi I_{st} = 1.5 \sim 2T_N > T_L \tag{4-4}$$

随着转速的不断升高,电动势 E_a 也逐渐增大,电流 I_a 降低,

$$I_a = (U - E_a)/R_a \tag{4-5}$$

此时,逐渐升高电源电压 U,直至 $U = U_N$,电动机稳定运行,起动过程结束。

降压起动需要一套专用的可调直流电源,设备投资较大,但它起动平稳,起动过程能量损耗小,因此得到广泛的应用。

(2) 电枢回路串电阻起动。当没有可调的直流电源时,可在电枢电路中串入多级起动电阻以限制起动电流、起动时,将起动电阻全部串入,当转速上升时,再将电阻分级逐步切除,直到电动机的转速上升到稳定值,起动过程结束。

2) 直流伺服电动机的调速方法

为了提高生产效率或满足生产工艺要求,许多生产机械都需要调速。例如车床切削工件时,粗加工需要低转速,精加工需要高转速;又如轧钢机在轧制不同品种和厚度的钢板时,也必须有不同的工作速度。

为了评价调速方法的优缺点,提出了一定的技术经济指标,称为调速性能指标。具体的调速指标有以下几个:

(1) 调速范围。调速范围是指电动机拖动额定负载时,所能达到的最大转速和最小转速之比,通常用 D 表示,即

$$D = \frac{n_{max}}{n_{min}} \tag{4-6}$$

不同的生产机械对电动机的调速范围有不同的要求。要扩大调速范围,必须尽可能地提高电动机的最高转速和降低电动机的最低转速。电动机的最高转速受到电动机的机械强度、换向条件、电压等级等方面的限制,而电动机的最低转速则受到低速运行的相对稳定性等方面的限制。

(2) 调速的平滑性。在一定的调速范围内,调速的级数越多,就认为调速越平滑。相邻两个调速级的转速 n_i 与 n_{i-1} 之比称为平滑系数,用 K 表示,即

$$K = \frac{n_i}{n_{i-1}} \tag{4-7}$$

K 值越接近于1,调速的平滑性越好。转速可以连续调节,称为无级调速。调速不连续时,级数有限,称为有级调速。

(3) 调速的相对稳定性。调速的相对稳定性是指负载转矩发生变化时,电动机转速随之变化的程度。常用静差率来衡量,它指电动机在某一机械特性曲线上运转时,在额定负载下的转速差占理想空载转速 n_0 的百分比,即

$$s = \frac{\Delta n_N}{n_0} \times 100\% \tag{4-8}$$

静差率和机械特性的硬度有关,电动机的机械特性越硬,转速变化率越小,静差率越小,

相对稳定性越高。但机械特性硬度相等,静差率可能不等。但是静差率的大小不仅是由机械特性的硬度决定的,还与理想空载转速大小有关。并且调速范围和静差率两个指标是相互制约的。

不同的生产机械,对静差率的要求不同。普通车床要求 $s \leqslant 30\%$,而高精度的造纸机则要求 $s \leqslant 0.1\%$。保证一定静差率指标的前提下,要扩大调速范围,就必须减小转速降落。

(4) 调速的经济性。调速的经济性主要指调速设备的初投资、运行效率及维修费用等。

直流伺服电动机的调速方法有 3 种:改变电枢电压、励磁电流或电枢回路串电阻。一般的数控机床的速度控制单元常采用前两种方法,特别是第一种方法,来实现伺服电机或主轴电机的调速。现分析如下:

(1) 改变电枢供电电压 U 调速。电动机的工作电压不允许超过额定电压,因此电枢电压只能在额定电压下进行调节。当改变电枢电压 U 调速时,励磁电流保持在额定值,即 $\phi = \phi_N$,根据电机的机械特性方程式

$$n = \frac{U}{C_e \Phi} - \frac{R}{C_e C_T \Phi^2} T \tag{4-9}$$

式中,n 为转子转速,单位为 r/min;C_e 为电动势常数,$C_e = pZ/(60a)$。

改变电枢电压 U 时,理想空载转速 $n_0 = U/(C_e \Phi)$ 将改变。由于 U 始终只能小于电枢额定电压,所以电机转速一定小于额定值 n_N。这就表明改变 U 只能实现向基速以下的调速。

这种调速方法的特点是:可以实现无级调速,平滑性好;机械特性斜率不变,机械特性硬,相对稳定性好;调速范围广;转速只能调低,不能调高,是恒转矩调速;调速过程能量损耗小;需要一套专用的可调直流电源,设备初期投资较大。一般用于大容量的直流电动机中。

(2) 改变励磁磁通 Φ 调速。保持电枢电压 $U = U_N$ 不变,改变励磁电流即改变磁通 Φ。这是一种通过改变直流电动机主磁场强度来进行调速的方法,因此也称为改变励磁回路电阻调速。通常电动机工作在磁路接近饱和的状态,即使励磁电流增加很多,磁通也增加很少,所以只能采用减弱磁通的方法来调速。

由机械特性可知,n_0 将随着 Φ 的下降而上升,也就是减弱磁通将使电机转速升高。

这种调速方法的特点是:可以用小容量调节电阻,控制简单,调速平滑性较好;投资少,能量损耗小,调速的经济性好。因为正常工作时,磁路已经接近饱和,所以只能采取减弱磁通的方式进行调节,调速的范围不广。普通电动机 $D = 1.2 \sim 2.0$,特殊设计 D 可达到 $3 \sim 4$。为了扩大调速范围,常常把降压和弱磁两种调速方法结合起来。在额定转速以下采用降压调速,在额定转速以上采用弱磁调速。

(3) 改变电枢回路电阻调速。电枢回路串电阻调速时,必须保持电动机端电压为额定电压,磁通为额定磁通不变,并且假设电动机轴上负载转矩不变。

一般是在电枢回路中串接附加电阻,只能进行有级调速,并且附加电阻上的损耗较大,一般应用在少数小功率场合。

这种调速方法的特点是:设备简单、投资少、操作方便,属于恒转矩调速方式,转速只能由额定转速往下调,是分级调速,调速平滑性差;低速时,机械特性软,稳定性差;电能浪费多、效率低、调速级数有限;轻载时调速范围小,额定负载时调速范围一般为 $D \leqslant 2$。工程上

常用的主要是前两种调速方法。

3）直流伺服电动机的反转控制

许多生产机械要求电动机做正、反转运行，如起重机的升降、龙门刨床的前进与后退、轧钢机对工件的往返压延等。

直流电动机的旋转方向取决于磁场方向和电枢绕组电流方向。只要改变磁场方向或电枢电流方向，电动机的转向也随之改变。因此，直流电动机的反转控制有两种方法：一是改变磁通（即励磁电流）的方向；二是改变电枢电流的方向。如果同时改变电枢电流和励磁电流的方向，则电动机的转向不会改变。

4）直流伺服电动机的制动控制

在电力拖动系统中，电动机经常需要在制动状态下工作。例如，许多生产机械工作时，常常需要快速停止或者由高速运行迅速降到低速运行，这就要求电动机进行制动；对于起重机下放重物，为了获得稳定的下放速度，电动机必须在制动状态下运行。

制动的方法有机械制动和电气制动两种。机械制动是指制动转矩靠摩擦获得，常见的机械制动装置是抱闸；电气制动是指利用电动机制动状态产生阻碍运动的电磁转矩来制动。电气制动具有许多优点，例如没有机械磨损、便于控制，有时还能将输入的机械能转换成电能送回电网，经济节能，因此得到了广泛的应用。

常用的电气制动的方法有 3 种，即能耗制动、反接制动和回馈制动，具体介绍如下。

（1）能耗制动。设电动机原处于电动运行状态，制动时，励磁绕组仍接于电源，但将电枢两端从电源断开，并立即把它接到一个附加的制动电阻上。在这一瞬间，由于磁通与转速都未变，因此电动势没有变，但电枢已切断电源，电流方向改变，转矩方向也改变，成为制动转矩。在制动过程中，电机由生产机械的惯性作用带动发电，把系统的动能变为电能消耗在电枢回路的电阻上，故称能耗制动，又叫动力制动。

能耗制动操作简单，但随着转速的下降，电动势减小，制动电流和制动转矩也随之减小，制动效果变差。若为了使电机能更快地停转，可以在转速达到一定程度时，切除一部分制动电阻，使制动转矩增大，从而加强制动作用。

（2）反接制动。停止时，切断供电，经限流电阻改变电枢供电极性，使电枢产生反转力矩，在反转力矩的作用下，使电枢快速停止转动，当转速为零时立即切除反转供电。特点：制动速度快，需加装反转接触器、限流电阻和速度方向继电器。

（3）回馈制动。停止时，停止电枢正向供电，电动机处于发电状态，而把发出的电回馈给供电回路。特点：效果好，但所需的设备较复杂，适用于电动-发电-电动系统，或可逆可控硅供电系统。回馈制动时，由于有功率回馈到电网，因此与能耗制动和反接制动相比，回馈制动时比较经济的。

3. 直流伺服电动机应用系统案例

在智能制造生产线上，最常见的是工业机器人和数控机床。其中，工业机器人根据应用场合不同可以具有不同的自由度和运动方式。从控制方式来看，机器人有几个自由度就对应有几路电机驱动。如图 4-3 所示，为 4 自由度冲压机器人。

智能驱动系统和混合机器人的各个机械臂完全是一个伺服系统，采用直流伺服电机驱动,而要获取精确的位置信息以及对机器人进行良好的控制,一般采用先进的智能电机驱动器,通过总线通信的方式,使一个智能电机驱动器带动机器人身上所有的电机,驱动器的目标是能够通过各种传感器获得相应的反馈,控制系统通过对反馈信号的分析计算,得到电机控制量以控制电机精确运行,使机器人完成复杂的动作。

图 4-3 4 自由度冲压机器人

4.1.3 交流伺服电动机及控制原理

长期以来,在要求调速性能较高的场合,一直占主导地位的是应用直流电动机的调速系统。但直流电动机存在一些固有的缺点,如电刷和换向器易磨损,需经常维护;换向器换向时会产生火花,使电动机的最高速度受到限制,也使应用环境受到限制;而且直流电动机结构复杂,制造困难,所用钢铁材料消耗大,制造成本高。而交流电动机,特别是鼠笼式感应电动机没有上述缺点,且转子惯量较直流电机小,使得动态响应更好。在同样体积下,交流电机的输出功率可以比直流电机提高 $10\%\sim70\%$。交流电机的容量可以比直流电机制造得更大,达到更高的电压和转速。

1. 交流伺服电动机的分类和特点

1) 异步型交流伺服电动机

异步型交流伺服电动机(indnction motor,IM)指的是交流感应电动机,它有三相和单相之分,也有鼠笼式和线绕式之分,通常多用鼠笼式三相感应电动机。其结构简单、价格低廉、工作可靠、维护方便,与同容量的直流电动机相比,质量约为直流电动机的 1/2,价格仅为直流电动机的 1/3。其缺点是不能经济地实现范围较广的平滑调速,必须从电网吸收滞后的励磁电流,因而令电网功率因数变坏。线绕式电机由于其结构复杂、价格较高,一般只用在要求调速和起动性能较好的场合,如桥式起重机上。

这种鼠笼转子的异步型交流伺服电动机简称为异步型交流伺服电动机,用 IM 表示。

2) 同步型交流伺服电动机

同步型交流伺服电动机(synchronous motor,SM)虽较感应电动机复杂,但比直流电动机简单。它的定子与感应电动机一样,都在定子上装有对称三相绕组。而转子却不同,按不同的转子结构又分为电磁式和非电磁式两大类。非电磁式又分为磁滞式、永磁式和反应式几种。其中,磁滞式和反应式同步电动机存在效率低、功率因数较差、制造容量不大等缺点,在数控机床中多用永磁式同步电动机。与电磁式相比,永磁式优点是结构简单、运行可靠、效率较高;缺点是体积大、起动特性欠佳。但永磁式同步电机采用高剩磁感应、高矫顽力的稀土类磁铁后,可比直流电动机外形尺寸约小 1/2,质量减小 3/5,转子惯量减到直流电动机的 1/5。它与异步电动机相比,由于采用了永磁铁励磁,消除了励磁损耗及有关的杂散损耗,所以效率高。又因为没有电磁式同步电动机所需的集电环和电刷等,其机械可靠性与感应(异步)电动机相同,而功率因数却大大高于异步电动机,从而使永磁同步电动机的体积比异步电动机小些。这是因为在低速时,感应电动机由于功率因数低,输出同样的有功功率时,它的视在功率却要大得多,而电动机主要尺寸是根据视在功率而定的。

2. 永磁同步交流进给伺服电动机

永磁同步电动机(permanent magnet synchronous motor,PMSM)与其他电机最主要的区别就是其转子的磁路结构,根据磁路结构的不同可以构造出多种不同性能的电机。与其他永磁电机相同,交流伺服 PMSM 的励磁是通过永磁体实现,按照永磁体所在的位置不同,永磁电机可以分为旋转磁极式和旋转电枢式两种,而大部分交流伺服 PMSM 采用的是旋转磁极式。

1) 永磁同步交流进给伺服电动机结构

永磁同步电动机主要由三部分组成:定子、转子和检测元件(速度和位置传感器)。定子有齿槽,内有三相绕组,形状与普通感应电动机的定子相同,但其外圆多呈多边形,且无外壳,以利于散热,避免电动机发热对机床精度的影响。其中,速度和位置传感器现在多采用光电编码器或者旋转变压器,可以实现转子转速测量与定位等功能,如图 4-4 和图 4-5 所示。

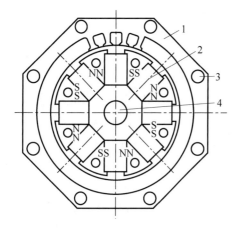

1—定子;2—永久磁铁;3—轴向通风口;4—转轴。

图 4-4　永磁交流伺服电动机横剖面

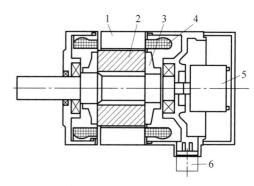

1—定子;2—转子;3—压板;4 三相绕组;5—脉冲编码器;6—出线盒。

图 4-5　永磁交流电动机纵剖面

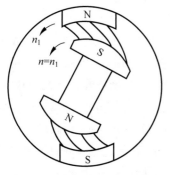

图 4-6　永磁交流伺服电动机的
工作原理

2) 工作原理

如图 4-6 所示,一个二极永磁转子(也可以是多极的),当定子三相绕组通上交流电源后,就产生一个旋转磁场,该旋转磁场将以同步转速 n_1 旋转。由于磁极同性相斥,异性相吸,定子旋转磁极与转子的永磁磁极互相吸引,并带着转子一起旋转,因此,转子也将以同步转速 n_1 与旋转磁场一起旋转。

转子速度 n 由电源频率 f 和磁极对数 p 决定。

当负载超过一定极限后,转子不再按同步转速旋转,甚至可能不转,这就是同步电动机的失步现象,此负载的极限称为最大同步转矩。

　　永磁同步电动机起动困难,不能自起动的原因有两点:一是转子本身存在惯量。虽然当三相电源供给定子绕组时已产生旋转磁场,但转子仍处于静止状态,由于惯性作用跟不上旋转磁场的转动,在定子和转子两对磁极间存在相对运动时,转子受到的平均转矩为零。二是定子、转子磁场之间转速相差过大。为此,在转子上装有起动绕组,且为笼式的起动绕组,使永磁同步电动机先像异步电动机那样产生起动转矩,当转子速度上升到接近同步转速时,定子磁场与转子永久磁极相吸引,将其拉入同步转速,使转子以同步转速旋转,即所谓的异步起动,同步运行。而永磁交流同步电动机中多无起动绕组,而是采用设计时减少转子惯量或采用多极,使定子旋转磁场的同步转速不是很大。另外,也可在速度控制单元中采取措施,让电动机先在低速下起动,然后再提高到所要求的速度。

3. 交流电动机调速原理

　　由电机学基本原理可知,交流电机的同步转速为

$$n_1 = \frac{60f}{p} \text{r/min} \tag{4-10}$$

异步电动机的转速为

$$n = (1-s)n_1 = (1-s)\frac{60f}{p} \text{r/min} \tag{4-11}$$

式中,f 为定子供电频率,单位为 Hz;p 为电机定子绕组磁极对数;s 为转差率。

　　由式(4-11)可知,要改变三相异步电动机的转速,可以采用以下 3 种方法。

　　(1) 改变电动机的磁极对数 p,这种方法称为变极调速。这是一种有级的调速方法。它是通过对定子绕组接线的切换来改变磁极对数进行调速的。此方法只是用于笼型电动机,因为笼型转子绕组的极对数是感应产生的,随定子磁场极对数改变而自动改变,使两磁场极对数保持一致,从而形成有效的平均电磁转矩。

　　(2) 改变电动机的电源频率 f,这种方法称为变频调速。变频调速是平滑改变定子供电电压频率 f,而使转速平滑变化的调速方法。这是交流电动机的一种理想调速方法。电动机从高速到低速其转差率都很小,因而变频调速的效率和功率因数都很高。随着电力电子技术的发展,已出现了各种性能良好、工作可靠的变频调速电源装置,将促进变频调速的广泛应用。额定频率时称为基频,则调频时可以从基频向下调,也可从基频向上调。

　　(3) 改变电动机的转差率 s 调速。这实际上是对异步电动机转差率的处理而获得的调速方法。常用的是降低定子电压调速、电磁转差离合器调速、线绕式异步电动机转子串电阻调速或串级调速等。

4. 全数字式交流伺服系统

　　在智能驱动系统中,常常需要对位置环、速度环和电流环的控制信息进行处理。根据这些信息是用软件处理还是硬件处理,可以分为全数字式智能驱动系统和混合式智能驱动系统。

　　混合式智能驱动系统的位置环用软件控制而速度环和电流环用硬件控制。在数控机床的混合式伺服系统中,位置环控制在数控系统中进行,由 CNC 插补得出位置指令值,并由位置采样输入实际值中,用软件求出位置偏差,经软件调解后得到速度指令值,然后经 D/A 转换后作为速度控制单元(伺服驱动装置)的速度给定值。在驱动装置中,经速度和电流调节后,由功率驱动控制伺服电动机的转速和转向。

电流环
运算

　　在全数字智能驱动系统中,由速度、位置和电流构成的三环全部数字化信息,都反馈到

处理器,由软件处理。

全数字智能驱动系统利用计算机软件和硬件技术,采用了先进的控制理论和算法,这种控制方式的伺服系统是当今国内外技术发展的主流。全数字智能驱动系统具有如下一些特点:

(1) 具有较高的动、静态特性。在检测灵敏度、时间温度飘移、噪声及外部干扰等方面都优于混合式伺服系统。

(2) 全数字伺服系统的控制调整环节全部软件化,很容易引进经典和现代控制理论中的许多控制策略,比如比例(P)、比例-积分(PI)和比例-积分-微分(PID)控制等。而且这些控制调节的结构和参数可以通过软件进行设定和修改。这样可以使系统的控制性能得到进一步提高,以达到最佳控制效果。

PID

(3) 引入前馈控制,实际上构成了具有反馈和前馈的复合控制的系统结构。这种系统在理论上可以完全消除系统的静态位置误差、速度误差、加速度误差以及外界扰动引起的误差,即实现完全的"无误差调节"。

(4) 由于是软件控制,在数字伺服系统中,可以预先设定数值进行反向间隙补偿,可以进行定位精度的软件补偿,设置因热变形或机构受力变形所引起的定位误差,也可以在实测出数据后通过软件进行补偿。因机械传动件的参数(如丝杠的导程)或因使用要求的变化,而要求改变脉冲当量(即最小设定单位)时,可以通过设定不同的指令脉冲倍率(CMR)或检测脉冲倍率(DMR)的办法来解决。

4.1.4　步进伺服系统及控制原理

步进电动机作为工业过程控制及仪表中的主要控制元件之一,可以直接接受计算机输出的数字信号,不需要进行数/模转换,因而广泛地被用作雕刻机、激光制版机、贴标机、激光切割机、喷绘机、机械手及数控机床等各种大中型自动化设备和仪器中。近年来,控制技术、计算机技术及微电子技术的迅速发展,有力地推动了步进电动机控制技术的进步,提高了步进电动机运动控制装置的应用水平。步进电动机应用系统已经由较早的开环和简单闭环的伺服系统,逐渐发展成为高性能的步进伺服系统。

步进伺服系统是一种用脉冲信号进行控制,并将脉冲信号转换成离散的角位移或线位移的控制系统,用来精确地跟随或复现某个过程的控制系统。步进伺服和交流伺服、直流伺服一样,常用于数控机床中的运动控制,其控制的执行元件主要为步进电动机。

步进伺服系统是由步进电动机本体、驱动器和控制器三大部分组成。

1. 步进电动机的工作原理

步进电动机是一种将电脉冲信号转变为角位移或线位移的控制电动机,其运行特点是每输入一个电脉冲信号,电动机就转动一个角度或前进一步。如果连续输入电脉冲信号,它就能连续转过相对应的角度。通过控制施加在电机线圈上的电脉冲顺序、频率和数量,可以实现对步进电动机的转向、速度和旋转角度的控制。配合以直线运动执行机构或齿轮箱装置,可以实现更加复杂、精密的线性运动控制要求。按相数分为单相、两相、三相和多相等形式。

步进电动机有多种不同的结构形式,按照励磁方式区分,主要有反应式步进电动机、永磁式步进电动机、混合式步进电动机三类。而数控机床中常用的为反应式步进电动机和混合式步进电动机。

如图 4-7 所示为一台三相反应式步进电动机的工作原理图,下面以图 4-7 为例介绍反应式步进电动机的工作原理。

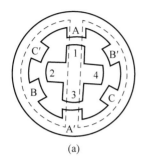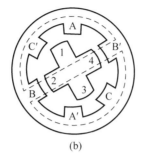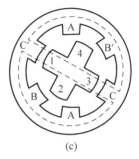

图 4-7　反应式步进电动机的工作原理

(a) A 相通电;(b) B 相通电;(c) C 相通电

它的定子上有 6 个极,每个极上都装有控制绕组,每两个相对的极组成一相。转子是 4 个均匀分布的齿,上面设有绕组。当 A 相绕组通电时,因磁通总是沿着磁阻最小的路径闭合,将使转子齿 1、3 和定子极 A、A′对齐,如图 4-7(a)所示。A 相断电,B 相绕组通电时,转子将在空间转过 θ_s 角,$\theta_s=30°$,使转子齿 2、4 和定子极 B、B′对齐。如图 4-7(b)所示。如果再使 B 相断电,C 相绕组通电时,转子又将在空间转过 30°,使转子齿 1、3 和定子极 C、C′对齐,如图 4-7(c)所示。如此循环往复,并按 A—B—C—A 的顺序通电,电动机便按一定的方向转动。电动机的转速直接取决于绕组与电源接通或断开的变化频率。若按 A—C—B—A 的顺序通电,则电动机反向转动。电动机绕组与电源的接通或断开,通常是由电子逻辑电路来控制的。

电动机定子绕组每改变一次通电方式,称为一拍。此时电动机转子转过的空间角度称为步距角 θ。上述通电方式称为"三相单三拍"。"单"是指每次通电时,只有一相绕组通电;"三拍"是指经过三次切换绕组的通电状态为一个循环,第四拍通电时就重复第一拍通电的情况。显然,在这种通电方式时,三相步进电动机的步距角 θ 应为 30°。

三相步进电动机除了单三拍通电方式外,还经常工作在三相单、双六拍通电方式。这时通电顺序为:A—AB—B—BC—C—CA—A,或为 A—AC—C—CB—B—BA—A。也就是说,先接通 A 相绕组;以后再同时接通 A、B 相绕组;然后断开 A 相绕组,使 B 相绕组单独接通;再同时接通 B、C 相绕组,依此进行。在这种通电方式时,定子三相绕组需经过六次切换才能完成一个循环,故称为"六拍",而且在通电时,有时是单个绕组接通,有时又为两个绕组同时接通,因此称为"三相单、双六拍"。

在这种通电方式时,步进电动机的步距角与单三拍时的情况有所不同,步距角 θ 应为 15°。

步距角计算公式为

$$\theta=\frac{360°}{kmz} \tag{4-12}$$

式中,θ 为步距角;m 为步进电动机的相数;z 为步进电动机转子的齿数;k 为通电方式系数。相邻两次通电相数一致时，$k=1$，如单、双三拍方式；反之 $k=2$，如三相六拍时。

例 4-1 有一台三相反应式步进电动机，转子齿数为 40，求该电机的步距角是多少？当 A 相绕组测得电源频率为 600Hz 时，其转速为多少？

解：

$$(1)\ \theta=\frac{360°}{cmz}=\frac{360°}{1\times3\times40}=3°$$

$$\theta=\frac{360°}{cmz}=\frac{360°}{2\times3\times40}=1.5°$$

$$(2)\ n=\frac{60\times f\times\theta}{360}=\frac{60\times600\times3}{360}=300\text{r/min}$$

$$n=\frac{60\times f\times\theta}{360}=\frac{60\times600\times1.5}{360}=150\text{r/min}$$

2. 步进电动机的控制系统

步进电动机由于采用脉冲方式工作，且各相需按一定规律分配脉冲，因此，在步进电动机控制系统中，需要脉冲分配逻辑和脉冲产生逻辑。而脉冲的多少需要根据控制对象的运行轨迹计算得到，因此还需要插补运算器。数控机床所用的功率步进电动机要求控制驱动系统必须有足够的驱动功率，所以还要求有功率驱动部分。为了保证步进电动机不失步地起停，要求控制系统具有升降速控制环节。除了上述各环节之外，还有键盘、纸带阅读机、显示器等输入、输出设备的接口电路及其他附属环节。在闭环控制系统中，还有检测元件的接口电路。

在早期的数控系统中，上述各环节都是由硬件完成的。但目前的机床数控系统，由于都采用了小型和微型计算机控制，上述很多控制环节，如升降速控制、脉冲分配、脉冲产生、插补运算等都可以由计算机完成，使步进电动机控制系统的硬件电路大为简化。

4.1.5　新型微动伺服驱动系统

新型微动伺服驱动系统主要是通过智能材料的变形与控制实现。其中，智能材料包含压电材料和磁致伸缩材料。智能材料是一个开放系统，需依靠不断从外界环境输入能量或物质来动态调节对外界的适应能力以维持其类似于生物体的活性，因此，它还应辅以能量转换和储存。智能材料的发展趋势应该拥有自己的能量转换和储存机制，并借助和吸收人工智能方面的成就，实现具有自学习、自判断和自升级能力。

1. 压电材料伺服驱动原理[1]

比较熟悉的压电材料，如单晶 SiO_2，其特点是不具有中心对称性，具有这类结构的晶体都具有压电性，属于压电材料。压电材料包括压电陶瓷（如 $BaTiO_3$、$Pb(ZrTi)O_3$、$K(Na)\text{-}NbO_3$）和压电高分子。压电材料通过电偶极子在电场中的自然排列而改变材料的尺寸，响应外加电压而产生应力或应变，电和力学性能之间呈线性关系，具有响应速度快、频率高和应变小的特点。压电材料可以作为传感器，在受到压应力作用下产生电信号，也可以作为执行器，接受电信号后输出力或位移。当把电能输入到压电驱动器时，最重要的参数是电场诱发的应变。已经证明，能量密度是驱动器每单位质量传递能量的量度，计算公式如式（4-13）

压电陶瓷
工作原理

所示：

$$e_{\max} = \frac{1}{\rho}\left[\frac{1}{4}\left(\frac{1}{2}ES_{\max}^2\right)\right] \tag{4-13}$$

式中，$e_{\max}$ 为能量密度；E 为驱动器材料的弹性模量；$S_{\max}$ 为电场诱发的最大应变；ρ 为驱动器材料的密度；$\frac{1}{4}$ 为适应系数（与相关环境的驱动器阻抗有关）。

在设计驱动器时，应变能量密度应尽可能大。对于电控陶瓷等材料来说，材料密度和弹性模量变化很小，因此，应变能量密度计算中决定性的参数是在合理的电场强度（一般小于 5kV/mm）作用下，材料的应变水平以及可能的最大应变。压电驱动器利用逆压电效应，将电能转变为机械能或机械运动，聚合物驱动器主要以聚合物双晶片作为基础，包括利用横向效应和纵向效应两种方式，基于聚合物双晶片开展的驱动器应用研究包括显示器件控制、微位移产生系统等。

压电材料加上电场之后，不仅存在逆压电效应产生的应变，而且还存在一般电介质在电场作用下产生的应变，并且该应变与电场强度的平方成正比。后一效应称为电致伸缩效应。不过由于相对于逆压电效应而言，产生的应变甚小，故常常被忽略。然而对于电致伸缩陶瓷，此效应却成为应变的主体。

电致伸缩效应用电致伸缩系数表征，与电场等物理量间的关系可用热力学理论表示并考虑其非线性的高次项，导出电介质非线性状态方程。以电位移 D 和应变 S 为独立变量的非线性状态方程。

$$\tau_i = C_{ij}^D S_j + q_{imn}D_m D_n \tag{4-14}$$

以电场 E 和应变 S 为独立变量的非线性状态方程。

$$\tau_i = C_{ij}^E S_j + m_{imn}E_m E_n \tag{4-15}$$

以应力 τ 和电位移 D 为独立变量的非线性状态方程。

$$S_i = s_{ij}\tau_j + Q_{imn}D_m D_n \tag{4-16}$$

以应力 τ 和电场 E 为独立变量的非线性状态方程。

$$S_i = s_{ij}\tau_j + M_{imn}E_m E_n \tag{4-17}$$

式中，C_{ij} 为刚度系数；s_{ij} 为柔顺系数；q_{imn}、m_{imn}、Q_{imn}、M_{imn} 都称为电致伸缩系数。m 为电学量方向；j 为力学量方向。

压电/电致伸缩材料在智能制造中的应用主要表现在驱动器应用及传感器应用两个方面。其中，在驱动器应用中，包括阻尼、降噪，减少应力集中、延长疲劳寿命，减轻震颤等几个方面。具体理由如下。

（1）压电陶瓷在纵向和剪切载荷时损耗因子可达 42.5%，横向可达 8%，这种高损耗因子和高刚度以及温度稳定性的结合，可以将压电陶瓷视为一种黏弹性材料，把它贴在结构上且并联一无源电路可实现结构减振。如果利用压电陶瓷传感和驱动作用的结合，实现压电陶瓷的动态柔度系数可调，这种刚度的自适应，便可控制结构的振动。

（2）把压电陶瓷驱动器放在已知应变集中的位置上，驱动器可以抵抗来自附近的应变，从而把疲劳寿命延长一个数量级。实践证明，压电陶瓷诱发应变驱动器能够主动减少来自横向裂纹、邻近孔和缺口等机械损伤或工程造成的应变集中，延长疲劳寿命。

2. 磁致伸缩材料执行机构

1) 磁致伸缩形变机理[2]

磁致伸缩材料根据成分可分为金属磁致伸缩材料和铁氧体磁致伸缩材料。金属磁致伸缩材料电阻率低,饱和磁通密度高,磁致伸缩系数 λ 大($\lambda = \Delta l / l$,l 为材料原来的长度,Δl 为在磁场 H 作用下的长度改变量),用于低频大功率换能器,可输出较大能量。铁氧体磁致伸缩材料电阻率高,适用于高频,但磁致伸缩系数和磁通密度均小于金属磁致伸缩材料。Ni-Zn-Co 铁氧体磁致伸缩材料由于磁致伸缩系数 λ 的提高而得到普遍应用。

铁磁体在被外磁场磁化时,其体积和长度将发生变化的现象称为磁致伸缩效应,又被称为焦耳效应。工程中,主要集中于研究和应用线性磁致伸缩,线性磁致伸缩的变化量级为 $10^{-6} \sim 10^{-5}$。磁致伸缩是相当复杂的现象,产生磁致伸缩的机制是多方面的,有自发变形、场致伸缩形变、轨道耦合和自旋轨道耦合相叠加、形状效应等原因。以场致伸缩形变为例,在外磁场为 0 时,磁畴取向杂乱无章,在外磁场的作用下,磁畴要发生畴壁移动和磁畴转动,结果导致磁体尺寸的大小随着所加外磁场的大小变化,如图 4-8 所示。当磁场比饱和磁场小时,磁体的形变主要是长度的改变,体积几乎不变;当磁场大于饱和磁场时,磁体主要表现为体积磁致伸缩。

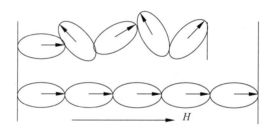

图 4-8　磁畴在外磁场作用下发生转动引起磁体尺寸发生变化示意图

早期发现的磁致伸缩材料的磁致伸缩量都很小,磁致伸缩系数约在 $10 \times 10^{-6} \sim 60 \times 10^{-6}$ 之间,这种磁致伸缩材料被称为传统的磁致伸缩材料。1974 年成功开发了三元稀土合金材料 TbDyFe,它的各向异性常数几乎为 0,在常温下显示出巨大的磁致伸缩系数,其磁致伸缩系数为 $1500 \times 10^{-6} \sim 2000 \times 10^{-6}$,是传统磁致伸缩材料的几十倍到上百倍,称为超磁致伸缩材料(giant magnetostrictive material,GMM)。超磁致伸缩材料具有以下几大特点:

(1) 磁致伸缩系数大,是 Fe、Ni 等材料的几十倍,是压电陶瓷的 3～5 倍。

(2) 能量转换效率高。超磁致伸缩材料的能量转换效率在 49%～56%,而压电陶瓷在 23%～52%,传统的磁致伸缩材料的能量转换效率在 9% 左右。

(3) 居里温度高。超磁致伸缩材料的居里温度为 300℃ 以上,因此在较高的温度下工作可以保持性能的稳定。

(4) 能量密度大。超磁致伸缩材料的能力密度是 Ni 的 400～800 倍,是压电陶瓷的 12～38 倍,适合制造大功率器件。

(5) 产生磁致伸缩效应的响应时间短,可以说磁化和产生应力的效应几乎是同时发生的,利用这一特性可以制造超高灵敏电磁感应器件。

(6) 抗压强度和承载能力大,可在强压力环境下工作。

（7）工作频带宽，不仅适用于几百赫兹以下的低频，而且适用于高频。

2）超磁致伸缩材料在电液伺服阀中的应用

由于 GMM 的上述优点，以 GMM 为基础的电-机转换器与传统电-机转换器相比，性能上有着显著的突破。可将超磁致伸缩电-机转换器（giant magnetostrictive actuator，GMA）应用于电液伺服阀来提升伺服性能。图 4-9 为基于 GMA 改造的一台比例滑阀。在 300Hz 时，阀芯位移达 0.3mm，其驱动信号最高频率为 5kHz。

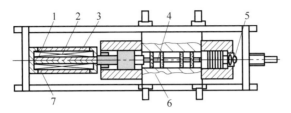

1—GMM 棒；2—线圈；3—示磁贴铁；4—阀芯；5—预压弹簧；6—阀体；7—极靴。

图 4-9　GMA 驱动的电液比例阀

4.2　变频驱动控制原理

4.2.1　变频器与伺服驱动器

变频器工作原理与应用

对交流电动机实现变频调速的装置叫变频器，其功能是将电网电压提供的恒压恒频交流电变换为变压变频交流电，变频伴随变压，对交流电动机实现无级调速。变频器的基本分类如图 4-10 所示[3]。

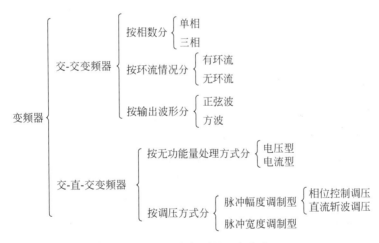

图 4-10　变频器的基本分类

交-交变频器与交-直-交变频器的结构对比如图 4-11 所示。交-交变频器没有明显的中间滤波环节，电网交流电被直接变成可调频调压的交流电，又称为直接变频器。而交-直-交变频器先把电网交流电变换为直流电，经过中间滤波环节后，再进行逆变转换为变频变压的交流电，称为间接变频器。间接变频器按照中间滤波环节是电容性还是电感性可以将交-

直-交变频器划分为电压(源)型或电流(源)型交-直-交变频器。

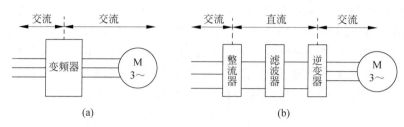

图 4-11　两种类型的变频器

(a) 交-交变频器；(b) 交-直-交变频器

　　伺服驱动器又称为"伺服控制器"或"伺服放大器",是用来控制伺服电机的一种控制器,其作用类似于变频器作用于普通交流马达,属于伺服系统的一部分,主要应用于高精度的定位系统。一般是通过位置、速度和力矩 3 种方式对伺服电机进行控制,实现高精度的传动系统定位。

　　目前,主流的伺服驱动器均采用数字信号处理器(digital signal processing,DSP)作为控制核心,可以实现比较复杂的控制算法,实现数字化、网络化和智能化。功率器件普遍采用以智能功率模块(intelligent power module,IPM)为核心设计的驱动电路,IPM 内部集成了驱动电路,同时具有过电压、过电流、过热、欠压等故障检测保护电路,在主回路中还加入软启动电路,以减小启动过程对驱动器的冲击。功率驱动单元首先通过三相全桥整流电路对输入的三相电进行整流,得到相应的直流电。经过整流好的三相电,再通过三相正弦PWM(pulse width modulation)电压型逆变器变频来驱动三相永磁式同步交流伺服电机。功率驱动单元的整个过程可以简单地说就是 AC—DC—AC 的过程。整流单元(AC—DC)主要的拓扑电路是三相全桥不控整流电路。

　　伺服驱动器是现代运动控制的重要组成部分,被广泛应用于工业机器人及数控加工中心等自动化设备中。当前交流伺服驱动器设计中普遍采用基于矢量控制的电流、速度、位置3 闭环控制算法。

4.2.2　PWM 变频原理

　　PWM 控制技术是变频技术的核心部分,即用一种参考波(通常是正弦波,有时也用阶梯波或方波)为"调制波",而以 N 倍于调制波频率的正三角波(有时也用锯齿波)为"载波"。由于正三角波或锯齿波的上下宽度是线性变化的波形,因此它与调制波相交时,就可以获得一组幅值相等,而宽度正比于调制波函数值的矩形脉冲序列,用来等效调制波。用开关量取代模拟量,并且通过对逆变器开关管的通断控制,把直流电变成交流电,这一技术就叫作脉宽调制技术。变频器的脉宽调制技术的本质是利用逆变器开关器件的开通和关断,把直流电压转化成一定规律的电压脉冲序列,以达到调频、调压和抑制谐波的目的。也就是在输出波形的半个周期中产生多个脉冲,使各脉冲的等值电压为正弦波形,所获得的输出平滑且低次谐波少。按一定的规则对各脉冲的宽度进行调制,即可改变逆变电路输出电压的大小,也可改变输出频率。

1. 脉宽调制原理

　　在采样理论中有一个重要的结论:冲量相等而形状不同的窄脉冲加在具有惯性的环节

上时,其效果基本相同。冲量即指窄脉冲的面积。这里所说的效果相同,是指环节的输出响应波形基本相同。如将各输出波形用傅里叶变换分析,则其低频段特性非常接近,仅仅在高频段略有差异。如图 4-12(a)、(b)、(c)所示的 3 个窄脉冲形状不同,图(a)为矩形脉冲,图(b)为三角形脉冲,图(c)为正弦半波脉冲,但是它们的面积(即冲量)都等于 1。那么,当它们分别加在具有惯性的同一个环节上时,其输出响应基本相同。脉冲越窄,其输出的差异越小。当窄脉冲变为图 4-12(d)的单位脉冲函数 $\delta(t)$ 时,环节的响应即为该环节的脉冲过渡函数。

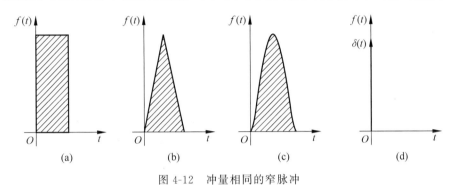

图 4-12　冲量相同的窄脉冲

　　脉宽调制的原理就是用一连串很窄的矩形脉冲代替一个宽的矩形,由于中间存在没有脉冲的间隔,因此平均电压降低了。脉冲窄而间隔大,平均电压就低些,脉冲宽而间隔小,平均电压就高些。如果把脉冲宽度与间隔宽度之比定义为占空比,那么调整脉冲的占空比就能够实现调压,如图 4-13(a)~(d)所示。

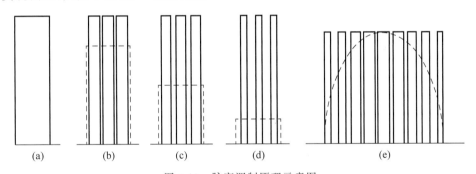

图 4-13　脉宽调制原理示意图

(a) PAM 单脉冲;(b) 平均电压高;(c) 平均电压中;(d) 平均电压低;(e) 脉冲宽度连续变化调制平均电压波形

　　按照交-交变频的思路,利用调压能力构造一个正弦交流电正半周和负半周,实现波形的改善。在输出波形的每半周中,将占空比由小变大再由大变小,如图 4-13(e)所示。如将脉冲频率固定,那么脉冲变宽间隔就会变窄,占空比就会变大。改变最大电压时的脉冲宽度,就改变了平均电压的幅值实现了调压。改变脉冲宽度变化的快慢,就改变了输出频率,实现了变频。至于正、负半波的转换,则仍然靠两组反并联器件完成。

　　这样通过改变脉冲宽度,实现了变频变压,这种方式就叫作脉冲宽度调制,简称脉宽调制。为了与直流调速中采用的脉宽调制技术区别,以逼近正弦波形为特征的交流脉宽调制也称为正弦脉宽调制(sinusoidal PWM,SPWM)。

　　从图 4-13 中可以看出,脉宽调制方式开关频率高,器件开关速度快,因此负载的类型就会影响变频器结构特点。电感性负载不容许电流突变,如果使用电流型电路作脉宽调制,过快的开关速度将会导致过高的电流变化率在负载上激发出很高的瞬时电压,可能会导致器件的过电压击穿,因此将电流型滤波电路用作 SPWM 变频不适合电感性负载。由于电动机正是电感性负载,因此,在采用 SPWM 方式的通用变频器中基本上全是采用电压型滤波电路。

在图 4-14 中,窄脉冲的宽度和频率都可以控制,并利用脉冲宽度控制占空比,从而达到改变输出电压的目的。如果窄脉冲的频率够高,即使输出频率相当高,也能够获得很接近正弦规律的平均电压输出波形。把这种正半周用正向窄脉冲,负半周用负向窄脉冲的方式称为单极型方式。也可以正向脉冲和负向脉冲交替发出,那么占空比就是正脉冲宽度与负脉冲宽度之间的比值,其称为双极型方式,两种方式的调制波形如图 4-14 所示。

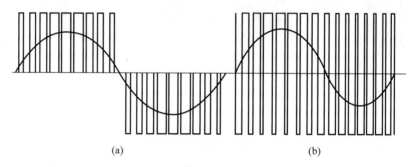

图 4-14 单极型和双极型脉宽调制

(a) 单极型脉宽调制原理示意图;(b) 双极型脉宽调制原理示意图

2. 三角载波脉宽调制

以双极型脉宽调制为例,如果固定脉冲的频率,那么在正负脉冲宽度相等时,平均输出电压为零,它应该对应于输出正弦波过零的情况;当正脉冲宽度接近于脉冲周期时,是最大可能的正电压,应该对应于输出正弦波为正向峰值情况。根据这个分析可以构造一个正脉冲宽度计算公式

$$\delta = (T_p/2 - K_U)\sin 2\pi ft + T_p/2 \qquad (4\text{-}18)$$

式中,T_p 为脉冲周期;K_U 为电压调节系数。

由于正负脉冲必须间隔排列,因此正负脉冲的宽度都必须大于器件的开关时间,也就是存在一个最小脉冲宽度。从式(4-18)中可以看出,当 K_U 等于最小脉冲宽度,而正弦函数值为 -1 时,正脉冲宽度就是最小脉冲宽度,输出平均电压为负的最大值,正弦函数为零时,正负脉冲宽度等于脉冲周期的一半,平均电压为零;正弦函数为 1 时,正脉冲宽度最大,等于脉冲周期减去最小脉冲宽度,平均电压为正的最大值。这样,输出电压平均值就是频率与式(4-18)中正弦函数频率一致的正弦波,即改变正弦波频率可以变频。增加 K_U 的数值,输出波形的电压峰值降低,K_U 等于半个脉冲周期时,平均输出电压就始终为零了,因此改变 K_U 可以调压。

为了进一步说明脉宽调制的原理,想象用一个水平线切割一个三角形,水平线与三角形两边的交点形成的线段反比于水平线相对于三角形底边的高度。如果三角形很窄很尖锐,那么用一个正弦波切割它时,该正弦波被三角形切割成多段曲线。所获得的每段曲线可以近似当作水平线,把在三角形内的曲线段作为脉冲间隔或者负脉冲的宽度,而把两个三角形之间的曲线段作为正脉冲的宽度,那么正脉冲宽度将与正弦波的正向幅值成正比。因此,以交点作为正负脉冲的切换点,平均输出电压就能够符合正弦规律。图 4-15 反映了这种几何关系。

图 4-15(a)是作为载波的三角波和作为调制波的正弦波。在正弦波和三角波的每一个交点处,正负脉冲之间就切换一次。图 4-15(b)是输出电压电流的波形,可以看出方波脉冲的宽度按其正弦规律在变化,其等效电压是一个正弦波形,正好与调制波形一致。在正向脉冲期间,电流按照电位差及负载阻抗允许的斜率上升,负脉冲期间则下降。图 4-15(b)中的折线是感性负载上电流的波形,近似为一个相位与等效电压波形相差一定角度的正弦波形,为正弦波和锯齿波形的叠加,该锯齿波形的频率与载波频率一致。

图 4-15(c)是用虚线表示的图 4-15(a)中的正弦波调制出的输出电压波形,和图 4-15(b)比较,脉冲宽度的变化不那么明显,因此,等效电压的正弦波幅值也降低了,仍然与调制波形一致。这种调制方式能够有效地控制频率和电压,而且平均电压波形得到了充分改善,其电流波形则是根据负载类型自然形成的。图 4-15 是感性负载情况,波形最为理想。

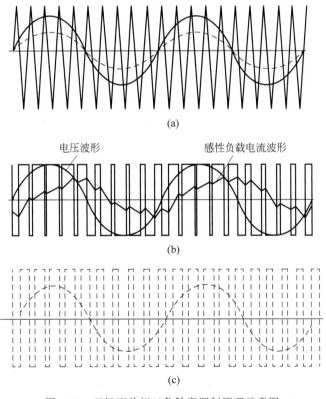

图 4-15　双极型单相三角脉宽调制原理示意图

在脉宽调制过程中,正弦调制波的频率决定着输出电流电压的频率,调制波与三角载波之间的幅值比则决定着输出电压的峰值与直流电压间的比例。因此,变频器的调压调频主要是依靠改变正弦调制波的频率和幅值实现的。三角载波的频率变化可以改变脉冲频率和宽度,即如果加大三角载波频率,则脉冲频率增加,宽度减少,但是电压平均值变化规律却不会改变。同时,在感性负载电流波形中,叠加的锯齿波频率也随三角载波频率一同增加,但是幅值却减小了。因此,可以通过增加载波频率消除锯齿波形,使电流波形接近标准的正弦波。也就是说,三角载波频率不会影响输出频率,而会影响输出电压电流实际波形,却不影响平均电压。图 4-15 相当于输出频率为 50Hz,而三角载波频率为 500Hz 的情况,而目前的通用变频器中,载波频率通常在 3~20kHz,电流波形远远优于图 4-15 的情况。

3. 脉宽调制方式

在 PWM 控制电路中,载波频率和调制信号频率之比称为载波比,通常脉宽调制方式根据载波信号和信号波信号是否同步分为同步调制和异步调制两种。通常脉宽调制方式分为同步调制和异步调制两种。在改变调制波周期的同时,成比例地改变载波周期,使载波频率与调制信号频率的比值保持不变,这种调制方式被称为同步调制。其优点是在开关频率较低时,可以保持输出波形的对称性。对于三相系统,为了保持三相之间的对称,互差 120° 相位角,通常取载波频率比为 3 的整数倍。而且,为了保证双极性调制时每相波型的正、负半波对称,上述倍数必须是奇数,这样在调制信号波的 180°,载波的正、负半周恰分布在 180° 处的左右两侧。由于波形的左右对称,就不会出现偶次谐波问题。这种调制方式的缺点是当逆变电路输出频率很低时,因为在半周期内输出脉冲的数目是固定的,所以由 PWM 调制而产生的载波频率附近的谐波频率也相应降低。这种频率较低的谐波通常不易滤除,会产生较大的转矩脉动和噪声,给电动机的正常工作带来不利影响。

同步调制的优点是低频时可保持输出波形的对称性,但是对于电主轴控制来说,电主轴较高的工作频率导致半导体功率器件 IGBT 的开关频率非常高,则开关损耗和输出电流的交越失真将变得相当严重。在这样高的载波频率下,载波信号的多少对输出电流的对称性的影响微乎其微,可以忽略不计。因此,在高频电主轴控制中,同步调制几乎失去了应用的价值。

脉宽调制的另外一种方式为异步调制。在异步调制方式中,调制信号频率变化时,通常保持载波频率固定不变,因此,两者的比值即载波比是变化的。这样,在调制信号的半个周期内,输出脉冲的个数不固定,脉冲相位也不固定,正负半周期的脉冲不对称。同时,半周期内前后 1/4 周期的脉冲也不对称。当调制信号频率较低时,载波比较大,半周期内的脉冲较多,正负半周期脉冲不对称和半周期内前后 1/4 周期脉冲不对称的影响很小,输出波形接近正弦波。当调制信号频率增高时,载波比就减小,半周期内的脉冲数减少,输出脉冲的不对称性影响之间的差异也变大,电路输出的对称性变坏。对于三相 PWM 型逆变电路来说,三相输出的对称性也变差。因此,在采用异步调制方式时,应尽量提高载波频率,以使在调制信号频率较高时仍能保持较大的载波比,改善输出特性。

在小功率的电机控制系统中,即使使用的开关器件开关频率较高,开关损耗仍然较小,并不太需要刻意的消除谐波。但是在大功率的场合,如果开关频率太高,就会导致开关损耗升高,使用异步调制会导致大量的高幅值的低次谐波,需要应用同步调制的策略来消除低频的谐波。

三角载波脉宽调制是一种模拟调制原理,在数字控制的变频器内,三角载波不是唯一的调制方式,但是由软件算法生成的脉宽调制波形和载波特征与三角载波调制一致,这里的分析仍然有效,也可以继续沿用三角载波脉宽调制的定义。

4.2.3　变频器的主电路

脉宽调制硬件电路中只需要具有产生正负脉冲的能力,因此主电路结构简单。由于逆变器既变频又变压,因此,整流部分可采用不可控二极管整流桥,结构简单而且电源侧功率因数提高,变频器的电压响应速度也不会受中间回路参数的影响。由于波形改善,输出谐波降低,电动机的转矩脉动也会减小,因此,系统的稳态和动态性能都会有明显的改善。正是由于这些原因,现在的通用变频器无一例外地采用了脉宽调制技术。

1. 脉宽调制逆变电路

电压型 PWM 逆变器的基本电路有 3 种:单相半桥式电路、单相全桥式电路、三相 SPWM 逆变器的基本电路[4]。

如图 4-16 所示,输出电压 U_o 在 V1 导通时为 $+E_d/2$,在 V2 导通时为 $-E_d/2$,输出电压 U_o 为 $+E_d/2$ 的区间和为 $-E_d/2$ 的区间之比,并随着时间而改变,得到希望的波形。

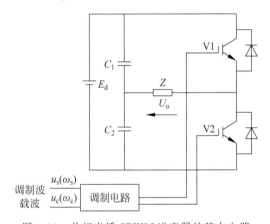

图 4-16　单相半桥 SPWM 逆变器的基本电路

图 4-17 为单相全桥式逆变器的主回路。当 V1 和 V4 导通时,输出电压 U_o 为 $+E_d$,而 V2 和 V3 导通时输出电压 U_o 为 $-E_d$。当 V1、V3 或 V2、V4 导通时,$U_o=0$。调节上述输出电压 $+E_d$ 和 $-E_d$ 的宽度比,可以获得所期望的输出电压波形。

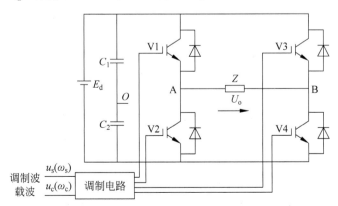

图 4-17　单相全桥 SPWM 逆变器的基本电路

图 4-18 所示为三相 PWM 逆变器的基本电路。在三相桥的情况下,根据功率器件 V1~V6 导通和截止的不同组合,三相输出端 U、V、W 相对于直流回路的中心点 O 的电位分别为 $+E_d/2$、$-E_d/2$,而 A、B、C 三相输出电压为 $+E_d$、$-E_d$ 和 0 三种数值。

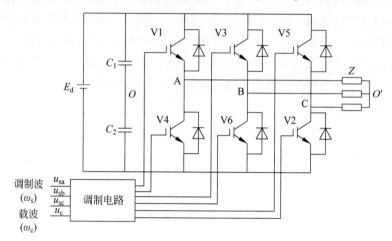

图 4-18　三相 SPWM 逆变器的基本电路

2. 主回路端口

变频器主回路端口由电源输入端口、变频器输出端口、直流电抗器接入端口、制动电阻与制动单元接入端口及接地端口 5 部分组成。

(1) 电源输入端口。对于与电主轴控制用变频器,其电源输入端口一般为三相,通常采用 R、S、T(或 L1、L2、L3)表示。一般情况下,电源通过漏电断路器或断路器直接接入变频器,但如果控制系统要求,也会通过接触器,输入电抗器,零相电抗器和滤波器等外围设备接入。

(2) 变频器输出端口。变频器的输出端口的符号为 U、V、W(或 T1、T2、T3)。该端口可直接接电主轴或三相异步电动机。根据控制要求,也会接入输出电抗器等外围设备。

(3) 直流电抗器接入端口。电主轴控制系统中,使用直流电抗器的主要目的是为改善功率因数。但对于小于 15kW 的电主轴来说,直流电抗器可以省略,此时需采用短路片短接两个端口。特别要指出的是变频器的电源输入端和输出端不能接反,否则会导致变频器瞬间烧坏。

(4) 制动电阻与制动单元接入端口。制动电阻和制动单元的主要功能是在变频器处于再生制动运行时,对再生回馈的电能进行消耗,以防止过流和过压的产生。功率较小的电主轴,只接制动电阻即可,功率较大的电主轴,须加接制动单元。

(5) 接地端口。为了安全和减少干扰,变频器都有一个接地端口,其外接地线要粗而短,接地电阻最好小于 100Ω。当多台变频器一起安装时,所有变频器必须直接接到共同接地端。

伺服驱动器与变频器的主回路构成基本相同。两者的区别在于伺服中增加了称为动态制动器的部件。停止时,该部件能吸收伺服电机积累的惯性能量,对伺服电机进行制动。

4.2.4 变频器的控制电路

变频器控制电路是给变频器主电路提供控制信号的回路,变频器控制电路如图 4-19 所示,它将信号传送给整流器、中间电路和逆变器,同时它也接收来自这些部分的信号。其主要组成部分包括:控制电路、保护电路半桥。主要功能为:

(1) 利用信号控制逆变器中的半导体器件的开关。

(2) 提供操作变频器的各种控制信号。

(3) 监视变频器的工作状态,提供保护功能。

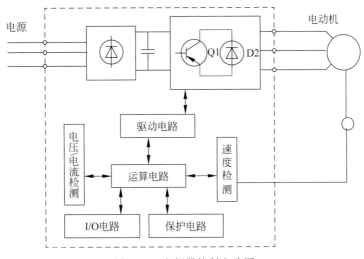

图 4-19 变频器控制电路图

1. 控制电路

控制电路组成包括:运算电路,电压/电流检测电路,驱动电路,I/O 输入输出电路,以及速度检测电路。

(1) 运算电路。运算电路也称频率/电压运算电路,其功能是将变频器的电压、电流检测电路的信号及变频器外部负载的非电量(速度、转矩等经检测电路转换为电信号)信号与给定的电流、电压信号进行比较运算,决定逆变器的输出电压、频率。

(2) 电压/电流检测电路。变频器的主电路的电压、电流检测电路是采用电隔离检测技术来检测主回路的电压、电流,检测电路对检测到的电压、电流信号进行处理和转换,以满足变频器控制电路的需要。

(3) 驱动电路。变频器驱动电路的功能是在控制电路的控制下,产生足够功率的驱动信号使主电路开关器件导通或关断,控制电路是采用电隔离技术实现对驱动电路的控制。

(4) I/O 输入输出电路。变频器的 I/O 输入输出电路的功能是为了使变频器更好地实现人机交互,变频器具有多种输入信号(如运行、多段速度运行等),还有各种内部参数的输出信号(如电流、频率、保护动作驱动等)。

(5) 速度检测电路。速度检测电路用于变频调速系统的电动机,以装在电动机转轴上的速度传感器为核心,将检测到的电动机速度信号进行处理和转换,送入运算回路,根据指令和运算可使电动机按指令速度运转。

2. 保护电路

变频器的保护电路是通过检测主电路的电压、电流等参数来判断变频器的运行工况,当发生过载或过电压等异常时,为了防止变频器的逆变器和负载损坏,使变频器中的逆变电路停止工作或抑制输出电压、电流值。变频器中的保护电路,可分为变频器保护和负载(异步电动机)保护两种。表 4-1 为保护功能一览。

表 4-1 保护功能一览

保护对象	保护功能	保护对象	保护功能
变频器保护	瞬时过电流保护 过载保护 再生过电压保护 瞬时停电保护 接地过电流保护 冷却风机保护	异步电动机保护 其他保护	过载保护 超频(超速)保护 防止失速过电流 防止失速再生过电压

1) 变频器保护功能

(1) 瞬时过电流保护。在变频器逆变器的负载侧发生短路时,流过逆变器开关器件的电流达到异常值(超过容许值)时,瞬时过电流保护动作停止逆变器运行。当整流器的输出电流达到异常值,也同样停止逆变器运行。

(2) 过载保护。在变频器逆变器的输出电流超过额定值,且电流持续时间达到规定值以上时,为了防止逆变器的开关器件损坏,过载保护动作停止逆变器运行。过载保护需要反时限特性,采用热继电器或者电子热保护(由电子电路构成)。

(3) 再生过电压保护。变频调速系统在电动机快速减速时,由于再生功率使变频器的直流电路电压升高,有时会超过容许值。可以采取停止逆变器运行或停止快速减速的方法,防止变频器过电压。

(4) 瞬时停电保护。对于数毫秒以内的瞬时停电,变频器控制电路是可以正常工作的。但瞬时停电时间如果达 10ms 以上时,通常不仅控制电路误动作,主电路也不能供电,所以变频器应设置瞬时停电保护,在发生瞬时停电后使变频器逆变器停止运行。

(5) 接地过电流保护。变频器逆变器负载接地时,为了保护逆变器需要设置接地过电流保护功能。同时为了确保人身安全,还需要装设漏电断路器。

(6) 冷却风机异常。有冷却风机的变频器,当风机异常时,变频器内温度将上升,因此采用风机热继电器或器件散热片温度传感器,检出异常后停止变频器逆变器运行。

2) 负载的保护

(1) 过载保护。负载过载检出单元与变频器逆变器过载保护共用,但考虑变频调速系统电动机在低速运转时过热,在电动机定子内埋入温度传感器,或者利用装在逆变器内的电子热保护来检出电动机的过热。当电动机过载保护动作频繁时,可以考虑减轻电动机负载、增加电动机及变频器容量。

(2) 超额(超速)保护。变频器的输出频率或者变频调速系统的电动机的速度超过规定值时,超额(超速)保护动作,停止变频器运行。

3）其他保护

（1）防止失速过电流。变频调速系统在急加速时，如果电动机跟踪迟缓，则过电流保护电路动作，运转就不能继续进行（失速）。所以，在负载电流减小之前要进行控制，抑制频率上升或使频率下降。对于恒速运转中的过电流，有时也进行同样的控制。

（2）防止失速再生过电压。变频调速系统在减速时产生的再生能量使主电路直流电压上升，为了防止再生过电压电路保护动作，在直流电压上升之前要进行控制，抑制频率下降，防止调速系统失速。

3. 半桥、全桥逆变器控制

单相电动机采用半桥逆变电路时，可将 SPWM 和 SVPWM 等调速技术方便地移植到单相电动机调速中来。在分析单相控制电路时，假设单相电动机的两绕组对称，即两相绕组相同，空间上相互垂直。同时假设正负电源对称，幅值恒定，中性点 N 不因电流 i 的注入而浮动。

（1）半桥 SPWM 控制。单相电动机采用 SPWM 控制技术时，由于要保证两相绕组中的电流相位差为 90°，所以，两路调制信号的相位也要设定为相差 90°。SPWM 控制的优点是谐波含量低，滤波器设计简单，容易实现调压、调频功能。但是，SPWM 的缺点也很明显，直流电压利用率低，适合模拟电路，不便于数字化方案实现。

（2）半桥 SVPWM 控制。依据电机学的知识可知，电压空间矢量同气隙磁场之间存在如下关系：

$$U = \frac{d_\varphi}{d_t} \tag{4-19}$$

通过控制电压空间矢量来控制电动机气隙磁场的旋转，所以 SVPWM 控制又称为磁链轨迹控制。两相半桥逆变电路中开关器件 S_1 和 S_2，S_3 和 S_4 的开关逻辑互补，则 4 只开关器件只能产生 4 个电压矢量，如图 4-20 所示。

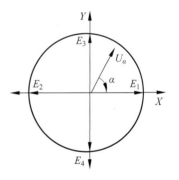

图 4-20　电压矢量图

从矢量图来看，在两相半桥逆变电路中，不会产生零电压矢量。为了合成一个幅值为 U_a、相角为 α 的电压矢量，在矢量分解时，其 X 轴的分量要由 E_1 和 E_2 共同完成。

在一个开关周期 T 内，E_1 作用时间为 t_1，则 E_2 作用时间为 $T - t_1$；E_3 作用时间为 t_2，则 E_4 作用时间为 $T - t_2$。根据矢量分解可以得到

$$t_1 = \frac{U_a \cos\alpha + \dfrac{U_d}{2}}{U_d} T \tag{4-20}$$

半桥逆变电路在采用 SVPWM 控制时，输出相电压的最大值为 $\dfrac{U_d}{2}$。

4. 控制回路端口

控制回路端口包括数字量输入端口、模拟量输入端口、通信输入端口及多功能输出端口等。

1) 数字量输入端口

数字量输入端口又叫开关量输入端口,其端口只有两种状态:接通或断开(ON 或 OFF),端口所完成的功能则由端口参数设定来定义或变频器所规定的固有功能。数字量输入端口又分为固定功能端口、多功能端口和脉冲量输入端口。

(1) 固定功能端口。固定功能端口又叫作基本控制输入端口,端口功能是固定的,主要用于实现电主轴的"正转""反转""停止""点动""复位"等功能。

(2) 多功能端口。端口功能不固定,由端口相对应的参数的功能设定值决定。一般情况下,每个多功能端口都可以完成所有功能,但在实际应用中,只能定义为一种功能,使用时需根据电主轴实际应用情况进行设定,把最需要的功能进行设定,充分发挥端口作用。

(3) 脉冲量输入端口。脉冲量输入端口专门用于输入脉冲信号,可以是固定功能端口,也可以是多功能端口参数设定值决定的端口。脉冲量输入端口输入的是具有一定频率的开关信号,在频率较低时,可以作为计数信号输入变频器,在频率较高时,作为变频器的频率指定信号,控制变频器的输出频率。

2) 模拟量输入端口

模拟量输入端口主要是输入模拟量信号(电压或电流)作为变频器的外部频率给定。并通过调节给定信号的大小来调节变频器的输出频率。变频器常用的电压信号有 $0 \sim 5V$,$0 \sim 10V$、$-10 \sim +10V$;电流信号有 $0 \sim 20mA$、$4 \sim 20mA$ 等。在电主轴的自动控制中,常采用此种方式进行转速设定。

3) 通信输入接口

变频器与上位机(PC、PLC、工控机等)进行通信的物理接口,一般为 RS-485 标准接口。上位机可以通过串行通信方式对变频器进行频率设定、运行控制、参数修改和状态监控等操作。

4) 多功能输出端口

变频器的输入端口主要是用于变频器进行功能控制,除此以外,变频器还设置了一些输出端口,输出端口可以把变频器自身的一些工作状态提供给外界,而外界则是根据这些状态通过相关的电路来进行告警,状态显示、参数测量和对其他设备进行控制。多功能输出端口根据其输出信号类型可分为、开关量继电器输出、开关量晶体管输出,模拟量输出,脉冲信号输出。

开关量信号输出主要是通过外接的相关电路来进行变频器告警和变频器各种功能运行状态的输出表示。模拟量输出和脉冲信号输出一般为测量信号,可以用外接的指针式电表或数字电压表来显示变频器的各种运行参数,如电流、电压、频率、转矩、功率以及 PID 控制时的设定值和反馈值等。模拟量和脉冲信号还可以直接用作其他电路的控制信号。

与变频器控制回路相比,伺服驱动器控制回路的构成相当复杂。为了实现伺服机构,需要复杂的反馈、控制模式切换、限制(电流/速度/转矩)等功能。

4.2.5　智能驱动器应用及其发展趋势

1. 驱动变频控制方式

对于交流异步感应电动机,其控制方式有标量控制(V/F 控制)、矢量控制及直接转矩控制 3 种形式。普通变频器为标量驱动控制,其驱动控制特性为恒转矩驱动,即输出功率和

V/F 控制

矢量控制

转速成正比关系。为了改善电动机的驱动品质,出现了采用电压/频率≠常数控制策略的新型变频器。使得电动机在计算转速上可以实现恒功率驱动,在计算转速以下,随着转速的升高,转矩由零迅速达到恒转矩驱动[5]。

矢量控制的基本思想如图 4-21 所示。把交流电动机解析成直流电动机,根据磁场和其正交的电流的积就是转矩这一个基本原理,从理论上将交流电动机的定子电流分解成建立磁场的激磁分量和与磁场正交的产生转矩的转矩分量,然后分别进行控制和调节,即实现了定子电流解耦。矢量控制技术也称为磁场定向技术,即把磁场矢量的方向作为电动机电压、电流和磁链矢量的方向。其基本特点是控制转子磁链,以转子磁链这一旋转的空间矢量为参考坐标,把定子电流分解为独立的励磁分量和转矩分量并分别进行控制。这样,通过坐标变换重建的电动机模型就可以等效为直流电动机。矢量控制通过坐标变换将交流异步电动机模型等效为直流电动机,实现了电动机转矩和电动机磁通的解耦,达到对瞬时转矩的控制。

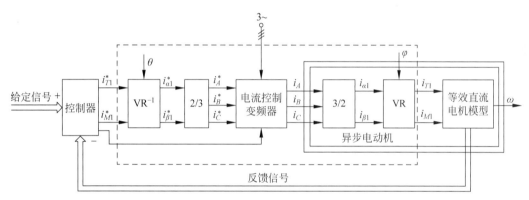

图 4-21　矢量控制的基本思想

矢量控制的驱动特性表现为:在低速端为恒转矩驱动,在中、高速端为恒功率驱动。矢量控制驱动器在刚启动时仍具有很大的转矩值。这种驱动器又有开环和闭环两种,后者在主轴上装有位置传感器,可以实现位置和速度的反馈,不仅具有更好的动态性能,还可以实现主轴定向停止于某一设定位置和 C 轴功能;而标量控制动态性能稍差,也不具备定向停止和 C 轴功能,但价格较为便宜。

直接转矩控制(direct torque control,DTC)是 20 世纪 80 年代中期,德国学者 M. Depenbrock 和日本学者 I. Takahashi 提出的。不同于矢量控制,直接转矩控制具有对电机参数变化不敏感、转矩动态响应速度快、结构简单等优点,它在很大程度上解决了矢量控制中结构复杂、计算量大、对参数变化敏感等问题。直接转矩控制被 ABB 集团公司称为最先进的交流电机控制方案,并在 1995 年生产了第一台基于直接转矩控制(DTC)方案的变频器 ACS600,它通过逆变器的开关直接控制电机的磁链和电磁转矩。直接转矩控制和矢量控制都属于高性能的交流调速系统,矢量控制适用于宽范围调速系统和伺服系统,直接转矩控制适用于需要转矩快速响应的运动控制系统。

参照图 4-22,直接转矩控制技术的原理可以描述如下:①在采用定子磁场定向的坐标系下,将实时检测到的逆变器的输出电压(定子电压)进行三相/两相的变换。②把得到的两相电压和由主轴电机模型输出的两相定子电流送入磁链观测模型中,由此得到两相定子磁

链 $\Psi_{s\alpha}$ 和 $\Psi_{s\beta}$，进一步运算后可以得到磁链幅值 $|\Psi_{sf}|$。③将两相定子磁链和由主轴电机模型输出的两相定子电流送入转矩观测模型中，由此可以得到实际电磁转矩 T_{ef}。④将前两步计算得到的定子磁链幅值及实际的电磁转矩分别送入磁链调节器和转矩调节器进行滞环比较。其中，磁链调节器根据 $|\Psi_{sf}|$ 与给定参考磁链幅值 $|\Psi_{sg}|$ 的偏差 $\Delta|\Psi_s|$ 进行施密特两点式调节，使定子磁链偏差维持在给定的磁链容差 $\Delta|\Psi_s|$ 范围内，实现磁链的自控制；转矩调节器根据实际的电磁转矩 T_{gf} 与给定电磁转矩 T_{eg} 的偏差进行施密特三点式调节，使电磁转矩维持在转矩给定容差 $\dfrac{\mathrm{d}\theta_r}{\mathrm{d}t}=\omega_r$ 范围内，实现对转矩的控制。磁链滞环比较器的输出为磁链调节信号 Ψ_q，转矩滞环比较器的输出为转矩调节信号 T_q。⑤利用两相定子磁链 $\Psi_{s\alpha}$ 和 $\Psi_{s\beta}$ 得到磁链空间角 R_s，并由磁链的空间角判断出磁链所在的扇区。完成了以上计算之后，开关状态选择单元依据尽可能减少逆变器开关损耗和尽可能加快转矩响应的原则，结合磁链调节信号、转矩调节信号和扇区信号选择出最优的开关状态和应该采用的电压矢量，促使定子磁链幅值和转矩都达到给定的参考值。

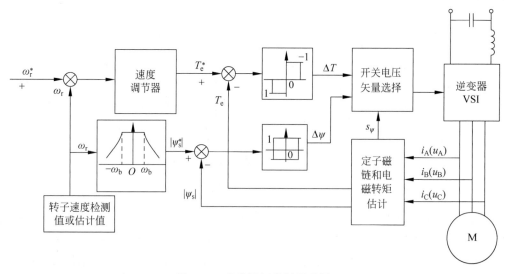

图 4-22　直接转矩控制原理图

2. 智能控制方式

智能控制方式主要有神经元网络控制、模糊控制、专家系统、学习控制等。目前智能控制方式在变频调速控制系统中的具体应用已经得到一些成功经验。

（1）神经元网络控制。神经元网络控制方式通常应用在比较复杂的变频器调速控制系统中。由于对于系统的模型了解甚少，因此神经元网络既要完成系统辨识的功能，又要进行控制。而且神经元网络控制方式可以同时控制多个变频器，但是，如果神经元网络的层数太多或者算法过于复杂都会在具体应用中带来困难。

（2）模糊控制。在变频器调速控制系统中采用模糊控制，通过控制变频器的电压和频率，使电动机的升速时间得到控制，以避免升速过快对电动机使用寿命的影响，以及升速过慢影响系统的工作效率。这种控制方式尤其适用于多输入单输出的控制系统。

（3）专家系统。专家系统是利用所谓"专家"的经验进行控制的一种控制方式。因此，专家系统中一般要建立一个专家库,存放一定的专家信息,另外还要有推理机制,以便于根据已知信息寻求理想的控制结果。专家库与推理机制的设计是尤为重要的,关系着专家系统控制的优劣。应用专家系统既可以控制变频器的电压,又可以控制其电流。

(4)学习控制。学习控制主要是用于重复性的输入,规则的 PWM 信号恰好满足这个条件,因此,学习控制也可以用于变频器控制中。学习控制不需要了解过多的系统信息,但是需要 1～2 个学习周期,因此快速性相对较差,且学习控制的算法有时需要实现超前环节,这用模拟器件是无法实现的。同时,学习控制还涉及稳定性问题,在应用中要特别注意。

4.3　伺服驱动系统特性

驱动系统的动态性能可用时间响应特性和频率响应特性两种方法来描述。分析伺服驱动系统的动态性能需要掌握系统的结构。

4.3.1　时间响应特性

时间响应特性是用来描述对迅速变化指令能否快速追踪的特性,它由瞬态响应和稳态响应两部分组成。由于系统中包含一些储能元件,所以当输入量作用于系统时,系统的输出量不能立刻跟随输入量变化,而是在输出达到稳态之前表现为瞬态响应过程或称过渡过程。稳态响应是指当时间 $t \to \infty$ 时系统的输出状态,若在稳态时输出与输入不能完全吻合,就认为系统存在稳态误差[6]。

系统的时间响应特性不仅决定于系统的结构与参数,而且与输入信号的类型有关。在智能制造装备的伺服系统中,输出的时间响应特性也随工况的变化而变化。为了便于分析研究,可引入的典型输入有阶跃、斜坡信号等形式。对于智能制造装备的驱动系统而言,它的速度输入信号是一个突然的扰动量,相当于速度阶跃信号,而位置输入信号是时间的一次函数,相当于斜坡信号。一阶系统的单位阶跃响应是一指数曲线,表达式为

$$y(t) = 1 - e^{-t/T} \tag{4-21}$$

当 $t = T$ 时,响应可上升到稳态值的 63.2%,经过(3～4)T 后,响应分别达到稳态值的 95%～98%。一阶系统的单位阶跃响应没有超调量,不存在峰值时间,在经过(3～4)T 后,就可以认为达到了稳态,完成了调节过程。显然时间常数 T 反映了系统的响应速度,T 越小,响应速度就越快。

等速斜坡响应位移输出表达式为

$$y(t) = v(t - T) + T e^{-\frac{1}{T}} \tag{4-22}$$

当 $t \to \infty$ 时,$y(t) = vt - \dfrac{v}{K_s} = vt - \delta_v$。

可见,一阶系统在跟踪等速斜坡输入信号(位置输入)时,必然有稳态误差存在,它与速度 v 成正比,与系统的增益成反比。由于稳态误差是表示系统在跟踪某一速度时的位移滞后量,所以跟踪误差也被称为速度误差。

在实际伺服驱动系统中,无论是伺服电动机还是机械传动装置,都可以用二阶振荡环节来描述。二阶系统的闭环传递函数通常为

$$W(s) = \frac{Y(s)}{X(s)} = \frac{\omega_n^2}{s^2 + 2s\xi\omega_n + \omega_n^2} \tag{4-23}$$

式中,ω_n 是系统的固有频率;ξ 为系统阻尼比,即实际阻尼系数和临界阻尼系数之比。

二阶系统的单位阶跃响应为

$$y(t) = 1 - \frac{e^{-\xi\omega_n t}}{\sqrt{1-\xi^2}} \sin(\omega_d t + \beta)(t \geqslant 0) \tag{4-24}$$

式中,$\beta = \arctan(\sqrt{1-\xi^2}/\xi)$。

由输出响应式可以看出,系统响应由两部分组成:

(1) 稳态分量为 1,表示系统在阶跃函数作用下不存在位置误差。

(2) 瞬态分量是一个阻尼振荡,其振荡角频率为 ω_d,其数值大小与阻尼比有关,对于瞬态分量而言,其衰减得快慢取决于包络线 $y(t) = 1 \pm e^{-\xi\omega_n t}/\sqrt{1-\xi^2}$ 收敛的快慢程度;当阻尼比一定时,包络线收敛得快慢,又取决于指数函数幂中的 $\xi\omega_n$,即 δ 的大小。

由式(4-24)可知,阻尼值越小,超调量越大,上升时间越短。在没有超调系统中,临界阻尼具有最短的上升时间,即最快的响应速度,而过阻尼系统的响应最缓慢。在欠阻尼系统中,阻尼在 0.4~0.8 之间其调节时间最短,超调量最大。当阻尼比等于零时,二阶系统的单位阶跃响应是一条平均值为 1 的等幅正弦振荡,其振荡角频率为 ω_n。一般认为阻尼为 0.707 比较合适,称为最佳阻尼比。

4.3.2 频率响应特性

时间响应特性是从微分方程出发,研究系统随时间变化的规律,即在已知传递函数的情况下,从系统在阶跃输入及斜坡输入时响应速度及振荡状态中获得动态特性参数。然而在很多情况下,传递函数不清楚,所以只能由实验方法来求取动态特性,因此出现频率响应特性法。

所谓频率特性,就是系统对正弦输入信号的响应,即它是通过研究系统对正弦输入信号的响应规律来获得其动态特性的。由于频率特性与传递函数关系密切相关,因此在工程中应用越来越多,可以由频率响应数据拟合成传递函数来建立系统数学模型。

频率特性曲线包括幅频特性曲线和相频特性曲线。对于一阶系统,开环幅频特性曲线与零分贝线交于 ω_c。频率 ω_c 处于幅频交界,即系统的截止频率。当输入信号的频率小于截止频率 ω_c 时,对于开环系统,其输出信号幅值大于输入信号幅值。对于闭环系统,输出值始终能跟踪输入值。当输入信号的频率大于截止频率 ω_c 时,输出值就不再跟踪输入,且此值随频率增加而成反比下降,因而将小于截止频率 ω_c 的频率范围称为通频带或频宽。

由于 $\omega_c = K_s = \dfrac{1}{T}$,所以频宽也表明了系统的响应速度。频宽越大,则响应速度越快,对输入信号的跟踪性能也就越好。

4.3.3 稳定性分析

系统稳定性是指系统要素在外界影响下表现出的某种稳定状态。其含义大致有以下三类：①外界温度的、机械的以及其他的各种变化，不至于对系统的状态产生显著的影响。②系统受到某种干扰而偏离正常状态，当干扰消除后，能恢复其正常状态，则系统是稳定的；相反，如果系统一旦偏离其正常状态，再也不能恢复到正常状态，而且偏离越来越大，则系统是不稳定的。③系统自动发生或容易发生的总趋势，如果一个系统能自动地趋向某一状态，就可以说，这一状态比原来的状态更稳定。

系统的稳定性可以分为在大范围内稳定和小范围内稳定两种。如果系统受到扰动后，不论它的初始偏差多大，都能以足够的精度恢复到初始平衡状态，这种系统就叫大范围内渐近稳定的系统。如果系统受到扰动后，只有当它的初始偏差小于某一定值才能在取消扰动后恢复初始平衡状态，而当它的初始偏差大于限定值时，就不能恢复到初始平衡状态，这种系统就叫作在小范围内稳定的系统。系统的稳定性需要通过建立系统闭环传递函数，确定特征值，并根据稳定性判据确定。

4.3.4　快速性分析

所谓快速性分析是指分析进给驱动伺服系统的输出响应输入信号的能力，快速性反映了系统的瞬态品质。

分析系统快速性的方法有直接求解法、间接评价法和计算机模拟法等。其中，间接评价法是用频率特性法进行系统的快速性分析，这种方法简单，又能明显地看出系统结构和参数对瞬态性能的影响，故在系统的分析与设计中广为应用。

对于线性伺服系统，由于系统中包含各种弱、强电路，机电能量转换装置和机械传动机构，系统的各个组成环节都存在着大小不等的时间常数，对输入的高频信号来不及反应，表现出的只是一个低通滤波器。若系统的通频带宽，则对高频信号响应速度就快。所以，从开环频率特性图来看，提高系统的截止频率，就可以提高闭环系统的响应速度。

例 4-2　以某机床进给驱动伺服系统为例，分析驱动系统快速特性。图 4-23 为某进给驱动伺服系统的结构图。图中符号说明如下：$P_r(s)$ 为位置环给定的位置指令；K_p 为位置环调节器增益，为一比例系数；C_p 为位置反馈系数；K_n 为速度调节器增益，为简化分析取为比例型；C_n 为速度环反馈系数；R_q 为定子 q 轴电阻，L_p 为定子 q 轴电感；C_E 为电机反电势系数；K_M 为伺服电机转矩系数；J_M 为伺服电机转动惯量；f_M 为伺服电机黏滞阻尼系数；i 为伺服电机轴到丝杆的传动比；K_s 为机械传动部件折算到丝杠上的扭转刚度；f_s 为机械传动部件折算到丝杠的黏性阻尼系数；J_s 为机械传动部件折算到丝杠的转动惯量；i_1 为丝杠螺母副的传动比；$X(s)$ 为位置输出。$M_{gr}(s)$ 表示对机械传动部分扰动。

1. 不考虑机械传动部件的转矩反馈效应作用

在图 4-23 中，通过伺服电机轴转速到滚珠丝杠的转速传动比系数 i，把丝杠的转矩 $Ms(t)$ 反馈到伺服电机的输入端，即把机械传动部件的转矩效应引入到伺服电机的速度环内，则将 i 的反馈回路断开时，图 4-23 可简化为图 4-24。

图 4-24 中，ω_{0s} 为机械传动部件的谐振频率，$\mathrm{rad/s}$；ξ_s 为机械传动部件的阻尼比，无量纲。

一般情况下，$R_q J_M \gg L_q f_M$，故

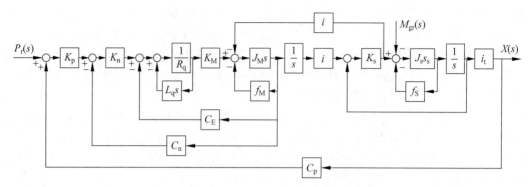

图 4-23　某进给驱动伺服系统的结构图

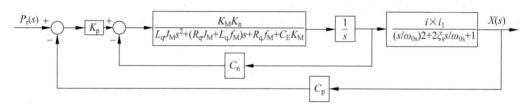

图 4-24　伺服电机驱动的位置伺服系统

$$\frac{K_M K_n}{L_q J_M s^2 + (R_q J_M + L_q f_M)s + R_q f_M + C_E K_M} = \frac{K_{Mz}}{T_e T_m s^2 + T_m s + 1}$$

式中，K_{Mz} 为电机增益常数，rad/s，$K_{Mz} = \dfrac{K_M}{R_q f_M + C_E K_M}$；$T_e$ 为电机的电气时间常数（s），$T_e = \dfrac{L_q}{R_q}$；T_m 为电机的机电时间常数，s，$T_m = \dfrac{R_q J_M}{R_q f_M + C_E K_M}$。

由于 $C_E K_M \gg R_q f_M$，故 $K_{Mz} \approx \dfrac{1}{C_E}$。

再将图 4-24 进一步简化，可得图 4-25。图中，K_N 为速度环闭环增益；$K_N = \dfrac{K_M K_n}{R_q f_M + C_E K_M + K_M K_n C_n}$；$\omega_{0A}$ 为速度环闭环谐振频率（rad/s），$\omega_{0A} = \sqrt{\dfrac{R_q f_M + C_E K_M + K_M K_n C_n}{L_q J_M}}$；$\xi_A$ 为速度环闭环阻尼比，无量纲。

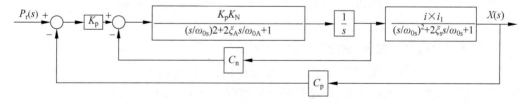

图 4-25　进给驱动伺服系统简化数学模型

根据图 4-25，在不考虑机械传动部件转矩反馈效应时，进给伺服系统的开环传递函数为

$$G_{\text{K1}}(s) = \dfrac{K_\nu}{s\left[\left(\dfrac{s}{\omega_{0\text{A}}}\right)^2 + \dfrac{2\xi_\text{A}}{\omega_{0\text{A}}}s + 1\right]\left[\left(\dfrac{s}{\omega_{0\text{s}}}\right)^2 + \dfrac{2\xi_\text{s}}{\omega_{0\text{s}}}s + 1\right]} \tag{4-25}$$

$$K_\nu = C_\text{p}K_\text{N}i_1iK_\text{p} \approx \dfrac{C_\text{p}i_1iK_\text{p}}{C_\text{n}}(1/s) \tag{4-26}$$

式中，K_ν 为系统增益。

由图 4-25 和公式(4-25)可见，该进给伺服系统的开环传递函数 $G_{\text{K1}}(s)$ 是由一个比例环节、一个积分环节和两个振荡环节组成，它的对数幅频特性如图 4-26 所示。由图可见，$K_{\nu\text{q}}$ 为系统启动前的增益，由于光电编码器测速后，速度反馈回馈回路很快发挥作用，于是系统增益由 $K_{\nu\text{q}}$ 降到 K_ν，提高系统的增益 K_ν，可以提高截止频率 ω_c，从而提高系统的快速性。但随着系统增益的提高，靠近频率 ω_c 处的 ω_1 的谐振峰将移近零分贝线，而在 ω_1 频率点的输出比输入相位滞后 $180°$，这将引起闭环回路的自激振荡。因此，ω_1 的谐振是提高快速性的一个限制因素，这里的 ω_1 是式(4-25)中的两个振荡环节谐振频率中较低的一个。

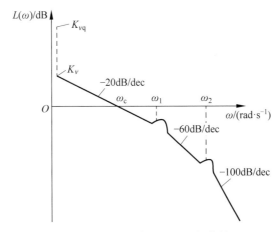

图 4-26　驱动系统的开环幅频特性

经验指出，伺服电机的谐振频率一般为十几赫兹，但加入速度反馈的电机谐振频率可达 $100 \sim 200\,\text{Hz}$，而机械传动部件的谐振频率也只有 $80\,\text{Hz}$。因此，机械传动部件成为提高系统快速性的限制因素，而不是伺服电机。

由此可见，要想提高系统的快速性，首先，必须提高机械传动部件的谐振频率，也就是要提高传动部件的刚性和降低机械传动部件的惯量。其次，通过增大阻尼压低谐振峰值也可提高快速性。

2. 考虑转矩反馈效应

机械传动部件的转矩反馈通过传动比 i 引入到伺服电机的速度环内，当然会对系统产生影响。将图 4-23 中的反馈交联影响归入速度环内主通道上的一个串联环节 $G_{\text{nf}}(s)$，其数学模型如图 4-27 所示。

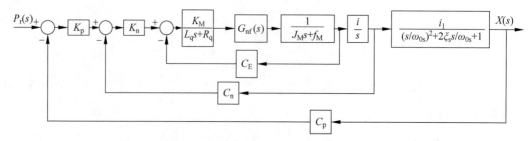

图 4-27　转矩反馈交联影响归入速度环后进给伺服系统的数学模型

在图 4-27 中

$$G_{nf}(s) = \frac{(J_M s + f_M)\left[\left(\dfrac{s}{\omega_{0s}}\right)^2 + \dfrac{2\xi_s}{\omega_{0s}}s + 1\right]}{(J_M s + f_M)\left[\left(\dfrac{s}{\omega_{0s}}\right)^2 + \dfrac{2\xi_s}{\omega_{0s}}s + 1\right] + i^2(J_s s + f_s)} \tag{4-27}$$

将图 4-27 中的速度环的闭环传递函数求出,则可以得到一个更为简化的系统图,如图 4-28 所示。

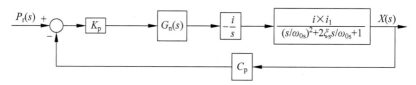

图 4-28　简化后的进给系统数学模型

假设考虑机械传动部件转矩反馈效应的进给驱动伺服系统开环传递函数为

$$G_{K2}(s) = \frac{a_5}{a_0 s^5 + a_0 s^4 + a_1 s^3 + a_2 s^2 + a_3 s + a_4} \tag{4-28}$$

式中,$a_0 = 1$；$a_1 = K_2 + \dfrac{f_s}{J_s}$；$a_2 = K_1 + K_2\dfrac{f_s}{J_s} + i^2\dfrac{K_s}{J_M} + \dfrac{K_s}{J_s}$；$a_3 = K_1\dfrac{f_s}{J_s} + K_2\dfrac{K_s}{J_s} + i^2\left(\dfrac{K_s f_s}{J_M J_s} + \dfrac{K_s R_q}{J_M L_q}\right)$；$a_4 = K_1\dfrac{f_s}{J_s} + i^2\dfrac{K_s f_s}{J_M L_q}R_q$；$a_5 = \dfrac{K_3 K_s}{J_M J_s}$；$K_1 = \dfrac{1}{L_q J_M}(R_q f_M + K_M C_E + K_M K_n C_n)$；$K_2 = \dfrac{f_M}{J_M} + \dfrac{R_q}{L_q}$；$K_3 = \dfrac{K_M K_n C_p K_p i_1 i}{L_q}$。

不考虑机械传动部件的转矩反馈效应时的进给系统开环传递函数 $G_{K1}(s)$ 与考虑转矩反馈效应时的进给系统开环传递函数 $G_{K2}(s)$ 相比较,考虑转矩反馈效应时的机械传动部件的谐振峰值有所降低。图 4-29 为 $G_{K1}(s)$ 与 $G_{K2}(s)$ 的伯德图。

比较两种情况下的伯德图说明如下:

当机械传动部件折算到丝杠上的黏滞阻尼系数 $f_s \geqslant 0.5$ 时,$G_{K1}(s)$ 与 $G_{K2}(s)$ 的伯德图基本吻合,在图 4-29 上用实线表示。

当 $f_s < 0.5$ 时,除了谐振区附近不同外,其他区域也基本吻合。从图 4-29 中可以看出,在转矩反馈作用下,机械传动部件的谐振峰值有所降低。$G_{K1}(s)$ 在 $\omega = \omega_{0s}$、$f_s = 0$ 时的谐振峰值应达到∞,而 $G_{K2}(s)$ 在 $\omega = \omega_{0s}$、$f_s = 0$ 时的谐振峰值仅为 5.4dB。显然,机械传动部

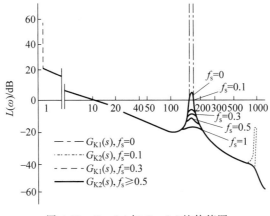

图 4-29　$G_{K1}(s)$ 与 $G_{K2}(s)$ 的伯德图

件的转矩反馈效应在阻尼系数 f_s 小的时候,对谐振峰值的减低作用是很大的。

4.3.5　驱动系统精度与刚度

所谓伺服精度是用误差大小来衡量的。伺服误差是指伺服系统在稳态时的指令位置与实际位置之差,反映了系统的稳态质量。

在动态情况下,理想的伺服系统是在任意时刻输出和输入都能保持同步,没有误差,但这是不可能的。造成不同步的原因很多,系统本身的动态特性、外加负载和内部的扰动等因素都会造成实际的输出位置偏离指令位置。

为了更好地了解伺服精度与哪些因素相关,需要介绍以下几个概念。

1. 速度误差

由斜坡信号输入产生的伺服误差称为速度误差。它实际上是表示在一定的进给速度下,系统的指令位置与实际位置的偏差。

设进给速度为 v,单位为 rad/s,位置偏差为 Δx,单位为 rad,两者的比值就是系统的增益 K_v

$$K_v = \frac{v}{\Delta x} s^{-1} \tag{4-29}$$

系统增益又称速度误差系数或速度增益。为了避免和刚度 K_s 产生混淆,用 K_v 表示系统增益。将斜坡函数作为输入信号,求出伺服误差,可以得到速度误差系数的表达式与系统增益表达式完全一样。由式(4-29)可知,系统增益越大,则速度误差越大。

2. 伺服静刚度

为了保证驱动伺服系统的稳定所需要的机械传动部件最低刚度 K_s 必须满足

$$K_s > \frac{K_{jM}[J_s(f_M+K_\omega)+f_s J_M]^2}{(i^2 f_s+f_M+K_\omega)[i^2 J_s^2(f_M+K_\omega)+f_s J_M^2]} - \frac{f_s J_s(f_M+K_\omega)^2+f_s J_M(f_M+K_\omega)}{i^2 J_s^2(f_M+K_\omega)+f_s J_M^2} \tag{4-30}$$

在不等式右方的分式中就含有伺服静刚度 $K_{JM} = \dfrac{K_M K_n C_p K_p i_1 i}{R_q}$,这是对图 4-29 所示的具

体伺服驱动系统推导给出的伺服静刚度的表达式,它包括系统的电子放大系数 K_p、K_M、K_n、C_p,也包括伺服电机轴到丝杆的传动比 i、丝杠螺母的传动比 i_1 及电机的电阻 R_q,这是指系统在稳态时的系统刚度。

伺服静刚度是指在恒定的外载荷作用下,伺服系统抵抗位置发生偏差的能力,也就是伺服电机为消除位置偏差而产生的转矩与位置偏差之比。

显然,当外载荷不变时,伺服静刚度越大,伺服误差越小。

3. 伺服动刚度

伺服动刚度是指在交变负载作用下,进给驱动伺服系统抵抗位置偏差的能力。设外加交变载荷为 $M_{Ld}(j\omega)$,位置偏差为 $\Delta x(j\omega)$,则伺服动刚度为

$$K_d(j\omega) = \frac{M_{Ld}(j\omega)}{\Delta x(j\omega)} \tag{4-31}$$

$K_d(j\omega)$ 是一个复变量,它是在交变外加力矩作用下所产生的变形量,具有频率响应的特性,它关系到系统的强迫振动和自激振荡的稳定性问题。由于 $K_d(j\omega)$ 的大小随时间变化,故用其幅值来衡量伺服动刚度的大小,即

$$K_d = |K_d(j\omega)| \tag{4-32}$$

由式(4-30)的定义可知,伺服动刚度的大小与外载荷的交变频率 ω 有关,当 ω 接近机械传动部件的固有频率,即接近共振情况时,变形量增大,伺服驱动系统的伺服刚度最小,伺服动刚度误差最大。

显然,$\omega = 0$ 时,伺服动刚度即为伺服静刚度。伺服动刚度的倒数即为伺服动柔度。

在 $\omega = 0$ 时的伺服静刚度为基础,当 ω 逐渐加大以至于达到传动部件的固有频率时伺服动刚度变得最小,这一过程中,系统的伺服刚度误差就是上面提到的伺服动刚度误差。一般来说,伺服静刚度要大于伺服动刚度。

节点及关联

伺服电机:直流伺服电动机;交流伺服电动机;步进电动机

变频驱动方式:直接转矩控制;矢量控制;V/F 控制

习题

一、简答题

1. 伺服电动机的种类有哪些?

2. 要改变三相异步电动机的转速,可以采用哪几种方法?

3. 直流伺服电动机的制动控制方式有哪些?

4. 什么是调速的相对稳定性?什么是静差率?静差率和什么有关?

5. 步进电动机的工作原理是什么?

6. 说明步进电动机步距角大小的计算方法及步距角与转速的关系。

7. 脉宽调制方式有哪些?同步调制的优缺点是什么?高速电机是否适用同步调制?

8. 简述直接转矩控制的基本原理。

9. 矢量控制的驱动特性是什么？

10. 新型智能伺服驱动是通过什么实现的？智能材料包括哪些？

11. 变频器控制电路的功能有哪些？

12. 什么叫伺服静刚度？什么叫伺服动刚度？

13. 什么是系统的稳定性？稳定性分哪几类？

14. 对比位置的视觉伺服与基于图像的视觉伺服各自的优缺点。

15. 简述超磁致伸缩材料的特点。

16. 变频器主要有哪几部分组成？变频器调速时,在计算转速以上的称为什么调速？在计算转速以下的调速称为什么调速？

17. 换向器在直流电机中起什么作用？

18. 直流电动机为什么一般不允许直接起动？采用什么方法起动比较好？

19. 他励直流电动机运行在额定状态,负载为恒转矩负载,如果减小磁通,电枢电流是增大、减小还是不变？

二、计算题

1. 一台他励直流电动机, $P_N = 21\text{kW}$, $U_N = 220\text{V}$, $I_N = 115\text{A}$, $n_N = 980\text{r/min}$, $R_a = 0.1\Omega$,拖动恒转矩负载运行, $T_L = 80\% T_N$。弱磁调速时, Φ 从 Φ_N 调至 $80\% \Phi_N$,调速瞬间电枢电流是多少？

2. 一台三相异步电动机铭牌上标明 $f = 50\text{Hz}$,额定转速 $n_N = 960\text{r/min}$,该电动机的极数是多少？

参考文献

[1] 王爱玲,王俊元,马维金,等.现代数控机床伺服及检测技术[M].北京:国防工业出版社,2016.

[2] 周志敏,纪爱华.变频器工程应用[M].北京:化学工业出版社,2013.

[3] 吴玉厚,张丽秀.高速数控机床电主轴控制技术[M].北京:科学出版社,2013.

[4] 杨大智.智能材料与智能系统[M].天津:天津大学出版社,2000.

[5] 朱玉川,李跃松.磁致伸缩电液伺服阀理论与技术[M].北京:科学出版社,2018.

[6] 赵希梅.交流永磁电机进给驱动伺服系统[M].北京:清华大学出版社,2017.

第5章

智能制造装备单元技术

导学

　　智能制造装备制造产业是我国制造业的基石,它是先进制造技术、信息技术和智能技术的集成和深度融合,体现了制造业的智能化、数字化和网络化的发展要求,其发展水平决定了国家的工业竞争力。那么智能制造装备单元技术包括哪些内容? 这些单元技术的内涵是什么? 它们之间又存在怎样的联系? 在实际生产加工中又如何利用这些单元技术?

　　本章的主要内容是阐明智能制造装备数控系统、智能化主轴单元技术和智能刀具系统技术的相关概念和定义,以实际生产加工中的实例为依托,对智能制造装备各类核心单元技术进行系统学习。

　　教学目标和要求:理解智能制造装备单元技术组成,掌握智能制造装备数控系统、智能化主轴单元技术和智能刀具系统技术相关概念和定义,了解实际生产加工中智能制造装备单元工作原理与相互之间作用关系,掌握一定的智能编程、主轴热预测、刀具切削性能检测等测试分析方法,初步具备解决智能制造装备领域单元技术问题的能力。

　　重点:理解智能制造装备单元运转机理及相关特征分析方法,掌握智能制造装备单元技术的基础概念。

　　难点:智能制造装备单元之间的关联内涵和实际生产加工中相关性能检测与分析技术。

5.1　智能制造装备数控系统

　　数字控制系统(numerical control system),根据计算机存储器中存储的控制程序,执行部分或全部数值控制功能,并配有接口电路和伺服驱动装置的专用计算机系统。自 20 世纪 50 年代起,数控系统已经经历了多次变革,目前已进入第七代智能数控系统(见图 5-1)。

　　智能制造装备数控系统有别于传统数字控制系统,是与智能元器件、智能化软件平台等共同使装备实现智能化,除能控制机械设备的动作外,还具有预测、感知、分析、推理、决策等功能,可实现加工优化、实时补偿、智能测量、远程监控和诊断。在装备数控化的基础上,进一步提高装备的生产效率、制造精度,降低能源资源消耗。智能制造系统为分布式自主制造系统,其由若干智能系统组成,根据生产任务不同细化层次,智能系统划分为不同级别,各系统间通过网络实现信息连接,实现数字化协同。数控系统的结构框架如图 5-2 所示,目前主

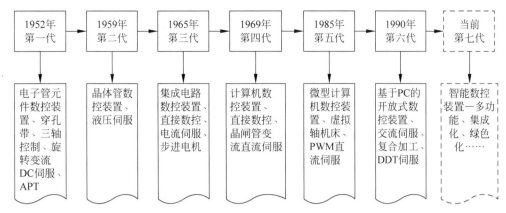

图 5-1　数控系统技术更新历程

要分为 4 种结构形式：专用 CNC＋PC 机、工业 PC 机＋运动控制卡、全软件型及基于总线形式的数控系统。其中，工业 PC 机＋运动控制卡的开放性及性能最好。

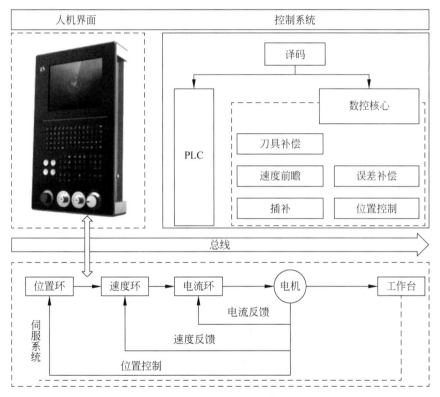

图 5-2　数控系统构成

未来智能制造装备数控系统应该具备的能力：

（1）能够感知自身状态和加工能力并能自我标定。

（2）能够监视和优化加工过程，并对加工质量进行评估。

（3）具有自主学习能力。

（4）能够实现人与机床，机床与机床间的互联互通。

智能数控系统的"四化"特征：

（1）多功能化（multi-functional）：多轴联动，曲面直接插补（SDI），3D刀补，多种工艺方法控制，复合加工工艺控制（包括增材制造过程控制）等。

（2）集成化（integrated）：CAD/CAM/CMM，STEP-NC，伺服总线，运动轴和加工过程先进控制，有线网络/无线网络，工艺仿真/工艺数据库等。

（3）智能化（smart）：工件/刀具识别，状态检测，自适应控制，几何/温度自动补偿，实时图像监测，在位快速测量，远程控制等。

（4）绿色化（green）：轻量化结构，运行过程优化/能效管理，绿色切削，模块化可重构。

5.1.1　智能制造装备数控系统的组成

数控是数字控制的简称，它是一种借助数字化信息对机械运动及加工过程进行控制的方法。数控系统是指为实现数字控制功能而设计的一套解决方案，一般数控系统由三大部分组成：控制系统、伺服系统和位置测量系统。控制系统是数控机床的"大脑"，是一个具有计算能力的控制元件或者计算机，负责向伺服系统发送运动控制指令。位置测量系统负责检测机械的运动位置和速度，并将信息反馈到控制系统和伺服系统，达到精确控制的目的。伺服系统将来自控制系统的控制指令和测量系统的反馈信息进行比较和调节后，通过控制电流驱动伺服电机，再由伺服电机驱动机床部件的运动，所以"伺服"是将电能转化为机械运动的过程。控制系统和伺服系统之间由现场总线连接，总线负责传递信息数据，是整个系统的"神经网络"。

智能制造装备数控系统具备传统数控系统基本硬件，基于PC控制的全软件式结构。其体系结构从嵌入式向开放式系统转变，从专用封闭式转变为通用开放式，不仅使机床实现数控，而且使机床与移动互联网无缝连接，其核心技术为信息通信技术（information and communications technology，ICT）。

智能制造装备数控系统除了使机床具备感知、自学习、自诊断、自判断能力外，还增加了从用户角度定义的智能化功能，如三维仿真功能能够让操作人员预览加工轨迹，提升管理效率，分辨后续加工问题；工艺支持功能，把操作经验转换为程序代码，指导经验匮乏人员；特征编程功能，系统根据三维图纸调用后台工艺支持功能，直接生成加工程序，并完成校对测量等任务；图形诊断功能使智能设备可以自动诊断故障，生成三维图片引导用户解决问题。在网络支持下，可实现远程诊断功能，与企业上层信息管理系统连接，以智能设备为中心，又可集成作业计划、生产调度、设备管理、成本核算等信息系统。数控机床在生产人工制品的同时也产生相应的数据。智能制造装备的可控及联动轴数较传统设备更多，如五轴数控系统与两轴、三轴系统有着巨大的技术跨越，不仅需要完成底层算法，还需考虑轴之间的协调、同步及规划。

智能制造装备数控系统作为机床的"大脑"，集成了开放式数控系统架构、大数据采集与分析技术、多传感器融合技术，直接决定着机床装备的智能化水平。

（1）开放式数控系统架构：遵循公开性、扩展性及兼容性原则，确保机床中的软硬件具有互换性、可扩展性和互操作性。包括系统平台和应用软件，其中系统平台对机床运动部件进行数字量控制，它所具备的硬件和软件平台用于运行应用软件。硬件平台是实现系统功能的物理实体，主要包括处理器、存储器、电源、I/O接口、显示器、控制面板及外设装置，在系统、软件和程序的驱动下，完成各项任务。软件平台是开放式数控系统的核心，包括操作系统、通信系统、图形系统和编程接口等，应用软件在软件平台中对系统硬件进行利用和控制。

（2）应用软件标准模块库：运动控制模块、I/O 控制模块、逻辑控制模块、网络控制模块等；系统配置软件将各模块配置成一致、完整的应用软件系统，是软件集成的工具和方法；用户应用软件根据应用协议自行开发或由系统制造商开发。

（3）大数据采集与分析技术：主要负责采集机床内部或外加传感器的信息，如主轴电流、力矩、刀具状态、G 指令时间、位置、速度等内部信息和振动、热误差、变形量等外部信息，以支撑制造过程管理及分析优化。

（4）多传感器融合模块：采集机床加工过程的相关信息并进行融合、特征提取，为智能控制、故障诊断及加工工艺优化提供数据支撑。

未来智能化数控系统关键技术的研究在于数控系统的开放化、网络化；具有自适应、自学习的智能伺服系统；多传感器信息融合理论及技术；CAD、CAM、CNC 集成技术等几方面，如图 5-3 所示。

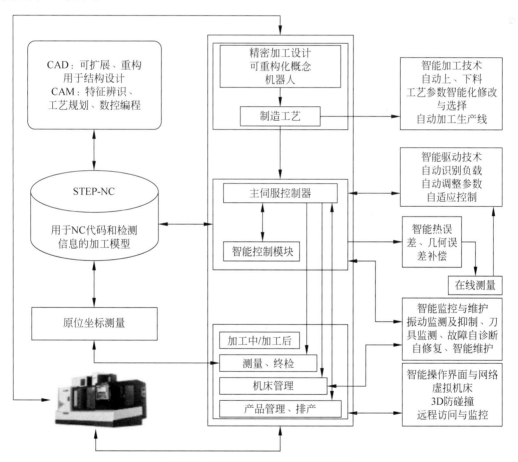

图 5-3　智能制造装备数控系统框架

5.1.2 数控装备智能编程与工艺优化

智能制造装备数控系统在大数据平台的支撑下,可在系统内实现真正的智能工艺规划,可分析加工要求,参照机床自身参数,智能匹配大数据平台中的最优工艺流程和加工参数,取代 CAM 设计人员,并在加工过程中不断记录加工参数和结果,更新工艺数据库。

传统数控系统与制造系统的交互数据接口采用 ISO 6983(G&M)标准代码,仅仅规定了工件加工轨迹信息和开关量状态,造成 CAD/CAM、CAPP 中工件描述信息及加工工艺信息无法传递到数控系统,传统数控系统仅仅是制造系统中的一个孤立单元。2001 年,ISO 14649(STEP-NC)标准被提出,可与 ISO 10303 无缝衔接,用以解决数控系统和 CAD/CAM 间信息丢失和单向传递的问题。该协议采用高层信息表达产品数据,描述制造对象的特征及技术要求,并传送给车间现场,使加工对象的几何信息、技术要求、拓扑信息及现场修改信息等能在数控系统及制造系统间双向交互。基于 STEP-NC 的工艺规划和加工程序生成,实现自主决策及加工过程优化,如图 5-4 所示为基于 STEP-NC 的 3 种数控系统构架。

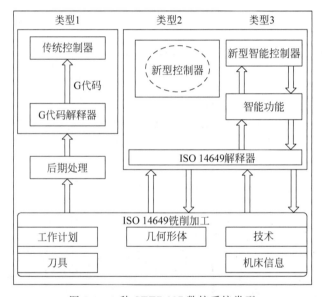

图 5-4 3 种 STEP-NC 数控系统类型

目前应用的主要数控编程(NCP-NC programming)系统为 CAD/CAM 软件。CAM 软件(computer aided manufacturing,计算机辅助制造)的作用是利用计算机编程生成机床设备能够读取的代码,将零件设计、工艺和工序转换成数控程序的关键环节。输入 CAM 的内容来自 CAD(computer aided design,计算机辅助设计)的零件设计信息和 CAPP(computer aided process planning,计算机辅助工艺规划)的零件工艺信息,这些信息通过 CAM 软件在自动或人工干预下生成数控程序。一般步骤如下。

(1) 准备原始数据:首先人们必须给计算机输入必要的原始数据,这些原始数据描述了被加工零件的所有信息,包括零件的几何形状、尺寸和几何要素之间的相互关系,刀具运动轨迹和工艺参数等。

(2) 输入翻译:原始数据以某种方式输入计算机后,计算机并不能立即识别和处理,必须通过一套预先存放在计算机中的编程系统软件,将它翻译成计算机能够识别和处理的形式。这种软件又称为编译软件。

(3) 数学处理:根据已经翻译的原始数据计算出刀具相对于工件的运动轨迹。编译和计算合称为前置处理。

(4) 后置处理:编程系统将前置处理的结果处理成具体的数控机床所需要的输入信息,即形成了零件加工的数控程序。

(5) 信息的输出:将后置处理得到的程序信息,可制成穿孔纸带,用于数控机床的输入;也可利用计算机和数控机床的通信接口直接把程序信息输入数控机床。

常用自动编程软件 Unigraphics、Catia、Mastercam、EdgeCAM 等大多集 CAD、CAM、CAE 功能于一体,可用于计算机辅助设计、分析和制造。它们有如下特点:可获得可靠、精确的刀具路径,能直接在曲面及实体上加工;良好的使用者界面,客户也可自行化设计界面;多样的加工方式,便于设计组合高效率的刀具路径;完整的刀具库;加工参数库管理功能,包含二轴到五轴铣削、车床铣削、线切割,大型刀具库管理,实体模拟切削,泛用型后处理器等功能。与之配合的数控加工仿真软件如 VERICUT 采用先进的三维显示及虚拟现实技术,对数控加工过程的模拟显示出刀具切削毛坯形成零件的全过程及模拟刀柄、夹具、机床的运行过程和虚拟的工厂环境。可检测 CAM 软件编程中产生的计算错误,降低加工中由于程序错误导致的加工事故率。然而,这些传统的 CAM 软件只能绑定在一台计算机上运行,意味着计算机和机床设备之间是断开的,需要有人工的介入才能把计算机生成的程序输入机床。

随着制造业技术的飞速发展,数控编程软件的开发和使用也进入了一个高速发展的新阶段,新产品层出不穷,功能模块越来越细化,工艺人员可以在微机上轻松地设计出科学合理并富有个性化的数控加工工艺,把数控加工编程变得更加容易、便捷。在智能数控系统的支持下,可内嵌编程及仿真软件,减少后处理过程,实现与 CAPP 的有效集成。其主要包括以下模块。

(1) 刀具轨迹智能决策模块:从 PDM 数据库读取 CAPP 输出的各工序工步特征信息及工艺信息,利用专家系统决定特征加工的走刀路线和走刀参数,充分考虑机床的加工效率和要求。

(2) 刀位文件生成模块:根据走刀路线决策从特征轨迹库中提取相应的算法,结合特征信息、工艺信息、走刀参数生成刀位文件,表示出加工内容,包含刀具轨迹选择知识库、走刀参数选择知识库等。

(3) 数控代码生成模块:读取刀位文件、PDM 数据库中的机床信息,包括指令格式、功能代码、坐标系统等,生成符合机床要求的数控代码。

(4) 系统维护与开发模块:对特征轨迹库、知识库、参数库、机床库等进行记录添加、修改及优化,并受 PDM 管理、共享。

智能制造过程中同样需要将设备综合效率(overall equipment effectiveness,OEE)、刀具磨损信息、工件数量质量信息、机床状态信息、能耗信息、故障信息等加工状态信息与制造系统上游进行交互,以实现加工过程优化、机床能耗、刀具寿命预测等功能,在此基础上实现自适应控制,最终完成工艺优化的目标。

(1) 进给率实时优化,通过检测机床主轴的负载,运用内部的专家系统实时计算出机床最佳的进给速率,大幅提高生产效率。

(2) 监测刀具磨损,提高刀具利用率,在切削加工过程中对刀具磨损状态进行实时监测,操纵者可正确地把握刀具的磨损程度,适时更换刀具。

(3) 对加工过程的适时监控,自适应控制系统可以依据控制对象的输入、输出数据,进行学习和再学习,不断地辨识模型参数并进行修正。

(4) 自适应控制,切削参数的智能化管理的途径:通过进行数控加工过程动力学仿真,获得切削稳定域和时域参数,确定切削参数的优化选择区域;在材料切削力系统实验基础上,进行数控加工过程的力学仿真,获得在各种约束条件下切削参数的优化选择区域;确定各种机床加工不同工件的最佳切削参数,形成数据库,并实现在加工过程中的智能化管理。

5.1.3　数控装备加工系统数字孪生

数字孪生的概念最早由密歇根大学的 Michael Grieves 博士于 2002 年提出,其最初的名称为"conceptual ideal for PLM"。

数字孪生(digital twin,DT)是一种实现物理系统向信息空间数字化模型映射的关键技术,它通过充分利用布置在系统各部分的传感器,对物理实体进行数据分析与建模,形成多学科、多物理量、多时间尺度、多概率的仿真过程,将物理系统在不同真实场景中的全生命周期过程反映出来。借助于各种高性能传感器和高速通信,数字孪生可以通过集成多维物理实体的数据,辅以数据分析和仿真模拟,近乎实时地呈现物理实体的实际情况,并通过虚实交互接口对物理实体进行控制。具有虚实交互、泛在互联、开源共享等特点,现阶段数字孪生技术的主要目标是面向故障检测、寿命预测、运行状态监测等方面。包括"产品数字化孪生""生产工艺流程数字化孪生"和"设备数字化孪生"。数字孪生主要由三部分组成。

(1) 物理空间的物理实体。

(2) 虚拟空间的虚拟实体。

(3) 虚实之间的连接数据和信息。

主要内容涉及模型创建、数据采集传输与处理、数据驱动与模型融合协同控制,并通过传感器数据监测物理实体状态,实现实时动态映射,在虚拟空间验证控制效果,对物理实体进行操作。

数字孪生将各专业技术集成为一个数据模型,并将 PLM(产品生命周期管理)、MOM(制造运营管理)和 TIA(全集成自动化)集成在统一的数据平台下,也可以根据需要将供应商纳入平台,实现价值链数据的整合。在数控装备加工系统中的应用,如图 5-5 所示,可以涵盖产品设计、工艺规划和产品制造的整个生产制造过程。

1. 数控加工系统产品数字孪生

在产品的设计阶段,利用数字孪生可以提高设计的准确性,并验证产品在真实环境中的性能。这个阶段的数字孪生的关键能力主要包含:

(1) 数字模型设计。使用 CAD 工具开发出满足技术规格的产品虚拟原型,精确记录产品的各种物理参数,以可视化的方式展示出来,并通过一系列验证手段来检验设计的精准程度。

(2) 模拟和仿真。通过一系列可重复、可变参数、可加速的仿真实验,来验证产品在不

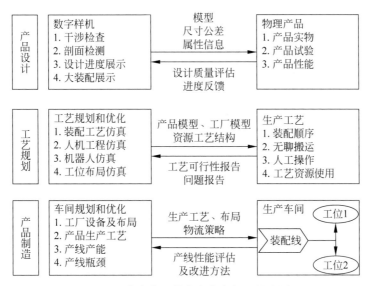

图 5-5　数字孪生技术在装备行业的应用

同外部环境下的性能和表现,在设计阶段就可验证产品的适应性。

　　产品数字孪生将在需求驱动下,建立基于模型的系统工程产品研发模式,实现"需求定义-系统仿真-功能设计-逻辑设计-物理设计-设计仿真-实物试验"全过程闭环管理,其细化领域包含以下几个方面。

　　1) 产品系统定义

　　包括产品需求定义、系统级架构建模与验证、功能设计、逻辑定义、可靠性、设计五性(包含可靠性、维修性、安全性、测试性及保障性)分析、失效模式和影响分析(failure mode and effect analysis,FMEA)等。

　　2) 结构设计仿真

　　包括机械系统的设计和验证:机械结构模型建立、多专业学科仿真分析(涵盖机械系统的强度、应力、疲劳、振动、噪声、散热、运动、灰尘、湿度等方面的分析)、多学科联合仿真(包括流固耦合、热电耦合、磁热耦合以及磁热结构耦合等)以及半实物仿真等。

　　3) D 创成式设计

　　创成式设计(generative design)是根据一些起始参数通过迭代并调整来找到一个(优化)模型。拓扑优化(topology optimization)是对给定的模型进行分析,常见的是根据边界条件进行有限元分析,然后对模型变形或删减来进行优化,是一个人机交互、自我创新的过程。根据输入者的设计意图,通过"创成式"系统,生成潜在的可行性设计方案的几何模型,然后进行综合对比,筛选出设计方案推送给设计者进行最后的决策。

　　4) 电子电气设计与仿真

　　包括电子电气系统的架构设计和验证、电气连接设计和验证、电缆和线束设计和验证等。相关仿真包括电子电气系统的信号完整性、传输损耗、电磁干扰、耐久性、PCB 散热等方面的分析。

　　5) 软件设计、调试与管理

　　包括软件系统的设计、编码、管理、测试等,同时支撑软件系统全过程的管理与 Bug 闭环管理。

6）设计全过程管理

包括系统工程全流程的管理和协同，设计数据和流程、设计仿真和过程、各种 MCAD/ECAD/软件设计工具和仿真工具的整合应用与管理。

2. 数控加工系统生产数字孪生

在产品的制造阶段，生产数字孪生的主要目的是确保产品可以被高效、高质量和低成本地生产，它所要设计、仿真和验证的对象主要是生产系统，包括制造工艺、制造设备、制造车间、管理控制系统等。

利用数字孪生可以加快产品导入的时间，提高产品设计的质量，降低产品的生产成本和提高产品的交付速度。产品生产阶段的数字孪生是一个高度协同的过程，通过数字化手段构建起来的虚拟生产线，将产品本身的数字孪生同生产设备、生产过程等其他形态的数字孪生高度集成起来，具体实现如下功能：

1）工艺过程定义（bill of process，BOP）

将产品信息、工艺过程信息、工厂产线信息和制造资源信息通过结构化模式组织管理，达到产品制造过程的精细化管理，基于产品工艺过程模型信息进行虚拟仿真验证，同时实现制造系统的准确排产。

2）虚拟制造（virtual manufacturing，VM）评估-人机/机器人仿真

基于一个虚拟的制造环境来验证和评价装配制造过程和装配制造方法，通过产品 3D 模型和生产车间现场模型，具备机械加工车间的数控加工仿真、装配工位级人机仿真、机器人仿真等提前虚拟评估。

3）虚拟制造评估-产线调试

数字化工厂柔性自动化生产线建设投资大、周期长，自动化控制逻辑复杂，现场调试工作量大。

按照生产线建设的规律，发现问题越早，整改成本越低，因此有必要在生产线正式生产、安装、调试之前在虚拟的环境中对生产线进行模拟调试，解决生产线的规划、干涉、PLC 的逻辑控制等问题，在综合加工设备、物流设备、智能工装、控制系统等各种因素中全面评估生产线的可行性。

生产周期长、更改成本高的机械结构部分采用在虚拟环境中进行展示和模拟；易于构建和修改的控制部分采用由 PLC 搭建的物理控制系统实现，由实物 PLC 控制系统生成控制信号，虚拟环境中的机械结构作为受控对象，模拟整个生产线的动作过程，从而发现机械结构和控制系统的问题，在物理样机建造前予以解决。

4）虚拟制造评估-生产过程仿真

在产品生产之前，可以通过虚拟生产的方式来模拟在不同产品、不同参数、不同外部条件下的生产过程，实现对产能、效率以及可能出现的生产瓶颈等问题的提前预判，加速新产品导入的过程。

将生产阶段的各种要素，如原材料、设备、工艺配方和工序要求，通过数字化的手段集成在一个紧密协作的生产过程中，并根据既定的规则，自动完成在不同条件组合下的操作，实现自动化的生产过程。

同时记录生产过程中的各类数据，为后续的分析和优化提供依据。

关键指标监控和过程能力评估：通过采集生产线上的各种生产设备的实时运行数据，实现全部生产过程的可视化监控，并且通过经验或者机器学习建立关键设备参数、检验指标的监控策略，对出现违背策略的异常情况进行及时处理和调整，实现稳定并不断优化的生产过程。

3. 数控加工系统设备数字孪生

作为客户的设备资产，产品在运行过程中将设备运行信息实时传送到云端，以进行设备运行优化、可预测性维护与保养，并通过设备运行信息对产品设计、工艺和制造迭代优化。

1）设备运行优化

通过工业物联网技术实现设备连接云端、行业云端算法库以及行业应用 APP。

2）可预测性维护、维修与保养

基于时间的中断修复维护不再能提供所需的结果。通过对运行数据进行连续收集和智能分析，数字化开辟了全新的维护方式，通过这种洞察力，可以预测维护机器与工厂部件的最佳时间，并提供了各种方式，以提高机器与工厂的生产力。预测性服务可将大数据转变为智能数据。数字化技术的发展可让企业洞察机器与工厂的状况，从而在实际问题发生之前，对异常和偏离阈值的情况迅速作出响应。基于数字孪生进行装备设备的故障预测和维护，首先需要建立其电子、机械三维模型；接着根据外场数据分析，梳理典型高发的故障模式，建立产品典型的故障模式及原因分类库；再综合考虑产品中的机械、电子产品的多物理结构，建立系统级的多物理多应力下的仿真模型，并根据各类试验结果，对设备的关键特征参数、应力及机理模型进行修正，最终形成数字孪生基准模型。

3）设计、工艺与制造迭代优化

复杂产品的工程设计非常困难，产品团队必须将电子装置和控件集成入机械系统，使用新的材料和制造流程，满足更严格的法规，同时必须在更短期限内、在预算约束下交付创新产品。

传统的验证方法不再足够有效。现代开发流程必须变得具有预测性，使用实际产品的"数字孪生"驱动设计并使其随着产品进化保持同步，此外还要求具有可支撑的智能报告和数据分析功能的仿真和测试技术。

产品工程设计团队需要一个统一且共享的平台来处理所有仿真学科，而且该平台应具备易于使用的先进分析工具，可提供效率更高的工作流程，并能够生成一致结果。设备数字孪生能帮助用户比以前更快地驱动产品设计，以获得更好、成本更低且更可靠的产品，并能更早地在整个产品生命周期内根据所有关键属性预测性能。

数字孪生可以通过对制造设备、制造过程的虚拟仿真，提高制造企业设备研发、制造的效率，为解决面向产品全生命周期的管理和升级提供支持。数字孪生可以应用到制造过程的设备层、生产线层、工厂层等不同的层级。在设备层，数字孪生可以在产品设计时就创建一个数字虚拟样机，在虚拟样机中同时构建其机械、电气、软件等模型，在虚拟环境中验证制造过程并提前发现可能出现的问题。在生产线层级，可以通过数字孪生刻画生产线不同工序之间的装配流程，提前对生产线中的安装、测试工艺进行仿真测试，当虚拟生产线测试通过后，实际生产线便可以直接安装使用，进而大大降低生产线安装成本。在设备层和生产线层的基础上，可以建立整个制造工厂的数字孪生，构建计划、质量、物料、人员、设备的数字化管理。在使用过程中，通过传感器不断进行虚实数据交换，并基于数据修正虚拟模型，最终实现对物理设备的精准描述,同时,通过对物理实体使用数据、故障数据、维修数据的更新,计算其损耗,预测设备的剩余寿命,并指导维修决策。

5.1.4　智能制造装备数控系统云服务

云服务(cloud service)是指面向客户端通过云计算,利用互联网技术把大量可扩展的、弹性的 IT 相关能力作为一种服务提供给多个客户。

数控系统云服务实际就是将数控系统、并行信息处理、网络技术、工业控制等技术融合,涉及数控加工、协同制造管理、并行控制、故障诊断、网络通信、自动控制、信号处理等领域。采用云服务,数控系统能够实现在线误差综合补偿控制、CAD/CAPP/CAM/CNC 集成、交互式协同等功能。云服务用于数控加工设备的控制,其特征在于:该云数控系统包括云控制核心节点、云测控子节点、微调驱动单元、实时通信网络和在线互联网络。其中,云控制核心节点主要实现人机操作和主控功能,还实现各种复杂的信号处理、组合控制和复合控制算法的运算与控制指令输出、远程通信、协调管理操作功能。云测控子节点主要完成各种部件的运行状态信号检测和微调控制信号的产生,同时接受云控制核心节点的协调、管理、控制指令,其中一部分子节点根据具体需要配合云控制核心节点完成核心的实时控制功能实现,各个独立的云测控子节点之间根据其内在的有机联系实现合理连接,实现交互式协作测控功能;微调驱动单元接受云测控子节点的指令完成对各自针对数控加工设备内部部件的微调控制执行操作;实时通信网络构成云控制核心节点内部、云控制核心节点与云测控子节点之间、云测控子节点之间的在线数据传递功能;在线互联网络完成云控制核心节点与外部相关组件之间的通信功能。

(1) 云服务提供:面向云服务消费者,提供登录界面和访问;根据云服务资源状况和消费者需求,包装云服务资源;对云服务的消费设立服务等级,按需消费;管理云消费者状态和请求。

(2) 云服务管理:运行云计算结构系统,保障云架构的稳定和可靠性。

(3) 云服务资源:软件服务(software as a service)、平台服务(platform as a service)、基础架构服务(infrastructure as a service)、云储存。

智能制造装备系统中加入云服务,基于机床可智能、互联的云制造,使分散式的或分级式的生产组织成为可能。如图 5-6 所示,由云平台协调的机床加工生产体系或网络是以机床而不是以企业为单位的,因而可以解决规模经济与灵活生产之间的矛盾。

智能制造装备云服务的目的是满足数控系统和云服务平台间数据交互和边缘处理需求:

(1) 实现异构数据源的装备认证接入和数据采集。

(2) 设置加密通道,保障工业数据传输安全。

(3) 支持多种数据采集模式(实时数据采集、非实时的周期性采集)。

制造业的未来将会是一个复杂的信息物理系统(cyber-physical systems,CPS)——所有的产品、设备、工厂都将通过互联网相互连接,实现信息的交换,制造业的价值链从物理的实体拓展到虚拟的网络空间。

(1) 改变产品的定义和设计。产品变成一个包含有物理实体和虚拟空间的复杂系统,产品性能的改进将通过软件的升级来完成,改变产品的性能。远程监测、维修和控制产品成

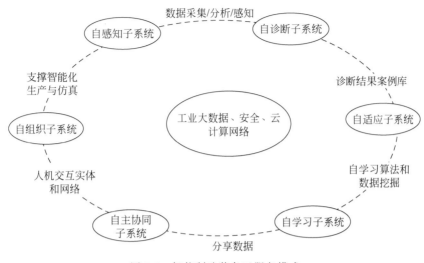

图 5-6　智能制造装备云服务模式

为可能,通过分析产品产生的大量数据可以不断优化产品性能,并使产品实现更高级的自主化功能。

（2）拓宽工业的边界。企业竞争不再是单个产品之间的竞争,当产品成为一个系统的组成部分后,更激烈的竞争将会发生在系统与系统之间。

（3）改变企业的商业模式。产品价值链将会被重新塑造,企业活动从销售产品转向提供服务,按时租赁的商业模式因能够获得产品实时使用数据而成为可能。

（4）出现智慧工厂。通过智能、互联产品组成系统网络,实现对工厂的信息化管理。安全管理成为企业要重视的问题之一。改变企业的技术架构、人力资源、组织结构和文化。

5.2　智能电主轴单元技术

5.2.1　智能电主轴热预测方法

电主轴热特性主要表现为电主轴的温升与热变形。在一定的工作条件下,电主轴在内外热源的共同作用下会产生大量的热,这些热量会传递到电主轴各个部分,使得各部分产生温升并导致热膨胀。由于各部分零件的材料、结构、形状和热惯性的不同,会发生不同程度的拉伸、弯曲、扭曲等,从而使加工部位发生相对位移,降低加工精度。

1. 电主轴生热量

电主轴发热主要源于主轴驱动电动机的定转子损耗生热和主轴前后轴承摩擦生热。这两大热源产生的热量如果不加以控制,由此引起的热变形会严重降低机床的加工精度和轴承使用寿命,因此电主轴生热机理研究对于电主轴温度场的精确预测有着至关重要的意义。

当电动机在正常运转时,根据经验公式得到电机转子的发热量约占电机总发热量的1/3,由电机转子产生的热量除了通过传递给定子和定转子间隙散热之外,还通过热传递、热辐射等形式传递给电主轴其他部件。电机定子的发热量占电机总发热量的 2/3,利用有限元仿真计算时,假定全部损耗都转化为热量。

电主轴在运行过程中,其轴承内外圈与滚珠间将产生一系列热量,主要是阻力和摩擦所致。电主轴转速越高,轴承受到的摩擦力越大,随之产生的热量也会越大。轴承的发热与很多因素相关,轴承生热量的计算公式是

$$H_f = 1.047 \times 10^{-4} nM \tag{5-1}$$

式中,H_f 为轴承发热量,W;n 为电主轴的旋转速度,r/min;M 为轴承摩擦力矩,N·m。

其中电主轴轴承的摩擦力矩 M 由润滑剂的黏性产生的黏性摩擦力矩 M_0 和由于轴承的负载产生的载荷力矩 M_1 组成,其中摩擦力矩与转速无关。

Palmgren 用经验方法确定了速度项的表达式

$$M_0 = 10^{-7} f_0 (\nu_0 n)^{2/3} d_m, \quad \nu_0 n \geqslant 2000 \tag{5-2}$$

$$M_0 = 160 \times 10^{-7} f_0 d_m^3, \quad \nu_0 n \leqslant 2000 \tag{5-3}$$

式中,ν_0 是所采用润滑剂的黏度,$\mathrm{m^2/s}$;f_0 是与轴承类型和润滑方式有关的系数;d_m 为轴承中径,m。

轴承摩擦力矩中的载荷项计算公式如下:

$$M_1 = Z \left(\frac{F_s}{C_s} \right)^y (0.9 F_\alpha \cot\alpha - 0.1 F_r) d_m \tag{5-4}$$

式中,F_s 为当量静载荷,N;C_s 为额定静载荷,N;Z,y 为与轴承设计有关经验系数,对于角接触轴承取 $Z = 0.001$,$y = 0.33$;F_α 为轴向载荷力,N;F_r 为径向载荷力,N;α 为公称接触;当 $(0.9 F_\alpha \cot\alpha - 0.1 F_r) \leqslant F_r$ 时,取 $M_1 = Z \left(\frac{F_s}{C_s} \right)^y F_r d_m$。

2. 电主轴传热形式与换热系数计算

由于电机损耗产生的热量不仅会使电机温度升高,还会通过热传递、热量辐射等形式使主轴、壳体等电主轴其他部件温度升高,因此对于电机内部和外部的传热方式的研究必不可少。

1)电主轴内部热传导

在电主轴工作过程中,由于其内部各部件间具有温度梯度,出现了能量的传递,其传热方式为热传导。其热量传导方程为

$$q_a = -kA \frac{\partial T}{\partial n} \tag{5-5}$$

式中,q_a 为热流密度,$\mathrm{W/m^2}$;k 为材料导热系数,$\mathrm{W/(m^2 \cdot ℃)}$;$\dfrac{\partial T}{\partial n}$ 为法向温度梯度;A 为导热面积,$\mathrm{m^2}$。

2)电主轴与外部介质的对流换热

为了减小电主轴发热而导致的热变形,电主轴单元在使用过程中通常采用冷却水套冷却电机定子,并采用油-气润滑方式润滑轴承,同时降低转子表面及轴承的温度。电主轴内部结构的复杂性导致其与外界的传热机制也较为复杂,电主轴各部件传热类型如图 5-7 所示。其中,5 种传热机制对应的对流换热系数如下所示。

(1)转轴端部的对流换热系数。电主轴转子热量分为三部分进行热传递,一部分热量通过定转子间的空气传递给电动机定子,一部分热量通过热传导形式传递给主轴及轴承,还有一部分通过油-气润滑系统压缩空气散出。当定转子气隙中的气体是纯层流状态时,热量

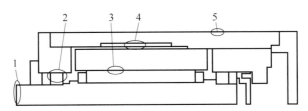

1—轴承与压缩空气的强迫对流换热；2—转子转动引起的端部空气强迫对流换热；3—压缩空气通过定转子间隙的强迫对流换热；4—冷却水流过定子表面的对流换热；5—电主轴表面的自然冷却换热系数。

图 5-7　电主轴各部件传热类型

是通过导热的方式进行传递的，此时其热交换的多少与转速无关，和主轴材料自身的热传导系数等相关。转子端部与周围空气进行的热交换方式可表示为

$$h_1 = 28(1 + \sqrt{0.45v})\tag{5-6}$$

式中，h_1 为转轴端部换热系数，$W/(m^2 \cdot ℃)$；v 为转子端部的周向速度，m/s。

（2）轴承与压缩空气的对流换热系数。当电主轴的润滑方式为油气润滑时，由于混合物中油的含量非常少，可以忽略润滑油带走的热量，油和气的作用可以分开来看，油用于润滑，压缩空气用于热交换，即轴承的大部分热量被压缩空气带走。压缩空气流经轴承时，产生一个轴向的气流，该气流流过轴承内外圈的流动面积为

$$A_{ie} = 2d_m \pi \Delta h\tag{5-7}$$

式中，A_{ie} 为轴向气流流过轴承时的面积，m^2；d_m 为轴承平均直径，m；Δh 为轴承内外套圈与保持架之间的平均距离，m。

压缩空气通过电主轴轴承的平均速度为

$$v = \left[\left(\frac{v_1}{A_{ie}} \right)^2 + \left(\frac{\omega d_m}{2} \right)^2 \right]^{0.8}\tag{5-8}$$

式中，v 为流经电主轴轴承空气的平均速度，m/s；v_1 为通过轴承的空气的流量，m^3/s；ω 为电主轴的角速度，rad/s。

轴承与压缩空气之间的对流换热系数与电主轴转速和压缩空气流量之间存在函数关系，可由多项式函数拟合得出

$$h_2 = c_0 + c_1 v^{c_2}\tag{5-9}$$

式中，h_2 为轴承于压缩空气间的换热系数，$W/(m^2 \cdot ℃)$；c_0、c_1、c_2 分别为 9.7、5.33、0.8。

（3）电动机定子与冷却水的对流换热系数。电主轴水冷系统中不同流态下的冷却水对电主轴定子的冷却效果都会有影响。计算冷却水对定子的换热系数时必须先判断其流态，而流态是根据雷诺系数 Re 判断的，之后选择相应的公式进行换热系数的计算。

Re 数是一个被用作判据层流和紊流的无量纲的量[1]，

$$Re = \frac{v\rho D}{\mu}\tag{5-10}$$

式中，v 为冷却水的特征速度，m/s；ρ 为冷却水密度，kg/m^3；μ 为冷却水的运动黏度，m^2/s；D 为几何特征定型尺寸，m。

这里几何定型尺寸的计算为[2]

$$D = \frac{4A}{X} \tag{5-11}$$

式中, A 为流动截面面积, m^2; X 为流动截面周长, m。

常以临界雷诺数 2200 区分层流和湍流。

当 $Re < 2200$ 时,冷却水处于层流状态,此时努谢尔特数采用 Seider-Tate 公式

$$Nu = 1.86 \left(\frac{RePr}{l/d}\right)^{1/3} \left(\frac{\mu}{\mu_{vc}}\right)^{0.14} \tag{5-12}$$

当 $Re > 2200$ 时,冷却水处于湍流状态,此时努塞尔特数采用经验公式

$$Nu = 0.012(Re^{0.87} - 280)Pr^{0.4} \left[1 + \left(\frac{D}{l}\right)^{\frac{2}{3}}\right] \left(\frac{Pr}{Pr_w}\right)^{0.11} \tag{5-13}$$

$$h_3 = \frac{Nu\lambda_w}{D} \tag{5-14}$$

式(5-12)~式(5-14)中, h_3 为冷却水的对流换热系数, $W/(m^2 \cdot ℃)$; Nu 为流体的努塞尔特数; Pr 为流体的普朗特数;当温差不大时, $\mu_f/\mu_w \approx 1.05$, $Pr/Pr_w \approx 1$[3], λ_w 为水的导热系数, $W/(m \cdot ℃)$。

（4）定、转子间隙与压缩空气的对流换热系数。对于有轴向通气的电主轴,转子与定子之间的对流换热由两部分组成,一是转子自转的周向速度产生的对流换热,二是在定转子缝隙的轴向速度产生的对流换热。电主轴定、转子间隙内空气速度为

$$v = (v_a^2 + v_r^2)^{\frac{1}{2}} \tag{5-15}$$

式中, v_a 为轴承速度, m/s; v_r 为空气轴向速度, m/s。

转子与定子间隙间的换热系数

$$h_4 = \frac{Nu\lambda_a}{H} \tag{5-16}$$

式中

$$Nu = 0.239 \left(\frac{\delta}{r}\right)^{0.25} Re^{0.5} \tag{5-17}$$

$$Re = \frac{vH}{r} \tag{5-18}$$

式(5-16)~式(5-18)中, h_4 为定转子间隙于压缩空气间对流换热系数, $W/(m^2 \cdot ℃)$; λ_a 为空气的导热系数, $W/(m \cdot ℃)$; r 为转子外表面半径, m; δ 为定转子之间的间隙, m; H 为气隙几何特征的定性尺寸, m; Nu 为努赛尔数。

（5）电主轴与外部空气的换热系数。电主轴在运行过程中,随着电主轴内部温度的升高,其外表面的温度也相应有一定程度的升高,温度差会在电主轴外表面和空气间产生,因此电主轴外壳与周围空气存在热对流。假定主轴外表面等与周围空气的传热为自然对流换热。可取传热系数 h_5 为

$$h_5 = 9.7 \tag{5-19}$$

式中, h_5 为电主轴外表面于周围空气间的换热系数, $W/(m^2 \cdot ℃)$。

例 5-1 已知某型号电主轴选用 7008C 角接触球轴承支撑,轴承平均直径为 54mm,轴

承内外套圈与保持架之间的平均距离为 $0.014\mathrm{mm}$。电主轴内水套长度为 $100\mathrm{mm}$，水套直径 $150\mathrm{mm}$，主轴外伸半径 $20\mathrm{mm}$，冷却水处于层流状态，设雷诺数为 2100。电主轴采用油气润滑，通过轴承的空气的流量为 $0.02\mathrm{m^3/s}$；流体的普朗特数 Pr 为 13，雷诺数为 2100；定转子间的气隙为 $0.3\mathrm{mm}$，气隙几何特征为 0.002，当量静载荷 $F_\mathrm{s}=400\mathrm{N}$，$f_0=1$，试计算该电主轴 $3000\mathrm{r/min}$ 时的轴承生热量以及电主轴内部换热系数。

解： $H_\mathrm{f}=1.047\times10^{-4}nM$

$$=1.047\times10^{-4}\times3000\times(M_0+M_1)$$

$$=1.047\times10^{-4}\times3000\times\left(160\times10^{-7}\times0.054^3+\right.$$

$$\left.0.001\left(\frac{400}{15.9\times10^3}\right)^{0.33}\times400\times0.054\right)$$

$$=0.3141\times6.407\times10^{-3}$$

$$=2.013\times10^{-3}\mathrm{W}$$

$$h_1=28(1+\sqrt{0.45v})=28\times\left(1+\sqrt{0.45\times\frac{3000\times2\pi\times20\times10^{-3}}{60}}\right)=75.082$$

$h_2=c_0+c_1v^{c_2}$，取 $c_0=9.7$，$c_1=5.33$，$c_2=0.8$

$$v=\left[\left(\frac{v_1}{A_\mathrm{ie}}\right)^2+\left(\frac{\omega d_\mathrm{m}}{2}\right)^2\right]^{0.8}$$

$$=\left[\left(\frac{0.02}{2\times\pi\times0.054\times0.014}\right)^2+\left(\frac{100\times\pi\times0.054}{2}\right)^2\right]^{0.8}$$

$$h_2=c_0+c_1v^{c_2}$$

$$=9.7+5.33\left[\left(\frac{0.02}{2\times\pi\times0.054\times0.014}\right)^2+\left(\frac{100\times\pi\times0.054}{2}\right)^2\right]^{0.8}=204.179$$

$h_3=\dfrac{Nu\lambda_\mathrm{w}}{D}$，水的导热系数为 0.55，有

$$Nu=1.86\left(\frac{RePr}{l/d}\right)^{1/3}\left(\frac{\mu}{\mu_{vc}}\right)^{0.14}$$

$$=1.86\times\left(\frac{2100\times13}{100/40}\right)^{1/3}(1.05)^{0.14}$$

$$=41.548$$

$$h_3=\frac{41.548\times0.55}{0.15}=152.343$$

$$h_4=\frac{Nu\lambda_\mathrm{a}}{H}=\frac{0.239\left(\dfrac{\delta}{r}\right)^{0.25}Re^{0.5}\times0.023}{0.002}$$

$$=\frac{0.239\times(0.015)^{0.25}\times2100^{0.5}\times0.023}{0.002}=44.079$$

3. 电主轴温度场有限元基本方程

通过对电主轴各部件的换热形式分析表明，电主轴的传热是非常复杂的，但是不管是生

热还是散热,都遵循能量守恒定律。电主轴的传热方式主要是传导和对流,其能量守恒方程如下

$$\rho_1 C_{\mathrm{p1}} \frac{\partial T}{\partial t} + \rho_2 C_{\mathrm{p2}} v \cdot \nabla T = \nabla \cdot (k \nabla T) + Q \tag{5-20}$$

式中,$Q = P_{\mathrm{tot}}/V$,P_{tot} 是热源的热量,W;V 是热源的体积,m^3;Q 是导热速,$\mathrm{W/m}^3$;ρ_1 是固体的密度,$\mathrm{kg/m}^3$;ρ_2 是流体的密度,$\mathrm{kg/m}^3$;C_{p1} 和 C_{p2} 分别是固体和流体的常压热容,$\mathrm{J/(kg \cdot ℃)}$;T 是电主轴的温度,℃;v 是流体的速度,$\mathrm{m/s}$;∇ 是拉普拉斯算子;k 是导热系数,$\mathrm{W/(m \cdot ℃)}$。

根据传热理论,对流换热系数和温度之间的关系,然后

$$q = h \cdot (T_{\mathrm{ext}} - T) \tag{5-21}$$

式中,q 是对流热通量,$\mathrm{W/m}^2$;h 是对流换热系数,$\mathrm{W/(m}^2 \cdot ℃)$;T_{ext} 是流体介质的温度,℃;T 是环境温度,℃。

由以上有限元仿真所用到的传热学公式可以看出,只要确定电主轴的热源和各对应部位的换热系数,就可以仿真出电主轴的温度场。

通过对电主轴生热机理和换热机制的分析可得电主轴系统温度场,电主轴系统温度场影响因素如图 5-8 所示。电动机和轴承的生热量是通过热传导的方式传至电主轴其他部位,由于其传导速率主要与材料属性和电主轴各部位温度差等有关,故不需要考虑从热传导的角度提高温度场的预测精度。在热源一定的情况下,可以从提高换热系数的计算精度考虑,建立精确的电主轴温度场预测模型。

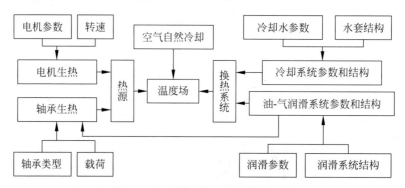

图 5-8 电主轴系统温度场影响因素

4. 基于换热系数优化的电主轴温度场预测模型

在传统的电主轴温度场模型中,电主轴各部位的传热系数均采用经验公式计算得到。但在实际工作中,不同电主轴间存在个体差异性,电主轴换热系数受很多因素影响而呈现动态特征。因此采用经验公式获得的换热系数也会给预测模型带来误差。为了提高模型的预测精度,减少由换热系数计算误差带来的影响,有必要在由理论及经验公式所得换热系数的基础上,对其进行优化。

首先通过试验获得电主轴某工况下的试验温度,然后采用理论及经验公式对该工况下的各部分换热系数进行计算,得出换热系数初始值,并将换热系数初始值加载至有限元模型,得出电主轴初始温度场分布,分别提取试验与仿真对应位置的温度数据,运用优化算法

求出各部换热系数的最优值,进而得出精确的电主轴温度场,电主轴温升预测模型如图 5-9 所示。常用的换热系数优化方法有最小二乘法、遗传算法等。

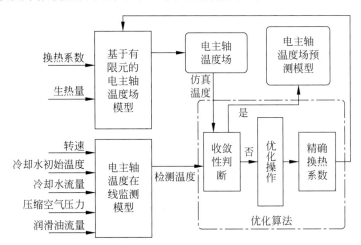

图 5-9　电主轴温升预测模型

5. 基于遗传算法的电主轴温度场预测模型

在保证模型预测精度的基础上,为了减少计算量和计算时间,提高获取换热系数值的效率,在遗传算法优化换热系数的基础上,建立智能和精确电主轴温度场预测模型的方法。

（1）基于遗传算法的电主轴换热系数优化参数设置。

① 用二进制编码来离散自变量,编码长度根据离散精度确定。可设置离散精度为 0.01,各换热系数变化范围为 $[h_{\min}, h_{\max}]$,则码长 $l = \log_2[(h_{\max} - h_{\min})/0.01 + 1)]$。

② 适应度的大小是进行个体的选择的依据。假如采用轮盘赌选择,令

$$PP_i = \sum_{j=1}^{i} P_i, \quad PP_0 = 0 \tag{5-22}$$

其中,PP_i 为累计概率,P_i 为个体的选择概率,其计算公式为

$$P_i = \frac{\text{fitness}(h_i)}{\sum\limits_{i=1}^{\text{NP}} \text{fitness}(h_i)} \tag{5-23}$$

其中,$\text{fitness}(h_i)$ 为个体的适应度,NP 为种群个体数,每次转轮时,随机数 r 会随机在 0 到 1 之间产生,当 $PP_{i-1} \leqslant r \leqslant PP_i$ 时,选择个体 i。

③ 交叉。采用单点交叉,设置交叉概率。

④ 变异是根据变异概率反转替代某个位的值,例如将 0 变成 1,变异概率一般为 0～0.05 之间很小的数。

（2）适应度函数。

从轮盘赌选择概率的计算公式可以看出,个体的适应度值越大,其选择概率越大。针对电主轴换热系数的优化问题,设 f 为所求解优化问题的目标函数,fit 为其适应度函数。

$$f_m = \frac{1}{m} \sum_{i=1}^{m} |T_{\text{ei}} - T_{\text{si}}| \tag{5-24}$$

$$f_{fit} = \frac{1}{1+f_m} \tag{5-25}$$

式(5-24)和式(5-25)中，T_{ei} 为实验监测电主轴温度值(℃)；T_{si} 为有限元仿真所得电主轴温度值(℃)。

设置适应度值 f_{fit} 最大值 a，即根据公式计算最大 f_m 值 b，当 f_m 小于等于 b 时，终止迭代。

（3）基于遗传算法的电主轴换热系数优化实现步骤。

根据遗传算法的操作流程，采用遗传算法优化换热系数的运算步骤如下。

步骤 1：根据换热系数经验公式，结合具体工况参数，计算出该工况下不同位置的 5 个换热系数值，并对该工况下 n 个测试点的电主轴温度进行实验监测。

步骤 2：初始化遗传算法中的各个参数、种群数目、最大迭代次数及各换热系数的数值范围。

步骤 3：将所得换热系数加载至电主轴温度场预测模型，计算出初始温度场。

步骤 4：提取对应 n 个测试点的模型计算温度，结合实验监测的 n 个测试点的实验温度，评估初始换热系数值与适应度值。用轮盘赌策略确定个体适应度，并判断是否满足终止条件。

步骤 5：若 $f_{fit} \leqslant a$，则满足 $f_m \leqslant b$，此时所得换热系数值即为所求最优值，循环终止，输出最优换热系数和电主轴温度场；若 $f_{fit} > a$，则不满足 $f_m \leqslant b$，进行步骤 6，并继续循环。

步骤 6：依据适应度值计算选择概率，采用轮盘赌选择再生个体，适应度值高的个体被选中的概率高，适应度低的个体被淘汰。

步骤 7：按照设置的交叉概率，并采用单点交叉的方法，生成新的个体。

步骤 8：按照设置的变异概率，采用二进制变异的方法，生成新的个体。

步骤 9：由交叉和变异后所产生的新一代的种群，返回到步骤 2。

例 5-2 基于遗传算法的电主轴温度场预测算例。

预测洛阳轴研科技有限公司 170MD 电主轴温度场。运行条件：环境温度 $T_0 = 12$℃；油-气润滑系统润滑油采用 20 号机械油，压缩空气进口温度 $T_a = 8$℃，进口压力为 $P = 0.365$MPa；水冷系统进水口温度 $T_w = 12$℃，流量 $Q = 0.25\text{m}^3/\text{h}$；空载转速为 10 000r/min。计算获得表 5-1 所示的转速为 10 000r/min 时的电主轴损耗，及表 5-2 所示的换热系数初值。将换热系数初值加载至电主轴有限元模型中，计算出换热系数优化前的电主轴初始仿真温度场。提取初始仿真温度，结合实验监测的稳态温度，按照流程图进行遗传算法优化迭代运算 100 代，求换热系数最优值和遗传算法迭代至 25 代、50 代和 100 代的电主轴温度场等温线图。

表 5-1 转速为 10 000r/min 时的电主轴损耗

参数名称	转子生热量 H_1/W	定子生热量 H_2/W	轴承生热量 H_3/W
数值	157	314	98

表 5-2　换热系数初值

参数名称	电主轴与外部空气的换热系数/ $h_1[\mathrm{W}/(\mathrm{m}^2 \cdot \text{℃})]$	转子和定子间隙换热系数/ $h_2[\mathrm{W}/(\mathrm{m}^2 \cdot \text{℃})]$	转轴端部换热系数/ $h_3[\mathrm{W}/(\mathrm{m}^2 \cdot \text{℃})]$	轴承与压缩空气换热系数/ $h_4[\mathrm{W}/(\mathrm{m}^2 \cdot \text{℃})]$	定子与冷却水间的换热系数/ $h_5[\mathrm{W}/(\mathrm{m}^2 \cdot \text{℃})]$
计算值	9.7	146.81	121.35	71.42	190.12

具体步骤如下：

（1）根据洛阳轴研科技有限公司提供的 170MD 电主轴结构参数，建立电主轴有限元模型。考虑模型结构为回转体，因此，采用规则的四面体和菱形进行较细化的网格剖分。其中，四面体单元个数为 337 076 个，三角形形单元个数为 61 172 个，最小单元质量为 0.067 01，平均单元尺寸为 0.7022，网格总体积为 6 475 000.0m³，图 5-10 为电主轴有限元网格划分模型。根据表 5-1 及表 5-2 所提供的数据计算电主轴温度场。

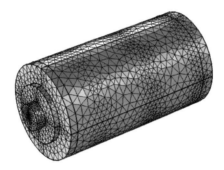

图 5-10　电主轴有限元网格划分模型

（2）在电主轴的不同位置安装温度传感器，检测电主轴温度变化。假设电主轴温度检测数据如表 5-3 所示。取 $p_c=0.8$，$p_m=0.05$，$f_{fit} \leqslant 0.67$℃，$f_m \leqslant 0.5$℃，获得优化后的换热系数如表 5-4 所示。图 5-11 为随着换热系数迭代次数增加电主轴的等温线变化。

表 5-3　电主轴转速为 10 000r/min 测得温度数据

时间 t/s	测点 1 温度 $T_1/\text{℃}$	测点 2 温度 $T_2/\text{℃}$	测点 3 温度 $T_3/\text{℃}$	测点 4 温度 $T_4/\text{℃}$
0	13.4	12.56	12.63	12.75
400	16.31	18.38	19.44	14.81
800	19.96	22.25	25.75	18.44
1200	23.9	24.56	27	21.19
1600	26.06	25.63	27.88	23.31
2000	27.75	26.38	28.56	24.88
2400	30.46	27	29	26
2800	31.12	27.56	29.56	26.5
3200	31.87	27.94	29.94	26.81
3600	32.34	28.38	30.19	27.44
4000	32.71	28.69	30.38	27.81
4400	33.28	28.88	30.56	28.13
4800	33.46	29	30.63	28.31

表 5-4　优化后换热系数值

参数名称	电主轴与外部空气的换热系数/$h_1[W/(m^2 \cdot ℃)]$	转子和定子间隙换热系数/$h_2[W/(m^2 \cdot ℃)]$	转轴端部换热系数/$h_3[W/(m^2 \cdot ℃)]$	轴承与压缩空气换热系数/$h_4[W/(m^2 \cdot ℃)]$	定子与冷却水间的换热系数/$h_5[W/(m^2 \cdot ℃)]$
计算值	19.99	188.42	188.20	127.71	500.29

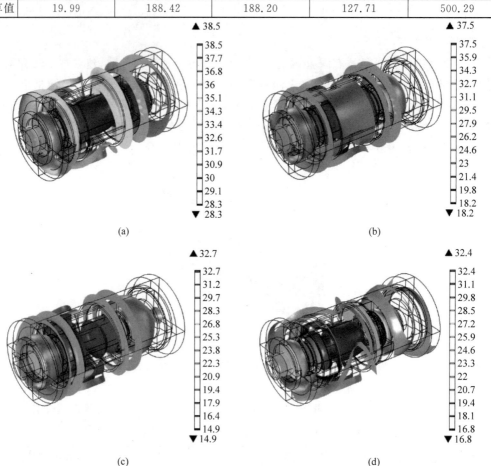

图 5-11　随着换热系数迭代次数增加电主轴的等温线变化

（a）换热系数优化前电主轴等温线图；（b）迭代 25 次所得电主轴等温线图；（c）迭代 50 次所得电主轴等温线图；
（d）迭代 100 次所得电主轴等温线图

　　为了验证电主轴温度场预测模型的准确性,选取相同工况下,不同测点实验数据进行模型精度分析。

5.2.2　主轴系统在线平衡

1. 转子系统的现场动平衡

　　转子现场动平衡,又称为整机动平衡,是在机器安装在工作地后进行的动平衡。机器的最终运转条件和振动状态,与转速、轴承支撑、转子刚度、整体刚度、驱动条件以及机器负载等都有关系。其动平衡是利用测振仪器,直接在工作机械上对转子加以检测并平衡。与在专门的平衡机上进行平衡相比,现场动平衡有一些明显的优点,随着机械向大型化和高速化发展,越来越受到重视。

在现场动平衡中,不平衡量的测量和不平衡量的调整是两个关键方面。转子可分为刚性和挠性两种,对这两种转子动平衡的方法是有区别的。刚性转子现场动平衡常用影响系数法,而挠性转子可以采用振型平衡法和影响系数法的组合。

1) 刚性转子动平衡原理

对于刚性转子,平衡问题只需要消除不平衡矢量和不平衡矩的影响。转子的不平衡是分布在整个转子上的,即把沿轴线的所有不平衡量,向质心简化为一个合力和一个合力偶。将转子的不平衡分解在两个方向 x 和 z 上,不平衡量的分解如图 5-12 所示。

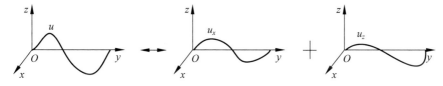

图 5-12　不平衡量的分解

$u(y)$ 表示转子的不平衡量分布函数。$u(y)$ 分解为 $u_x(y)$ 和 $u_z(y)$,它们都是平面力系。满足

$$u(y) = u_x(y) + ju_z(y) \tag{5-26}$$

建立 x 和 z 方向上的平衡方程

$$\begin{cases} \int u_x(y)\mathrm{d}y + \sum_{i=1}^{N} \boldsymbol{Q}_{x,i} = 0 \\ \int u_x(y)y\mathrm{d}y + \sum_{i=1}^{N} \boldsymbol{Q}_{x,i}y_i = 0 \end{cases} \tag{5-27}$$

$$\begin{cases} \int u_z(y)\mathrm{d}y + \sum_{i=1}^{N} \boldsymbol{Q}_{z,i} = 0 \\ \int u_z(y)\mathrm{d}y + \sum_{i=1}^{N} \boldsymbol{Q}_{z,i}y_i = 0 \end{cases} \tag{5-28}$$

式中,$Q_{x,i}$、$Q_{z,i}$ 分别为 x 和 z 方向的补偿量; y_i 为补偿量的轴向坐标。

当只有两个校正面,即补偿量在同一轴向位置的分量在同一平面时,分量可以合并

$$\begin{cases} \boldsymbol{Q}_1 = \boldsymbol{Q}_{x,1} + j\boldsymbol{Q}_{z,1} \\ \boldsymbol{Q}_2 = \boldsymbol{Q}_{x,2} + j\boldsymbol{Q}_{z,2} \end{cases} \tag{5-29}$$

所以,将式(5-28)乘以 j,与式(5-29)相加,整理后可得刚性转子的动平衡方程

$$\begin{cases} \int u(y)\mathrm{d}y + \sum_{i=1}^{N} \boldsymbol{Q}_i = 0 \\ \int u(y)y\mathrm{d}y + \sum_{i=1}^{N} \boldsymbol{Q}_i y_i = 0 \end{cases} \tag{5-30}$$

当 $N=2$ 时,方程有唯一解,所以只需要两个补偿量就能进行动平衡,如果 $u(y)$ 表现在

校正平面Ⅰ和Ⅱ上的不平衡量为 $\boldsymbol{U}_1$ 和 $\boldsymbol{U}_2$,那么在这两个平面上的补偿量 $\boldsymbol{Q}_1$、$\boldsymbol{Q}_2$ 须满足

$$\begin{cases} \boldsymbol{U}_1 + \boldsymbol{Q}_1 = 0 \\ \boldsymbol{U}_2 + \boldsymbol{Q}_2 = 0 \end{cases} \tag{5-31}$$

所以,对于刚性转子的不平衡,只要在两个校正面上进行补偿即可。此外,转子的变形微小,认为转子的不平衡分布随着转速没有变化。

2) 刚性转子的动平衡方法

刚性转子的动平衡方法通常有平衡机法和现场动平衡法两种,其中现场动平衡法应用最广泛。传统的现场动平衡法主要有试重周移法、三点法等。这些方法存在着启动次数多、精度差、对机器损伤大等弊端。而影响系数法可以比较精确地求出补偿量的大小和方向,启动次数少。

影响系数法的基本思想是:转子与轴承组成的一个线性系统,其振动响应是不平衡量引起的振动响应的线性叠加,平衡面上的单位不平衡量引起的振动响应称为影响系数。

(1) 单面平衡影响系数法。对转子进行单面动平衡时,只考虑转子的不平衡矢量,而不考虑不平衡矩。单面平衡的影响系数法具体步骤如下:

① 主轴不加试重,启动主轴至待平衡转速,测量校正平面位置的原始振动的幅值和相位 A_0。

② 停机加试重 P 至转子校正平面上,P 的大小为试重质量与半径的乘积,即

$$P = m \times r \tag{5-32}$$

式中,P 为试重矢量的量值,g·mm;m 为试重的质量,g;r 为试重位置的半径,mm。$m = \dfrac{MA_0}{\lambda r (n/3000)^2}$,为经验公式,其中,$M$ 为转子质量,kg;λ 为系数,取值范围为 $10 \sim 15$;n 为平衡转速,r/min。

③ 重新启动主轴至相同的转速,测量加试重后的振动的幅值和相位 $\boldsymbol{A}_1$。

通过两次的测量结果以及试重,可以计算影响系数

$$\boldsymbol{K} = \frac{\boldsymbol{A}_1 - \boldsymbol{A}_0}{P} \tag{5-33}$$

式中,$\boldsymbol{K}$ 为影响系数,$\mu m/(g \cdot mm)$,表示校正平面上单位不平衡量在测点处引起的不平衡振动响应;$\boldsymbol{A}_0$ 为原始振动响应,其量值为幅值,μm;$\boldsymbol{A}_1$ 为加试重后的振动响应,其量值为幅值,μm。

进而得到原始不平衡量 $\boldsymbol{U}$ 为

$$\boldsymbol{U} = \frac{\boldsymbol{A}_0}{\boldsymbol{K}} \tag{5-34}$$

而补偿量与不平衡量大小相等、方向相反,所以补偿量为

$$\boldsymbol{Q} = -\boldsymbol{U} = -\frac{\boldsymbol{A}_0}{\boldsymbol{K}} \tag{5-35}$$

例 5-3 某机械主轴内置在线动平衡系统,利用振动加速度传感器检测其振动信号,经处理后获得振动初始振幅为 $3.8\mu m$,初始相位为 $12.5°$;主轴停机,在动平衡装置上加试重,试重质量为 $2.3g$,试重相位为 $180°$;加试重半径为 $70mm$,加试重后测主轴振动振幅为 $1.8\mu m$,相位为 $90.1°$;利用单面平衡影响系数法求影响系数幅值、相位,需加补偿量及补偿

量相位。

解：将加试重后的振动向量 $\boldsymbol{A}_1$ 写成复数形式 $\boldsymbol{A}_1 = a_1 + b_1 i$，初始振动向量 $\boldsymbol{A}_0 = a_0 + b_0 i$，则

$$\begin{cases} \sqrt{a_1^2 + b_1^2} = 1.8 \\ \arctan \dfrac{b_1}{a_1} = 90.1° \end{cases}, \quad 求出 \ a_1 = 0.003\,14, \quad b_1 = -1.799 \tag{5-36}$$

$$\begin{cases} \sqrt{a_0^2 + b_0^2} = 3.8 \\ \arctan \dfrac{b_0}{a_0} = 12.5° \end{cases}, \quad 求出 \ a_0 = 3.71, \quad b_0 = 0.824 \tag{5-37}$$

$$P = m \times r = 2.3 \times 70 = 161$$

$$\boldsymbol{K} = \frac{\boldsymbol{A}_1 - \boldsymbol{A}_0}{P} = \frac{(0.003\,14 - 3.71) - (-1.799 - 0.824)i}{161} = -0.023 - 0.016\,29i \tag{5-38}$$

得影响系数幅值为 0.0282，相位为 1°；原始不平衡量为

$$\begin{aligned} \boldsymbol{U} &= \frac{\boldsymbol{A}_0}{\boldsymbol{K}} = \frac{3.71 + 0.824i}{0.023 - 0.016\,29i} \\ &= \frac{(3.71 + 0.824i)(0.023 + 0.016\,29i)}{(0.023 - 0.016\,29i)(0.023 + 0.016\,29i)} \\ &= \frac{-0.0964 + 0.041\,48i}{0.000\,263\,635\,9} \\ &= -365.66 + 157.35i \end{aligned} \tag{5-39}$$

补偿量为 $365.66 - 157.35i$，补偿量幅值为 398.07，相位为 23.27°；则补偿质量为 5.685g，相位为 23.27°。

（2）双面动平衡法影响系数。

双面动平衡时，不仅需要考虑不平衡矢量，还要考虑不平衡矩。与单面影响系数法相同，刚性转子的双面动平衡影响系数法，通过加试重获取系统的影响系数和不平衡量。转子双面动平衡系统模型如图 5-13 所示，平面 Ⅰ、Ⅱ 分别是转子的两个校正面。

双面动平衡的影响系数法过程与单面类似，区别在于增加了试重和测点，过程如下：

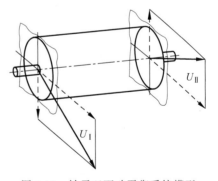

图 5-13　转子双面动平衡系统模型

① 主轴不加试重，启动主轴至待平衡转速，测量校正平面位置的原始振动的幅值和相位分别为 $\boldsymbol{A}_{10}$ 和 $\boldsymbol{A}_{20}$。

② 停机加第一次试重 $\boldsymbol{P}_1$ 至转子校正平面 Ⅰ 上，测得两处振动响应为 $\boldsymbol{A}_{11}$ 和 $\boldsymbol{A}_{21}$。

③ 类似地，停机取下平面 Ⅰ 的试重 $\boldsymbol{P}_1$，在平面 Ⅱ 添加第二次试重 $\boldsymbol{P}_2$，测得两处振动响应为 $\boldsymbol{A}_{12}$ 和 $\boldsymbol{A}_{22}$。

通过两次的测量以及试重，可以计算影响系数

$$\begin{cases} \boldsymbol{K}_{11} = \dfrac{\boldsymbol{A}_{11} - \boldsymbol{A}_{10}}{P_1} \\[3mm] \boldsymbol{K}_{21} = \dfrac{\boldsymbol{A}_{21} - \boldsymbol{A}_{20}}{P_1} \\[3mm] \boldsymbol{K}_{12} = \dfrac{\boldsymbol{A}_{12} - \boldsymbol{A}_{10}}{P_2} \\[3mm] \boldsymbol{K}_{22} = \dfrac{\boldsymbol{A}_{22} - \boldsymbol{A}_{20}}{P_2} \end{cases} \tag{5-40}$$

式中，P_j 表示第 j 次试重；$K_{i,j}$ 表示试重 j 在校正平面 i 上的影响系数；$A_{i,j}$ 表示在 i 面的第 j 次测量的振动响应，其量值为幅值。

由于原始振动与原始不平衡的关系为

$$\begin{cases} \boldsymbol{A}_{10} = \boldsymbol{K}_{11} \boldsymbol{U}_{10} + \boldsymbol{K}_{12} \boldsymbol{U}_{20} \\[2mm] \boldsymbol{A}_{20} = \boldsymbol{K}_{21} \boldsymbol{U}_{10} - \boldsymbol{K}_{22} \boldsymbol{U}_{20} \end{cases} \tag{5-41}$$

得到原始不平衡量 $\boldsymbol{U}$ 为

$$\begin{cases} \boldsymbol{U}_{10} = \dfrac{\boldsymbol{A}_{12} \boldsymbol{K}_{22} - \boldsymbol{A}_{22} \boldsymbol{K}_{12}}{\boldsymbol{K}_{11} \boldsymbol{K}_{22} - \boldsymbol{K}_{12} \boldsymbol{K}_{21}} \\[3mm] \boldsymbol{U}_{20} = \dfrac{\boldsymbol{A}_{22} \boldsymbol{K}_{11} - \boldsymbol{A}_{12} \boldsymbol{K}_{21}}{\boldsymbol{K}_{11} \boldsymbol{K}_{22} - \boldsymbol{K}_{12} \boldsymbol{K}_{21}} \end{cases} \tag{5-42}$$

所以补偿量为

$$\begin{cases} \boldsymbol{Q}_1 = -\boldsymbol{U}_{10} \\[2mm] \boldsymbol{Q}_2 = -\boldsymbol{U}_{20} \end{cases} \tag{5-43}$$

2. 转子在线自动平衡技术

转子在线自动平衡技术主要包括被动平衡技术和主动平衡技术。被动平衡技术的原理在于：当柔性转子工作在临界转速以上时，其原始不平衡与振动响应呈钝角，配重块会受离心力作用自动补偿原始不平衡。该技术精度有限，在工业现场较少应用。主动平衡技术采取由外部输入能量的控制方式主动实现转子自动平衡。通常分为两类：一类是直接主动振动控制，它直接在旋转物体上施加外力抵消不平衡导致的离心力，达到抑振的目的，外部力一般通过电磁力、液体冲击力等形式施加。另一类是质量重新分布控制，它利用随转子共同旋转的平衡终端对转子进行平衡，平衡终端内部可以通过调整质量分布改善不平衡状态。

旋转机械振动控制技术是一种典型的故障自愈技术，核心部分在于平衡装置、控制方法和振动信号采集与处理的研究。

1）动平衡系统组成及工作原理

内置式主轴在线动平衡系统主要包括平衡头、主轴、电机、电涡流位移传感器、底座、控制器、数据采集器、计算机。主轴为空心结构时，平衡头可安装在主轴内孔中，内部采用若干霍尔传感器用于测量相位和转速；控制器直接连接平衡头，用于平衡头的驱动控制和信号传输；振动的测量一般采用电涡流位移传感器。振动测试系统框图如图 5-14 所示。

（1）平衡头。电磁滑环式在线动平衡装置主要由静环和动环两部分组成。静环是电磁驱动器，主要由线圈、铁芯组成；动环是执行器，主要由轴承支承的配重盘组成，是形成动平

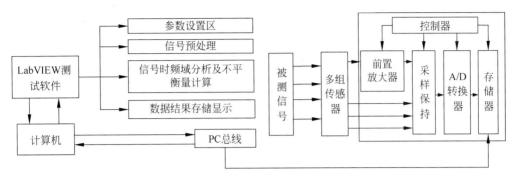

图 5-14　振动测试系统框图

衡补偿矢量的元件。装置内的两个配重盘各自转到某一个角度时,会合成一个矢量,当该矢量与机器原始不平衡量大小相等、方向相反时,系统才达到动平衡。当两个配重盘各自产生的不平衡量相差 180°时,装置无平衡作用;当两个配重盘各自产生的不平衡量完全重叠时,平衡头具有最大平衡能力。

当检测到主轴振动超过设置的阈值时,软件系统就开始处理振动信号,算出配重盘应该到达的位置,然后通过控制器向静环线圈发送电脉冲,线圈产生电磁场,驱动配重盘转动到目标位置,补偿机器的不平衡。

电磁滑环的动作原理如图 5-15 所示,静环由高磁导率的材料制成,有凸台与凹槽相间的结构,凸台与凹槽的长度都等于动环上永磁体的间距,其作用是稳定平衡位置并传递线圈产生的电磁场。当线圈激励时,铁齿与配重盘上的永磁体相互作用,实现步进;当线圈激励结束后,配重盘稳定在下一个位置不动。电磁滑环式平衡头如图 5-16 所示。

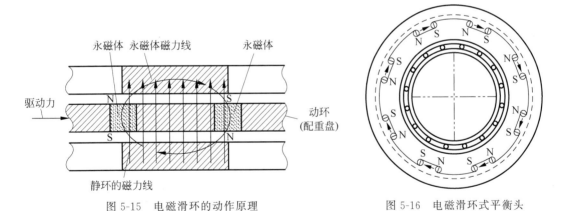

图 5-15　电磁滑环的动作原理　　　　　　图 5-16　电磁滑环式平衡头

当下一个电压脉冲到达时,电磁力将打破图示的稳定位置,推动配重盘向下一个稳定位置滑移,配重盘从当前稳定位置向下一个稳定位置的滑移过程如图 5-17 所示。

(2) 传感器。在线动平衡系统根据转子系统的振动信息判断不平衡量特征,并据此进行质量调整,实现在线动平衡。普通振动信号具有三要素:振动幅值、振动频率、振动相位。为得到此三要素,需要预先在转轴或转盘上设置测量起始标志,作为基准相位信号;以基准相位为起始点的振动信号和基准本身产生的相位信号;由相位信号和振动信号可以精确计算振动幅值、频率、相位。

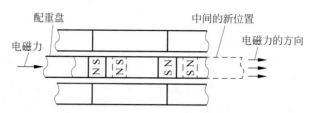

图 5-17 配重盘从当前稳定位置向下一个稳定位置的滑移过程

① 相位信号及转速测量传感器。相位信号是与转动等周期相关的矩形波信号,信号上升边缘可作为振动信号的测量起点。然而,普通转子系统一般并不具备与系统转动同周期的信号发生装置,而需另行设计。常见的信号发生装置有光电传感器和霍尔元件。

光电传感器型信号发生装置由红外发射管发出红外光,并通过半透镜反射到被测主轴之上,在主轴的相应位置贴有反光贴纸,当红外光作用于反光贴纸时,可以将其反射回来并通过半透镜射向红外接收管,当红外接收管接收到大于指定强度的红外光时,即会产生相应的电信号变化,并通过相关的电路即可输出相应的信号,转轴每转动一周,光电传感器产生一个波形。在转子系统运转过程中,光电传感型信号发生装置输出与转动等周期的信号。由于此原理可以避免系统振动对信号的影响,而且传感器价格低廉,因此,在转速测量、动平衡等领域被广泛采用,但是系统一般体积较大,不适合主轴内置,且易受到环境光线和遮挡物的影响,所以内置平衡头一般采用霍尔元件作为信号发生装置。

霍尔元件是根据霍尔效应制作的一种磁场传感器。霍尔元件广泛地应用于工业自动化技术、检测技术及信息处理等方面。霍尔元件如图 5-18 所示,它的结构牢固,体积小,重量轻,寿命长,安装方便,功耗小,频率高,耐振动,不怕灰尘、油污、水汽及盐雾等的污染或腐蚀;霍尔线性器件的精度高、线性度好;霍尔开关器件无触点、无磨损、输出波形清晰、无抖动、无回跳、位置重复精度高(可达微米级);霍尔元件可实现的工作温度范围宽,可达 $-55 \sim 150 ℃$。

霍尔元件封装外观如图 5-18(a)所示,元件内部集成一个霍尔半导体片,使恒定电流通过该片,当元件位于磁场中时,在洛仑兹力的作用下,电子流在通过霍尔半导体时向一侧偏移,使该片在垂直于电流方向上产生电位差,这就是所谓的霍尔电压。霍尔电压随磁场强度的变化而变化,磁场越强,电压越高,磁场越弱,电压越低。霍尔电压值很小,通常只有几个毫伏,但经集成电路中的放大器放大,就能使该电压放大到足以输出较强的信号,霍尔元件内部原理图如图 5-18(b)所示,1 号引脚为电源线,2 号引脚为接地线,3 号引脚为经过放大的信号的输出线。

将霍尔元件内置于平衡头中,固定在静止部件上,分别在平衡头机壳和配重盘的相应位置固定磁铁,磁铁跟随主轴旋转,改变霍尔元件检测到的磁感应强度,使霍尔元件的输出电压变化,就能表示出主轴以及配重盘的相位信息。

② 振动测量传感器。振动信号的测量,利用各类传感器把机器振动时的响应,如位移、速度或加速度等转换为电信号,经过电子线路放大后,送入相应的信号分析处理仪器,利用仪器可以得到振动的三要素:

(a)振幅:用来指示出机器振动时的幅度和能量水平;大部分情况下,机器运行的好坏是依据振幅的大小来判断的。

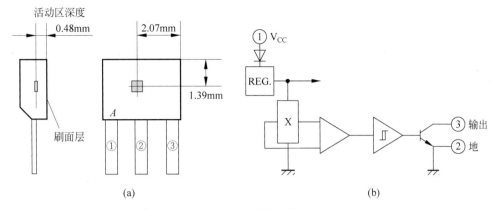

图 5-18　霍尔元件
(a) 封装外观；(b) 内部原理图

（b）振动频率：振动物体在单位时间内的振动次数，以进一步研究机器的激振力来源。

（c）振动相位：振动响应是一个矢量，要精确地表示它，不仅要测量其大小，还要测量其方向。在动平衡过程中，相位用来体现不平衡所在的位置。

在振动研究中有三个重要的物理量，即振动的位移、速度和加速度，三者之间存在简单的换算关系。对一般的时间平均测量而言，可忽略这三个物理量之间的相位关系。当频率确定时，就可以将加速度与正比频率的系数相除而得到速度；将加速度与正比频率平方的系数相除得到位移。在测量仪器中可以通过积分运算来实现这些换算。

振动位移

$$X(t) = A\sin\omega t \tag{5-44}$$

振动速度

$$\dot{X}(t) = \frac{dX}{dt} = A\sin\left(\omega t + \frac{\pi}{2}\right) \tag{5-45}$$

振动加速度

$$\ddot{X}(t) = \frac{d^2 X}{dt^2} = \omega^2 A\sin(\omega t + \pi) \tag{5-46}$$

当振动信号处在不同的频率范围时，其振动强度与加速度、速度和位移响应的关系也不相同。在一般情况下，当信号处于高频范围时，振动的强度与加速度成正比；当信号处于中频范围时，振动的强度与速度成正比；当信号处于低频范围时，振动的强度与位移成正比。因此，针对特定的机械，针对不同的频率范围时，应该选择不同的振幅测量参数，尽可能准确地测量出振动响应的强度。

测振传感器的选择，一般由测点场合、环境温度、环境湿度、磁场、振动频率和幅度范围及配套仪器的匹配要求等因素决定。常用的测振传感器和配套的放大器有三类：电涡流式以及复合式位移传感器和变送器；电动式速度传感器和放大器；压电式加速度传感器和放大器。电涡流位移传感装置如图 5-19 所示。图 5-19(a) 为电涡流位移传感器探头，图 5-19(b) 为前置器。

2）动平衡系统软件设计

常用虚拟仪器软件 LabVIEW 编写在线动平衡系统软件，以实现参数输入、信号采集、

图 5-19 电涡流位移传感装置

(a) 电涡流位移传感器探头；(b) 前置器

处理和动平衡过程控制。

内置动平衡系统的最终目的是改变动平衡头转动部件质量分布,以抵消不平衡量,消除转子的不平衡偏心,使得转子旋转过程中由不平衡量引起的振动强度降到期望值以下,从而实现转子系统平稳运行。基于此目标,软件设计的最终目标是输出合适的调整信号,以操纵配重盘向特定的位置转动,从而改变转子的质量分布,实现在线动平衡。为实现最终目标,需设计各个功能模块软件,将之组合形成软件的整体。在线动平衡系统如图 5-20 所示,主要包含信号采集与数据处理模块、控制模块、校正模块、基本参数输入模块等。

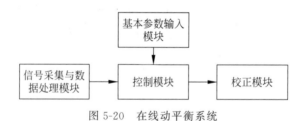

图 5-20 在线动平衡系统

信号采集与处理模块包括基准和振动信号的采集、配重盘相位的获取和振动信号的处理;校正模块包括不平衡量拆分及校正质量的移动;基本参数输入模块主要包括影响系数计算和主轴参数输入等;控制模块用来协调各个模块的工作流程,做出一些基本判定,显示运行状态和结果等。

动平衡系统整体流程图如图 5-21 所示。程序开始后,首先对振动数据进行判断,是否需要进行动平衡;如果是,那么计算不平衡量与补偿量;然后依据补偿量调整配重盘位置;最后决定是否需要停止运行。

振动信号测试算法流程图如图 5-22 所示。该方法首先对信号进行重采样插值预处理,其目的是为了避免频谱泄漏以及栅栏效应,保证后续信号处理的精度;可以接着对所获得的振动信号进行三次样条曲线拟合,高阶数值逼近拟合可以有效提高幅值提取精度;然后针对受噪声干扰的振动信号采取时域平均的方法消除高频噪声信号、提高信号的信噪比,该步骤可以确保自动跟踪滤波处理在微弱噪声下进行;通过设计的 FIR 滤波器滤除掉其他异频信号,过滤后只保留了主轴转频附近的信号成分;最终,通过自动跟踪相关滤波处理提取基频振动信号的幅值。主轴振动信号幅值和相位测量的关键是获取基频来构造标准正余弦信号,然后根据相关原理提取出含有幅值和相位信息的直流分量,最终通过相关计算得到基频信号的幅值和相位。

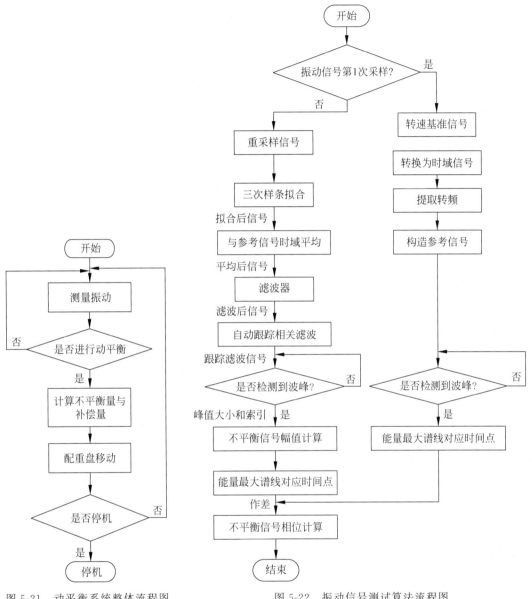

图 5-21　动平衡系统整体流程图　　　　图 5-22　振动信号测试算法流程图

5.3　智能刀具系统技术

刀具在切削加工中扮演着重要角色,国际生产工程科学院(CIRP)指出：全世界范围内的切削制造企业,刀具选择正确的只有 50％,刀具使用正确的仅为 58％,刀具寿命使用充分的不到 38％。因此,合理设计、制备、应用刀具是实现智能切削的前提条件。

智能切削刀具不仅要求刀具具有切削功能,还要求刀具具有自我感知、自我适应的功能。刀具的智能感知主要体现在对切削力、切削热、切削振动、切削噪声的感知上,通过在刀具基体上安装传感器,实现刀具状态的自我识别与检测。刀具自适应主要体现为刀具能根据切削力、切削热和振动状态自我调节与适应,从而有效降低切削力、切削温度,抑制再生颤振等。

智能切削刀具对切削力、切削热的感知与控制最终体现为切削加工过程中的刀具磨损抑制。因此建立切削力、切削热与刀具磨损的内在映射关系,抑制刀具磨损,减少刀具破损,是智能切削刀具技术发展的关键所在。

5.3.1 刀具磨损的时变性与复合性

磨损是指切削过程中刀具材料被切屑或工件带走,刀具逐渐磨损和破损是指由于冲击、振动、热效应等引起刀具崩刃或脆断。

刀具磨损形式主要可分为后刀面磨损、前刀面磨损、沟槽磨损、积屑瘤、塑形和热裂纹,刀具破损的主要形式为崩刃。常见刀具磨损、破损及各类损伤如表 5-5 所示。

表 5-5 常见的刀具磨损、破损及各类损伤形式

磨损、破损及各类损伤	描述
	后刀面磨损:切削刀具后刀面与工件已加工表面剪切划擦而产生的刀具磨损。后刀面磨损相对均匀,通常采用磨损棱带中部的平均宽度 VB 来表示,VB 是刀具磨损最常用的评价参数
	前刀面磨损:切削刀具前刀面和切屑剪切划擦而产生的刀具磨损。在高温高压条件下,切屑从前刀面流出时与前刀面产生剧烈的摩擦,形成月牙状洼地,故前刀面磨损也叫月牙洼磨损,通常用月牙洼深度 KT 来表示
	沟槽磨损:当加工高温合金、钛合金和高强度钢等材料时,工件材料中的硬质点在切削时对刀具产生剧烈划擦,若刀具材料耐磨性差,则会在刀具表面形成深浅不同的沟槽,故称该磨损为沟槽磨损
	积屑瘤:当加工低碳钢、铝合金和不锈钢等塑性材料时,若切削速度过低,部分工件材料或切屑在高温高压条件下黏结在刀具前刀面,形成块状积屑瘤。继续切削时,积屑瘤极易从刀具表面剥落,造成刀具严重崩刃

磨损、破损及各类损伤	描述
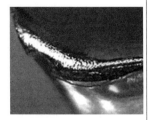	塑性变形：当采用高速钢刀具时，过高的切削温度和压力会使得切削刃强度急剧降低，切削刃区域发生严重的塑性变形，并使切削刃周围产生塑性塌陷的现象叫作刀的塑性变形
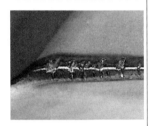	热裂纹：指在垂直刀具切削刃处由冷热循环引起的细微裂纹。通常，切削液喷射不均匀和间断切削导致的温度骤变是引起热裂纹的主要原因
	微崩刃或崩刃：指刀具切削刃缺失的现象，引起崩刀的主要原因是切削负载过大、刀具刃口强度低或存在切削振动

刀具磨损机理主要可分为由切削力主导的磨料磨损和黏结磨损，以及由切削温度主导的扩散磨损和氧化磨损。

1. 磨料磨损

磨料磨损是指刀具材料和工件材料中的氮化物和碳化物等硬质颗粒在切削过程中相互划擦形成沟纹所引起的磨损。

2. 黏结磨损

黏结磨损是指在特定的温度和压力下，刀具与工件或切屑产生剧烈摩擦而造成工件或切屑黏结在刀具表面，使得切削刃钝化所引起的磨损。

3. 扩散磨损

扩散磨损是指高温高压条件下，刀具材料中的 W 和 C 等元素与工件材料中的 Ti、Si、Fe 和 Cr 等元素相互扩散渗透所引起的磨损。

4. 氧化磨损

氧化磨损是指在特定的温度下，切削刀具材料中的 Al、S、C 等活性元素与空气中的 O 元素形成一层硬度低的氧化膜，覆盖在刀具表面所引起的磨损。切削过程中，刀刃和刀面承受高压和高温，应力梯度和温度梯度大，刀刃各点承载差异大导致刀具磨损不均匀，不同磨损机制并存并随时间的变化而改变，从而影响刀具磨损的形态，使刀具磨损呈现时变性和复合性。

5.3.2 切削力信号监测

切削力是铣削过程的重要特征参量,它对表面质量、刀具磨损和加工效率起决定性作用。然而,采用铣削力峰值或者平均值并不能准确地反映切削力的变化规律,特别是周期性铣削力的变化规律。氧化铝-碳化物陶瓷刀具有较好的切削能力,适合加工合金钢、锰钢、铸钢、淬火钢、Ni 或 Ni-Cr 合金和非金属材料(如玻璃纤维-塑料夹层材料、陶瓷材料)等。图 5-23 所示是各组铣削参数下得到的 TiN/Al_2O_3 涂层铣刀片应用 MQL 前后铣削力峰值和表面粗糙度增量的趋势。MQL 前后的增量可表示为:

$$\Delta G = \frac{G_{干切削} - G_{MQL}}{G_{干切削}} \times 100\% \tag{5-47}$$

式中,ΔG 为应用 MQL 前后的增量值,ΔG 为正值表示应用 MQL 可润滑减障,有利于铣削加工;反之,ΔG 为负值表示应用 MQL 不起作用。

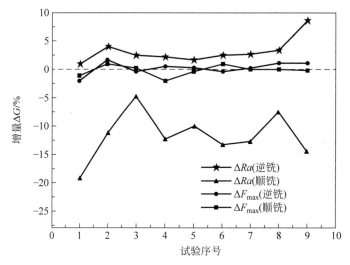

图 5-23　TiN/Al_2O_3 涂层铣刀片应用 MQL 前后的峰值铣削力和表面粗糙度增量

如图 5-23 所示,MQL 使用前后各组切削参数配得的峰值铣削力变化明显,但表面粗糙度在 MQL 使用前后差别较大,即逆铣时,在使用后表面粗糙度降低,而顺铣时,表面粗糙度在 MQL 使用后非正常增大。此时用峰值的力来评价刀具磨损和加工表面质量准确度低。故采用稳态周期性铣削力信号来分析刀具磨损和加工质量会更准确。本小节利用相关研究中获得的镍基钎焊合金最优切削参数,即切削速度为 160m/min,每齿进给量为 0.2mm/z,切削深度为 1mm,切削宽度为 40mm,来讨论干切削和 MQL 条件下的面铣加工镍基钎焊合金的铣削力变化,评价微量润滑在顺铣和逆铣过程中的作用,提取切削力信号,建立镍基钎焊合金铣削刀具磨损模型。

1. 时域信号

铣削是连续切削的过程,在整个铣削周期内按铣刀是否与工件接触可分为切削阶段和非切削阶段。在切削阶段,铣刀与工件发生挤压、剪切和滑移。切削力从零增大至峰值,随后逐渐减小。在非切削阶段,铣刀不与工件发生接触,若不存在自激振动,切削力逐渐衰减至零,完成一个铣削周期。

无涂层刀片、TiAlN/TiN 涂层刀片(PVD)和 TiN/Al$_2$O$_3$ 涂层刀片(CVD)在干切削和 MQL 条件下垂直于进给方向的切削力分量 F_y 的时域信号曲线如图 5-24 所示。MQL 条件下的切削力的大小同样取决于铣削方式。逆铣时,切削厚度由薄变厚,在逆铣初期,刀具

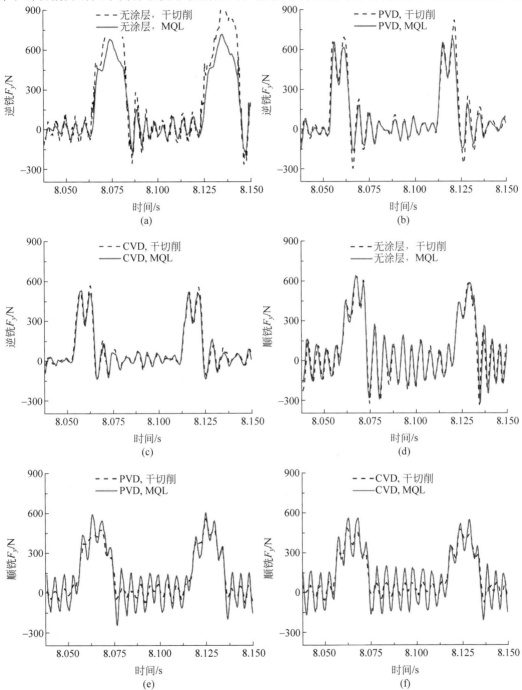

图 5-24　v_c=160m/min,f_z=0.2mm/z,a_p=1mm 的切削力分量 F_y 的时域信号

(a) 无涂层刀片逆铣;(b) PVD 涂层刀片逆铣;(c) CVD 涂层刀片逆铣;(d) 无涂层刀片顺铣;(e) PVD 涂层刀片顺铣;
(f) CVD 涂层刀片顺铣

在工件表面发生滑移、挤压且不存在剪切,此时 MQL 对切削力影响不大,随着切削厚度不断增加,刀具负载急剧上升,镍基钎焊合金很容易黏结在刀具表面形成积屑瘤,此时 MQL 能够有效地降低切削力,表现为切削阶段末尾的切削力时域信号在应用 MQL 后显著降低。顺铣时,切削力分量 F_y 时域信号容易波动,这是由顺铣的特点所决定的。在顺铣初期铣刀切入工件时易产生瞬时冲击振动,随着切削厚度逐渐减小,负载逐渐降低,瞬时冲击振动极易变成自激振动或系统共振,表现为图 5-24 所示的非切削阶段的非常规振荡,这将对刀具磨损产生巨大影响,不能作为噪声信号而忽视。当使用 MQL 后,这种振动没有减小反而增大了。因此,在非切削阶段产生的振荡可以用来准确地描述系统共振或自激振动,需要对其进行频谱分析。

应用 MQL 后,铣削表面得到了润滑液的保护,刀具与工件之间润滑介质的存在表现为切削力的降低。然而,MQL 对切削力的影响效果取决于刀片耐磨损性能。在一定范围内,刀片耐磨损性能越好,应用 MQL 的润滑减摩的效果越差,切削力减少量越小;反之,刀片耐磨损性能越差,应用 MQL 的润滑减摩的效果越好,切削力减少量越大。即无涂层刀片耐磨损性能差,应用 MQL 后的峰值切削力大幅度减小;PVD 涂层刀片的耐磨损性能相对较好,应用 MQL 后的切削力小幅降低;CVD 涂层刀片耐磨损性能最好,应用 MQL 后的切削力几乎不发生变化。此外,MQL 对切削力的影响还取决于铣削方式。逆铣时,应用 MQL 能够均匀地降低无涂层刀片和 PVD 涂层刀片在切削阶段的切削力。顺铣时,应用 MQL 只对无涂层刀片和 PVD 涂层刀片的峰值切削力产生影响。应用 MQL 对耐磨损性能优秀的 CVD 涂层刀片铣削时的切削力影响不大。

2. 频域信号

铣削是断续切削,铣削力的时域信号可通过傅里叶级数转化为基频和各阶倍频:

$$F_i(t) = a_0 + \sum_{n=1}^{\infty} \left[a_n \cos\left(n\frac{2\pi}{T_\tau}\right) + b_n \sin\left(n\frac{2\pi}{T_\tau}t\right) \right] \tag{5-48}$$

式中,T_τ 是主轴旋转周期,傅里叶变换常数 a_0、a_n 和 b_n,可表示为:

$$\begin{cases} a_0 = \dfrac{1}{T_\tau}\int_0^{T_\tau} F_j(t) \\[2mm] a_n = \dfrac{2}{T_\tau}\int_0^{T_\tau} F_j(t) \cdot \cos\left(n\frac{2\pi}{T_\tau}t\right)d \\[2mm] b_n = \dfrac{2}{T_\tau}\int_0^{T_\tau} F_j(t) \cdot \sin\left(n\frac{2\pi}{T_\tau}t\right)d \end{cases} \tag{5-49}$$

在切削力频域信号中第 n 阶倍频 c,可表示为:

$$c_n = \sqrt{a_n^2 + b_n^2} \tag{5-50}$$

假定集合 A 是铣削力信号频谱的基频和倍频集,则集合 A 可表示为:

$$A = \{c_1, c_2, c_3, \cdots, c_n\} \tag{5-51}$$

一般来说,铣削可分为稳态铣削和非稳态铣削,稳态铣削时切削力信号频谱由机床主轴转动频率 SF、刀具走刀频率 TPF 及其倍频构成。主轴转动频率和刀具走刀频率可表示为:

$$\begin{cases} SF = \dfrac{kn}{60}, & k = 0, \pm 1, \pm 2, \cdots \\[3mm] TPF = \dfrac{knz}{60}, & k = 0, \pm 1, \pm 2, \cdots \end{cases} \tag{5-52}$$

式中，n 是主轴转速；z 是铣刀齿数。本小节中只有一个刀齿装在铣刀盘上，此时主轴转动频率等于刀具走刀频率，即

$$SF = TPF = \frac{1 \times 1020}{60} \text{Hz} = 17 \text{Hz} \qquad (5\text{-}53)$$

然而非稳态铣削时，切削力信号频谱除了主轴频率、走刀频率及其倍频以外，还有系统共振频率和自激振动频率。系统共振频率是指机床、夹具、工件和刀具的固有自然频率，而自激振动频率是与铣削再生颤振以及刀具崩刃紧密相关的。

顺铣和逆铣时产生的自激振动幅值差异大。逆铣时，自激振动幅值走刀频率的幅值小，且随刀具耐磨损性能的增强而逐渐降低，说明此时刀具磨损占主导地位，自激振动幅值小，不足以引起颤振，整个工艺系统处于稳态。然而，顺铣时，刀齿切入工件初期造成的冲击振动容易引起自激振动。在一定条件下引起再生颤振，此时颤振频率占主导地位，整个工艺系统处于非稳态。使用 MQL 后工件和刀具之间的摩擦能量降低，顺铣和逆铣走刀频率幅值降低，即铣削更轻快。但是 MQL 非但不能降低颤振频率幅值，反而在顺铣过程中颤振频率幅值得以增强。因此，需对比 MQL 使用前后铣削力的各阶频谱线。

图 5-25 所示为应用 MQL 前后铣削力的各阶频谱曲线。顺铣和逆铣时产生的自激振动幅值差异大。逆铣时自激振动幅值比第 1～3 阶走刀频率的幅值小，且随刀具耐磨损性能的增强而逐渐降低，说明此时刀具磨损占主导地位，自激振动幅值小，不足以引起颤振，整个工艺系统处于稳态。顺铣时，刀齿切入工件初期造成的冲击振动容易引起自激振动，在一定条件下引起再生颤振，此时颤振频率占主导地位，整个工艺系统处于非稳态。使用 MQL 后，工件和刀具之间的磨擦能量降低，顺铣和逆铣的 1～3 阶走刀频率幅值降低，即铣削更轻快。但是 MQL 非但不能降低颤振频率幅值，反而增强了在顺铣过程中的颤振频率幅值。

5.3.3　声发射信号监测

1. 声发射信号定征

金属切削加工时，被切削金属材料的剪切滑移、弹性变形、塑性变形、刀具摩擦和磨损等都会引起突发型声发射信号。此外，MQL 的高频喷射也会产生声发射信号。虽然设定合理的声发射信号门槛值能够排除大部分干扰信号，但由于被加工镍基钎焊合金的特殊性和铣削加工的复杂性，仍存在部分干扰信号。因此，必须排除干扰信号。本小节中的铣削方式为逆铣，刀片为 TiN/Al$_2$O$_3$ 涂层刀片。图 5-26 所示为声发射干扰信号和有效信号。干扰信号的上升时间大于 0.5s，持续时间大于 1.5s，即在时域视场内其信号无法完全显示就被截断。相比之下，有效信号属于典型的突发型信号，即波形的上升时间短，幅值大，持续时间短，衰减迅速。为了排除干扰信号，设定滤波器的持续时间和上升时间为：

$$\begin{cases} 5\text{ms} < \text{持续时间} < 1500\text{ms} \\ 3\text{ms} < \text{上升时间} < 300\text{ms} \end{cases}$$

声发射干扰信号排除后，可对其进行定征。TiN/Al$_2$O$_3$ 涂层刀片在切削参数为 $a_e = 40\text{mm}$，$a_p = 1\text{mm}$，$f_z = 0.2\text{mm/z}$，$v_c = 160\text{m/min}$ 时，在干切削和 MQL 条件下单齿铣削的突发型声发射信号如图 5-27 所示，其横坐标为持续时间，纵坐标为能量。可以发现新刀片和旧刀片的声发射信号差别较大，旧刀片引起的持续时间在 600～800ms 的声发射信号显著减少。此外，MQL 也会增加持续时间在 1100～1400ms 范围内的声发射信号。

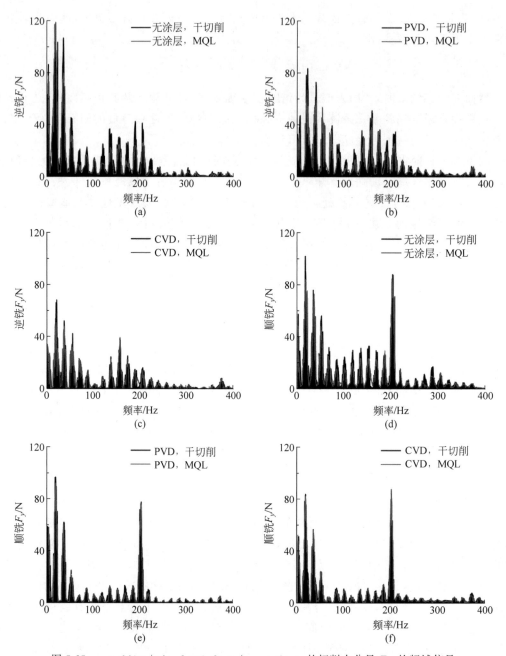

图 5-25　$v_c = 160\mathrm{m/min}, f_z = 0.2\mathrm{mm/z}, a_p = 1\mathrm{mm}$ 的切削力分量 F_y 的频域信号

（a）无涂层刀片逆铣；（b）PVD 涂层刀片逆铣；（c）CVD 涂层刀片逆铣；（d）无涂层刀片顺铣；（e）PVD 涂层刀片顺铣；（f）CVD 涂层刀片顺铣

　　由声发射信号产生的原理可知，金属切削加工时，被切削金属材料剪切滑移、弹性变形、塑性变形、断裂和刀具磨损产生的声发射信号的频率各不相同。因此，上升时间、持续时间、峰值频率和能量可作为声发射信号定征的特征参数。

　　已磨损的 $\mathrm{TiN/Al_2O_3}$ 涂层刀片单齿铣削时的声发射信号如图 5-28 所示，以此作为示例来描述声发射信号定征。由图可知，按峰值频率可把有效声发射信号分为三类：第一类

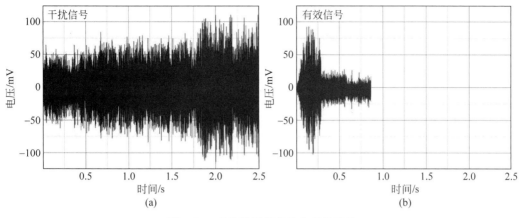

图 5-26　声发射干扰信号和有效信号

（a）干扰信号；（b）有效信号

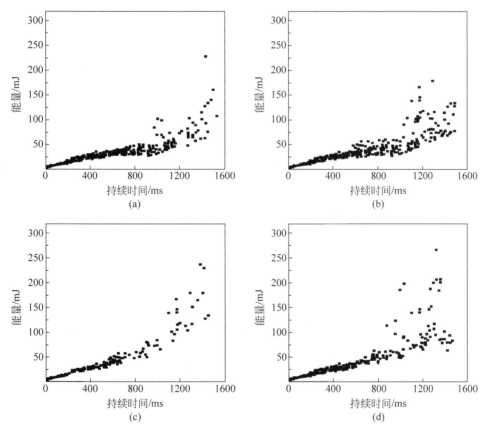

图 5-27　新/旧刀片在干切削和 MQL 条件下声发射信号的能量变化规律

（a）新刀干切削；（b）新刀 MQL 切削；（c）旧刀干切削；（d）旧刀 MQL 切削

是频率在 60～80kHz 内的声发射信号，MQL 的高频喷射会增加该频段内的高能量信号点，即 A 区域，观察单个时域信号可知，MQL 引起的声发射信号的持续时间长，能量大，电压高。第二类是频率在 100～120kHz 内的声发射信号，即 B 区域，该区域内的声发射信号持续时间短,能量小,电压低,信号波形短,属于典型的由脆断引起的声发射信号。最后一类是频率在140～200kHz范围内的声发射信号,即C区域,该区域内的声发射信号持续时间略长,但电压极低,是由材料塑性变形引起的。

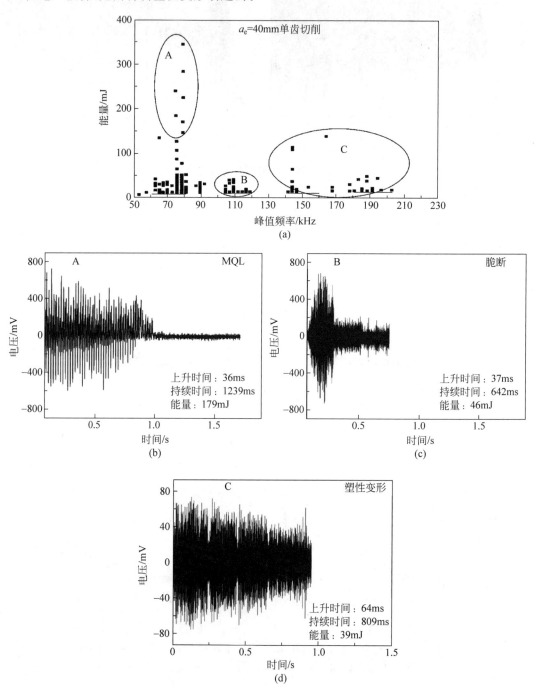

图 5-28　已磨损的 TiN/Al$_2$O$_3$ 刀片单齿切削时的声发射信号

(a) 基于峰值频率的 AE 能量聚集;(b) MQL 引起的 AE 信号;(c) 脆性断裂引起的 AE 信号;(d) 塑性变形引起的 AE 信号

2. 新刀的声发射信号及其聚类

金属切削产生的塑性变形、剪切滑移和断裂在瞬间产生大量突发型声发射信号,一个超过门槛值的突发型声发射信号就是一次有效计数。此外,MQL 通过高频喷射产生的声发射信号若超过槛值也会产生有效计数。当发生磨损时,刀具挤压和划擦造成的塑性变形及刀具磨损会改变声发射信号的能量和峰值频率。因此,可通过基于能量和峰值频率的声发射信号聚类这一方法来分析 MQL 对刀具磨损的影响。

无磨损的 TiN/Al_2O_3 新刀在应用 MQL 前后铣削时的声发射信号如图 5-29 所示,观察声发射信号散点分布规律,可设定聚类准则,即峰值频率 20 个点,能量 150 点为一类,并根据声发射信号定征结果合并相同类别,得 A、B 和 C 三个聚类,分别对应 MQL、脆性断裂和塑性变形。为了明确 MQL 的作用,如表 5-6 所示,统计分析了新刀片干切削和 MQL 切削条件下声发射信号的能量和计数聚类,可知峰值频率为 50～80kHz 的 A 类在 MQL 的高频喷射作用下的计数增大了 1148,能量增大了 2382mJ。峰值频率为 100～120kHz 的 B 类在 MQL 引入后声发射信号计数增大了 132,能量增大了 17mJ,说明 MQL 加速了材料的脆性断裂。峰值频率为 140～200kHz 的 C 类在 MQL 引入后的计数和能量反而减少了 125 和 50mJ,说明 MQL 降低了材料的塑性变形。

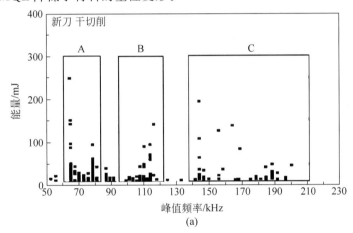

(a)

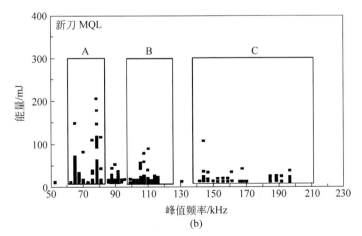

(b)

图 5-29　新刀切削时基于能量和峰值频率的声发射信号聚类

(a) 干切削时的 AE 信号;(b) MQL 切削时的 AE 信号

表 5-6　新刀干切削和 MQL 切削条件下声发射信号的能量和计数聚类

能量聚类/mJ	A	B	C	计数聚类/mJ	A	B	C
干切削	5573	2273	1294	干切削	7538	3666	1946
MQL	7955	2290	1244	MQL	8686	3798	1821
Δ	2382	17	−50	Δ	1148	132	−125

综上所述,对于无磨损的 TiN/Al_2O_3 涂层新刀来说,应用 MQL 前后的声发射信号可以通过聚类方法进行监测和分析。

3. 已磨损旧刀的声发射信号及其聚类

已磨损($VB=0.2\mu m$)的 TiN/Al_2O_3 涂层旧刀应用 MQL 前后铣削时的声发射信号如图 5-30 所示,聚类准则仍为峰值频率 20 个点,能量 150 点为一类。

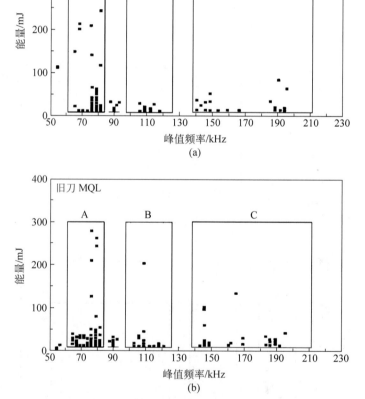

图 5-30　旧刀片切削时基于能量和峰值频率的声发射信号聚类
(a) 干切削时的 AE 信号;(b) MQL 切削时的 AE 信号

由聚类结果可知,突发型声发射信号按峰值频率和能量仍可分为 A、B 和 C 三大类,分别对应着 MQL、脆性断裂和塑性变形。每个大类内部的声发射信号点数远小于新刀产生的声发射信号点数。这充分说明了刀具一旦发生磨损,刀具刃口变钝,刀具挤压和划擦作用明显,切削效果差。由表 5-7 可知,旧刀片干切削时的 A、B 和 C 聚类计数仅为 2991、295 和 887,能量仅为 3268mJ、172mJ 和 503mJ。相比新刀,已磨损旧刀切削时材料脆性断裂(B 聚类)引起的声射信号计数从 3666 减少至 295,能量从 227mJ 减少至 172mJ;塑性变形(C 聚类)引起的声发射信号计数从 1946 减少至 887,能量从 1294mJ 减少至 503mJ,这充分说明已磨损旧刀在干切削条件下的切削效果极差。

表 5-7　旧刀干切削和 MQL 切削条件下声发射信号的能量和计数聚类

能量聚类/mJ	A	B	C	计数聚类/mJ	A	B	C
干切削	3268	172	503	干切削	2991	295	887
MQL	6676	543	968	MQL	7578	743	1567
Δ	3408	371	465	Δ	4587	448	680

引入 MQL 后,同样会增加 A 聚类的声发射信号的计数和能量,如表 5-7 所示。值得注意的是,引入 MQL 后,脆性断裂(B 聚类)引起的声发射信号计数增加至 743,比干切削时提升了 152%,这充分说明切削过程中的犁削与划擦在 MQL 的作用下导致材料断裂的现象加重,故声发射信号计数大幅增加。同理,引入 MQL 后能量增加至 543mJ,比干切削时提升了 216%。塑性变形(C 聚类)引起的声发射信号计数增加至 1567,比干切削时提升了 77%,能量增加至 988mJ,比干切削时提升了 92%。这表明 MQL 能够减少刀具和工件材料的摩擦,增加材料塑性变形和脆性断裂,改善已磨损刀具的切削状态,从而使得切削更为轻快。

综上所述,基于峰值频率和能量的声发射信号聚类分析能够揭示 MQL 状态下的刀具磨损,但数据量大,且需二次处理。

5.3.4　刀具磨损预测与寿命管理

刀具磨损直接影响加工精度和表面质量。因此建立准确的刀具磨损模型,进行刀具磨损预测和在线预报,是实现智能切削加工的关键。刀具磨损预测模型通常可分为经验模型、有限元模型和解析模型。

1. 经验模型预测

刀具寿命预测基础经验模型:

$$C = v_c T_{\text{tool}}^n \tag{5-54}$$

该经验模型可应用于金属、非金属、复合材料切削加工。其中常数 C 和指数 n 仅适用于特定刀具和工件材料,即当工件材料或刀具发生变化,或者切削进给量和切削深度发生改变时,此经验模型便不再适用。为此,Taylor 基于大量切削试验提出了刀具寿命广义预测模型:

$$T_{\text{tool}} = \frac{C}{v_c^p f^q a_p^r} \tag{5-55}$$

该模型综合考虑了切削速度、进给量和切削深度对刀具寿命的影响。但仍然仅限于特定刀具和工件材料匹配。该模型的建立为车削刀具磨损和铣削刀具磨损国际标准的制定提供了参考依据。

由此可见,Taylor 所建立的刀具寿命经验模型需要大量切削试验。且仅限于特定刀具和特定工件材料匹配,当刀具或工件材料发生改变时,该模型便不再适用,通用性差,且无法表达刀具磨损随时间变化的关系。

2. 有限元模型预测

有限元数值模拟是解决切削加工过程中复杂的力-热耦合、弹塑性变形和刀具磨损等问题的一种低成本且高效率的研究方法,不需要大量的切削试验,得到了国内外学者的广泛关注。

Attanasio 等采用 Deform3D 有限元仿真软件对无涂层硬质合金车削刀具前刀面月牙洼磨损进行仿真,建立了车削刀具前刀面月牙洼磨损的有限元模型,给出了切削温度与磨料磨损和扩散磨损率系数,并通过试验验证其有效性。结果表明,有限元模型能有效模拟不同前角和表面应力的刀具月牙洼磨损,Haddag 利用有限元仿真软件 Deform3D 并以 Usui 磨损模型为准则对 18MND5 钢加工时的刀具前刀面月牙洼磨损进行仿真。此外,Haddag 还建立了 AISI 1045 钢车削加工刀具磨损及其热传导有限元模型,并进行试验验证,结果该模型能提供前刀面的磨损,虽然此模型给出了后刀面磨损图,但精度低,计算复杂。南京航空航天大学杨树宝利用 ABAQUS 有限元仿真软件建立了置氢钛合金高效切削过程中前刀具的磨损模型,模拟出刀具在切削加工过程中的温度场、应力场和速度场,成功预测了置氢钛合金切削刀具前刀面月牙洼及后刀面磨损量。

可见,有限元法能够显著降低试验成本,但其具有局限性:

(1) 刀具磨损过程中只能调用软件自带磨损模型(一般是 Archard 磨料磨损模型和 Usui 扩散模型),且无法新建磨损准则。

(2) 有限元法主要针对车削刀具前刀面月牙洼磨损,无法表征刀具后刀面的三维形貌,故该方法不适用于刀具后刀面磨损研究。

(3) 有限元三维模型无法模拟铣削刀具的磨损。

3. 解析模型预测

刀具磨损预测的解析模型是有限元模型的基础,表 5-8 所示为国外刀具磨损经典解析模型。目前,使用最广泛的两个刀具磨损解析模型是 Archard 磨料磨损模型和 Usui 扩散磨损模型,也是有限元仿真软件 Deform3D 的内置磨损准则。Archard 于 1953 年基于表面接触和磨损特性建立了刀具磨料磨损解析模型,他通过试验得出刀具磨损体积与法向载荷、滑动距离成正比,与材料布氏硬度成反比,该模型能够很好地反映以磨料磨损为主要形式的刀具磨损。Usui 于 1978 年通过三维解析模型建立了硬质合金切削加工刀具扩散磨损模型。他认为硬质合金刀具发生扩散磨损的程度与刀具所受法向应力、剪切滑移速度成正比,与切削温度成反比。该模型充分考虑了刀具磨损热特性,但忽略了磨料磨损和黏结磨损。因此,其适用于以扩散磨损为主要磨损形式的金属切削过程,Cook 总结出刀具后刀面扩散磨损的激活能约是刀具前刀面的一半。Koren 利用线性控制理论建立了切削刀具后刀面磨损综合理论模型,认为后刀面总磨损量是在切削力和切削温度的共同作用下产生的,切削力与剪滑移长度密切相关,面切削热与刀具寿命密切相关。Takeyama 于 1963 年建立了一种描述刀具磨损的解析公式,他忽略了刀具隐性断裂等变换形式,认为刀具总磨损量是切削力和切削热引起的磨损能之和,同时认为切削力引起的磨料磨损和黏结磨损主要取决于切削距离,切削热引起的扩散磨损和氧化磨损主要取决于切削温度。

表 5-8　刀具磨损经典解析模型刀具磨损模型

作者	刀具磨损模型	备　注
Archard[4]	$v = k\dfrac{PL}{3\sigma S} = k\dfrac{PL}{H}$	磨料磨损模型
Usui[5]	$\dfrac{\mathrm{d}\omega}{\mathrm{d}t} = A_1\sigma_s V_s \exp\left(-\dfrac{B_1}{T}\right)$	扩散磨损模型
Takeyama[6]	$\dfrac{\mathrm{d}\omega}{\mathrm{d}t} = G(v,f) + D\exp\left(-\dfrac{Q}{RT}\right)$	磨料磨损、黏结磨损模型
Childs[7]	$\dfrac{\mathrm{d}\omega}{\mathrm{d}t} = \dfrac{A}{H}\sigma_s V_s$	磨料磨损、黏结磨损模型
Schmidt[8]	$\dfrac{\mathrm{d}\omega}{\mathrm{d}t} = B\exp\left(-\dfrac{Q}{RT}\right)$	扩散磨损模型
Luo[9]	$\dfrac{\mathrm{d}\omega}{\mathrm{d}t} = \dfrac{A}{H}\dfrac{F_n}{v_c f} + B\exp\left(-\dfrac{Q}{RT}\right)$	综合考虑磨料磨损、黏结磨损和扩散磨损模型
Astakhov[10]	$h_s = \dfrac{\mathrm{d}h_s}{\mathrm{d}S} = \dfrac{100(h_r - h_\tau - i)}{(1-l_i)f}$	表面磨损率模型
Attanasio[11]	$\begin{cases} \dfrac{\mathrm{d}\omega}{\mathrm{d}t} = D(T)\exp\left(-\dfrac{Q}{RT}\right) \\ D(T) = D_1 T^3 + D_2 T^2 + D_3 T + D_4 \end{cases}$	扩散磨损模型,通过实验确定扩散系数与切削温度关系
Palmai[12]	$\dfrac{\mathrm{d}\omega}{\mathrm{d}t} = \dfrac{v_c}{W}\left[A\sigma + A_{th}\exp\left(-\dfrac{B}{v_c^x + kW}\right)\right]$	充分考虑刀具磨损造成的切削力增大和切削温度上升的刀具磨损模型
Halila[13]	$W = N\displaystyle\sum_{i\geqslant i_{\min}=1}^{i} P_r^R(R_i) P_r^\varphi(\varphi_j)\dfrac{R_i^2 P}{2H_t \tan p_j}v_c$	基于单位时间内金属去除率的刀具磨料磨损模型

　　Luo 在 Childs 磨料磨损、黏结磨损模型和 Schmidt 扩散磨损模型的基础上扩大了 Takeyama 刀具磨损模型的使用范围,使其适用于描述磨料磨损、黏结磨损和扩散磨损。该模型考虑了切削加工参数中的切削速度和进给量,使之更为精准,是最接近现实中刀具磨损状态的解析模型。Astakhov 建立刀具表面磨损率模型,认为刀具前刀面磨损 KT 和后刀面磨损量 VB 并不能有效地表征刀具磨损,通过计算径向磨损量得到的表面磨损率能够更准确地描述刀具磨损,同时他认为刀具材料的确会影响刀具磨损,但必须考虑刀具几何参数与切削参数的影响。Attanasio 通过试验确定刀具发生扩散磨损的扩散系数随切削温度的变化公式,可用于确定前刀面月牙洼形状。Palmai 建立了非线性刀具后刀面磨损解析模型,该解析模型充分考虑了切削力和切削热造成的加速磨损特性,同时认为切削间距不仅会引起磨料磨损和黏结磨损,而且会造成扩散磨损和氧化磨损,因此该模型计算的刀具寿命能够适用于任何失效准则。Halila 以单位时间内金属去除率为主要参数建立了刀具磨料磨损解析模型,磨料磨损是由材料金相组织结构中的硬质点划擦工件和刀具接触面引起的,因此,该模型能够有效预测刀具磨料磨损。

　　国内学者对刀具磨损模型也展开了广泛研究,推导出了表 5-9 所示的刀具磨损实用解析模型。山东大学王晓琴于 2009 年基于刀具材料和工件材料匹配的摩擦磨损特性研究,推导了 Ti_6Al_4V 钛合金前、后刀面磨损方程,通过研究负角切削试验,获得直角切削刀具前、后刀面磨损模型,成功开展了 Ti_6Al_4V 钛合金车削刀具磨损预测。山东大学邵芳基于热力学最小熵产生的原理,利用吉布斯自由能推导了镍基高温合金和钛合金车削刀具的黏结磨损、扩散磨损和氧化磨损模型,并通过车削试验验证了模型是有效的、准确的。同时南京航空航天大学肖茂华通过切削试验建立了基于冲击动力学的陶瓷刀具高速切削镍基高温合金的沟槽磨损模型,并成功地预测了刀具沟槽磨损。

表 5-9　刀具磨损实用解析模型

作者	刀具磨损模型
王晓琴[14]	$\dfrac{dVB_{钛合金}}{dt}=(\cot\alpha_0-\tan\gamma_0)\left[K_{abr}V\left(\dfrac{\sigma}{\sigma_s\theta_{int-f}}\right)^{3/2}+\dfrac{K_1\sigma V}{3\sigma_S\theta_{int-f}}+\dfrac{2C_0}{\rho_{tool}}+\sqrt{\dfrac{VD\theta_{int-f}}{\pi VB}}\right]$
邵芳[15]	$C_{镍合金}=\exp\left(\dfrac{-65\,900}{2RT}\right)$；$C_{钛合金}=\exp\left(\dfrac{\Delta G_{WCJ}-560\,467}{2RT}\right)$
常艳丽[16]	$\omega_{镍基合金}=0.7577\left(27+\dfrac{1067}{1+e^{\frac{209.5v_c^{0.36}f^{0.07}-804}{51}}}\right)^{-0.505}v_c^{0.461}f^{0.343}t^{0.505}$
郝兆朋[17]	$\omega_{镍基合金}=0.0099\left(\dfrac{576.9v_c^{0.56}f^{0.26}t}{371+\dfrac{1766}{1+e^{\frac{209.5v_c^{0.36}f^{0.77}-788}{54}}}}\right)^{0.98}$
宋新玉[18]	$dQ_{镍基合金}=E_1\dfrac{1}{3}\dfrac{W}{\sigma_s(\theta_{int_1})}Vdt+E_2\dfrac{2f\cdot C_0\cdot\sqrt{\dfrac{VD(\theta_{intf})}{\pi}}}{p_{t\infty i}}Vdt$
孙玉晶[19]	$\begin{cases}\dfrac{d\omega_{钛合金}}{dt}=\dfrac{d\omega_{磨料}}{dt}\dfrac{d\omega_{黏结}}{dt}=2.37\times10^{-11}v_c+0.0004\sigma_nv_ce^{\frac{-7000}{273+i}},T<600℃\\[2mm]\dfrac{d\omega_{钛合金}}{dt}=\dfrac{d\omega_{磨料}}{dt}\dfrac{d\omega_{黏结}}{dt}=0.0004\sigma_nv_ce^{\frac{-7000}{273+1}}+2.64\left(\dfrac{v_c}{x}\right)^{1/2}e^{\frac{-7000}{273+1}},T>600℃\end{cases}$

　　哈尔滨工业大学常艳丽基于 Archard 磨料磨损模型,建立了镍基合金 GH416 刀具后刀面的磨损模型,对其磨损公式求导,得到镍基合金后刀面最佳切削温度为 650℃。在此基础上,郝兆朋通过磨损的剥层理论对镍基合金 GH416 车削时的 TiAlN 涂层硬质合金刀具的后刀面磨损进行建模。该模型是在 Taylor 经验模型的基础上充分考虑了不同切削速度、进给量条件下的切削力和切削温度得出的。山东大学宋新玉等充分考虑了黏结磨损、扩散磨损和氧化磨损,推导了锌基合金刀具后刀面磨损与后刀面磨损带宽度的几何模型。山东大学孙玉晶基于热力学第二定律推导了切削刀具二维扩散磨损模型,认为当切削温度超过 600℃时,钛合金会发生扩散磨损,当切削温度超过 800℃时,刀具的磨料磨损是可以忽略不计的,结合磨料磨损模型和扩散磨损模型,并以 600℃为钛合金发生扩散磨损的边界条件,最终确定了钛合金加工的直角切削刀具磨损模型。

　　上述研究是针对刀具在某一工艺条件下的磨损机理和寿命建模预测,对零件在全流程切削中的刀具磨损情况研究较少,对刀具全寿命周期信息的在线采集与分析缺乏相关研究。刀具寿命预测对全流程切削工艺优化是实用的关键技术。准确地预测刀具寿命不仅可以提高刀具的使用效率,降低使用成本,还可以避免切削加工过程由于刀具损坏而造成的工件报废。

4. 刀具管理

目前,刀具的应用管理主要侧重于加工手段最佳方式的适配,对刀具生命周期内的其他重要信息(如刀具需求计划、加工策略、实时状态、修磨报废、优化升级等)缺乏有效的全程管理。当前研究以刀具寿命优化模型为主,对刀具寿命预测和诊断、刀具监测和调整控制、刀具智能适应等功能以及刀具系统与智能加工分布式数字控制系统的集成也未形成支撑。

随着互联网大数据云计算技术的飞速发展,基于互联网技术的刀具全生命周期智能化管理系统成为研究热点,该系统可实时准确地给出刀具全生命周期内的相关切削加工数据,并能从已有的实验数据和经验数据中获得学习样本,形成刀具全生命周期智能化管理系统,实现用刀智能化。重庆大学主时龙、成昕结合生产线现场的实际需求,对国内外成熟的刀具管理系统进行了研究与分析,并在此基础上提出了一套数控智能化识别与信息管理方案,实现了数控刀具的智能化全生命周期管理。沈阳机床厂付柄智提出了基于 FANUC 系统的刀具寿命管理方法,基于刀具寿命预测和刀具调度两大关键技术,并且结合刀具自身参数和加工参数的刀具寿命预测模型。宋豫川、李隆昌提出了一套适用于数字化车间刀具管理系统,实现了刀具基础信息管理、刀具库存管理、刀具计划调度、刀具成本管理、刀具寿命管理与刀具统计管理。

如何建立面向智能制造的刀具实时信息采集和跟踪系统,预测刀具寿命、优化切削参数,建立刀具信息跟踪系统,实现数控刀具全寿命管理仍然是当前面临的重大挑战。

刀具全寿命周期包括投入期、使用期和报废期。刀具全寿命周期管理是指在满足生产制造需要的前提下,以刀具成本为主线,结合生产经营效益分析,在整个刀具寿命周期内(包括刀具选用与组合、申购、采购、入库、出库、加工使用、回收、修磨、报废等)进行集成化管理。刀具全寿命周期管理包括刀具管理的全部内容,具体包括:

(1)基础数据管理。基础数据管理模块主要有刀具基本信息管理、权限管理、人员管理、数据库管理以及工艺文件管理等子模块。基础数据管理主要是对刀具、人员、工艺、设备的管理,是刀具管理系统正常运行的基础。

(2)刀具库存管理。刀具库存管理模块主要包括刀具入库管理、刀具出库管理、刀具维护管理以及刀具报废管理等子模块。该模块主要功能是对刀具的出入库操作进行记录,并能在之后对刀具出入库记录进行查询,为后续的刀具调度操作提供数据支持。

(3)刀具寿命管理。刀具寿命管理模块主要是利用刀具剩余寿命预测模型对刀具剩余寿命进行预测,确定刀具的剩余寿命能否完成预定的生产任务,同时对预测结果进行记录,为后续的刀具调度功能提供数据支持。

(4)刀具调度管理。刀具调度管理模块主要包括调度方案查询、刀具选配、刀具权重分配以及任务划分等子模块,利用第 4 章的刀具调度模型对生产任务驱动下的刀具资源进行合理分配,确定最优化的刀具调度方案,最终实现提高生产效率,降低生产成本,提高公司收益的目的。

(5)刀具采购管理。刀具采购管理模块主要包括供应商管理、刀具需求管理、刀具成本核算以及采购记录查询等子模块,主要功能是对刀具采购清单进行核对,对刀具需求进行分析管理;对刀具供应商和相关品牌信息进行统计分析,为刀具质量信息提供参考依据,并对刀具采购合同进行记录,以便后续对刀具采购信息的追溯。

(6)刀具可视化监控。刀具可视化监控模块主要包括正在加工刀具信息、刀具寿命预警、刀具故障报警以及刀具数据显示等子模块,主要功能是对生产过程中的加工刀具进行实时监控,对正在加工的刀具信息和刀具加工数据进行显示,以便工作人员能够及时发现刀具故障,对刀具进行及时维护和修复。

习题

一、思考题

1. 电主轴运转过程中产生的热量来源于哪里?这些热量的散出受到哪几个主要因素的影响?有什么措施能够减少电主轴内部热量的产生或加快热量的散发?

2. 影响智能主轴动平衡的因素有哪些?在智能主轴设计和实际运转过程中如何改善其动平衡性能?

3. 切削用量对刀具的磨损有什么影响?加工不同材料对刀具磨损的形式有什么影响机制?

4. 切削加工过程中刀具时域信号和频域信号是如何共同反应刀具切削状态的?

5. 什么是声发射信号?如何区分 MQL 的高频喷射加工过程中获取的信号是来源于工件材料和刀具材料?

6. 说明主轴在线动平衡的单面影响系数法和双面影响系数法的步骤。

二、计算题

1. 已知某型号电主轴选用 7008C 角接触球轴承支撑,轴承平均直径为 54mm,轴承内外套圈与保持架之间的平均距离为 0.016mm。电主轴内水套长度为 120mm,水套直径130mm,主轴外伸半径 25mm,冷却水处于层流状态,设雷诺数为 2000。电主轴采用油气润滑,通过轴承的空气的流量为 $0.02\mathrm{m}^3/\mathrm{s}$;流体的普朗特数 Pr 为 15;定转子间的气隙为0.2mm,气隙几何特征为 0.002,试计算该电主轴 10 000r/min 时的轴承生热量以及电主轴内部换热系数。

2. 某机械主轴内置在线动平衡系统,利用振动加速度传感器检测其振动信号,经处理后获得振动初始振幅为 5μm,初始相位为 15°;主轴停机,在动平衡装置上加试重,试重质量为 2.0g,试重相位为 180°;加试重半径为 50mm,加试重后测主轴振动振幅为 2μm,相位为90°;利用单面平衡影响系数法求影响系数幅值、相位,需加补偿量及补偿量相位。

参考文献

[1] 郝巧梅,刘怀兰.工业机器人技术[M].北京:电子工业出版社,2016.

[2] 戴风智,乔栋.工业机器人技术基础及其应用[M].北京:机械工业出版社,2020.

[3] 兰虎.工业机器人技术及应用[M].北京:机械工业出版社,2014.

第6章

智能制造装备集成技术

导学

　　智能制造装备是智能控制、智能感知和智能驱动与执行系统的高度融合。本章重点讨论典型智能单机系统,包括智能车削加工机床、智能数控加工中心、增材制造装备和工业机器人。重点阐述各单机系统的主要智能化特征、核心指标,主要技术要点和实际应用。

　　教学目标和要求:理解智能单机装备的智能化特征,掌握智能化单机装备的核心指标,能够根据特定生产要求,提出智能单机装备的主要技术要求和指标。

　　重点:理解智能车削机床、智能加工中心、增材制造装备和工业机器人等智能单机装备的关键技术指标和实现方法。

　　难点:能够合理评价智能车削机床、智能加工中心、增材制造装备和工业机器人等智能单机装备的关键技术指标和实现方法。

6.1　智能数控车床

　　智能机床就是对制造过程能够作出决定的机床。智能机床了解制造的整个过程,能够监控、诊断和修正在生产过程中出现的各类偏差,并且能为生产的优化提供方案。此外,还能计算出所使用的切削刀具、主轴、轴承和导轨的剩余寿命,让使用者清楚其剩余使用时间和替换时间。

智能数控
车床视频

　　智能机床的出现,为未来装备制造业实现全盘生产自动化创造了条件。首先,通过自动抑制振动、减少热变形、防止干涉、自动调节润滑油量、减少噪声等,可提高机床的加工精度、效率。其次,对于进一步发展集成制造系统来说,单个机床自动化水平提高后,可以大大减少人在管理机床方面的工作量。人能有更多的精力和时间来解决机床以外的复杂问题,更能进一步发展智能机床和智能系统。最后,数控系统的开发创新,对于机床智能化起到了极其重大的作用。它能够收容大量信息,对各种信息进行储存、分析、处理、判断、调节、优化、控制。它还具有重要功能,加工夹具数据库、对话型编程、刀具路径检验、工序加工时间分析、开工时间状况解析、实际加工负荷监视、加工导航、调节、优化,以及适应控制。

6.1.1　智能数控车床特征

　　智能化数控车削中心即机床能对机床本身进行监控,可自行分析众多与机床、加工状态、环境有关的信息及其他因素,然后自行采取应对措施来保证最优化的加工。

车削中心智能化特征包括:

(1)加工过程自适应控制技术。通过监测主轴和进给电机的功率、电流、电压等信息,辨识出刀具的受力、磨损以及破损状态,机床加工的稳定性状态;并实时修调加工参数(主轴转速、进给速度)和加工指令,使设备处于最佳运行状态,以提高加工精度,降低工件表面粗糙度以及设备运行的安全性。

(2)加工参数的智能优化。将零件加工的一般规律、特殊工艺经验,用现代智能方法,构造基于专家系统或基于模型的"加工参数的智能优化与选择器",获得优化的加工参数,提高编程效率和加工工艺水平,缩短生产准备时间,使加工系统始终处于较合理和较经济的工作状态。

(3)智能化交流伺服驱动装置。能自动识别负载,并自动调整参数的智能化伺服系统,包括智能主轴交流驱动装置和智能化进给伺服装置。这种驱动装置能自动识别电机及负载的转动惯量,并自动对控制系统参数进行优化和调整,使驱动系统获得最佳运行。

(4)智能故障诊断与自修复技术。其中,智能故障诊断技术能够根据已有的故障信息,应用现代智能方法,实现故障快速准确定位。智能故障自修复技术是能够根据诊断故障原因和部位,以自动排除故障或指导故障的排除技术。集故障自诊断、自排除、自恢复、自调节于一体,贯穿于全生命周期。智能故障诊断技术在有些数控系统中已有应用,智能化自修复技术还在研究之中。

(5)智能故障回放和故障仿真技术。能够完整记录系统的各种信息,对数控机床发生的各种错误和事故进行回放和仿真,用以确定错误引起的原因,找出解决问题的办法,积累生产经验。

(6)智能4M数控系统。在制造过程中,加工、检测一体化是实现快速制造、快速检测和快速响应的有效途径,将测量、建模、加工、机器操作四者融合在一个系统中,实现信息共享,促进测量、建模、加工、装夹、操作的一体化。

6.1.2 典型智能车削加工中心案例

i5智能系统是由沈阳机床股份有限公司自主研发的,具有自主知识产权的智能化数控系统。i5(industry,information,internet,intelligence,integration)是指工业化、信息化、网络化、智能化、集成化的有效集成。

在互联网条件下,i5数控系统不仅能够实现机床与机床的互联,还是一个能够生成车间管理数据,并与有关部门进行数据交换的网络终端,通过制造过程的"数据透明",实现制造过程和生产管理的无缝连接。这不仅能方便加工零件,同时产生服务于管理、财务、生产、销售的实时数据,实现了设备、生产计划、设计、制造、供应链、人力、财务、销售、库存等一系列生产和管理环节的资源整合与信息互联,减少浪费,提高效率。

在数控系统提供透明数据的情况下,需要与商业模式相配合的云端平台和云端应用。通过i5智能机床的在线信息,打造一套云端产能分享平台,用户可以将闲置产能公示于iSESOL产能平台,有产能需求的用户无需购买设备即可快速获得制造能力,通过这种方式产能提供方可以利用闲置产能获得收益,产能需求方可以以较低的成本获得制造能力,双方通过分享获得利益最大化。这种制造能力的分享模式将会改变制造业的组织形式并且充分挖掘社会闲置制造资源,从闲置资源中获得利益最大化。

图 6-1 为 i5-T5 智能车床,其主要功能包括:

(1)感知位置。可智能检测顶紧位置、剔除毛坯废品、预防装卡失误。

(2)感知压力。可实现粗精车顶紧力智能调节,能够精准控制尾台顶紧力,保证加工时顶紧工件但不顶弯。

i5-T5 智能车床工作视频

(3)感知速度。具有高低速切换功能,让顶针迅速靠近但温柔接触,能够保证高效高质量加工。

图 6-1　i5-T5 智能车床

6.2　智能数控加工中心

6.2.1　智能数控加工中心特征

智能数控加工中心的智能特征主要表现在智能化加工技术、智能化状态监控与维护技术、智能化驱动技术、智能化误差补偿技术和智能化操作界面与网络技术几个方面。

(1)智能化加工技术包括虚拟机床技术、自动上下料机构、3D 防碰撞技术、工艺参数智能化修改与选择及自动加工生产线技术。例如,结合 CAD/CAM 技术、刀具参数、机床参数及被加工材料性能参数,综合优化得到刀具轨迹和切削参数。

(2)智能化状态监控与维护技术包括振动检测及抑制、刀具监测、故障自诊断,自修复和故障回放及智能化维护系统等。例如,为了改善工件表面质量、提高生产率、降低生产成本,智能加工中心应实施金属切削过程中刀具磨损、破损状态的在线实时监测。

(3)智能化驱动技术包括自动识别负载,并自动调整参数、自动优化及自适应控制等。

(4)智能化误差补偿技术包括智能化热误差补偿系统和智能化几何误差补偿系统。例如,为了减小各加工主机在机床运行过程中所产生的热变形对零件加工精度的影响,提高生产线零件加工精度,智能加工中心应有热误差补偿等补偿功能。

(5)智能化操作界面与网络技术指的是加工中心具有语音提示功能的操作辅助系统和远程访问与监控功能。例如,为了实现刀具寿命智能化管理,智能加工中心具有单台加工中心刀库系统、每条生产线服务器、立体车间刀具库系统、对刀仪、信息化管理系统以及车间之间进行连接和通信功能,对库房、车间、机床刀库进行全程跟踪,并对每把刀具所携带的信息进行实时更新。

6.2.2　智能数控加工中心误差补偿

机床在实际加工过程中,由于多方面原因会产生各种误差,常见的误差类型主要有几何误差、控制误差、热(变形)误差、力(变形)误差、运动误差、定位/位置误差等,严重影响零件加工质量。误差补偿作为减小或消除误差的主要方法,是人为地向机床输入与机床误差方向相反、大小相等的误差来抵消机床产生的误差,从而减少或消除机床误差,提高被加工工件精度。热误差、几何误差以及力误差是影响机床加工精度的主要误差,研究这三种误差的补偿方法将有利于提升精密卧式加工中心的精度。

1. 热误差补偿技术

1) 机床的热变形及改善途径

机床的热变形是影响加工精度的主要原因之一。机床在工作时,受到车间环境温度变化、电动机发热和机构运动摩擦发热、切削过程产生的热以及冷却介质的影响,造成机床各部件因发热和升温不均匀而产生热变形,使机床的主轴中心与工作台之间产生相对位移,最终导致加工精度发生变化。

在精密加工中,由机床热变形所引起的加工误差占总误差的 $40\%\sim70\%$。机床中存在热源,从某种程度上来说,热变形是无法避免的。机床设计师应掌握热变形机理和温度分布规律,采取相应的措施,使热变形对加工精度的影响减少到最小,控制它的有害影响。

改善机床的热特性并减少热误差,通常有以下 4 种途径:

(1) 改善热环境和降低热源的发热程度。如控制车间温度、采取高效率的电动机和控制元器件、减少机械传动元件的数量和摩擦。

(2) 改进机床的结构设计。特别是结构的对称性,使热变形对刀具中心点不产生或少产生影响。

(3) 控制机床重要部件的升温,采取措施对其进行有效的冷却和散热。对切屑流进行优化,保证热切屑从机床内快速移出。

(4) 建立温度变量与热变形之间的数学模型,用软件预报误差。借助数控系统进行补偿,以减少或消除由热变形引起的机床刀具中心点的位移。

通过对机床热误差的产生机理进行分析、检测和建模,热误差可通过误差补偿进行有效控制。

2) 热误差分析和检测

通过分析机床加工过程中所产生的热变形误差的因素,检测和采集误差源、加工误差、加工位置及温度分布等参数,确定引起机床热变形误差的热源分布情况。

(1) 综合测量系统。

① 温度测量。热误差实验中,在无法充分了解实验研究对象结构及热特性的情况下,根据工程经验确定基本热源位置,通常通过布置大量的测温点来研究加工中心整体结构以及热特性。根据对重要部件的结构特点及热源分析,温度传感器主要布置在主轴前后轴承、电机及电机端轴承座、左右立柱上下位置等部件上,可以布置 20 个温度传感器,实时检测加工中心在各种实验工况下温度场的分布与变化规律。所有测温点的具体空间位置如图 6-2

所示。

②位移测量。加工中心处于正常工作时,由于热源分布情况较复杂,使得相关部件之间原有约束方式发生了复杂变化。因此,加工中心的热变形实际上是相关部件的热变形在空间综合作用的结果。通常将这种综合结果分解为以下几种类型:(a)主轴轴向热伸长,即主轴在坐标轴 Z 向的伸长;(b)主轴在 X、Y 轴坐标方向上的热偏移;(c)主轴绕 X 轴和 Y 轴的热倾斜。可采用五点式位移测量方法来测量主轴热偏移、热伸长以及热倾斜,在主轴前端夹持测试芯棒,伸进套筒内,并在芯棒上设置传感器,如图 6-3 所示。

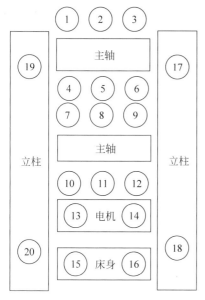

图 6-2　温度传感器分布图

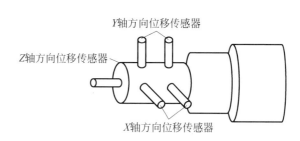

图 6-3　五点式位移传感器示意图

(2)补偿自由度的确定。

热误差补偿的关键问题之一是确定补偿自由度,充分考虑补偿系统的经济成本以及补偿效率,需选择加工中心热误差显著的自由度进行补偿。

通过多次实验,被测机床在 X、Y 和 Z 轴 3 个方向上的最大位移尺寸以及 X 和 Y 方向最大倾斜尺寸如表 6-1 所示。主轴热倾角的量级较小,加工中心的结构热特性可以保证其在工作状态时不发生严重的热倾斜现象,所以这里不考虑热倾斜。因此,主轴热变形为 X 和 Y 方向上的热偏移和轴向热伸长,即主轴在 X、Y 和 Z 3 个方向上的热变形,确定最终热误差补偿自由度为主轴在 X 轴、Y 轴方向上的热偏移和 Z 轴方向的热伸长,简称为 X、Y、Z 3 个方向上的热误差。

表 6-1　X、Y、Z 轴 3 个方向上的最大尺寸和 X、Y 两个方向上的最大倾斜尺寸　　　　m

测量工况	X 方向 最大尺寸	Y 方向 最大尺寸	Z 方向 最大尺寸	X 方向倾斜 最大尺寸	Y 方向倾斜 最大尺寸
1	4.03	12.4992	36.632	4.79	3.17
2	4.27	7.335	32.391	5.003	9.02

3）热误差补偿

热误差补偿包括测温点优化和建立补偿模型，通过优化测温点布局建立测温点与加工中心热误差关系，结合实际热误差补偿过程中测温点的选择准则，获得最优测温点，进一步建立机床热误差补偿模型。

（1）测温点优化。聚类分析是非监督学习的一种重要方法，将数据集中的样本划分为若干个不相交的子集，每个子集称为一个"簇"。层次聚类作为一种聚类算法，是通过从下往上不断合并簇，或者从上往下不断分离簇，形成嵌套的簇，并通过树状图来表示聚类过程。利用层次聚类把温度变量分成若干组后，将各分组中与机床热变形的相关系数最大的温度变量作为该组的典型变量，对各典型温度变量进行组合。例如，实验中有 m 个变量，假设通过选择获得 p 个典型变量，则所需考察的温度变量组合从 $2m-1$ 次减少到 $2p-1$ 次，从而提升温度变量选择效率。温度变量聚类情况如图 6-4 所示，聚类结果如表 6-2 所示。

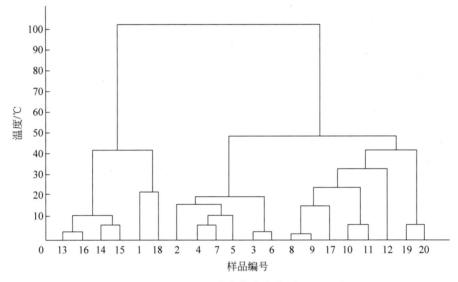

图 6-4　温度变量聚类情况

表 6-2　温度聚类结果

聚类簇	温度传感器
1	1、18
2	2、3、4、5、6、7
3	13、14、15、16
4	8、9、10、11、12、17、19、20

（2）测温点选择。根据温度聚类结果，计算所有温度数据与所测热误差的相关系数。通过分析主轴在 X、Y、Z 3 个方向上的热误差，Z 轴方向及主轴热伸长方向误差量较大。因此，以 Z 轴方向热误差为主，X、Y 轴误差用于验证计算。20 个温度测点温度数值与 Z 轴方向的热误差数值的相关系数如表 6-3 所示。由该表可以看出，每种类别的温度值和 Z 轴方向误差变量相关系数有较大区别。

表 6-3　温度变量与热变形的相关系数

类别	1	2	3	4
测温点	1、18	2、3、4、5、6、7	13、14、15、16	8、9、10、11、12、17、19、20
相关系数	0.8227、0.6540	0.9394、0.9040、0.7363、0.6743、0.8778、0.6658	0.7556、0.7333、0.7540、0.7584	0.9610、0.9667、0.8888、0.8929、0.8485、0.9434、0.8980、0.9020

通过分析表 6-3，在每一组中选择一个与热变形相关系数最大的测温点作为主轴最佳传感器布置点，最终选择 1、2、9 和 16 点进行测温，并利用这些变量进行误差建模。

（3）热误差补偿建模。热误差补偿的核心问题是建立能够客观反映加工中心温度场及热误差之间函数关系的预测模型。大量研究表明，这种数学模型属于多变量模型，因此，所建立模型的补偿率、鲁棒性以及通用性均依赖于加工中心温度场变量的准确分布。多元线性回归方法作为最常用、最可靠的热误差补偿建模方法之一，由多个自变量的最优组合共同预测或估计因变量。本节运用多元线性回归方法建立预测模型，实现误差补偿。

由于加工中心温度场是连续且随着时间变化的，必须选择温度场中少数且有效的测温点，将温度场离散化。通过温度场传感器实时测得 1、2、9、16 点的系列温度数据 T_1、T_2、T_9 和 T_{16}，同时位移传感器分别在 XYZ 三个方向上测得相应的位移数据。为减少初始温度对误差数据的影响，通过数据处理，将温升值 ΔT_1、ΔT_2、ΔT_9、ΔT_{16} 作为补偿模型的自变量。基于多元线性回归方法，建立 XYZ 三个方向上的热误差补偿模型，分别如式（6-1）、式（6-2）和式（6-3）所示，所有工况采样周期均为每 1 分钟采集一次数据。

$$\Delta X = 0.1410 + 100.8797\Delta T_1 - 29.8357\Delta T_2 - 14.3402\Delta T_9 - 106.1236\Delta T_{15} \tag{6-1}$$

$$\Delta Y = 5.1640 - 135.6680\Delta T_1 - 32.4490\Delta T_2 - 108.7529\Delta T_9 - 285.0199\Delta T_{15} \tag{6-2}$$

$$\Delta Z = -0.6203 - 166.8862\Delta T_1 + 189.3137\Delta T_2 + 18.4984\Delta T_9 + 36.2675\Delta T_{15}$$

$$\tag{6-3}$$

2．几何误差补偿技术

由于超精密卧式加工中心的主要零件在制造、装配过程中存在误差，会直接引起机床的几何误差。该误差最终影响工件加工精度，当加工误差较大时会直接导致加工工件无法满足加工要求，从而降低加工效率。因此，研究几何误差建模及补偿方法将有利于减少几何误差，提升加工质量。

1）几何误差建模

机床结构以运动副的连接来实现刀具和工件的相对运动。在理想情况下，机床刀尖点的位置就是工件理想加工点。实际加工中，这两个点不一定重合，工件理想加工点和刀具刀尖点之间的误差就是空间定位误差。由于刀具和工件都各自运动，需将两者运动转换到同一个坐标系中，即将刀具到机床基座的运动链，与工件到机床基座的运动链两者联系起来。同时，机床结构不同，运动链的表现形式也不同。以四川普什宁江机床有限公司的机床机型 ZTXY 为例，工件随着 Z 轴同时运动，刀具随着 X 轴和 Y 轴同时运动。首先，如图 6-5 所示建立坐标系，选取固连在工件的点 O_w，固连在 Z 运动轴上的点 O_Z，固连在基座上的点 O_b，固连在 X 运动轴上的点 O_X，固连在 Y 运动轴上的点 O_Y，固连在刀具上的刀尖点 O_t，分别

建立坐标系 O_{wXYZ}、O_{ZYXZ}、O_{bXYZ}、O_{XXYZ}、O_{YXYZ}、O_{tXYZ}。由于存在空间误差,在进行计算时需将刀尖位置的坐标转换到工件坐标系中,和目标切削位置作差值计算。

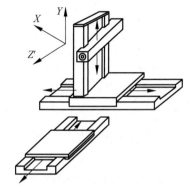

图 6-5　ZTXY 机床坐标系

实际应用中,误差模型需与测量方法相结合,测量方法的不同会导致误差模型形式上的差异。工件、刀具的定位精度可由工装保证,而且实际生产过程中难以实现每加工一件工件后进行测量,这会极大降低生产效率。因此,工件和刀具的定位精度在实际计算过程中可以忽略。在实际测量时,刀具分支运动轴测量方向与机床坐标系方向一致,工件分支运动轴测量方向与机床坐标系方向相反,则机床结构只需分为 XYZ、XZY、YZX、YXZ、ZXY、ZYX 6 种类型。一般情况下,精密卧式数控机床最小脉冲单位为 $0.1\mu m$,二阶以上的误差为 $10^{-6}\mu m$ 量级,可忽略不计。

2) 几何误差补偿

测量任一运动轴时,首先,测量及补偿角度误差;其次,测量和补偿线性和直线度误差;最后,测量和补偿垂直度误差。下面以 ZXY 型机床结构为例,Y 轴运动与 X、Z 轴运动无关,只有三项误差 YtX、YtY、YtZ 对误差有影响,X 轴的运动与 Y 轴有关,与 Z 轴无关,除 XtX、XtY、XtZ 外还有 XrX、XrZ 对误差有影响。Z 轴的运动与 X、Y 轴都有关;除 ZtX、ZtY、ZtZ 外,还有 ZrX、ZrY、ZrZ 对误差影响。此外,角度测量跟位置无关。ZtX、ZtY、ZtZ 反映 $X=0$ 和 $Y=0$ 时刀尖处的 ZtX、ZtY、ZtZ 值,XtX、XtY、XtZ 反映 $Y=0$ 和 Z 为任意值时刀尖处的 XtX、XtY、XtZ 值,YtX、YtY、YtZ 反映 X 和 Z 为任意值时刀尖处的 YtX、YtY、YtZ 的值。

在补偿角度误差 r_X、r_Y、r_Z 后,可得到测量线性和直线度误差 t_X、t_Y、t_Z,这种方法会带入误差。为解决这个问题,提出了一种改进的测量方法和误差模型。测量任一运动轴时,首先测量角度误差 r_X、r_Y、r_Z,在不进行角度误差补偿的情况下,直接进行线性和直线度的测量,即 t_X、t_Y、t_Z 的测量。其次,根据机床结构的不同,记录测量 t_X、t_Y、t_Z 时相应的测量位置(机械坐标)。最后,在 X、Y、Z 轴角度及线性、直线度补偿后,测出垂直度误差 e_{XY}、e_{YZ}、e_{ZX}。

空间几何误差补偿分为实时补偿和非实时补偿两种方式,空间几何误差实时补偿周期宜在 7ms 以内,但目前数控系统与外界通信的最短响应时间已经超过了 10ms,加上计算和其他原因造成的延迟,实际能够达到的最小实时补偿周期在 15～30ms 范围。因此,空间误差补偿宜在中低速度下进行。为提升空间误差补偿的实际应用水平,研究空间误差离线补偿(非实时)技术,设计针对加工代码修正的离线误差补偿模块。虽然在线和离线补偿的执行方式不同,但是二者代用同一个几何误差模型进行计算,只是表现形式不同。误差实时补偿主要依靠数控系统"扩展的外部机械原点偏移"功能进行。因此,在加工过程中,利用几何误差模型计算出来的各轴补偿量须进行叠加,修正各轴外部机械原点偏移,达到实时补偿的目的。

几何误差离线补偿,根据误差模型修正加工代码,把 G 代码中的点位指令、直线指令、圆弧指令分别进行误差修正。点位指令对运动的轨迹精度没有要求,因而只需在定点运动中,运用误差模型输入目标点,计算出误差修正量,叠加后作为新的目标点。直线指令和圆弧指令则需要根据精度按照一定的算法拆分为若干细小直线，利用误差模型计算出每条小直线的起止点误差，进而得到新的目标点。

3. 力误差补偿方法

数控机床切削加工过程中，由于切削余量的随机波动导致切削力波动，使得加工变形不均匀而映射到加工表面的加工误差称为力误差，这是加工误差的主要来源之一。建立切削力误差模型的关键是加工过程中切削力的实时准确测量。可以采用以下的解决方案：以Fanuc 数控系统为例，利用数控系统中存储的各轴的负载状态信息，在无需添加额外测量装置的情况下，通过 TCP/IP 网络获取到各轴的负载信息。根据对主轴负载信息的分析，将进给倍率的调节控制信息通过网络发送到 PMC 端，实现对进给速度的调节。此外，结合Fanuc 二次开发工具 FOCAS 程序库，通过以太网访问数控系统获得各轴相应的负载信息，不用添加传感器等设备，更加方便、快捷、有效。

为了解决负载信息采集频率准确性的问题，可以采用 Windows 系统的实时扩展包RTX。该扩展包不仅能够保留 Windows 的高级界面特性，同时还能够扩展其实时处理能力，最高能达到 100ns 定时，能够满足定时精度要求较高场合。为了解决控制滞后问题，可以采用同种工件加工时，首先对单件加工进行数据采集和特征提取，然后在后续工件加工时根据前面学习的"经验"施加控制，这样既可以保证实时性，也可以充分理解采集信息。

从实验数据分析可得，各进给伺服轴的负载信息表征了加工工件的特征变化。由于切削负荷传递到各进给伺服轴的过程中引入了机床本身的信息，如摩擦力矩、惯性力矩等，因此，各进给轴的负载难以充分表征加工工件的特征变化。相对于进给伺服电机的负载信息而言，主轴伺服电机的负载信息比较单一，能较好地表征切削过程中切削负载的变化，有利于数据分析。主轴负载信号分为两个部分：一部分为低频信号，其强弱主要反映了切削加工过程中的切削负载的大小变化，与切削用量直接相关；另一部分信号为高频信号，主要反映的是加工过程中动态力的变化，与刀具刀齿数、刀具材料、工件材质和噪声等有关。为提取主轴负载的特征点，需通过滤波处理方法去除负载信息中的高频信号，提取出表征切削负载大小变化的量。可以采用 db3 小波分解主轴负载信息，根据概貌信息重构原始信号，进行主轴负载信号的去噪处理。

主轴负载信号中的奇异点对应着刀具切入和切出动作，对这些特征点的提取，有利于了解加工过程中的加工状态，作为下次加工相同工件的经验知识，可对加工过程中刀具的切入和切出以及加工过程中的进给速度进行优化，以提高加工的精度和效率。可以采用Sombrero 小波，利用小波变换模极大值检测去噪处理后的主轴负载信息的奇异性，获取主轴负载中与工件外形有关的特征点采样序号。

6.2.3　智能数控加工中心振动抑制

1. 主轴切削振动抑制功能

大多数电主轴中增加振动监测模块，通过主轴上的传感器监测振动状态。对主轴运行状态进行进程监控及曲线显示，完成主轴运行状态的实时诊断，甚至可以实时地记录每一个程序语句在加工时主轴的振动量，并将数据传输给数控系统，工艺人员可通过数控系统显示的实时振动变化，了解每个程序段中所给出的切削参数的合理性，从而可以有针对性地优化加工程序,或者在温度升高、发生异常振动或夹具有错误时,能够立刻关机,确保安全。

机床主轴这种自我诊断及报警系统,改进了机床工件的加工质量,增加了机床刀具的使用寿命,优化了加工效率,延长机床主轴的使用寿命,改善机床加工工艺的可靠性。

2. 进给轴振动抑制

当加工中心进行切削加工时,各坐标轴运动的加/减速度产生的振动,影响加工精度、表面粗糙度、刀具磨损和加工效率。对加速度的平滑运动控制是抑制振动的出发点。较好的方法是自动降低编程进给速率,使振动的危险性降到最低,或者采用限制加速值并利用过滤器对加速度进行光滑处理来实现上述功能。具有主动振动控制的智能机床可使振动减至最小。例如,在进给量为 3000mm/min、加速度为 0.43g 时,最大振幅由 $4\mu m$ 减至 $1\mu m$。加/减速时振动抑制在 $1\mu m$ 以内。这种效果提升加工表面质量,同时,也能大幅减少刀具的振动磨损。

3. 切削振动抑制

加工中心在强力铣削期间铣削切削力非常大。当加工中心主轴转速、机床共振频率和切削力达到某个值时,刀具有时可能发生"振颤"。由于振颤会导致刀具和机床承受极高负载,因此是限制金属切削速度的因素之一。振颤是一个描述加工过程中振动导致的切削过程动态不稳定的术语。大切削力在粗加工中不可避免产生振颤,特别是加工难切削材料时,周期性的作用力会导致刀具与工件间发生振动。如果振动与切削加工之间形成反馈,以及摩擦力转换成热量,加工所需的切削力加大,会导致振动放大和振颤发生。

消除振颤的主要方法是限制金属切削速度。由于振颤不是机床本身的缺陷。当刀具稳定性和主轴功率充足时,限制切削速度可以避免振颤。由于振颤是自发形成的振动,振颤频率基本与机床固有频率相近。

具有加工导航功能的智能机床采用麦克风采集噪声,当幅频图是单峰的时候可以设置其他速度避开振颤;当出现不规则多峰的时候,单纯改变主轴转速帮助不大,还要检测其他的变量设置,例如进给率、切深、刀柄、夹具等,并结合操作人员的经验和知识,找出最优化的机床和刀具的组合,提供优化的主轴加工转速,提高零件表面加工质量。其他抑制振颤的智能方法是通过检测、分析加工时的切削振动,计算振动少时的切削速度,可以利用加工状态的可视化,设定振纹少的高效率加工条件,从而最大限度发挥机床与刀具的能力,大大提高生产效率。

6.2.4 智能数控加工中心的伺服驱动优化

在保证系统稳定性的前提下,为得到更高的频率响应特性,进而获得更高的加工精度和加工速度,对伺服驱动的参数进行优化尤其重要。然而,由于数控机床是一个复杂的机电综合系统,受设计、制造甚至使用环节的众多因素影响,不同型号的机床在伺服特性上存在较大差别,甚至同种型号不同批次的机床在伺服特性上也存在细微差别。在机床正常工作一定时间之后,伺服特性也会发生变化,因此单纯依靠数控系统参数文件拷贝来简单获取每台机床的性能参数难以获取每台机床的最佳伺服工作状态。因此,进行伺服参数的调整优化,不仅在制造环节和安装调试环节具有重要意义,而且在用户使用环节也是非常必要的。

根据目前工厂生产制造的现状以及真实的现场条件,建议采用一种"两步走"的优化策略:
第一步,以手工方式优化调整工艺流程实现对数控伺服系统参数的初步优化。
第二步,以自动方式利用球杆仪在线进行伺服驱动参数的优化调整。

1. 离线伺服系统参数优化

以 Fanuc 系统为例,其伺服调整 ServoGuide 软件带有自动调整"向导功能",比如初始增益调整向导滤波器的向导等功能。在实际使用中,由于机床在机械制造水平和装配工艺上的个体差异,这些向导效果并不是都很显著,机械本身的刚性阻尼等差别较大,ServoGuide 软件自动产生的推荐值难以兼顾。此外,ServoGuide 软件自带的自动调整功能也仅涵盖较少参数,大量参数仍然需要人工手动方式进行调整优化。因此,针对某精密卧式加工中心,本节采用以手工方式的伺服驱动参数优化调校工艺方法,流程如图 6-6 所示。伺服驱动参数优化原则为先单轴后多轴,先内环后外环。

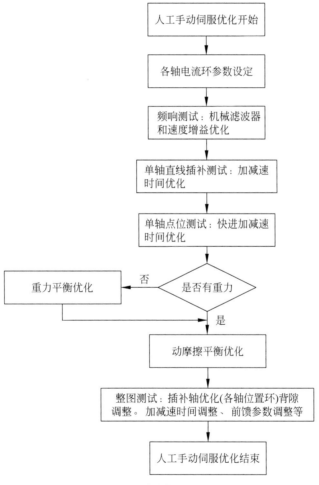

图 6-6　手动优化流程图

对于单轴交流伺服驱动参数优化,需要设置调整电流环参数。但由于 Fanuc 数控系统的伺服驱动系统开放程度不高,且电流环是整个伺服驱动的底层核心,贯穿整个伺服功能各个方面。因此,切勿随意修改电流环增益相关参数,如 PK1(积分系数)、PK2(比例系数)、PK3(增益系数),需根据使用场合和伺服驱动软件版本设置 HRV 控制参数。采用 HRV 后,可减少电流环电流的延迟时间,提升电机在高速旋转时的速度控制特性,提高最大扭矩,提升强切削时的报警极限。

　　单轴伺服驱动优化主要是优化速度环参数,根据频率响应测试的 BODE 图结果来优化单轴的机械滤波器和速度环增益,以及单轴直线运动和点位运动时测到的速度、力矩波形来优化加减速时间参数。根据传统方法,完成速度环参数优化后,伺服驱动参数优化可进入插补轴(多轴)的参数调整环节。然而,根据实际测试结果,由于存在动摩擦力和垂直轴(重力轴)的动平衡误差,高精密的卧式加工中心伺服驱动参数仍然有优化提升空间。因此,有必要对每个轴都进行动摩擦补偿,尤其对垂直轴有必要进行转矩偏置的补偿设置。

　　对于动摩擦和转矩偏置大小进行测量,需先进行外部异常负载检测,同时开启运行异常负载检测功能和伺服驱动内部的观测器,将有助于相对准确地测量动摩擦和偏置转矩。观测器的主要作用是估算推测外力干扰值的大小,原理是从电机的全部转矩中扣除正常运动加/减速需要的转矩作为外力干扰转矩,其中正常运动加减速的所需转矩是根据电机模型自动计算出来的。因此,除了将观测器的增益设为标准推荐值之外,设置将观测器参数对于计算正常运动加减速所需的转矩具有重要意义。但是,操作人员通常不能准确得到单轴运动机构等效折算后的电机惯量,因此,只能通过试凑法获取观测器参数。

　　对于垂直轴(重力轴)Y 轴进行转矩偏置补偿设置。虽然机床在设计阶段一般会对重力轴进行配重作某种动态的平衡,以清除上下运动时因为移动部件重力带来的负载不均匀的状态。然而,在实际实验测试时发现,即使完成配重工作,仍然会有垂直轴(重力轴)受重力影响的情况发生,如果缺乏此步骤,垂直轴(重力轴)参与插补的情况仍然会对加工精度造成影响。转矩偏置量的计算原理是完成测得的外力干扰推测值 DTRQ 的最大值、最小值进行算术平均后,根据伺服控制器的最大电流特性进行某种规格化的放大,计算公式如式(6-4)所示。此外,也可通过试凑法得到较为理想的转矩偏置量:

$$转矩偏置量 = \frac{DTRQ\ 最大值 + DTRQ\ 最小值}{驱动器最大电流值} \times 3641 \tag{6-4}$$

　　在完成垂直轴(重力轴)Y 轴的转矩偏置后,可对包含 Y 轴在内的各轴进行动摩擦补偿。根据摩擦理论,在一定范围内动摩擦力的大小与运动的速度成正比,而当运动速度提高到一定程度时,动摩擦力的大小达到极限。检测外力干扰推测值 DTRQ,将实际测算到的动摩擦力叠加到电机输出力矩上进行补偿,可以更好提升机床在低速下的动态特性。分别将切削进给速度设置为 3000r/min(最高速度)、10r/min(停止速度)和 1000r/min(标准速度),观测记录外力干扰推测值 DTRQ 的波形,按照式(6-4)~式(6-7)对测定的摩擦力补偿量进行规格化,计入参数动摩擦补偿系数、停止时的动摩擦补偿值和动摩擦补偿极限值中。

$$动摩擦补偿极限值 = \frac{\max(DTRQ_{3000r/min})}{伺服驱动的最大电流值} \times 7282 \tag{6-5}$$

$$停止时的动摩擦补偿极限值 = \frac{\max(DTRQ_{10r/min})}{伺服驱动的最大电流值} \times 7282 \tag{6-6}$$

$$动摩擦补偿系数 = \frac{\max(DTRQ_{1000r/min})}{伺服驱动的最大电流值} \times 440 \tag{6-7}$$

　　完成上述工作后,进入插补轴的参数优化调整阶段,选取整圆程序对两轴的插补配合进行测试,以调整相关的参数,包括背隙调整、加减速时间调整和前馈参数调整等几个方面。

2. 在线伺服系统参数优化

　　结合工厂生产实际,一般对于精密卧式加工中心的伺服参数利用 Fanuc 系统的

ServoGuide 进行手工调整优化,之后使用球杆仪进行测试,进一步完成伺服参数的优化。传统的伺服参数优化是使用根据操作者的基于模糊控制的自动优化经验模型,基本思路为通过球杆仪实测机床画圆误差,自动读取圆度值、反向越冲等数据,并自动判断需要优化的参数和调整量,写入新参数后,自动启动机床重新画圆,再次通过球杆仪实测效果,依次循环,直至圆度值等指标满足事先设置好的目标为止。

伺服参数优化主要涉及的伺服参数为背隙加速量、位置环增益和速度环路增益,以及 3 个球杆仪测量指标:圆度、反向越冲值、伺服不匹配度。优化目标一般是要求圆度值在 $10\mu m$ 内,伺服不匹配度要求在 $0.2ms$ 以内。

通过读取球杆仪测量的反向越冲的误差值,对背隙加速量进行修改,修改具体方法是根据人工经验建立的公式,在前期优化的基础上,采用求和取平均数乘以 10 作为调整量。若顺、逆时针的值同时为"+"或"-"可采用以上方法进行修改,即初始值+调整量或初始值-调整量,特殊情况(如果初始值-调整量小于零,则只需要将初始值取平均数即可)。若顺、逆时针的值为"+""-",则无需修改。

位置环路增益的调整是根据读取的伺服不匹配值作为输入,通过模糊控制的算法进行修改,也就是模糊控制的输出即为位置环路增益的调整量。根据实际经验及试凑法得到模糊控制的隶属度表,通过编程实现模糊控制输出。一般情况下通过固定超前轴的增益,将滞后轴的增益值增大,从而降低不匹配值。在调整滞后轴的增益值时,调整的幅度,即步长取值比较重要,如果步长太小,则会增多调整的次数;如果步长太大,则会造成超前滞后的反向。因此,可通过设备方所提供的一些调整经验,应用模糊控制的思想,达到调节的适中,把调整的次数降到最合理值,提高调整的精度。

调整速度环路增益主要是为了降低圆度误差值,在前期优化的基础上,根据操作者所提供的调整经验,采用变步长试凑法调整参数,即负载惯量比的值,从而改变速度增益,达到降低伺服不匹配值的目的。

伺服驱动优化环节要求完全自动进行,需要考虑以下几个关键问题:①球杆仪自动控制;②球杆仪测量报告文件读取;③外部计算机与数控系统接口与信息交互。

6.2.5　智能数控加工中心可靠性控制技术

1. 机床故障消除与精度衰减模型

1)早期故障快速消除技术

早期故障消除技术是一种应用于产品的设计研发阶段,以可靠性设计分析为理论基础,用来指导可靠性实验,并以激发潜在故障为手段,通过提出和实施改进措施来达到消除实验中发生的故障为目的的可靠性技术。早期故障消除技术的框架如图 6-7 所示。图中实线表示实施早期故障消除技术的流程,虚线表示各流程中得到结论之间的联系。图 6-7 中所包含的内容分为 3 个阶段:可靠性设计分析阶段、可靠性实验阶段和故障消除阶段。

(1)可靠性设计阶段是指在设计过程中,综合考虑产品的性能、可靠性、费用和设计等因素的基础上,通过采用相应的可靠性设计技术,使产品的寿命周期内符合所规定的可靠性要求。如图 6-7 其过程主要包括:故障数据库的建立、故障模型分析、产品结构分析和潜在故障分析,其主要任务是挖掘和确保产品潜在的隐患和薄弱环节,通过设计预防和设计改

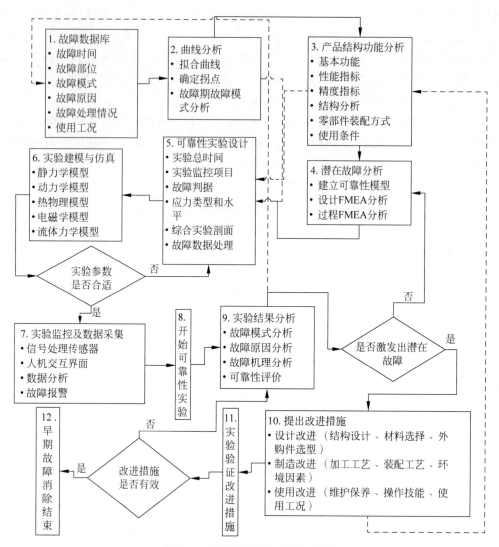

图 6-7　早期故障消除技术的框架

进,有效地消除隐患和薄弱环节,从而使产品符合规定的可靠性要求。

（2）可靠性实验阶段是指通过试验测定和验证产品的可靠性。研究在有限的样本、时间和使用费用下,找出产品薄弱环节。可靠性试验是为了解、评价、分析和提高产品的可靠性而进行的各种试验的总称。如图 6-7 所示,其过程主要包括:可靠性试验设计、实验建模与仿真、实验数据采集和实验结果分析。

（3）故障消除阶段是指根据可靠性实验分析结果,提出改进措施,进行早期故障消除。

2）精度衰减规律和衰减模型的建立

精密卧式加工中心的主要工作性能是加工精度和精度保持性,传统的精度分析主要集中在出厂时的加工精度上,对精度保持性研究不够。

数控加工中心的精度是由各传动链的传动精度共同决定的,影响其精度保持性的因素较多,包括磨损、热变形、振动、数控系统精度等。为了从总体上了解精度的衰退趋势和规律,有必要先对精度的变化规律进行预测。神经网络技术可以处理非线性信息,是较为理想的预测精度的工具。

根据精密卧式加工中心提取的 36 项误差,构造输入向量。由于误差中包含线性误差、角度误差,量纲不统一,无法进行计算。因此,需对测得的数据进行无量纲化处理,处理采用实测值除以允许偏差的方法。

2. 机床运行可靠性监控与装配设计

1)可靠性监控

精密卧式加工中心的可靠性除了与设计过程、加工过程和装配过程密切相关外,还与其使用条件、工作环境和维护保养状况有非常大的关系。为此,可以构建机床可靠性监控系统,通过对关键运行参数进行监控,及时告知操作人员对机床进行相应处理,从用户使用的角度有效提高机床的可靠性。此外,可靠性监控系统可集成到数控系统中,增强机床的智能化程度。图 6-8 为监控系统的功能树。

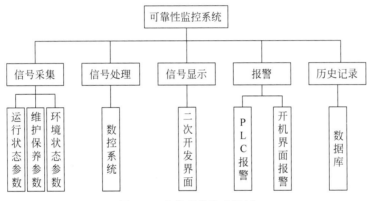

图 6-8　监控系统的功能树

具体监控目标有:

(1)主轴动态性能。通过对主轴运行状态的分析可知,由于主轴振动机理复杂,开发过程难度比较大,而主轴转速在数控系统内部已有监控,因此将主轴温度作为监控内容。

(2)切削液状态。通过对切削液状态分析可知,切削液变质在线监控开发困难,因此定时提醒用户抽样检验,例如,对切削液 pH 值进行测试。冷却液温度可以在线监控。

(3)液压油状态。为了提高液压油压力的稳定性,在机床上需要更改液压油压力表的位置有三处:液压油系统压力、主轴箱液平衡压力、回油压力。另外,液压油温度和清洁度都需要进行在线监控。

(4)气源湿度。目前,是气源应用在机床上采取了过滤、除湿等措施,但没有气源湿度反馈信息,当过滤装置失效后,不干燥的压缩气体直接进入机床且未及时告知用户。因此有必要对气源湿度信息进行实时监控。

2)可靠性驱动的装配工艺设计

可靠性驱动的装配工艺主要从功能实现的可靠性方面来考虑装配工艺的制定,在装配过程中控制可靠性,对于提高产品的可靠性具有重要意义。

(1)可靠性驱动的装配工艺制定步骤。

① 在制定装配工艺方案前应熟悉对应部件(产品)的图纸。

② 分析功能部件的基本功能及基本要求,包括自身的功能和与其他单元相连接时所需要的外部功能。

③ 分析单元某一功能所必需的相关动作,包括一级动作、二级动作甚至三级动作等。一级动作主要是指实现基本功能的最直接动作,二、三级动作主要是指具体的某零件(小单元)的动作(如转台的转动是其一级动作,二级动作则是蜗杆和蜗轮的转动),同时分析对应动作应达到的基本要求。

④ 结合图纸和已产生的故障对最后一级动作进行潜在故障分析,可得故障的表现和相关原因(如转台夹紧动作可能发生不能夹紧的情况,而产生这种情况的原因可能是碟簧失效或油路回油不畅造成的)。

⑤ 针对这些故障原因分析相应的可靠性控制点,并在以后装配工艺编制时详细描述控制方法,着重检查。

⑥ 将装配过程中相同的可靠性控制点提取为装配整体可靠性要求,如清洁度控制和密封性控制等。

⑦ 在工艺方案编制中,采用逐级分析方法,其中控制点可能是重复的,在装配工艺编制时就不需重复描述。或者部分控制点在实际装配时是在各个动作间交叉进行的,则装配工艺编制时不需要完全按照工艺方案顺序进行编制。

(2) 可靠性驱动的装配工艺方案及实施。

表 6-4 为 THM6380 加工中心总装工艺部分。

表 6-4　THM6380 加工中心可靠性总装工艺方案

序号	部件	连接部位	总装连接方式	故障表现(故障原因)	可靠性控制方案
1	立柱	四组 X 向导轨滑块	螺栓顶靠,与两组 X 向导轨滑块侧靠牢	①立柱或主轴在负载切削中有振动,精度不稳(侧靠装配时,压块与滑块间隙大) ② 立柱或主轴在负载切削中有振动,精度不稳(螺栓固紧力矩小或旋紧不到位) ③ 立柱沿 X 向匀速运动时电机电流不平稳(丝杠可能有憋劲) ④ X 向反向间隙大(螺栓连接松动)	①用涂色法检查接触,或用塞尺控制最小间隙 ② 用规定力矩扳手,控制各螺栓固紧大小值,螺栓固紧后,涂红漆定相位,防松动 ③ 控制 X 向丝杠回转轴线与 X 向导轨平行,用涂色法检查 X 向丝杠法兰面与立柱连接面接触。X 向电机空载电流大小值应规定最小值 ④ 控制丝杠法兰、立柱连接螺栓的力矩值
			与四组 X 向导轨滑块螺栓连接		
		X 向丝杠法兰	螺栓连接		
2	滑座	四组 Z 向导轨滑块	螺栓顶靠,与两组 Z 向导轨滑块侧靠牢	①转台在负载切削中有振动,精度不稳(侧靠后,压块与滑块间隙大) ② 转台在负载切削中有振动,精度不稳(螺栓固紧力矩小或旋紧不到位)	①用涂色法检查接触,或用塞尺控制最小间隙 ② 用规定力矩扳手,控制各螺栓固紧大小值,螺栓固紧后,涂红漆定相位,防松动
			与四组 Z 向导轨滑块螺栓连接		

6.2.6　典型智能数控加工中心案例

沈阳机床集团推出的 i5 智能机床是自主研发的拥有核心技术的智网能设备。i5 智能机床作为基于互联网的智能终端,实现了操作、编程、维护和管理的智能化,是基于信息驱动技术,以互联网为载体,以为客户提供"轻松制造"为核心,将人、机、物有效互联的新一代智能制造装备。

沈阳机床对"智能(SMART)"一词,有其独到的战略含义。沈阳机床的智能化是要打破机械制造和信息技术的行业边界,跨越物理世界和虚拟世界的篱笆,利用互联网平台整合社会资源,为客户提供智能化制造的解决方案,通过创新的产品和创新的商业模式,摆脱高端机床技术密集和低端机床价格大战的红海而驶向蓝海,如图 6-9 所示。

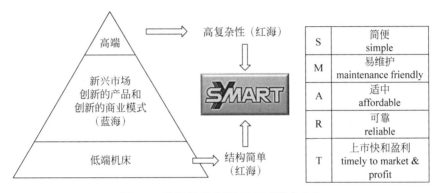

图 6-9　沈阳机床的"SMART"战略含义

从图 6-9 中可见,SMART 的 5 个字母代表 i5 智能机床的 5 个重要特征:"S(simple)"——简便,"M(maintenance friendly)"——易维护,"A(affordable)"——适中,"R(reliable)"——可靠,"T(timely to market & profit)"——上市快和盈利,并在 SMART 后面以红色斜体的"Y",表达沈阳机床对 i5 智能机床产品的开发理念。

1. 平台化、模块化和客户化

要实现上述目标,必须在产品设计上采取新思路、新方法和新技术。如何满足客户多样化的需求是一大挑战。i5 智能机床采取平台化、模块化和客户化的战略,以实现基本运动的部件作为平台,配以模块化的功能部件,构成不同用途的机床。

例如,M8 系列铣床将底座、床身和移动横梁构成力封闭的龙门框架,移动部件遵循重心驱动(Y 轴双丝杠驱动)和轻量化设计原则,配以转速 12 000r/min 功率 15kW 的铣削电主轴和 20 把刀具的斗笠式刀库作为产品平台。机床前方可配置 8 种不同的模块,构成 8 种 3 轴、4 轴或 5 轴加工机床,不仅使机床生产制造高效快捷,客户也可灵活自行换装,以适应加工对象的变化,如图 6-10 所示。

从图中可见,M8.1 配置为 3 轴立式加工中心,与传统单柱立式铣床结构相比,具有更强的结构刚性,且由于 Y 轴采用双丝杠驱动,运行平稳,抗振能力强。工作台尺寸 700mm×500mm,适合模具、3C 产品及汽车零部件的加工。

M8.2 配置为 4 轴立式加工中心,搭配 A 轴直驱电机转台,转台最大扭矩 1400Nm,重复定位精度±3″。适合用于液压阀体、泵体、汽车缸体的加工。

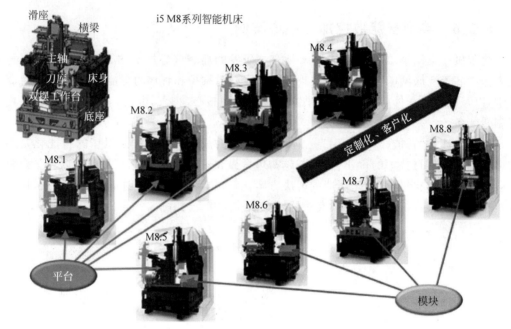

图 6-10 平台化、模块化和客户化的 M8 系列机床

M8.3 配置为 3＋2 轴、双摆摇篮式立式加工中心,可实现 5 轴 5 面体加工,A、C 轴皆为直驱电机,扭矩 1400Nm,重复定位精度±3″,工作台直径 ϕ400mm。适合用于汽车底盘、箱体及壳体的加工。

M8.4 配置为 5 轴联动、双摆摇篮立式加工中心,可实现复杂曲面及腔体的加工,双摆摇篮采用直驱技术,重复定位精度±3″。其中 A 轴为双电机驱动,最大扭矩 2800Nm。适合模具、医疗、航空、汽车零件的加工。

M8.5 配置为 4 轴联动立式加工中心,搭配 A 轴转台和尾座,工件最大尺寸 ϕ300mm×500mm,适合叶片等复杂回转零件的加工。

M8.6 配置为卧式车铣加工中心,搭配车削主轴和尾、C 轴联动,可实现车削和铣削的集成加工,工件最大尺寸 ϕ200mm×500mm,适合各种轴类、盘类的车铣复合加工。

M8.7 配置为立式车铣加工中心,搭配垂直车削主轴,实现车削和铣削的集成加工,主轴扭矩 540Nm,工件最大尺寸 ϕ320mm×200mm,适合各种盘类的车铣复合加工。

M8.8 配置为倒置车削加工中心,搭配倒置车削主轴和 3 个动力头实现铣削功能,适合小型及异型零件的复合加工。

2. 终端-工厂网络-云平台

1)终端

i5 智能数控系统不仅是机床运动控制器,同时还是工厂网络的智能终端。i5 智能数控系统不仅包含工艺支持、特征编程、图形诊断、在线加工过程仿真等智能化功能,同时还实现了操作智能化、编程智能化、维护智能化和管理智能化,如图 6-11 所示。

i5 数控系统的智能化表现为以下几方面:

(1)操作智能化。可通过触摸屏来操作整个系统,机床加工状态时的数据能实时同步

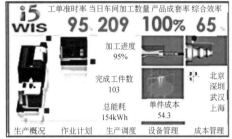

i智能化
i网络化
i信息化
i工业化
i集成管理

iSESOL
云协同制造平台

APPs下载

i5数控系统

在线切削仿真

WIS—车间信息系统

图 6-11　i5 智能数控系统

到手机或平板电脑,象征着用户"指尖上的工厂",不论用户身在哪里,一机在手即可对设备进行操作、管理、监控,实时传递和交换机床的加工信息。

(2) 在线加工仿真。在线工艺仿真系统能够实时模拟机床的加工状态,实现工艺经验的数据积累。进一步可以快速响应用户的工艺支持请求,获得来自互联网上的"工艺大师"的经验支持。

(3) 智能补偿。集成有基于数学模型的螺距误差补偿技术,能使 i5 智能机床达到定位精度 $5\mu m/300mm$,重复定位精度 $3\mu m/300mm$。

(4) 智能诊断。传统数控系统在诊断上反馈的是代码,而 i5 数控系统反馈的是事件,它能够替代人去查找代码,帮助操作者判断问题所在;可对电机电流进行监控,给维护人员提供数据进行故障分析提供帮助。

(5) 智能车间管理。i5 数控系统与车间管理系统(WIS)高度集成,记录机床运行的信息,包括使用时间、加工进度、能源消耗等,给车间管理人员提供订单和计划完成情况的分析;还可以把机床的物料消耗、人力成本通过财务体系融合进来,及时归集整个车间的运营成本。

2) 工厂网络

在互联网条件下,i5 数控系统不仅能够实现机床与机床的互联,还是一个能够生成车间管理数据、并与有关部门进行数据交换的网络终端。通过制造过程的数据透明,实现制造过程和生产管理的无缝连接。这不仅方便加工零件,同时产生服务于管理、财务、生产、销售的实时数据。实现了设备、生产计划、设计、制造、供应链、人力、财务、销售、库存等一系列生产和管理环节的资源整合与信息互联,减少浪费,提高效率。

3) 云平台

在数控系统提供透明数据的情况下,需要与商业模式相配合的云端平台和云端应用。

沈阳机床集团旗下智能云科公司研发的云制造平台(i-Smart Engineering & Services Online,iSESOL)平台,通过 i5 智能机床的在线信息,打造了一套云端产能分享平台,用户可以将闲置产能公示于 iSESOL 产能平台,有产能需求的用户无需购买设备即可快速获得制造能力,通过这种方式产能提供方可以利用闲置产能获得收益,产能需求方可以以较低的成本获得制造能力,双方通过分享使得利益最大化。这种制造能力的分享模式将会改变制造业的组织形式,并且充分挖掘社会闲置制造资源,从闲置资源中获得利益最大化。

　　未来数控系统的趋势将会是云与端相互结合的新架构,并且需要通过对行业应用的深入分析和了解,设计符合未来发展趋势的互联网应用及商业模式,通过智能终端将人与人、人与设备、人与知识相互联结,使得人才(知识)资源、制造资源、金融资源等获得分享和价值最大化,而数控系统需要承担起人与制造资源联结桥梁的重要角色。

6.3　增材制造

6.3.1　增材制造基本原理

　　增材制造(additive manufacturing,AM)利用计算机控制 3D 数据逐层堆积材料,是基于离散-堆积原理的高效净成形技术。自 21 世纪以来,增材制造以其独特的优势为制造业开辟了一个新的先进制造技术,被众多国家视为未来产业发展的新增长点,是工业 4.0 的核心,是具有深刻变革意义的新型生产方式。增材制造技术所具有的数字化、网络化、个性化和定制化等特点,将成为引领企业智能制造与创新发展的重要方式,是企业制胜工业 4.0 时代的重要法宝。

　　在 20 世纪 90 年代,增材制造技术发展的初期,增材制造技术被称为"快速原型制造技术",研究学者主要基于该技术制备非金属原型,通过后续工艺实现金属零件的制备。具有代表性的工艺主要包括立体光造型(stereo lithography,SLA)、叠层制造(laminated object manufacturing,LOM)、熔融沉积成形(fused deposition modeling,FDM)、三维喷印(three-dimensional printing,3DP)等。激光选区烧结技术(selective laser sintering,SLS)利用激光束扫描照射包覆有机胶黏剂的金属粉末,获得具有金属骨架的零件原型,通过后续的高温烧结等后处理方式获得相对致密的金属零件。

　　随着大功率激光器的逐步应用,SLS 技术随之发展为激光选区熔化技术(selective laser melting,SLM),该技术利用高能量密度的激光束照射预先铺覆好的金属粉末材料,将其直接熔化并凝固、成形,获得金属制件。通过 SLM 技术可以成形接近全致密的精细金属零件,其性能可达到同质锻件水平,高性能金属零件的直接制造是增材制造技术由"快速原型"向"快速制造"转变的重要标志之一。在 SLM 技术发展的同时,另一种金属零件直接制造技术,激光沉积制造技术(laser deposition manufacturing,LDM)等高性能金属零件直接制造技术及设备涌现出来。LDM 技术起源于美国 Sandia 国家实验室的激光近净成形技术(laser engineering net shaping,LENS),利用高能量激光束将同轴或旁轴喷射的金属粉末直接熔化,并按照预定的轨迹逐层堆积凝固成形,获得尺寸形状接近于最终零件的"近形"坯料制件,经过后续的小余量加工及后处理获得最终的金属零件。

　　SLM 和 LDM 技术作为金属增材制造的两种主要方式,是当前研究的热点内容,其在结构复杂、材料昂贵、小批量定制生产方面具有低成本、高效率、高质量的突出优势,在航空航天等高端制造领域实现了较为广泛的应用。

SLM 工艺的工作原理如图 6-12 所示。选区激光熔化以激光为热源,根据离散的三维数据逐点扫描熔化粉床上的金属粉末,逐层凝固叠加,实现零件成形。聚焦激光束在振镜作用下,根据分层切片离散化的零件三维数字模型,逐点扫描粉床上的金属粉层,扫描后熔化凝固的金属粉末形成单层成形面及轮廓。随后基板下降,送粉仓上升,粉末在刮刀作用下平铺到粉床上,激光继续开始扫描,熔化下一层,与上一层熔为一体。如此重复,层层叠加,得到与三维实体模型相同的金属零件,完成三维实体的成形。为保证铺粉顺利和粉床的稳定,一般情况下,选区激光熔化的成形平台均为水平面,而在竖直方向通过逐层叠加累积成形。

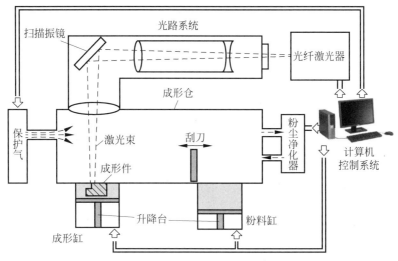

图 6-12　典型双缸 SLM 工艺成形过程示意图

SLM 技术采用的粉末主要为气雾化球形粉,粒径 $10 \sim 50 \mu m$,加工的层厚为 $20 \sim 50 \mu m$。激光聚焦直径小,熔池特征尺寸约为 $100 \mu m$,其成形精度为 $0.05 \sim 0.10 mm$,表面粗糙度 $10 \sim 20 \mu m$,可以满足大多数无装配表面要求的金属零件的高精度快速制造,也是目前精度最高的金属增材制造工艺之一。较高的成形精度使得 SLM 工艺适用于加工形状复杂的零件,尤其是具有复杂内腔结构和具有个性化需求的零件。目前,国外的 EOS、SLM Solutions、Concept Laser 等公司以及国内的铂力特、华曙高科等公司生产的 SLM 设备已经成功为航空航天、汽车、医学生物等领域定制生产个性化零部件。

LDM 设备主要由激光系统(激光器及其光路系统)、运动执行机构、送粉系统、气氛保护系统、质量调控系统、在线监测反馈系统及控制系统等模块构成,系统整体构成和布局如图 6-13 所示。LDM 技术利用激光束作为热源,通过送粉系统将金属粉末送入熔池,控制系统及软件将三维实体模型按一定厚度分层切片,并在数控系统的控制下按照规定的运动轨迹及工艺参数来控制伺服系统运动,伺服系统带动激光头或是工作台运动。根据沉积材料的不同,整个成形过程通常需要在氩气等惰性气体氛围内进行,对于活性较高的合金材料,需要动态惰性密封箱体保护的方式持续性提供惰性气体保护氛围。同样地,通过逐层沉积地方式,最终形成三维实体零件。原则上也可以采用同步丝材送进的方式来成形零件。

LDM 技术的主要特点为:成形尺寸不受限制,可实现大尺寸零件的直接成形;灵活性

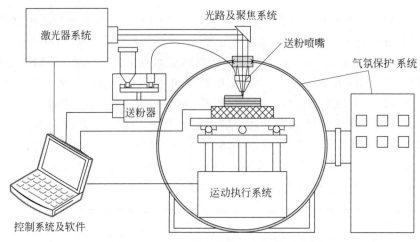

图 6-13　LDM 系统整体构成和布局示意图

较高,无需支撑即可加工复杂零件;可用于受损零件的直接修复及梯度零件的制造;成形件的综合力学性能优异,热处理后的零件力学性能可达到同质锻件水平。但其成形后零件依然需要少量的机械加工,成形精度较 SLM 工艺低。目前,国外的 AeroMet、Optomec、Rolls-Royce 等公司,国内的北京航空航天大学、西北工业大学、沈阳航空航天大学、鑫精合激光科技发展(北京)有限公司、南京煜宸激光科技有限公司等院校及企业已经在航空航天、船舶、能源等领域就 LDM 技术进行了大量的成功应用及示范推广。

6.3.2　增材制造关键技术

无论 SLM 技术还是 LDM 技术,控制成形件内部的残余应力及成形零件的整体变形都是增材制造亟待解决的关键技术。残余应力是无外力作用时,以平衡状态残留于材料内部的应力。激光增材制造具有加热、冷却速度极快的特点,在激光增材制造加热过程中,不同部位温度不同,熔化不同步,冷却过程中凝固不同步,都会造成不同部位膨胀收缩趋势不一致,从而产生热应力。同时由于不同部位温度不一致,沉积成形件不同部位物相变化不同步,不同相之间的比容不一样,膨胀或收缩时相互牵制产生相变应力。在激光增材制造成形过程中出现或是在成形完成后马上出现的缺陷,如热裂纹、翘曲等,主要与热应力有关。成形件热烈纹的形成机理如图 6-14 所示,快速凝固过程中低熔点共晶相凝固滞后造成的晶间弱化,或者是脆硬相造成的晶内或晶间脆化,不足以抵抗快速凝固产生的较大热应力而造成零件的热裂。

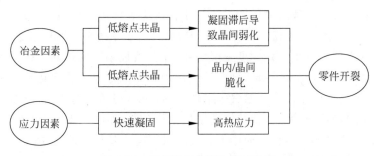

图 6-14　增材制造热烈纹形成机理

因此,如何调控与消减增材制造零件内的残余应力是 SLM 及 LDM 工艺所共同追求的关键技术。此外,对于 SLM 技术,激光光路优化以及成形零部件致密度、表面质量、尺寸精度、强度和塑性的控制是决定成形质量的关键技术。研究表明,SLM 工艺的影响因素可达上百个,其中有十多个因素具有决定性影响,工艺参数组合的选择直接影响成形过程的成败;LDM 技术致力于达到复杂结构实体零件的形状、成分、组织和性能的最优化控制,同步实现金属零件快速精准成形和高性能控制的目标。为此,必须建立相关的材料科学与技术、过程科学与技术和工程科学与技术的 LDM 的整体科学与技术构架,突破激光熔池温度和几何形状控制技术、组织和性能控制技术及冶金缺陷检测与控制技术是 LDM 工艺的关键技术。

6.3.3　增材制造过程的数字化

增材制造智能控制的首要对象为对结构设计模型的控制。满足零件功能需求的前提下设计轻量化、整体化、低成本的高性能结构是零件设计的中心任务。拓扑优化是根据指定载荷工况、性能指标和约束条件合理分配材料、确定最优传力路径的结构优化设计方法。相比尺寸优化和形状优化,拓扑优化不依赖于初始构型的选择,具有更高的设计空间,是寻求高性能、轻量化、多功能创新结构的有效设计方法。但传统制造方法很难完成在几何和尺度上如此复杂结构的制造,而增材制造在复杂结构轻量化制造方面具有独特优势。拓扑优化与增材制造技术的完美结合,可以在零件材料的设计空间中找到最佳材料分布方案,从而提高材料利用率,达到减轻重量的目的。以航天器支架结构为例,典型复杂结构零件拓扑、尺寸优化设计与增材制造过程如图 6-15 所示。如何根据零件的承载特征,实现拓扑/点阵结构的智能设计,是增材制造结构智能化设计的关键。

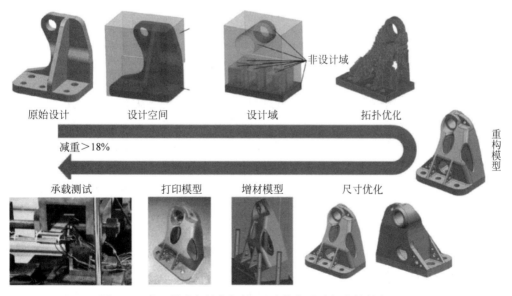

图 6-15　航天器支架结构拓扑、尺寸优化设计与增材制造过程

增材制造智能控制的另一个重要控制对象为成形工艺参数控制。影响增材制造零件性能的因素有上百种,其主要可以划分为四大类:材料属性、加工环境、装备误差及工艺参数。

通常情况下,前三者在生产前已经确定,因此工艺参数是决定零件性能的关键因素。调整工艺参数的方法主要包括试验研究、数值模拟以及工艺优化 3 种,如图 6-16 所示。

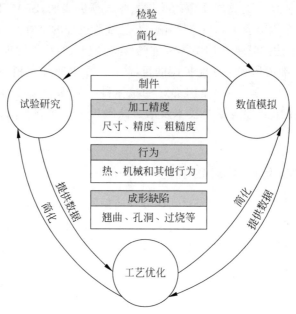

图 6-16　调整工艺参数的方法及其联系

其中,试验研究主要通过正交试验、响应面、田口法等回归分析方法,建立激光功率、扫描速度、扫描间距、预热温度、分层厚度与成形件致密度及力学性能指标的定量关系模型,从而能够实现对成形件性能的预测及工艺参数的优化。但试验研究方法无法对成形件过程中显微组织演化、温度场应力场演变的影响机理研究进行有效揭示,无法从根本上解释工艺参数对成形件组织及性能的影响机理。

数值模拟的方法可以对成形件的宏观尺度的温度场、应力应变场特征,介观尺度的粉末及熔池流动行为,微观尺度的晶粒生长过程进行仿真模拟,从而省去大量的试验操作,减少时间及经济成本。采用有限元方法对成形过程中的温度场及应力场进行数值模拟,可以对内应力的峰值位置及水平进行有效预测,并反馈给模型设计及工艺参数,通过工艺参数数据库对成形工艺参数进行调节,从而避免成形件的大尺寸变形及开裂的发生,提高成形件的成形精度。采用有限容积法可以对增材制造过程中的流场、熔池形貌及孔隙分布进行模拟预测,分析铺粉厚度、扫描速度、激光功率、保护气氛种类等工艺参数对单道轨迹形态的影响,揭示粉末流动及熔池内匙孔及飞溅产生等行为的影响机理,指导工艺参数的调控,避免缺陷的产生,提高成形件的综合性能。采用相场法及元胞自动机等方法可以对凝固过程中的成核现象及晶粒生长过程进行模拟,分析工艺参数对成形件内晶粒组织形态的影响规律,建立工艺参数-显微组织-力学性能间的理论关联性。

上述数值模拟的方法虽然可以对成形件内材料学的组织形态、残余应力及变形情况进行预测,揭示不同工艺参数对成形件最终性能的影响机理。但是受到模拟手段与计算方法的限制,制件表面质量、服役行为等问题难以通过数值模拟进行求解。此外,通过这些物理驱动的方法不可能在短时间内快速准确地预测整个增材制造过程。得益于人工智能技术的发展,通过优化算法对工艺参数进行调整成为目前研究的热点,数据驱动的模型也已广泛应用于增材制造领域。这种模型的压倒性优势在于其不需要构建一系列基于物理过程的方程。取而代之的是,它们会根据以前的数据自动学习输入特征和输出目标之间的关系。将试验或数值模拟得到的结果作为数据样本,采用工艺优化算法训练模型,从而对不同工艺参数的制件性能指标进行预测与优化。将制样的制造精度、表面质量、致密度、力学性能等作为评判指标,对不同工艺参数得到的成形件标准件作为数据集进行训练,应用最多的工艺优化方法为采用专家系统与自适应神经网络(NN)相结合的方法自动优化工艺参数,如图 6-17所示。

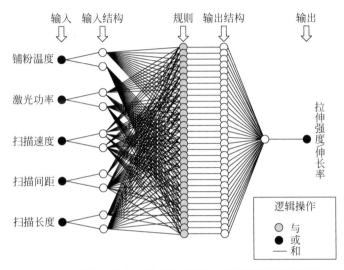

图 6-17　自适应神经网络对增材制造工艺参数的优化过程

6.3.4　神经网络在增材制造中的应用

神经网络(NN)的机器学习方法已经应用于增材制造的各个环节,如结构模型设计、过程监测、工艺-性能评价等环节。

在结构模型设计环节,Chowdhury 和 Anand 提出了一种 NN 算法来直接补偿部件的几何设计,抵消制造过程中的热收缩和变形。首先提取零件 CAD 模型表面 3D 坐标作为 NN模型的输入,使用热力耦合的有限元分析软件并定义一组过程参数来模拟增材制造过程。提取变形表面坐标作为 NN 模型的输出。训练一个具有 14 个神经元和损失函数为均方误差(MSE)的 NN 模型来学习输入和输出之间的差异。将训练好的网络应用于 STL 文件,从而进行所需的几何校正,得到尺寸精确的成品。Arnd Koeppe 等采用试验、有限元方法、NN模型相结合的方式(见图 6-18)对晶格结构成形件内的应力及变形进行预测。首先通过大量的试验验证了有限元应力及变形仿真模型的可靠性,使用有限元方法运行 85 个模拟样本,将全局负载、位移和支柱半径以及单元尺寸的不同组合作为 NN 的输入特征,最大 VonMises 等效应力作为 NN 的输出特征。NN 的架构为一个具有 1024 个整流线性神经元的全连接层、两个分别具有 1024 个神经元的长短期记忆网络,以及一个全连接的线性输出层。试验、有限元仿真与神经网络结果的比较如图 6-19 所示。由图 6-19(a)可知,试验测得的力-位移曲线与 FEM 仿真结果较为一致；图 6-19(b)为随机选取的测试样本下成形件内最大 Von Mises 等效应力 FEM 结果与 NN 结果的对比，结果表明，经过训练之后，NN 可以很好地重现加载历史，与有限元方法模拟结果相吻合。因此，通过 NN 方法取代 FEM 方法，可以使得对成形件应力及变形的评价时间由几个小时缩短至几毫秒，并可以保证预测结果的可靠性。

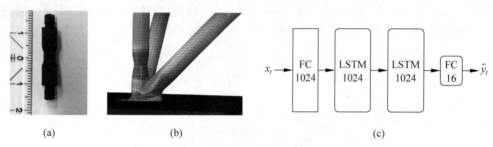

图 6-18　应用 NN 模型快速预测增材制造结构的变形
(a)试验样品；(b)有限元仿真结果；(c)NN 模型

图 6-19 彩图

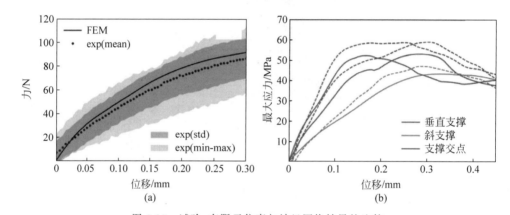

图 6-19　试验、有限元仿真与神经网络结果的比较
(a)力-位移曲线；(b)最大应力-位移曲线(实线为 FEM，虚线为 NN)

在过程监测环节，从传感器中实时监测获取的数据提供了增材制造程中产品质量的第一手信息。同步且准确地分析这些实时数据即可实现对制造过程的全闭环控制。Shevchik 等在 SLM 工艺中引入用声发射(AE)和 NN 分析对成形过程进行现场质量监测，如图 6-20 所示。使用布拉格光纤光栅传感器记录 AE 信号，而选择的 NN 算法是波谱卷积神经网络(SCNN)，它是对传统卷积神经网络(CNN)的延伸。模型的输入特征是小波包变换的窄频带的相对能量，输出特征是对打印层质量的高、中或差的分类。在 SLM 增材制造过程中发出声信号，然后由传感器捕获。最终将 SCNN 模型应用于所记录的数据，以便判定打印层的质量是否合适。研究结果表明，使用 SCNN 对工件质量为高、中、差的分类精度分别高达 83%、85% 和 89%，可以通过神经网络及声信号实时监测有效预测成形件质量并进行针对性的反馈调节。

在工艺-性能评价环节，NN 的应用最为广泛。在工艺、性能和使役性能之间建立直接联系是科学家和工程师非常感兴趣的。这种联系通常是高度非线性的，因为输入变量的数

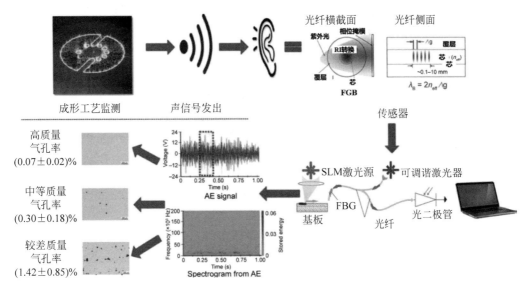

图 6-20　基于声信号及神经网络分析系统的增材制造质量在线监测工作流程图

量通常大于 3 个。因此,很难确定这种联系的基础数学公式。由于 NN 模型固有的非线性特性,它已被应用于为各种增材制造过程建立数学关系。但许多工艺参数可能严重影响增材制造零件的属性,而其他参数可能影响较小。同时,对于有限的数据集,过多的输入特征极易导致模型过拟合。因此,确保 NN 算法在一组良好的特征上运行至关重要。对输入数据进行"特征工程"的预处理可以为研究带来好处。它可以分为两个方面:①特征选择——旨在从现有特征中选择最有用的特征作为输入;②特征组合——旨在对输入特征进行降维,从而集中于新生成的特征。一旦知道转换规则,手动生成特征便成为可能。

6.4　工业机器人

工业机器人是集机械、电子、控制、计算机、传感器、人工智能等多学科先进技术于一体的现代制造业中重要的自动化装备。机器人技术、数控技术和 PLC 技术并称为工业自动化的三大支持技术。机器人技术及其产品发展非常迅速,已成为柔性制造系统(flexible manufacturing system,FMS)、工厂自动化(factory automation,FA)、计算机/现代集成制造系统(computer integrated manufacturing systems/contemporary,CIMS)的自动化工具,同时也是工业 4.0 智能化工厂中重要的一环[1]。

6.4.1　工业机器人系统组成及性能指标

1. 工业机器人系统组成

工业机器人是面向工业领域的多关节机械手或多自由度的机器装置,它能自动执行工作,是靠自身动力和控制能力来实现各种功能的一种机器。它可以接受人类指挥,也可以按照预先编排的程序运行,现代的工业机器人还可以根据人工智能技术制定的原则纲领行动。

工业机器人操作视频

一个典型的工业机器人如图 6-21 所示,工业机器人按照技术发展水平可以分为三代:第一代示教再现机器人、第二代感知机器人、第三代智能机器人。

图 6-21　工业机器人系统结构组成

如图 6-21 所示,第一代工业机器人在外部结构上主要由三部分组成:操作机(或称机器人本体)、控制器和示教器。第二代及第三代工业机器人还包括感知系统和分析决策系统,它们分别由传感器及软件实现。

(1)操作机:用于完成各种作业任务的机械主体,主要包含机械臂、驱动装置、传动单元以及内部传感器等部分。

(2)控制器:是根据指令及传感器信息控制机器人本体完成一定动作的装置,是决定机器人功能和性能的关键部分,也是工业机器人更新和发展最快的部分。

(3)示教器:是机器人的人机交互接口,操作者可通过它对机器人进行编程或手动操纵机器人移动。

工业机器人从功能上由三大部分六个子系统组成。三大部分分别是机械部分、控制部分和传感部分。六个子系统分别是驱动系统、机械结构系统、人机交互系统、控制系统、感受系统、机器人与环境交互系统,其对应关系见图 6-22。

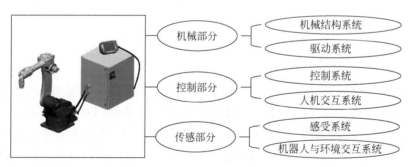

图 6-22　工业机器人系统功能组成

2. 工业机器人性能指标

工业机器人的性能指标是机器人生产厂商在产品供货时所提供的技术数据,反映了机器人的适用范围和工作性能,是选择机器人时必须考虑的问题。尽管机器人厂商提供的技术数据不完全相同,工业机器人的结构、用途和用户的需求也不相同,但其主要的性能指标一般有自由度、工作精度、工作范围、额定负载、最大工作速度等[2],具体含义见表 6-5。

表 6-5　工业机器人性能指标及含义

性能指标	含　义	目前水平
自由度	物体能够对坐标系进行独立运动的数目,末端执行器的动作不包括在内	焊接和涂装机器人多为六或七自由度,搬运、码垛和装配机器人多为四至六自由度
工作精度	主要指定位精度和重复定位精度。定位精度是机器人末端执行器实际到达位置与目标位置之间的差异;重复定位精度指机器人重复定位其末端执行器于同一目标位置的能力	重复精度可达± 0.01～±0.5mm
工作范围	工业机器人执行任务时,其手腕参考点所能掠过的空间,常用图形表示	单体工业机器人本体的工作范围可达3.5m 左右
额定负载	正常操作条件下,作用于机器人手腕末端,不会使机器人性能降低的最大载荷	0.5～800kg
最大工作速度	在各轴联动情况下,机器人手腕中心所能达到的最大线速度	在 100～600(°)/s 区间

需要说明的是,机器人在工作范围内可能存在奇异点。奇异点是由于机器人结构的约束,导致关节失去某些特定方向的自由度的点。奇异点通常存在于作业空间的边缘,如奇异点连成一片,则称为"空穴"。机器人运动到奇异点附近时,由于自由度的逐步丧失,关节的姿态会急剧变化,这将导致驱动系统承受很大的负载而产生过载。因此,对于存在奇异点的机器人来说,其工作范围还需要除去奇异点和空穴,图 6-23 所示边缘不规则处即为除去部分。

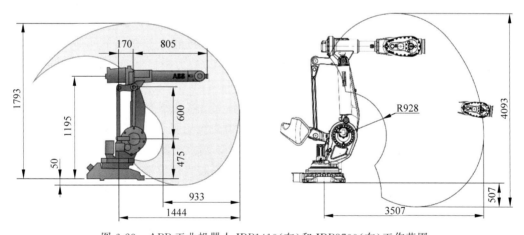

图 6-23　ABB 工业机器人 IRB1410(左)和 IRB8700(右)工作范围

6.4.2　工业机器人的控制

1. 工业机器人控制的特点及要求

多数工业机器人各关节的运动是相互独立的,为了实现机器人末端执行器的位置精度,需要多关节的协调。因此,工业机器人控制系统与普通的控制系统相比要复杂,具有以下特点:

(1) 本质上是一个非线性系统。

(2) 是由多关节组成的多变量控制系统,且各关节间具有耦合作用。

(3) 是一个时变系统,其动力学参数随着关节运动位置的变化而变化。

(4) 要求对环境条件、控制指令进行测定和分析,自动选择最佳控制规律。

(5) 具有较高的重复定位精度,系统刚性好。

(6) 不允许有位置超调,否则可能发生碰撞,动态响应要快。

考虑到工业机器人控制具有以上特点,在设计工业机器人控制系统时必须满足如下基本要求:

(1) 多轴运动的协调控制,以产生要求的工作轨迹。

(2) 较高的位置精度,很大的调速范围。

(3) 系统的静差率要小,即要求系统具有较好的刚性。

(4) 位置无超调,动态响应快。

(5) 需采用加减速控制。

(6) 各关节的速度误差系数应尽量一致。

(7) 从操作的角度看,要求控制系统具有良好的人机界面,尽量降低对操作者要求。

(8) 从系统的成本角度看,要求尽可能地降低系统的硬件成本,更多的采用软件伺服的方法来完善控制系统的性能[3]。

2. 工业机器人控制方式

从工业机器人的控制特点和控制要求出发,实现工业机器人的控制涉及诸多内容,主要分为机器人的底层控制与上层控制,其中底层控制包括机器人本体,即机械部分、驱动电路部分、传感器部分,以及控制策略,如 PID 控制等。上层控制包括机器人的运动分析、路径规划以及机器人的软件部分[4]。根据不同的分类方法,机器人控制方式可以有不同的分类。按照被控对象可以分为位置控制、速度控制、力控制、力矩控制、力/位混合控制等[5],这些主要是底层控制,现对主要控制方式加以说明:

(1) 工业机器人位置控制,目的是要使机器人各关节实现预先所规划的运动,最终保证工业机器人末端执行器沿预定的轨迹运行,通常采用交流伺服系统或直流伺服系统实现。

(2) 工业机器人力(力矩)控制,需要分析机器人末端执行器与环境的约束状态,并根据约束条件制定控制策略。此外,还需要在机器人末端安装力传感器,用来检测机器人与环境的接触力。控制系统根据预先制定的控制策略对这些力信息作出处理后,控制机器人在不确定的环境下进行与该环境相适应的操作,从而使机器人完成复杂的作业任务。

(3) 工业机器人速度控制,通常与位置控制同时实现。例如,在连续轨迹控制方式的情况下,工业机器人需要按预定的指令来控制运动部件的速度和实行加、减速,以满足运动平稳、定位准确的要求。由于工业机器人是一种工作情况(或行程负载)多变、惯性负载大的运动机械,要处理好快速与平稳的矛盾,必须控制起动加速和停止前的减速这两个过渡运动区段。而在整个运动过程中,速度控制通常情况下也是必须的。

3. 工业机器人智能控制

工业机器人的智能控制方式主要指在不确定或未知条件下作业,机器人需要通过传感器获得周围环境的信息,根据自己内部的知识库作出决策,进而对各执行机构进行控制,自主完成给定任务,属于机器人的上层控制。若采用智能控制技术,机器人会具有较强的环境适应性及自学习能力。智能控制方法与人工神经网络、模糊算法、遗传算法、专家系统等人工智能的发展密切相关。现以神经网络算法在移动机器人中的应用为例来阐述智能控制与工业机器人的结合。

以图中所示移动机器人为例,摄像机安装在移动机器人的上方,获取障碍物的三维图像。超声波传感器组安装在移动机器人的前方(摄像机的正下方),获取障碍物与移动机器人之间的距离信息,如图 6-24 所示。

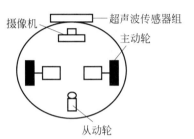

图 6-24 多传感器布置图

利用神经网络方法进行视觉和超声波传感器信息融合,并输出到下一级,识别出障碍物的类型,这样使移动机器人在不确定的环境中行走时能够避障,提高其导航能力。

工业机器人利用智能信息进行综合决策避开障碍物的主要步骤如下:

(1) 在机器人行进的同时,测距系统每隔一个很短的时间进行一次环境探测,根据超声波传感器获得的有关障碍物的距离信息,判断移动机器人是否需要减速,以及是否需要从 CCD 摄像机取样。

(2) 当测距系统探测到障碍物距移动机器人的距离为中等时,降低机器人的速度;当障碍物距移动机器人的距离为近时,从 CCD 摄像机获取有关障碍物的二维图像,并提取其左右边缘的坐标。

(3) 将超声波传感器和 CCD 摄像机获得的有关障碍物的信息进行分组及预处理,送入 BP 神经网络控制器进行融合。

(4) 预先经过避障知识学习的 BP 神经网络控制器根据外部多传感器采集的信息,作出相应的避障决策,避开障碍物。

6.4.3 工业机器人分类及集成技术发展

关于工业机器人分类,国际上没有制定统一的标准,可按负载重量、控制方式、自由度、结构、应用领域等划分。

按照机器人的结构形式分类,可分为直角坐标型机器人、圆柱坐标型机器人、球坐标型机器人、关节坐标型机器人、SCARA 型机器人 5 种类型,分别见图 6-25(a)~(e)。

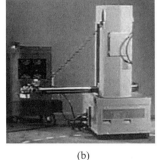
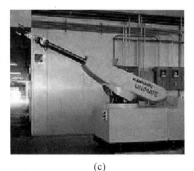

(a) (b) (c)

图 6-25 按照结构形式分类的工业机器人

(a) 直角坐标型;(b) 圆柱坐标型;(c) 球坐标型;(d) 关节坐标型;(e) SCARA 型

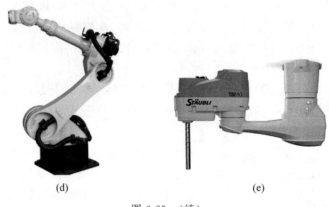

(d)   (e)

图 6-25 （续）

按照机器人控制方式分类，可分为非伺服控制机器人和伺服控制机器人[6]，具体功能和含义见表 6-6。

表 6-6 工业机器人性能指标及含义

种类	含义
非伺服控制机器人	工作能力比较有限，机器人按照预先编好的程序顺序进行工作，使用限位开关、制动器、插销板和定序器来控制机器人运动
伺服控制机器人	工作能力较强。伺服系统被控制量可为机器人手部执行装置的位置、速度、加速度和力等。通过传感器取得的反馈信号与来自给定装置的综合信号，用比较器加以比较后，得到误差信号，经过放大后用以激发机器人的驱动装置，进而带动末端执行器以一定规律运动，到达规定的位置或速度等，是一个反馈控制系统。伺服控制机器人可分为点位伺服控制机器人和连续轨迹伺服控制机器人两种

按照机器人组成结构分类，可分为串联机器人、并联机器人和混联机器人。串联机器人是一个开式运动链机构，它由一系列的连杆通过转动关节或移动关节串联而成，直角坐标型机器人、圆柱坐标型机器人、球坐标型机器人和关节坐标型机器人均属于串联机器人。并联机器人是一种闭环机构，包含有运动平台（末端执行器）和固定平台（机架），运动平台通过至少两个独立的运动链与固定平台相连接，机构具有两个或两个以上的自由度，且以并联方式驱动；按照自由度划分，有二自由度、三自由度、四自由度、五自由度和六自由度并联机构，如图 6-26 所示。混联机器人把串联机器人和并联机器人结合起来，集合了串联机器人和并联机器人的优点，既有串联机器人工作空间大、运动灵活的特点，又有并联机器人刚度大、承载能力强的特点，外形如图 6-27 所示。

按照机器人应用领域分类，可分为搬运机器人、码垛机器人、焊接机器人、装配机器人、涂胶机器人、喷漆机器人等，如图 6-28 所示。现就其主要应用领域进行分别介绍。

1. 搬运机器人

1）搬运机器人功能

搬运作业是指用一种设备（或机器、装置）握持工件（或物品），使之从一种制造加工状态（或位置）移动到另一种制造加工状态（或位置）的过程。搬运机器人，见图 6-28(a)，就是用于实现自动化搬运作业的工业机器人，广泛运用于化工、食品加工、包装物流行业等诸多领

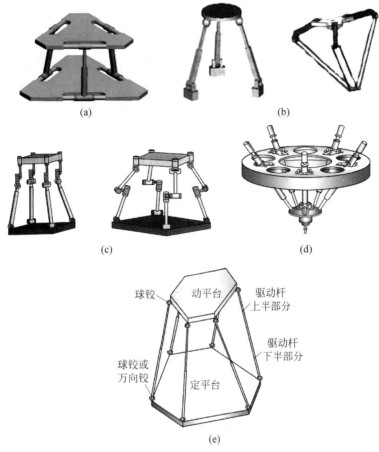

(a) (b)

(c) (d)

(e)

图 6-26 按照组成结分类中的并联机器人

(a) 二自由度；(b) 三自由度；(c) 四自由度；(d) 五自由度；(e) 六自由度

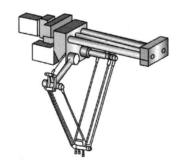

图 6-27 按照组成结构分类中的混联机器人

域,并向其他领域不断延伸和发展。

搬运机器人主要有以下优点：

(1) 改善物流管理和调度的能力。

(2) 满足柔性的场地要求和满足特殊工作环境需求。

(3) 负载能力强。

(4) 具有高动态特性,工作效率高；搬运精度高。

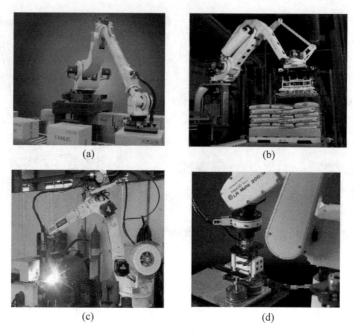

图 6-28　按照用途分类中的工业机器人

（a）搬运机器人；（b）码垛机器人；（c）焊接机器人；（d）装配机器人

（5）简单经济、易维修、使用寿命长，一般寿命可达 20 年。

2）搬运机器人系统组成

搬运机器人是一个完整系统。以关节式搬运机器人为例（见图 6-29），其工作站主要由操作机、控制系统、搬运系统（气体发生装置、真空发生装置和手爪等）和安全保护装置组成[7]。

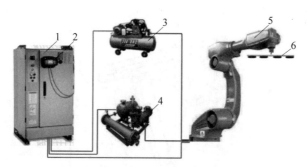

1—机器人控制柜；2—示教器；3—气体发生装置；4—真空发生装置；5—操作机；6—端拾器（手爪）。

图 6-29　搬运机器人系统组成

3）搬运机器人技术发展

搬运机器人技术是机器人技术、搬运技术和传感技术的融合。针对搬运机器人的开发会重点放于对其各项性能的完善上，主要体现的发展趋势如下：

（1）高负载。对于搬运机器人的承载能力要求会有较大提高，其所能承载的重量将会越来越大。如 ABB 公司推出的 IRB 6660-100/3.3，就旨在解决坯件大、重、距离长等压机上下料的难题。

（2）高可靠性。在搬运机器人的工作过程中，其运行的稳定性十分重要，若是在工作过程中发生了较多的故障，极有可能导致搬运机器人将物料损坏。如日本 FANUC 公司推出的 FANUC R-2000iB，有紧凑的手腕结构、狭小的后部干涉区域、可高密度布置机构、高可靠性等特点。

（3）和谐的人机交互。搬运机器人愈加常见于人们的生活中，因此有必要提高搬运机器人与人类的交流，可以有效提高效率。

（4）智能化。随着个性化需求和服务的增长，传统的制造模式将无法满足多样化生产的需求，需要升级到具有个性化定制能力的智能制造模式。不只是要求搬运机器人完成预定的工作，还要求搬运机器人根据环境的变化作出适当的反应。如 FANUC 公司推出的机器人控制柜 R-30iA，内置视觉功能、散堆工件取出功能、故障诊断功能优点，可实现散堆工件搬运，一定程度上实现机器人的智能化与网络化。

2. 码垛机器人

1）码垛机器人功能

码垛机器人是在物流生产线末端取代工人或码垛机完成工件自动码垛功能的设备，是机械与计算机程序有机结合的产物，如图 6-28（b）所示。码垛机器人能在工业生产过程中实现大批量工件、包装件的快速获取、搬运、装箱、堆垛、拆垛等作业，是可以集成在生产线上任意阶段的高新机电产品。

码垛机器人主要有以下优点：

（1）结构简单、故障率低、性能可靠、保养维修方便、占地面积少、操作范围大。

（2）适应性强，可据不同的产品类型和实际需求进行编程来满足需求。

（3）智能程度高，可根据设定的信息对货物进行识别，送至不同位置。

（4）操作简单，可在控制柜屏幕上操作，示教方法简单易懂。

（5）能耗低，码垛机功率在 26kW 左右，而码垛机器人功率仅为 5kW 左右。

2）码垛机器人系统组成

如图 6-30 所示，码垛机器人系统主要由操作机、控制系统、码垛系统（气体发生装置、液压发生装置）和安全保护装置组成。

1—机器人控制柜；2—示教器；3—气体发生装置；4—真空发生装置；5—操作机；6—夹板式手爪；7—底座。

图 6-30　码垛机器人系统组成

3）码垛机器人技术发展

在全球生产制造最大利益化趋势下，码垛逐渐成为各个企业生产的瓶颈。为了能够适应不断变化的商品对于码垛的要求,让码垛机器人尽可能更好地服务工业生产,必须解决限制码垛机器人技术发展的因素,针对码垛机器人的新功能、新特点进行创新和发展,使得整个包装物流业逐渐向"自动化、无人化"发展。码垛机器人未来主要发展趋势如下:

(1)自动化程度不断提高。机电综合技术将会成为码垛机器人发展的主流,码垛机器人自动化主要包括自动控制和自动检测、微电子、红外线、传感器等新技术,尤其是微小型计算机的广泛使用会使码垛机器人的自动控制和自动检测水平飞速提升,从而大大提高码垛质量。

(2)模块集成化。采用模块化结构不仅能够让码垛机器人最大限度地满足不同物品对机器人的要求,同时可以让设备的设计和制造更方便,能够降低成本、缩短生产周期。如KUKA公司的KRC4控制器将安全控制、机器人控制、运动控制、逻辑控制及工艺控制集中在一个开放高效数据标准构架中,具有高性能、可升级和灵活性等特点,实现了机器人部分的模块集成。

(3)功能多样化。近年来,由于多品种、小批量商品市场的不断壮大以及中、小型用户的急剧增加,多功能通用码垛机器人的发展速度越来越快,应用前景也十分开阔。

(4)高速化。不仅要促进单机高速化,而且要提高码垛系统的高速化。在不断提升自动化程度的前提下,不断改进码垛机器人的结构,让整个码垛系统的高速化向更深的层次发展。如ABB公司推出的全球最快码垛机器人IRB-460,操作节拍可到达每小时2190次,运行速度比常规机器人提升15%。

3. 焊接机器人

1)焊接机器人功能

焊接机器人是替代人类从事焊接(包括切割与喷涂)的工业机器人,如图6-28(c)所示。焊接机器人集焊接技术、计算机控制、数控加工等多种知识领域于一体,在制造业中的应用数量逐年增加,焊接机器人的使用可以提高焊接生产效率,改善工作人员的劳动条件,稳定和保证产品质量,易于实现产品的差异化生产,并能够推动相关产业自动化升级改造。通常所说的焊接机器人包括点焊机器人、弧焊机器人、激光焊接机器人、搅拌摩擦焊接机器人、等离子焊接机器人等,其中点焊、弧焊和激光焊接机器人应用比较普遍。

焊接机器人主要有以下优点:

(1)稳定和提高焊接质量,保证其均匀性。采用机器人焊接时,每条焊缝的焊接参数都是恒定的,焊缝质量受人为因素影响较小,焊接质量稳定。

(2)改善了劳动条件,提高了劳动生产率。采用机器人焊接,工人只需要装卸工件,远离了焊接弧光、烟雾和飞溅等有害环境,使工人从高强度的体力劳动中解脱出来,并且实现24小时连续生产。

(3)产品周期明确,容易控制产品产量。

2)焊接机器人系统组成

根据焊接工艺的不同,焊接机器人的系统组成也略有不同,基本可以分为机器人系统和焊接系统两部分,点焊机器人、弧焊机器人、激光焊接机器人的具体系统组成分别如图6-31~图6-33所示。

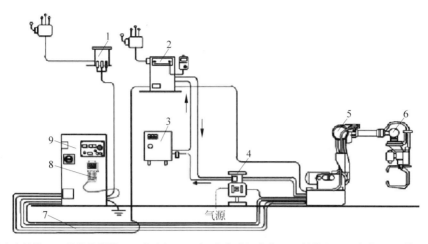

1—机器人变压器；2—焊接控制器；3—水冷机；4—气/水管路组合体；5—操作机；6—焊钳；7—供电及控制电缆；8—示教器；9—控制柜。

图 6-31　点焊机器人系统组成

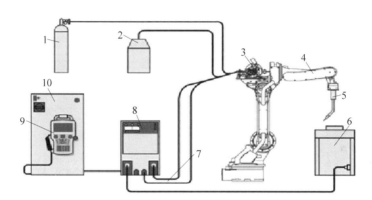

1—气瓶；2—焊丝桶；3—送丝机；4—操作机；5—焊枪；6—工作台；7—供电及控制电缆；8—弧焊电源；9—示教器；10—机器人控制柜。

图 6-32　弧焊机器人系统组成

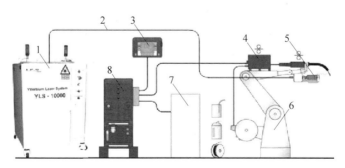

1—激光器；2—光导系统；3—遥控盒；4—送丝机；5—激光加工头；6—操作机；7—机器人控制柜；8—焊接电源。

图 6-33　激光焊接机器人系统组成

3）焊接机器人技术发展

焊接是一个高度非线性、多变量、多种不确定因素作用的过程，使得控制焊缝成形质量极为困难,机器人焊接领域的发展需要采用计算机技术、控制技术、信息和传感技术、人工智能等多学科知识,实现焊接电源静动特性的无级控制、焊接初始位置的自主识别、焊缝实时跟踪、焊接熔池动态特征信息获取、焊接参数自适应调节等,以确保焊接质量和提高焊接效率。

焊接机器人未来主要发展趋势如下:

(1) 智能化水平更高。未来焊接机器人需要提高对加工模式及工作环境的识别能力,能够及时发现问题并提出解决方案加以实施,创建能够从有限的数据中快速学习的系统。

(2) 离线编程仿真技术应用更广。目前,使用的示教再现编程耗时长,机器人长期处于空置状态,影响加工效率。离线编程及计算机仿真技术将工艺分析、程序编制、工艺调整等工作集中于离线操作,不影响焊接机器人的正常生产,这将在提高生产率方面起到积极的作用。

(3) 向基于 PC 机的通用型控制转变。焊接机器人已经开始从之前特定的控制器控制向基于 PC 机的通用型控制转变,从而把声音识别、图像处理、人工智能等一系列研究成果更好地应用于实际工程生产中。

(4) 多智能焊接机器人调控技术应用。在工业上可以根据生产需要将各种功能的机器人组装成一个群组加工平台,更适用于流水线式生产操作。如 YASKAWA 公司推出的机器人控制柜可以协调控制多达 72 个轴,更好地为群组作业服务。

(5) 焊接技术更加柔性化、网络化。将各种光、机、电技术与焊接技术有机结合,以实现焊接的精密化和柔性化。如 FANUC 公司的 R-0iA 与林肯新型弧焊电源之间实现了数字通信,网络化水平更高。

4. 装配机器人

1) 装配机器人功能

装配机器人是工业生产中用于装配生产线上对零件或部件进行装配的一类工业机器人,如图 6-28(d)所示。装配机器人作为柔性自动化装配作业线的核心设备,在不同装配生产线上发挥着强大的装配作用。装配机器人主要有以下优点:

(1) 操作速度快,加速性能好,缩短工作循环时间。

(2) 精度高,具有极高的重复定位精度,保证装配精度。

(3) 能够实时调节生产节拍和末端执行器的动作状态;可以通过更换不同的末端执行器来适应装配任务的变化,方便快捷。

(4) 柔顺性好,能够与零件供给器、输送装置等辅助设备集成,能与其他系统配套使用,实现柔性化生产。

(5) 多带有视觉传感器、触觉传感器、接近度传感器和力传感器等,大大提高了装配机器人的作业性能和环境适应性,保证装配任务的精准性。

2) 装配机器人系统组成

装配机器人由装配系统和机器人系统两部分组成(见图 6-34),其中装配系统主要包括机器人控制柜、示教器、气体发生装置、真空发生装置、机器人本体、视觉传感器、气动手爪组成。

3) 装配机器人技术发展

装配机器人是集机械、电子、控制、计算机、传感器、人工智能等多学科先进技术于一体

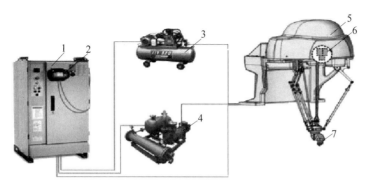

1—机器人控制柜；2—示教器；3—气体发生装置；4—真空发生装置；5—机器人本体；6—视觉传感器；7—气动手爪。
图6-34　装配机器人系统组成

的自动化装备,已成为制造柔性系统、自动化工厂、计算机集成制造系统中代表性的自动化设备,经过长时间的发展,装配机器人正逐步实现柔性化、无人化、一体化装配工作。

装配机器人未来主要发展趋势如下：

(1) 操作机结构的优化设计。探索新的高强度轻质材料,进一步提高负载/自重比,同时机构进一步向着模块化、可重构方向发展。如日本川田工业株式会社推出的 NEXTAGE 装配机器人具有15个轴,打破机器人定点安装的局限,机器人底部配有移动导向轮,可适应不同结构的装配生产线。

(2) 直接驱动装配机器人。传统机器人减速装置中的传动链会增加系统功耗,产生惯量、误差等,并降低系统可靠性,采用高扭矩低速电机直接驱动可避免此种问题。

(3) 多传感器融合技术。为进一步提高机器人的智能和适应性,多种传感器融合是关键。如 YASKAWA 机器人公司推出的双臂机器人 SDA10F,具有15个轴,并配备 VGA CCD 摄像头,极大地促进了装配准确性。

(4) 机器人遥控及监控技术。通过网络建立大范围内的机器人遥控系统,在有时延的情况下,建立预先显示进行遥控等。

(5) 虚拟机器人技术。基于多传感器、多媒体和虚拟现实以及临场感技术,实现机器人的虚拟遥操作和人机交互。

(6) 并联机器人应用范围扩大。传统机器人采用连杆和关节串联结构,而并联机器人执行机构的分布得到改善,可减少非累积定位误差和奇异位置数量。

(7) 多智能体协调控制技术。这是目前机器人研究的一个崭新领域,是对多智能体的群体体系结构、相互间的通信与磋商机理、感知与学习方法、建模和规划、群体行为控制等方面进行研究；同时,也要关注同一机器人双臂的协作,以及人与机器人的协作。

习题

一、填空题

1. 按坐标形式分类,机器人可分为_____、_____、_____和_____4种基本类型。

2. 作为一个机器人,一般由3个部分组成,分别是_____、_____和_____。

3. 机器人主要技术参数一般有_____、_____、_____、_____、_____、承载能力及最大速度等。

4. 自由度是指机器人所具有的_____的数目,不包括_____的开合自由度。

5. 机器人分辨率分为_____和_____,统称为_____。

6. 重复定位精度是关于_____的统计数据。

7. 根据真空产生的原理真空式吸盘可分为_____、_____和_____ 3 种基本类型。

8. 机器人运动轨迹的生成方式有_____、_____、_____和_____。

9. 机器人传感器的主要性能指标有_____、_____、_____、_____、_____、_____、分辨率、响应时间和抗干扰能力等。

10. 自由度是指机器人所具有的_____的数目。

11. 机器人的驱动方式主要有_____、_____和_____ 3 种。

12. 机器人上常用的可以测量转速的传感器有_____和_____。

13. 机器人控制系统按其控制方式可以分为_____控制方式、_____控制方式和_____控制方式。

14. 按几何结构分划分机器人分为:_____、_____。

二、单项选择题(请在每小题的四个备选答案中,选出一个最佳答案。)

1. 工作范围是指机器人( )或手腕中心所能到达的点的集合。
   A. 机械手　　　　　　　　　　　B. 手臂末端
   C. 手臂　　　　　　　　　　　　D. 行走部分

2. 机器人的精度主要依存于( )、控制算法误差与分辨率系统误差。
   A. 传动误差　　　　　　　　　　B. 关节间隙
   C. 机械误差　　　　　　　　　　D. 连杆机构的挠性

3. 滚转能实现 360° 无障碍旋转的关节运动,通常用( )来标记。
   A. R　　　　　　B. W　　　　　　C. B　　　　　　D. L

4. RRR 型手腕是( )自由度手腕。
   A. 1　　　　　　B. 2　　　　　　C. 3　　　　　　D. 4

5. 真空吸盘要求工件表面( )、干燥清洁,同时气密性好。
   A. 粗糙　　　　　　　　　　　　B. 凸凹不平
   C. 平缓突起　　　　　　　　　　D. 平整光滑

6. 同步带传动属于( )传动,适合于在电动机和高速比减速器之间使用。
   A. 高惯性　　　　B. 低惯性　　　　C. 高速比　　　　D. 大转矩

7. 机器人外部传感器不包括( )传感器。
   A. 力或力矩　　　B. 接近觉　　　　C. 触觉　　　　　D. 位置

8. 手爪的主要功能是抓住工件、握持工件和( )工件。
   A. 固定　　　　　B. 定位　　　　　C. 释放　　　　　D. 触摸

9. 机器人的精度主要依存于( )、控制算法误差与分辨率系统误差。
   A. 传动误差　　　　　　　　　　B. 关节间隙
   C. 机械误差　　　　　　　　　　D. 连杆机构的挠性

10. 机器人的控制方式分为点位控制和(　　)。

  A. 点对点控制　　 B. 点到点控制　　 C. 连续轨迹控制　 D. 任意位置控制

11. 焊接机器人的焊接作业主要包括(　　)。

  A. 点焊和弧焊　　 B. 间断焊和连续焊

  C. 平焊和竖焊　　 D. 气体保护焊和氩弧焊

12. 作业路径通常用(　　)坐标系相对于工件坐标系的运动来描述。

  A. 手爪　　 B. 固定　　 C. 运动　　 D. 工具

13. 谐波传动的缺点是(　　)。

  A. 扭转刚度低　　 B. 传动侧隙小　　 C. 惯量低　　 D. 精度高

14. 机器人三原则是由谁提出的(　　)。

  A. 森政弘　　 B. 约瑟夫·英格伯格

  C. 托莫维奇　　 D. 阿西莫夫

15. 当代机器人大军中最主要的机器人是(　　)。

  A. 工业机器人　 B. 军用机器人　 C. 服务机器人　 D. 特种机器人

16. 手部的位姿是由哪两部分变量构成的?(　　)

  A. 位置与速度　　 B. 姿态与位置

  C. 位置与运行状态　　 D. 姿态与速度

17. 用于检测物体接触面之间相对运动大小和方向的传感器是(　　)。

  A. 接近觉传感器　 B. 接触觉传感器　 C. 滑动觉传感器　 D. 压觉传感器

18. 示教-再现控制为一种在线编程方式,它的最大问题是(　　)。

  A. 操作人员劳动强度大　　 B. 占用生产时间

  C. 操作人员安全问题　　 D. 容易产生废品

19. 下面哪个国家被称为"机器人王国"?(　　)

  A. 中国　　 B. 英国　　 C. 日本　　 D. 美国

三、是非题(对画"√",错画"×")

1. 示教编程用于示教-再现型机器人中。　　　　　　　　　　　　　　　　(　　)

2. 机器人轨迹泛指工业机器人在运动过程中的运动轨迹,即运动点的位移、速度和加速度。　　　　　　　　　　　　　　　　　　　　　　　　　　　　　　　　(　　)

3. 关节型机器人主要由立柱、前臂和后臂组成。　　　　　　　　　　　　　(　　)

4. 到目前为止,机器人已发展到第四代。　　　　　　　　　　　　　　　　(　　)

5. 磁力吸盘能够吸住所有金属材料制成的工件。　　　　　　　　　　　　　(　　)

6. 谐波减速机的名称来源是因为刚轮齿圈上任一点的径向位移呈近似于余弦波形的变化。　　　　　　　　　　　　　　　　　　　　　　　　　　　　　　　　(　　)

7. 由电阻应变片组成电桥可以构成测量重量的传感器。　　　　　　　　　　(　　)

8. 激光测距仪可以进行散装物料重量的检测。　　　　　　　　　　　　　　(　　)

9. 机械手亦可称之为机器人。　　　　　　　　　　　　　　　　　　　　　(　　)

四、简答题

1. 机器人手腕有几种?试述每种手腕结构。

2. 工业机器人控制方式有几种？

3. 机器人参数坐标系有哪些？各参数坐标系有何作用？

4. 人手爪有哪些种类，各有什么特点？

5. 编码器有哪两种基本形式？各自特点是什么？

6. 工业机器人常用的驱动器有哪些类型，并简要说明其特点。

7. 常用的工业机器人的传动系统有哪些？

8. 在机器人系统中为什么往往需要一个传动（减速）系统？

9. 机器人上常用的距离与接近觉传感器有哪些？

10. 按机器人的用途分类，可以将机器人分为哪几大类？试简述之。

11. 什么是示教再现式机器人？

12. 编码器有哪两种基本形式？各自特点是什么？

参考文献

［1］ YAN G，WU Y，CRISTEA D，et al. Mechanical properties and wear behavior of multi-layer diamond films deposited by hot-filament chemical vapor deposition［J］. Applied Surface Science，2019，494 (15)：401-411.

［2］ 朱洪前.工业机器人技术［M］.北京：机械工业出版社,2019.

［3］ 陈万米.机器人控制技术［M］.北京：机械工业出版社,2017.

［4］ 郭彤颖,安冬.机器人学及其智能控制［M］.北京：人民邮电出版社,2014.

［5］ 张宪民.机器人技术及其应用［M］.北京：机械工业出版社,2017.

［6］ 张新星.工业机器人应用基础［M］.北京：北京理工大学出版社,2017.

［7］ 赵元,李承欣,李俊宇.工业机器人技术与应用［M］.北京：北京理工大学出版社,2020.

第7章

智能制造装备系统集成

导学

智能生产线、柔性化智能制造系统、智能化流程装备和智能工厂与生产系统是实现智能制造的主要实现形式。本章将重点探讨智能生产线、柔性化智能制造系统、智能化流程装备和智能工厂与生产系统设计与规划的一般流程、技术要点和核心问题。

教学目标和要求：使学生初步具备智能生产线、柔性化智能制造系统、智能化流程装备和智能工厂与生产系统设计开发的能力。

7.1 智能制造生产线

自动生产线是在流水线的基础上逐渐发展起来的，是通过工件传送系统和控制系统，将一组数控机床和辅助设备按照工艺顺序联结起来，自动完成产品全部或部分制造过程的生产系统。在整个自动化生产线中，其具体组成所包括的内容共有 13 个部分，主要为各个功能站点、不同功能模块、传感器、电磁阀及进出口接口等相关内容。其中，功能站点主要包括工料站、加工站、装配站与搬运站、成品分拣站；在各种不同模块中，共包括 5 种类型，分别为变频器模块、电源模块、PLC 模块、按钮模块与电机驱动模块。在对这些部分进行集成的基础上，自动化生产线不但能够实现上下料及加工，同时还能够完成装配、分拣以及输送等相关内容。

智能车床及车削中心作为单机产品，能够满足一般小型简单零件的生产制造，然而随着工业生产模式向自动化和柔性化转型升级，传统的流水线作业已经无法满足现有高精度、高效率、高柔性的生产要求。因此，基于智能机器人和智能车床、智能车削中心发展起来的智能车削生产线，将会成为生产自动化的主要发展方向。智能车削生产线涉及生产线总控、质量检测、搬运机器人、加工机床、物流运输线、生产管理和成品仓储等设备，每一台设备都是智能车削生产线中的重要组成部分。由多条智能生产线，通过进一步的系统集成，能够形成数字化车间和数字化工厂，实现整个工厂的自动化和智能化。

本章将从智能车削生产线总体布局、数字化工厂与车间的建设规划和智能生产线的系统集成等方面对智能车削生产线中的相关技术进行介绍，最后以陕西宝鸡机床集团有限公司生产的智能车削生产线为典型应用案例进行简要介绍。

7.1.1 智能生产线总体布局

图 7-1 所示是一条典型的智能车削生产线,该生产线主要完成零件从毛坯到成品的混线自动加工生产。车削生产线由产线总控系统、在线检测单元、工业机器人单元、加工机床单元,毛坯仓储单元、成品仓储单元和 RGV 小车物流单元组成,加工设备采用陕西宝鸡机床集团有限公司生产的 CK 系列智能机床,该机床装载陕西宝鸡机床集团有限公司开发的宝鸡 B80 智能数控系统。根据各单元功能的不同,本节将从总控系统和检测单元、工业机器人和车削机床单元以及物流与成品仓储单元三部分对典型的智能车削生产线的组成和设计进行介绍。

图 7-1　智能车削生产线[1]

1. 总控系统和检测单元

如图 7-2 所示是陕西宝鸡机床集团有限公司设计的典型总控系统,由室内终端和现场终端两部分组成。室内终端配备多台显示器及数据库,数据库负责接收整个生产车间传输过来的制造生产大数据,显示器用于用户车间现场各项状态的显示,包括设备运行状态、零件加工状态、物流情况、人员状况以及用户车间现场温度、湿度等环境信息,高层管理人员在室内终端可以非常方便、直观清晰地查看现场的各项状况。在用户生产车间中,配备现场终端,用于控制整个生产线的现场运行,完成设备基础数据的采集、分析、本地和远程管理、动态信息可视化等操作。现场终端配备显示器,通过显示器可以清晰方便地查看用户车间的各项状态,包括设备监控、生产统计、故障统计、设备分布、报警分析、工艺知识库等。现场终端可以添加生产管理看板、实现加工程序的上传下载、人员刷卡身份识别以及生产任务的进度统计与分析等功能,可以通过有线、WiFi、2G/3G/4G/5G 等多种接入方式进行现场数据的采集与传输,搜集到的相关制造大数据可通过互联网传输到用户室内终端的 SQL Server 数据库中,通过终端计算机与室内终端进行数据交互。

如图 7-3 所示是典型的在线检测单元,由工业机器人、末端执行器和多源传感器等组成。物流系统将成品运输到指定位置之后,工业机器人将整个检测单元移动到指定工位上,通过视觉相机对待检测零件进行拍照识别和定位,工业机器人再次调整自身位置,使整个检测单元对准待检测部位。

其中,识别与定位完成之后,由末端执行器负责待检测零件的抓取,通过工业机器人将零件转移到检测台上的指定位置,由检测台上预先配备的多源传感器对待检测零件的孔径、窝深、曲率、粗糙度、齐平度等精度指标进行在线检测,也可以通过智能算法对零件进行自动

图 7-2　总控系统[2]

图 7-3　在线检测单元

测量和自动分类,将不同类型的零部件转移到不同的物流线上,完成零件的自动分类操作。检测单元通过互联网可以将检测结果返回给总控系统,操作人员通过室内总控系统或者现场总控系统的终端电脑和显示器可以直接观看到零件的检测结果:符合检测要求的,直接进行下一工位操作;不符合要求的,在显示器上显示不合格提醒,由操作人根据零件的不合格程度进行判定与决策。在检测完成之后,末端执行器抓取已检测零件,工业机器人将已检测零件转移到物流系统上,由物流系统运送到下一工位进行处理。

2. 工业机器人和车削机床单元

图 7-4 所示是陕西宝鸡机床集团有限公司设计制造的加工模块,由工业机器人和车削机床两部分组成。其中,工业机器人负责待加工零件的移动和抓取,车削机床为智能机床,能够保证高精度和加工效率。

物流配送系统将毛坯零件或者半成品零件运输到指定工位之后,由工业机器人抓取毛坯零件或者半成品零件,将其放入智能车削机床中,辅助机床完成待加工零件的装夹工作。对于双工位车削机床,在其中一台智能车床完成车削工作之后,由工业机器人将半成品零件转移到另外一台智能车床中完成下一工位的加工。待所有的加工工作完成之后,由工业机器人将成品零件抓取转移到物流系统中,由物流系统将零件转移到下一工位。

图 7-4　加工模块

车削机床为陕西宝鸡机床集团有限公司自行设计和制造的智能机床,配备智能健康保障功能、热温度补偿功能、智能断刀检测功能、智能工艺参数优化功能、专家诊断功能、主轴动平衡分析和智能健康管理功能、主轴振动主动避让功能和智能云管家功能[3]。智能机床的主要作用是与工业机器人配合完成不同阶段的加工生产任务,同时保证零件加工生产的效率和精度。用户可以根据生产车间需要,将智能机床更换为不同档次的机床,如高速车削机床、精密车削机床和加工中心等,也可以根据自身需要增加或减少相应的智能化功能,以组成最适合企业生产需求的车削生产线。

3. 物流与成品仓储单元

图 7-5 所示是陕西宝鸡机床集团有限公司设计和生产的典型物流单元,由工业机器人、末端执行器、RGV 小车、零件托运工装和行走轨道组成,主要实现机床加工零件的转移运输工作。在用户车间中,根据生产任务的需求,智能生产线可以选择配备单条或者多条物流生产线。机床较少或者加工任务较为简单的智能车削生产线,可以采用单物流线模式,完成上料、转移和下料等操作;机床任务较多或者加工任务较为复杂的情况,为了避免物流系统的任务繁杂和冲突,可以配备两条或者多条物流线,一条用于毛坯零件或者半成品零件的上料,一条用于中间过程的转运,一条用于成品零件的下料。对于加工场景较为简单的智能车削生产线,工业机器人可以固定不动,即可完成零件的装夹和取放;对于较为复杂的智能车削生产线,可以再单独配备移动机器人,在行走轨道上进行零件的分配、抓取和释放工作。各工位之间的零件转移由 RGV 小车完成,通过自动编程,RGV 小车能够在指定时间内准确无误地到达预定的位置,以保证工业机器人能够顺利识别并抓取零件。RGV 小车上配备零件托运工装,用户车间可以根据加工零件的大小及尺寸,配备不同的工装,待工装各位置已装满足够的毛坯零件或者成品零件后,RGV 小车运行,完成相应的上料、转运和下料工作。

图 7-6 所示是陕西宝鸡机床集团有限公司设计和生产的典型成品仓储单元,由仓储柜、工业机器人、末端执行器、行走轨道组成。零件在完成加工之后,由 RGV 小车将成品零件转运到下料区,工业机器人移动到下料区,末端执行器根据成品零件编号,将成品零件进行抓取,再由工业机器人将成品零件转移到仓储柜的指定位置。末端执行器需要各用户单位根据加工零件的形状、尺寸进行特殊设计,以满足不同零件的抓取工作。仓储柜由大小相同

的独立小柜构成,各小柜之间可以快速地拼接和拆分。对于固定式工业机器人,用户车间应当根据工业机器人的最大工作高度和最大工作范围,自行调整设计仓储柜长度和高度。配备行走轨道的工业机器人,成品仓储柜可以设计得相对长一些。机器人通过行走轨道,能够增加工作覆盖范围,行走轨道可以根据需求设置为直线形或者环形。对于有多个仓储柜的用户车间,或者有不同零件分类的成品仓储柜,用户单位也可以调整行走轨道的长度和形状,如环形轨道就能使一台机器人对应多个成品仓储柜,实现一台机器人多服务,提高机器人利用率。成品物流仓储柜数量较多的时候,应当增加行走轨道的长度,或者配备两个及以上的工业机器人以保证物流的效率。需要注意的是,行走轨道长度设计要考虑机器人的行走时间,不能设计得过长,如果机器人行走时间过长,则可能导致物流配送效率低,造成成品零件在下料区出现堆积,产生零件碰撞等意外,这样,反倒增加了生产风险,同时也降低了工作效率。

图 7-5　物流单元

图 7-6　成品仓储单元

7.1.2　机床控制器的控制层级

人工智能与计算机技术的结合,极大地推动了数控系统的智能化程度,主要体现在数控系统中的各个方面:①应用前馈控制、在线辨识、控制参数的自整定等技术提高驱动性能的智能化;②利用自适应控制技术实现加工效率和加工质量的智能化;③应用专家系统等智能技术实现故障诊断、智能监控等加工过程控制方面的智能化。

制造过程中,机床控制器的控制层级可以划分为如图 7-7 所示的 3 个层级,包括电机控制层级、过程控制层级和监督控制层级。其中,电机控制层级可以通过光栅、脉冲编码器等机床检测设备实现机床的位置和速度监控;过程控制层级主要包括对加工过程中的切削力、切削热、刀具磨损等进行监控,并对加工过程参数做出调整;监督控制层级是将加工产品的尺寸精度、表面粗糙度等参数作为控制目标,以提高产品的加工质量。

1. 智能化加工控制国外发展趋势

(1) 智能控制策略研究:在神经网络控制加工领域,专家提出了一种粒子群驱动的鱼群搜索算法,用来优化数控机床加工参数。神经网络进行过程迭代、收敛受网络复杂度的影响要花费一定的时间。为了解决这一问题,提出了基于神经网络和遗传算法的混合方法以减少神经网络的计算复杂度和时间消耗,并对平面加工的特征识别进行模拟实验,证明其可行性。有人提出了一种基于遗传算法,适用于求解细小的切削力预测模型,该模型可以实现

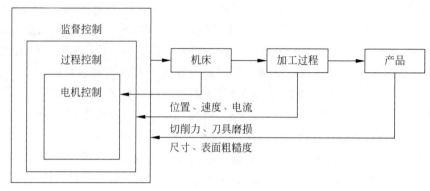

图 7-7　机床控制器的控制层级

对切削力的预测和对切削参数的优化。

（2）加工过程的监控应用：监控监测加工过程中的不正常现象，进而采取停止加工过程、调整加工过程参数（如主轴转速）以避免机床破坏。加工过程的不正常现象可能是渐进产生的，如刀具磨损；也可能突然产生，如刀具破损；或者可以预防，如振动或振颤。

2. 智能加工控制国内发展趋势

在智能化控制下，自动化系统能够主动对故障进行检修，因为自动化系统在应用过程当中能够很好地将所有的机器通过计算机语言联系在一起，并产生一个具有联动性的处理系统。根据采用的传感器、控制方法和控制目标的不同，对加工过程监控的研究主要集中在以下几个方面：

（1）通过对刀具磨损的研究，实现加工状态监控。

（2）通过对测力仪或测量电机电流等间接方式获得的切削力的研究，对加工过程状态进行改进。

（3）CAM 领域的离线参数优化研究。

（4）智能加工控制算法仿真研究等。

例如陕西宝鸡机床集团有限公司生产的智能数控机床极具代表性。该机床通过在机床的关键位置安装振动、温度、位置、视觉传感器，收集数控机床基于指令域的电控实时数据及机床加工过程中的运行环境数据，形成数控机床智能化的大数据环境，通过大数据的可视化、分析、深度学习和理论建模仿真，形成智能控制策略，实现数控机床加工过程的自感知、自学习、自诊断、自调节等智能化功能。

7.1.3　数控机床全生命周期管理服务平台

智能制造是面向产品全生命周期，实现泛在感知条件下的信息化制造。数据和信息是智能制造中流动着的"血液"，数字化将数据转变成信息，通过网络化和智能化决策创造出有用的价值，因此，智能产品制造都是由数据驱动的。产品全生命周期建档分为四个阶段：

（1）部件生产阶段：采购环节数据、生产环节数据、测试入库记录。

（2）配套产品入库阶段：配套产品入库检测记录、配套产品采购订单信息。

（3）机床整机调试阶段：机床制造过程数据、机床出厂测试调机数据、机床出厂记录。

（4）机床交机阶段：用户开机、调机数据记录、自主维修、一键报修、用户维修记录、用户使用过程数据。

数控机床全生命周期管理服务平台应用物联网、云服务、大数据等关键技术，采集数控机床从设计、加工到机床整机调试，用户交机使用等全生命周期数据，建立机床档案数据库，进行全生命周期信息追溯，为用户提供远程设备监控、生产统计管理、设备运行维护等服务。图 7-8 所示为陕西宝鸡机床集团有限公司的宝鸡云（BOCHICLOUD）技术架构。宝鸡云的核心亮点是其运维服务功能：

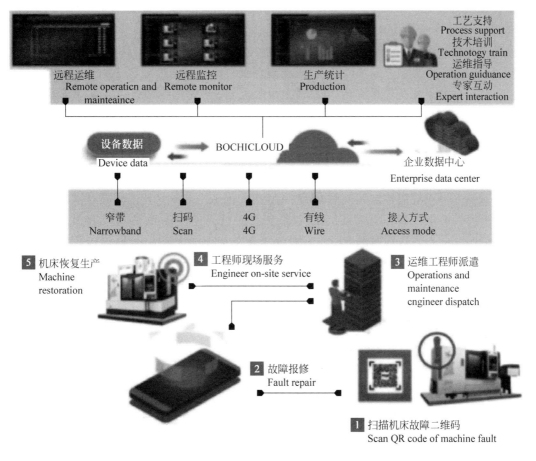

图 7-8　BOCHICLOUD 技术架构[4]

（1）故障案例知识库：为用户提供故障解决方案。

（2）故障报修：设备故障在线报修、报修订单及时派遣、工程师快速跟进等。

（3）定期保养：跟踪设备全生命周期性能变化，提供定制化保养计划。

（4）预测性维护：预测设备潜在的故障风险并及时备件。

7.1.4　数字化生产线系统集成

随着集成控制系统技术的快速发展，自动化生产线向着更高的自动化和集成化方向发展。生产线集成控制是通过某种网络将其中需要连接的智能设备进行组网，使之成为一个整体,使其内部信息实现集成及交互进而达到控制目的。生产线集成控制的种类有设备集成和信息集成两种。设备集成是通过网络将各种具有独立控制功能的设备组合成一个有机的整体,这个整体是一个既独立又关联而且还可以根据生产需求的不同而进行相应组态的集成的控制系统。信息集成是运用功能模块化的设计思想实现资源的动态调配、设备监控、数据采集处理、质量控制等功能,构成包括独立控制等处理功能在内的基本功能模块,各个功能模块实现规范互联,构造功能单元时采用特定的控制模式和调度策略,达到预期的目标,进而实现集成控制。

传统的自动化企业专注于设备级的自动化实现,但对上层 SCADAMES/ERP 等系统不熟悉,致使忽视生产线信息的数字化获取及生产信息的横向、纵向流动。MES/ERP 等软件系统企业专注于上层系统级的数据分析与调配控制,对于底层型号各异的执行设备和控制器等硬件设备以及控制方式难以涉及,影响信息纵向流动。通过数字化测量实现制造信息(关键参数)的数字化获取及流转,可打通上层系统与底层生产线之间的阻隔,释放已有的优质生产力,加快我国的制造业发展进程。通过集成工装设计、制造、管理技术,构建工装数字化生产线,实现工装研发过程各环节数据流的畅通,才能充分发挥数字化技术在工装研发过程中的作用,从而提高工装制造精度和效率,缩短研制周期,降低研制成本。

生产线集成控制是将通信、计算机及自动化技术组合在一起的有机整体。为了使生产线中各设备和分系统能够协调工作,系统采用 PLC 及其分布式远程 I/O 模块实现生产单元的“集中管理、分散控制”;同时 PLC 接收来自上位 MES 系统的管理,包括操作人员信息核对、产品控制、物料管理等信息。生产线控制系统结构如图 7-9 所示,通信内容包括操作人员身份识别、生产线线体状态、机械手信息、机器人信息、工件加工信息、机床工作状态及各种故障信息等。

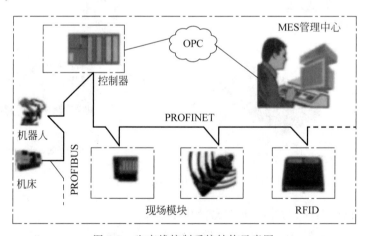

图 7-9　生产线控制系统结构示意图

控制系统硬件组态采用 PROFINET 网络与底层的现场 I/O 设备通信,I/O 设备包括 IM151-3PN 现场模块、ET200ecoPN 输入输出模块、RF180C 通信模块等具有以太网功能的模块。为了与车间其他单元 PLC 系统数据共享,控制系统还配备了工业级 PN/PN 耦合器,通过该网桥,可以实现自动生产线与车间其他 PLC 系统之间的信息交互。同时,为了保证生产的可靠性,在各单元的控制器间采用光纤环网连接,一旦 MES 系统出现故障,控制系统可以脱离 MES 系统正常运行。

7.1.5　典型流程装备生产线案例

花键轴叉整套加工过程包括棒料毛坯锯断设备、加热设备、锻造设备、去毛刺设备、调质热处理设备、端面打中心孔设备、车床、花键铣床、中频淬火设备、镗耳孔立加等工序。根据花键轴工序及设备的特点,将其中的锻打中心孔设备、车床、花键铣床、中频淬火设备、镗耳孔立加等工序组成自动化智能化生产线,根据各工序节拍进行各项设备的数量匹配及自动线成线布局方案,由工业机器人将机床分别组成自动化智能加工单元,并整体形成一套花键轴叉的大型柔性自动化智能化生产线。多套智能化柔性自动化加工单元,组成智能工厂,并依托 i5 系统的 WIS 车间管理系统,组建智能化数字化车间。花键轴叉自动线布局示意如图 7-10 所示。

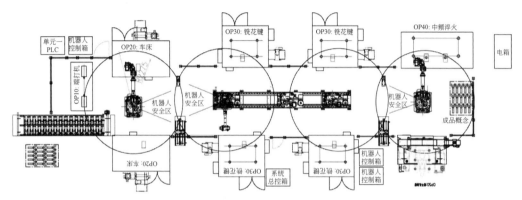

图 7-10　花键轴叉自动线布局示意图

部分加工工序的第一序,由 1 台六轴工业机器人、1 套双气爪抓手模块、1 套链板式上料库、1 套人工抽检台、1 套中转料盘、1 台数控端打机和 2 台 i5T3.5a 数控车床(后置排屑器)构成自动加工单元 1,并增加上料辅助机械手,如图 7-11 所示。

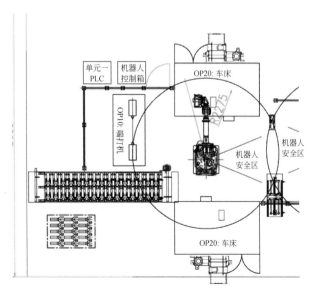

图 7-11　加工单元 1 的布局示意图

部分加工工序的第二序,由 1 台六轴工业机器人、1 套机器人行走轨道、1 套双气爪抓手模块、4 台数控花键铣、1 套人工抽检台、1 套中转料盘构成自动加工单元 2(见图 7-12),2 个机器人布置于 4 台机床中间。其中,上料中转料盘抓料端带有定向机构,保证工件的轴向定位和轴叉的角向定位,保证车床序上料时与双顶尖夹具配合的可靠性。

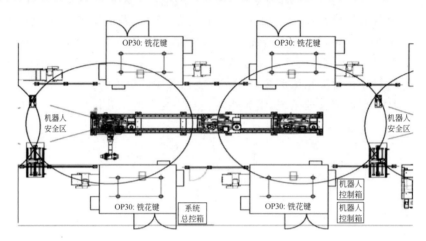

图 7-12　加工单元 2 的布局示意图

部分加工工序的第三序,由 1 台六轴工业机器人、1 套双气爪抓手模块、1 套下料念单方理有、1 个人工抽检台及 1 台双工位淬火机、1 台立加中心构成自动加工单元 3(见图 7-13)。

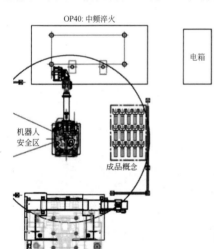

图 7-13　加工单元 3 的布局示意图

从沈阳机床搭建的 i5 智能机床的花键轴叉自动化生产线正式投产的使用情况来看,其个性化设计、高效稳定的加工节拍,赢得了用户的信赖。按照国际用户严格的生产验证要求,沈阳机床提供的自动化生产线加工节拍在满足加工精度要求的前提下,始终稳定在 1 分 30 秒,相比国外设备节省了两道工序,加工时间缩短了近 1 倍。

该系统通过 i5 智能化平台的 WIS 车间管理系统实现智能化车间管理,并通过配置 i5 智能化数控系统的智能化机床、智能机器人和物料系统实现最优组合,通过采用自动线,提高零件加工的可靠性和稳定性,降低材料废品率,实现材料利用率提高 10%～15%;通过优化切削工艺,节约辅助时间、降低维护时间等方法,能效提高 10%～15%;通过采用自动线,劳动生产率提高 30%～50%,生产人员降低 10%～30%,生产成本降低 10%～15%。

该项目形成的智能化工厂将直接使用户的产品生产更加方便、高效,大大降低制造产品的废品率,提高生产效率,有效地降低用户的生产成本。同时,通过该项目的应用示范,也将进一步带动智能化工厂的汽车相关零件加工产业的推广和应用。

7.2　智能制造柔性系统

7.2.1　开放式柔性数控系统集成

智能制造柔性系统是集数控化、自动化、智能化、网络化为一体的一类高技术产品,电气控制系统是多个子系统的集成,而总控系统是智能制造柔性系统的控制中心和指挥调度中心。开放式数控的智能制造柔性系统集成控制技术,是智能制造系统电气控制系统开发过程中用到的核心技术之一,是普通单机数控技术的更高级和更复杂的运用。通过应用开放式数控系统,可以实现从数控机床单机到多台数控机床、自动物流搬运系统、计算机总控系统的集成,实现具有自动化、网络化、智能化、柔性化特色的智能制造柔性系统集成的跨越。智能制造柔性系统与机床单机相比,控制规模大、系统性强、控制信息多、内容复杂。

运用开放式系统技术和网络连接扩展技术的智能柔性系统制造主要包括电气控制系统、物流搬运系统、智能柔性加工系统、计算机信息控制系统等,其主要技术内容的拓扑结构如图 7-14 所示。

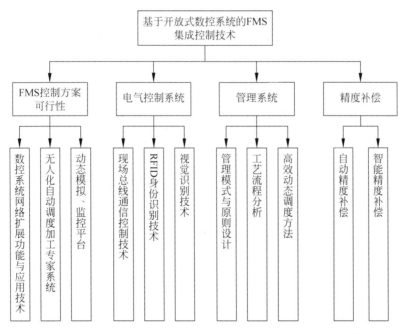

图 7-14　智能制造柔性系统集成控制技术主要技术内容的拓扑结构

围绕国产数控系统在智能制造柔性系统中的应用,如华中数控开发的基于 8 型数控系统的功能扩展技术及基于 NCUC-BUS 总线的控制、物流、信息的网络融合方法,开发了智能制造柔性系统多数控系统的分布与协同控制方法,以及物流布局、节拍、流程、逻辑控制、托盘编码及自动识别、物流子系统安全控制方法,建立了刀具自动识别、监测及自动换刀方法,开发了综合精度测量技术,建立了网络化作业计划管理及智能调度模型,开发了机床箱体零件在线检测测量方法,实现了生产线的监控功能。通过将 RFID 技术应用到数控加工生产的刀具管理中,可以提高刀具管理的自动化程度和管理效率,实现精确快速识别、跟踪刀具,并将刀具信息反馈给刀具管理系统,执行相应加工动作。

7.2.2 智能制造柔性系统在线监控

本节论述智能制造柔性系统的在线检测与监控技术以及可靠性评估模型,运用国产精密卧式加工中心的数控系统和测头作为核心检测设备,对箱体类零件加工进行在线检测,实现了由国产数控系统组成的智能制造柔性系统运行状态的数字化和视频监控。数字化监控包括智能制造柔性系统的运行数据、运行状态、机床工作状态、运输线工作状态、加工程序管理等,视频监控是指对智能制造系统的关键部位进行监控,包括机床加工区、托盘交换、自动物流传输线以及排屑情况等。

1. 基于数控系统的在线检测技术

在线测量主要完成零件自身误差检测、夹具和零件装卡检测、编程原点测量,通过对工件测头与数控系统分析,将工件测头的电源、高速跳转信号、启停、报警信号接入到机床中,在机床的 PLC 中编写对应的控制程序、测量宏程序,通过机床数控系统运动控制与工件测头中相关信号进行配合,实现工件的端面、内径、外径等位置的尺寸测量,并将测得的相关尺寸数据通过宏程序补偿到对应工件坐标系中,从而实现加工零件测量和误差补偿,提高加工精度。

1)工件测量技术

在数控机床上对被加工工件进行在线自动测量是提高数控机床自动化加工水平和保证工件加工精度的有效方法。因此,数控机床工件在线自动测量系统是衡量数控机床技术水平的重要特征之一,已成为数控机床必不可少的功能配置。

通过工件的在线自动测量,在加工前可协助操作者进行工件的装夹找正,自动设定工件坐标系,可简化工装夹具,节省夹具费用,缩短辅助时间,提高加工效率。在加工中和加工后可自动对工件尺寸进行在线测量,能根据测量结果自动生成误差补偿数据反馈到数控系统中,以保证工件尺寸精度及批量工件尺寸一致性。采用机内在线测量还可避免将工件卸下送到测量机测量所带来的二次误差,从而可提高加工精度,通过一次切削即可获得合格产品,提高数控机床的加工精度和智能化程度。

2)刀具信息及磨损监控技术

华中 8 型数控系统与 RFID 读写器采用串口连接,读写器与电子标签通过无线传输进行通信,电子标签安装在刀具中。通过 RFID 与刀具的结合,使得刀具自身带有相关物理信息,比传统的条形码信息更丰富、功能更强大。刀具管理 RFID 系统将 RFID 技术应用到数控加工生产的刀具管理中,可以提高刀具管理的自动化程度和管理效率,实现精确快速识别、跟踪刀具,并将刀具信息反馈给刀具管理系统,执行相应加工动作。将射频识别技术与数控系统刀具管理模块相结合,实现刀具信息的传输,避免人工操作的错误,从而实现刀具的自动识别、计算刀具剩余寿命信息以及剩余工件数的更新。

应用刀具测量技术可以实现刀具长度/直径的自动测量和参数更新,测量结果可自动更新到相应刀具的参数表中,避免人为对刀具参数输入带来的潜在风险,同时可实现刀具磨损/破损的自动监控,提高产品质量并降低刀具损耗或废品率。

2. 基于数控系统的在线监控技术

通过数控系统、PLC、各种现场传感器等采集设备及系统运行的实时状况信息,并写入数据库,实现智能制造柔性系统现场各种设备的总控和调度。智能制造柔性系统在线监控布局示意图如图 7-15 所示。开发智能制造柔性系统实时运行状态控制系统,实现对整个智能制造系统的运行状态、机床工作状态、运输线工作状态、加工程序的控制,并以图形方式实时模拟现场运行工况,在线监控模型如图 7-16 所示。

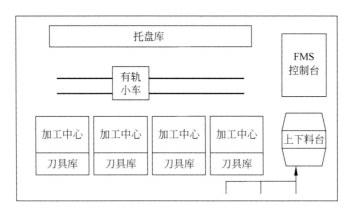

图 7-15　智能制造柔性系统在线监控布局示意图

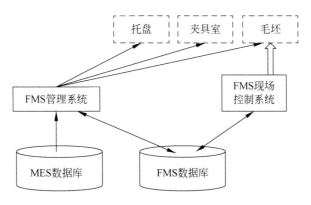

图 7-16　在线监控模型

7.2.3　智能制造柔性系统的可靠性技术

智能制造柔性系统除集成柔性、高效、高精加工外,提升系统及设备的可靠性也是非常重要的,可靠性提升的内容主要包括以下 4 项技术:

(1) 智能制造系统可靠性技术,包括智能制造系统的可靠性建模、预计和分配。

(2) 加工设备可靠性技术,包括加工设备可靠性实验与评估技术以及关键功能部件失效模式与影响分析(FMEA)。

（3）智能制造柔性系统子系统可靠性技术，包括刀具系统、物流系统、辅助系统的可靠性技术。

（4）智能制造柔性系统以及子系统可靠性实验技术，包括生产线总体及各分系统的可靠性强化实验技术，通过设计可靠性强化实验方案进行实验，得到准确有效的可靠性数据，从而为强化生产线总体及各分系统的可靠性提供依据。

上述 4 项技术依照其特性可以分解为更具体的技术，如图 7-17 所示。

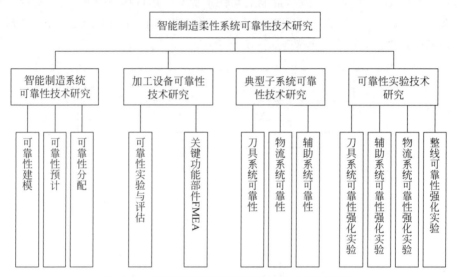

图 7-17　智能制造柔性系统可靠性技术研究路线

1. 智能制造柔性系统的可靠性建模

Petri 网是对离散并行系统进行建模的一种工具，能够表达并发的事件、具有可达性、有界性、活性、回复性、公平性、可逆性、保守性、一致性等特性。Petri 网的图形表示是一种有向图，包括两类节点：库所（用圆表示）和变迁（用短线表示），弧用来表示流关系。Petri 网的状态由标识来表示，在某一时刻的标识决定该 Petri 网的状态，标识在 Petri 网中的变化遵循一定的规则——变迁规则：①一个变迁，如果它的每一个输入库所（库所到变迁存在有向弧）包含至少一个标记，对这个变迁是使能的；②一个使能变迁的激发，将引起其每个输入库所中标记减少，而每个输出库所（变迁到库所存在有向弧）中标记增加。

2. 智能制造柔性系统可靠性预测

利用可靠性模型得到所要加工工件的加工路径及机器设备的序列，根据任务可靠性的基本原理，可以建立智能制造柔性系统的任务可靠性预测模型。

3. 智能制造系统可靠性分配

通过对历史故障数据的统计与分析可以得到各个子系统的故障率以及整体系统的故障率，利用可靠性研究分析方法对故障率进行优化处理，可以得到新的各个分系统的故障率。

4. 可靠性指标验算

完成可靠性分配后，需对各分系统所分配到的可靠性指标进行验算，验证分配结果是否满足系统的要求。

5. 加工设备可靠性实验与评估

1）加工设备可靠性实验

（1）非切削加工（空运转）实验。整机非切削可靠性实验采用空运转的方式，将主机和辅机联动以全面地考察各个功能部件的性能和可靠性。实验考察的内容包括：①机床快速移动性能；②主轴在低速、中速、高速的运转性能；③$X/Y/Z/B$ 轴在全行程范围内运动的能力；④B 轴连续分度性能以及 B 轴罩壳的防漏性能；⑤模拟直线插补、圆弧插补、螺旋插补、3D 直线插补；⑥模拟刚性攻螺纹、转孔、镗孔、铣削等工序；⑦辅机（液压站、油冷机、冷却系统、排屑器等）连续工作可靠性。

（2）切削加工实验。切削加工实验是在非切削加工实验后进行的，在空运转实验后，需要对机床检修并达到验收技术条件时才能选定典型零件进行切削加工实验。

2）加工设备 MTBF 值的评估模型

根据 GB/T 23567.1—2009《数控机床可靠性评定　第 1 部分：总则》的规定，机床的 MTBF 应为

$$\text{MTBF} = K \cdot f\left(\frac{T_y}{r}\right)$$

式中，K 为修正系数；T_y 为实验时间；r 为有效故障数。

该可靠性模型中各库所及变迁的释义如表 7-1 所示。

表 7-1　智能制造柔性系统的广义随机 Petri 网可靠性模型各库所及变迁的释义

库所	释　　义	变迁	释　　义
P1	外部工件等待进入系统	t1	系统外部有工件输入
P2	空闲的托盘	t2	工件到达装卸站
P3	工人空闲	t3	工人正在装夹工件
P4	工人准备开始装夹	t4	工人装夹工件有误
P5	工件工人纠正错误的工件装夹	t5	工人开始纠正错误
P6	装卸站容量 $K_1 = 2$	t6	系统申请工件检测设备服务
P7	检测装置空闲	t7	检测装置开始检测工件
P8	检测装置启动并准备检测	t8	检测装置发生故障
P9	测装置处于故障状态并准备维修	t9	对检测装置进行维修
P10	工件检测完毕	t10	程序判断
P11	程序执行完毕准备命令物料运输 AGV 服务	t11	系统申请物料运输 AGV 服务
P12	物料运输 AGV 空闲	t12	物料运输 AGV 开始运输工件
P13	物料运输 AGV 启动并准备运输	t13	物料运输 AGV 发生故障
P14	物料运输 AGV 处于故障状态并准备维修	t14	对物料运输 AGV 进行维修
P15	物料运输 AGV 结束运输工作	t15	系统申请刀具运输 AGV 服务
P16	程序执行完毕准备命令刀具运输 AGV 服务	t16	刀具运输 AGV 开始向刀库移动
P17	刀具运输 AGV 空闲	t17	刀具运输 AGV 发生故障

库所	释　义	变迁	释　义
P18	刀具运输 AGV 启动并准备运输	t18	对刀具运输 AGV 进行维修
P19	刀具运输 AGV 处于故障状态并准备维修	t19	系统申请刀库提供刀具
P20	刀具运输 AGV 到达刀库换刀位置并准备装夹刀具	t20	换刀机械手将刀具从刀库提取并装夹到刀具运输 AGV 上
P21	刀库空闲	t21	刀库发生故障
P22	刀库启动并开始提取刀具	t22	对刀库进行维修
P23	刀库处于故障状态并准备维修	t23	刀具运输 AGV 正在运输刀具
P24	刀具运输 AGV 装夹好刀具	t24	程序判断
P25	刀具运输 AGV 携刀具到达目的地	t25	—
P26	程序执行完毕且不需要从刀库中调取刀具	t26	—
P27	系统准备命令清洗机服务	t27	—
P28	—	t28	—
P29	—	t29	系统申请物料运输 AGV 服务
P30	—	t30	物料运输 AGV 开始运输工件
P31	—	t31	物料运输 AGV 发生故障
P32	物料运输 AGV 空闲	t32	对物料运输 AGV 进行维修
P33	物料运输 AGV 启动并准备运输	t33	工人正在卸载工件
P34	物料运输 AGV 处于故障状态并准备维修	tMCN1	物料运输 AGV 向 N 号加工中心提供工件
P35	物料运输 AGV 到达装卸站结束运输工件	tMCN2	N 号加工中心正在对工件进行加工
P36	加工完毕的工件输出系统	tMCN3	N 号加工中心正发生故障停机
PMCN1	N 号加工中心空闲	tMCN4	对 N 号加工中心正进行维修
PMCN2	N 号加工中心启动并准备开始工作	tH1	物料运输 AGV 向缓冲站运输工件
PMCN3	N 号加工中心处于故障并准备维修	tH2	正在向缓冲站卸载工件
PMCN4	工件在 N 号加工中心完成加工并等待输出	PH3	缓冲站容量 $K_2 = 36$
PH1	缓冲站有空位	PH2	缓冲站准备接收工件

其中修正系数 K 是评价的关键,它与以下因素有关:

(1) 运动件的疲劳,受力强度和时间有关。

(2) 运动件的磨损和电器件老化,与精度和时间有关。

(3) 运动件的摩擦,与温度等因素有关。

(4) 受力大小或加载强度,包括疲劳因素,如轴承、经常活动的部件。

(5) 循环次数,如加工中心的换刀次数,以及运动部件的往复次数、主轴的转速大小(转速越高,轴承循环越多)等。

(6) 部件温度,温度越高、机械磨损越快,电气老化越快。

因此,

$$K = K_1 K_2 K_3 K_4 K_5 K_6$$

式中，K_1 为负载工况系数；K_2 为加工精度系数；K_3 为温度系数；K_4 为主轴转速修正系数；K_5 为换刀频繁度系数；K_6 为机床结构刚度系数。

6. 智能刀具系统可靠性技术

1）刀库各元任务 GO 法建模

（1）辅助机械手一段伸出元任务的 GO 图建模。辅助机械手一段伸出元任务的 GO 图模型如图 7-18 所示。

其对应的可靠性数学模型为

$$P_5 = P_{S1} P_{S4} P_{C2} P_{C3} P_{C5}$$

（2）辅助机械手夹紧刀具元任务的 GO 图建模。辅助机械手夹紧刀具元任务的 GO 图模型如图 7-19 所示。

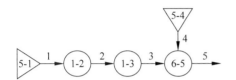 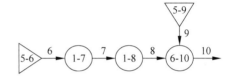

1,4—控制信号；2,5—电磁阀；3—液压缸。　　　6,9—控制信号；7,10—电磁阀；8—液压缸。

图 7-18　辅助机械手一段伸出元任务的 GO 图模型　　图 7-19　辅助机械手夹紧刀具元任务的 GO 图模型

其对应的可靠性数学模型为

$$P_{10} = P_{S6} P_{S9} P_{C7} P_{C8} P_{C10}$$

（3）拔出刀具元任务的 GO 图建模。拔出刀具元任务的 GO 图模型如图 7-20 所示。

其对应的可靠性数学模型为

$$P_{15} = P_{S11} P_{S14} P_{C12} P_{C13} P_{C15}$$

（4）辅助机械手二段伸出元任务的 GO 图建模。辅助机械手二段伸出元任务的 GO 图模型如图 7-21 所示。

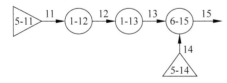

11,14—控制信号；12,15—电磁阀；13—液压缸。　　16,19—控制信号；17,20—电磁阀；18—液压缸。

图 7-20　拔出刀具元任务的 GO 图模型　　图 7-21　辅助机械手二段伸出元任务的 GO 图模型

其对应的可靠性数学模型为

$$P_{20} = P_{S16} P_{S19} P_{C17} P_{C18} P_{C20}$$

（5）辅助机械手松开刀具元任务的 GO 图建模。辅助机械手松开刀具元任分的 GO 图模型如图 7-22 所示。

其对应的可靠性数学模型为

$$P_{25} = P_{S21} P_{S24} P_{C22} P_{C23} P_{C25}$$

（6）辅助机械手二段收回元任务的 GO 图建模。辅助机械手二段收回元任务的 GO 图模型如图 7-23 所示。

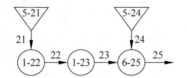

21,24—控制信号；22,25—电磁阀；23—液压缸。

图 7-22　辅助机械手松开刀具元任务的 GO 图模型

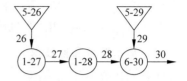

26,29—控制信号；27,30—电磁阀；28—液压缸。

图 7-23　辅助机械手二段收回元任务的 GO 图模型

其对应的可靠性数学模型为

$$P_{30} = P_{S26} P_{S29} P_{C27} P_{C28} P_{C30}$$

（7）辅助机械手一段收回元任务的 GO 图建模。辅助机械手一段收回元任务的 GO 图模型如图 7-24 所示。

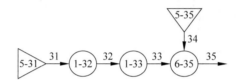

31,34—控制信号；32,35—电磁阀；33—液压缸。

图 7-24　辅助机械手一段收回元任务的 GO 图模型

其对应的可靠性数学模型为

$$P_{35} = P_{S31} P_{S34} P_{C32} P_{C33} P_{C35}$$

2）GO 法的定性分析

辅助机械手换刀的整个动作被分解为 8 个任务，每个任务都要按时序分别完成，换刀的动作才能成功。所以辅助机械手换刀动作的可靠度表示为

$$P = P_5 P_{10} P_{15} P_{20} P_{25} P_{30} P_{35} P_{40}$$

辅助机械手换刀动作的完成与每个元器件的可靠度有关，上述公式主要涉及两类元器件，一类是液压元器件，另一类是接近开关。液压元器件主要是液压缸和电磁阀。液压缸故障主要表现为液压油泄漏，包括内泄和外泄。内泄大多是由于密封件损坏引起的，外泄主要是由于密封件磨损和老化造成的。电磁阀故障主要表现为无法正常运动，故障原因通常是弹簧疲劳失效和液压油杂质造成阀体堵塞。接近开关的作用是将位置检测信号发送给控制系统，接近开关自身的可靠性较高，故障主要表现为系统无法接收到检测信号，或是发出错误的检测信号。位置检测信号受感应距离的影响很大，一般为 2mm 以内，刀库在使用过程中处于振动的环境中，位置容易发生变化，从而造成无法发出感应信号，无法完成动作或产生误动作。

7. 智能制造柔性系统物流系统可靠性技术

FMS80 物流系统由传输导轨、1 台用于物料运输的自动搬运小车（有轨小车）、2 个工件装卸站（上下料工位）、1 个上下料机械手、36 个托盘存储库和物流控制系统等组成。机床箱体类零件加工 FMS80 的有轨小车以专用托盘为载体，在上下料工位、THM6380 精密卧式加工中心、托盘库之间进行工件的传送、交换与存储，如图 7-25 所示。

故障诊断分析是对 FMS80 有轨运输小车实时检测的故障进行离线诊断，并给出维修

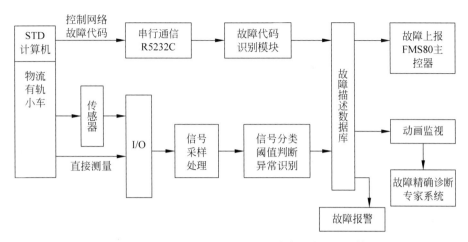

图 7-25　FMS80 有轨小车状态监测与故障诊断系统总体结构

措施。利用可靠性工程相关知识和现场故障信息对发生故障的设备或模块切断,寻找故障原因,并建立故障数据库、故障维修记录库及其管理系统等。

7.2.4　智能制造柔性系统评价

智能制造柔性系统评价的关键在于系统精度等性能指标和柔性系统的利用率。

1. 智能制造柔性系统精度检测技术

1)基于激光干涉仪的数控机床空间误差检测技术

利用激光干涉仪等仪器检测机床各坐标轴的各项误差并建立空间误差模型。计算机床工作区域内的空间误差,根据机床空间误差的情况来预测机床误差发展趋势,并根据主要误差区域来制定机床的特定精度检测项目以实现对机床主要误差项的快速、高效检测。

2)基于球杆仪的数控机床空间误差检测技术

QC20 球杆仪及软件用于测量数控机床中的几何误差,并检测由控制器和伺服驱动系统引起的精度不准的问题。让机床运行一段圆弧或整圆周来执行球杆仪测试以测得误差。利用球杆仪自带软件半径的微小偏移量,将合成的数据显示在屏幕上,从而反映机器执行该项测试的结果情况。如果机器没有任何误差,绘制出的数据将显示出一个真圆。

3)数控机床动态误差检测技术

机床的旋转刀具中心点(RTCP)精度是四轴联动数控机床的重要精度指标,直接影响机床的四轴联动加工精度,从而影响工件的质量。具有 RTCP 功能的数控机床,可以使刀具中心点始终保持在一个固定的位置上。刀具中心为了保持位置不变,转动坐标的每一个运动都会被 XYZ 的一个直线位移所补偿,因此通过检测机床的 RTCP 精度可得到四个轴在多轴联动时的一个累积定位精度,从而反映机床的动态精度。

4)基于机器视觉的旋转轴误差检测技术

针对四坐标机床旋转轴误差检测的问题,建议利用机器视觉技术对四坐标机床旋转轴转角定位误差进行检测。首先,制定特定标志,采用机器视觉技术,利用 CCD 摄像机获取标志图像;其次,通过数字图像处理技术对所获得的图像进行分析处理;最后,根据标记在不同位置处的相对转角偏差计算机床旋转轴的转角定位误差,实现四坐标机床旋转轴转角定位误差的辨识和精确测量。

2. 数控机床综合性能评价方法

1) 基于层次分析法的数控机床精度评价方法

层次分析法(analytic hierarchy process,AHP)又称为多层次权重解析方法,是由美国著名运筹学家、匹兹堡大学的 T. L. Saaty 教授于 20 世纪 70 年代初首次提出的,该方法是一种定量与定性相结合的系统分析方法,不仅能够有效地对人们的主观判断作客观描述,而且简洁、适用。在对定性事件进行定量分析和模糊评价中,该方法应用比较广泛,比如在城市规划、招标评价、资源系统分析、科研成果评价、经济管理、社会科学等领域经常被使用。

层次分析法的主要步骤如下:

(1) 对构成评价系统的目的、评价指标(准则)及替代方案等要素建立多级递阶的结构模型。

(2) 对同属一级的要素以上一级的要素为准则进行两两比较,根据评价尺度确定其相对重要度,据此建立判断矩阵。

(3) 计算判断矩阵的特征向量以确定各要素的相对重要度。

(4) 通过综合重要度计算,对各种方案要素进行排序,从而为决策提供依据。

2) 实际运用

(1) 建立精度指标评价体系。数控机床精度指标主要分为几何误差、热变形误差、定位误差、加工误差,运用层次分析法的思想建立了如图 7-26 所示的评价指标体系。

(2) 建立数控机床精度指标评价的评价集。评价集是评价人员对各层次评价指标所给出的评语集合,对于不同的评价指标,其评语等级所代表的含义各不相同。

(3) 确定数控机床主指标和子指标权重系数。在进行数控机床性能模糊综合评判时,各项指标的权重系数对最终的评判结果有很大的影响,不同的权重系数会导致不同的评判结果,因此正确确定权重系数至关重要。

(4) 测评计算过程。在对数控机床的综合精度进行评价时,根据机床单项精度指标的当前精度隶属度值,利用模糊综合评价法,用机床的单项精度隶属度值,结合该精度指标的权重,最终得到机床的综合精度值,如果某一项精度指标的精度值不存在,则将该指标隶属度置为 1。

(5) 评价结果及说明。数控机床精度指标的评价集为 $V = \{$很好、较好、一般、较差、很差$\}$。

3. 智能制造柔性系统评价方法

要发挥智能制造柔性系统的潜在优势,就必须让智能制造柔性系统的各项性指标达到最优化,比如设备利用率。尽管智能制造柔性系统中的设备利用率较单机作业环境下的设备利用率高,但在追求制造低成本的趋势下,有必要研究智能制造柔性系统调度问题,以提高设备利用率。提高智能制造柔性系统设备利用率的前提是对设备利用率及加工效率进行测评。

1) 模糊参数随机 Petri 网

模糊参数随机 Petri 网是在普通随机 Petri 网的基础上,用模糊化的变迁激发率参数代替以前的固定参数,从而实现制造过程时间参数随机性与模糊性的全面描述,有利于系统性

图 7-26　数控机床精度评价指标体系

能的准确评价。

2）模糊参数下的系统性能评价方法

模糊参数随机 Petri 网是将普通随机 Petri 网中的变迁激发率用模糊数表示，将系统测量数据的模糊性也纳入考虑范围，从而更准确地对系统进行性能分析。因此，模糊参数随机 Petri 网的分析过程是在普通随机 Petri 网分析的基础上，将激发率参数合理模糊化，然后进行模糊分析。

3）模糊参数评价理论的可靠性分析

模糊参数随机 Petri 网是在普通随机 Petri 网的基础上，利用可以较好描述时间参数测量过程中数据模糊性的梯形模糊数来表示随机 Petri 网中的变迁激发率参数，用模糊参数代替以前的固定参数，全面考虑了制造过程时间参数的随机性与模糊性，从数据来源上尽可能保证系统性能评价所采用数据的准确性，从而避免普通随机 Petri 网由于数据可靠性不足带来的分析结果不准确的问题。

智能制造柔性系统的评价指标包括自动化及柔性、成本、可靠性、风险性及运行参数等方面，如图 7-27 所示，评价指标的选取应遵循下述原则：

（1）完整性，指标应能反映智能制造柔性系统的主要特征。

（2）可操作性，评价指标应易于计算及评估。

（3）清晰性，评价指标应具有明确含义。

（4）非冗余性，同一特性不应用多个指标来度量。

（5）可比性，指标的确定应便于对不同厂家同类产品进行比较。

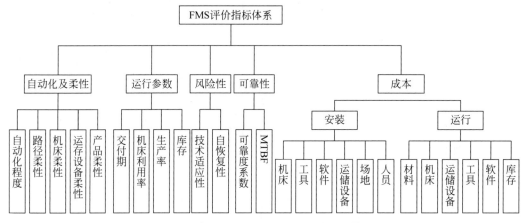

图 7-27　智能制造柔性系统的综合评价体系

7.3　流程工业的智能化

制造业根据在生产中使用的物质形态，可划分为离散型制造业和流程型制造业。流程型制造业包括石化、冶金、建材、轻工和电力等行业[5]。流程型制造业是指被加工对象不间断地通过生产设备，通过一系列的加工装置使原材料进行化学或物理变化，最终得到产品。流程行业作为国民经济的重要基础和支柱产业，为国民经济的快速发展作出了重要贡献，同时，流程型智能制造作为智能制造五大新模式之一，需结合自身特色，如工艺过程是连续进行的，不能中断；工艺过程的加工顺序是固定不变的，生产设施按照工艺流程布置；劳动对象按照固定的工艺流程连续不断地通过一系列的设备和装备被加工处理成产品，以探索智能制造之路。

流程制造型企业在开展智能工厂的应用点或者切入角度主要参考国家的三份政策文件：《智能制造发展规划（2016—2020 年）》《智能制造工程实施指南（2016—2020 年）》和《智

能制造试点示范项目要素条件》,根据其中要求,围绕智能制造模式,应用新技术创新,开展智能制造工作是重中之重。

7.3.1　流程工业的智能化内涵与特征

流程型制造是以资源和可回收资源为原料,通过物理变化和化学反应的连续复杂生产,为制造业提供原材料和能源的基础工业,包括石化、化工、造纸、水泥、有色、钢铁、制药、食品饮料等行业,是我国经济持续增长的重要支撑力量。

流程行业是制造业的重要组成部分,是经济社会发展的支柱产业,占全国规模以上工业总产值的 47% 左右,是我国实体经济的基石。我国流程行业经过数十年的发展,历经 70 年代技术与装备引进、80 年代初消化吸收、90 年代自主创新几个阶段,实现了与国际先进流程行业并跑。如图 7-28 所示,目前我国已成为世界上门类最齐全、规模最庞大的流程制造业大国。比如,我国流程行业产能高度集中,钢铁、有色、电力、水泥、造纸等行业的产能均居世界第一;我国十种有色金属总产量连续 15 年世界第一;石油加工能力、乙烯产量位居世界第二。当前,我国流程行业面临第四次工业革命的历史契机、中国制造升级转型和供给侧结构性改革的关键时期,必须抓住机遇、迎接挑战。近 10 年来,我国制造业持续快速发展,总体规模大幅提升,综合实力不断增强,不仅对国内经济和社会发展做出了重要贡献,还成为支撑世界经济的关键力量。

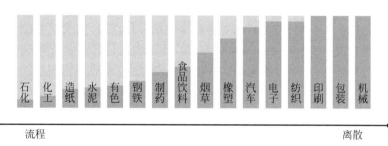

图 7-28　流程型制造行业划分

与离散行业相比,流程行业存在显著差异。离散工业为物理加工过程,产品可单件计数,制造过程易数字化,强调个性化需求和制造柔性。而流程行业生产运行模式特点突出,比如,原料变化频繁,生产过程涉及物理化学反应,机理复杂;生产过程连续,不能停顿,任一工序出现问题必然会影响整个生产线和最终的产品质量;部分产业的原料成分、设备状态、工艺参数和产品质量等无法实时或全面检测。流程行业的上述特点突出表现为测量难、建模难、控制难和优化决策难。

我国流程行业的发展正受到资源紧缺、能源消耗大、环境污染严重的制约。流程行业是高能耗、高污染行业,我国石油、化工、钢铁、有色、电力等流程行业的能源消耗,CO_2 排放量以及 SO_2 排放量均占全国工业的前列。随着我国经济的持续发展,流程行业原料的对外依存度不断上升。资源和能源利用率低是造成资源紧缺和能耗高的一个重要原因。我国矿产资源总回收率、能源利用率均低于国外先进水平,致使我国钢铁、有色、电力、化工等 8 个高耗能行业单位产品能耗与世界先进水平有一定的差距。我国矿产资源复杂且相对贫瘠,随着优质资源的枯竭,资源开发转向低品位、难处理、多组分共伴生复杂矿为主的矿产资源,资源综合利用率低、流程长、生产成本高。为解决资源、能源与环保的问题,我国流程行业已从局部、粗放的生产模式向全流程、精细化的生产模式发展。

近年来,流程行业面对错综复杂的国内外经济形势,积极应对经济下行压力,通过管理创新,淘汰落后产能,调整产业结构,取得了较好的发展态势。我国流程行业生产运行总体平稳,产能过剩得到一定的遏制,行业技术创新步伐加快,节能环保效果明显,但部分行业经济效益不甚理想,投资增速放缓。此外,我国流程行业已从局部、粗放的生产模式向全流程、精细化的生产模式发展,如钢铁、石化、有色等行业,提高了资源与能源的利用率,有效减少了污染。但我国流程行业的总体物耗、能耗和排放以及运行水平与世界先进水平相比有一定的差距,产品结构性过剩依然存在,管理和营销等决策缺乏知识型工作自动化,资源与能源利用率不高,高端装备、工艺、产品水平亟待提高,安全环保压力大。全球新一轮科技革命和产业变革加紧孕育兴起,与流程型制造转型升级形成历史性交汇,给流程行业带来了新的机遇。智能化转型升级已成为流程行业的重要发展趋势,对产业发展和分工格局带来深刻影响,将推动流程行业形成新的生产方式、产业形态、商业模式。

流程型制造企业经过近年的智能制造提升,在化工、石化、有色、钢铁、食品饮料、医药等行业形成了一批示范性智能工厂,例如稀土冶炼、氟化工、石化、铜冶炼、钢铁热轧、水泥、乳制品、现代中药等智能制造试点示范,尤其在化工、石化、钢铁、医药行业的试点示范项目数量较多,标杆作用明显,起到了显著的行业带动作用。对于智能制造综合标准化项目,流程行业总体承担的数量不多。其中,石化行业相对其他流程行业在智能制造标准方面投入更多。通过及时总结九江石化、茂名石化等标杆企业的成熟经验,形成了本行业的相关标准并依托试验验证平台进行了相应的标准验证和推广。随着各流程行业智能制造成熟经验的固化和对标准的日益重视,将会有越来越多的流程行业建立自己的智能制造标准体系并形成适合本行业发展的行业标准。

无论是在微观层面,还是宏观层面,智能制造技术都能给制造企业带来切实的好处。我国从制造大国迈向制造强国过程中制造业面临 5 个转变:①产品从跟踪向自主创新转变;②从传统模式向数字化、网络化、智能化的转变;③从粗放型向质量效益型转变;④从高污染、高能耗向绿色制造转变;⑤从生产型向生产+服务型转变。在这些转变过程中,智能制造是重要手段。在"中国制造 2025"中,智能制造是制造业创新驱动、转型升级的制高点、突破口和主攻方向。如图 7-29 所示,在智能制造这一新的背景和机遇下,流程型制造在设备运维和资产管理模式、生产模式、运营模式和商业模式上都将发生显著的变化:

(1)随着设备等资产的数字化、网络化和智能化,依靠数字孪生、故障预测、远程运维等技术,可实现设备状态的在线监测、分析和预测以及生产资料信息的积累、沉淀和优化,使得设备的运维由固定点检转向预测性维护,资产管理也日趋透明化和智能化,从而带来设备运维方式和资产管理模式的转变。

(2)随着制造过程的数字化、网络化和智能化,结合先进控制、工艺优化、工业无线通信等技术,使得生产过程中物料使用趋于平衡,生产效率显著提升,生产环境更加安全,能源使用更加节约,从而带来生产模式的转变。

(3)随着企业内部运营的数字化、网络化和智能化,结合信息融合管理、业务数据分析、智能优化排产等技术,使得生产计划制订、成本控制等管理决策更加合理,从而实现运营模式的转变。

（4）随着企业引入更多平台化资源，建立智慧供应链、市场和供应商评价体系，探索全程产品质量信息追溯，建立新的商业生态，从而带来商业模式的转变。

图 7-29　智能制造新机遇下的流程型制造模式

7.3.2　流程工业智能化核心问题

流程型制造过程中需要解决的核心问题主要包括工艺优化、智能控制、计划调度、物料平衡、设备运维、质量检验、能源管控、安全环保等内容。上述活动的高效进行是保证流程型制造的重要基础，在践行流程型智能制造时，应以流程行业关注的核心问题为落脚点，切实解决制造过程的实际问题，以提升相关的核心指标为实施目标。

1. 工艺优化

流程行业的整个工厂由上千台设备和数千根管道组成，工序间（车间）物料和能量大多通过管道传送，工艺复杂、流程长、工序间相互关联等特点，传统的二维设计存在材料统计偏差大，建设施工易发生碰撞等缺点，已不能满足工厂精益化生产的需求。流程型智能制造应集成应用智能 PID、协同设计、标准化编码、工程数据库等先进设计手段，对制造过程进行仿真、评估和优化，实现先进的可视化、仿真和文档管理，通过碰撞检查等手段提前发现专业内外的配合问题，使施工阶段的差错大大减少，为流程型企业的建造和运维提供支撑。工艺优化的目标是用最低成本换取最优质量和最高产能。工艺优化智能制造技术投入包含规范工艺信息管理和数据采集标准，建立工艺数字交付平台等资源要素；搭建以实时数据库和工业网络为主体的互联互通架构，实现工艺管理系统与相关应用系统的集成；通过仿真培训和流程模拟持续进行工艺改进，为实现系统先进控制创造条件。工艺优化智能制造应用范围覆盖了从设计到优化的工艺管理全生命周期过程。如图 7-30 所示为钢铁企业炼铁-炼钢-

连铸工艺流程。

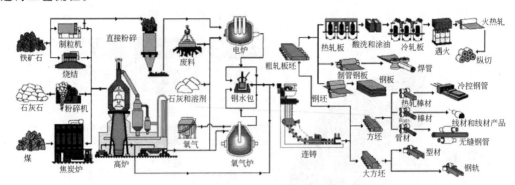

图 7-30　钢铁企业炼铁-炼钢-连铸工艺流程

炼钢的主要任务是将铁水、废钢等炼成具有所要求化学成分的钢,并使其具有一定的物理化学性能和力学性能,主要的任务概括为"四脱、两去、两调整"。四脱:脱碳、脱硫、脱磷、脱氧;两去:去除有害气体、去除有害杂质;两调整:调整钢液温度,调整合金料成分。

炼钢的主要设备包括:

1)铁水预处理站

如图 7-31 所示,铁水预处理站主要对铁水进行脱硫扒渣处理为后续转炉炼钢、精炼提供合格的铁水,同时它也是调节高炉和转炉之间供求的主要设备,铁水在混铁炉中储存、混匀铁水成分和均匀温度。

图 7-31　铁水预处理站

2)转炉

转炉是现代钢铁中最主要的设备,世界绝大多数钢厂都是转炉生产钢水,其他部分短流程、特殊钢等可能采用电弧炉等炼钢设备。

如图 7-32 所示,转炉以铁水和废钢为原料,并向铁水内部吹入氧气,使铁水中杂质和碳元素氧化,并以吹入的高压气体带动铁水流动,起到夹杂物上浮、铁水脱碳等作用,一般高炉铁水的碳含量在 4% 左右,转炉就是脱碳的重要环节。

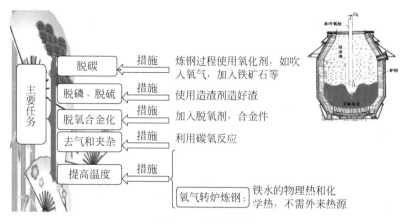

图 7-32 炼钢转炉

3）精炼炉

如图 7-33 所示，精炼炉一般是指炉外精炼设备，近 30 年来炉外精炼出现过 30 多种，炉外精炼的主要作用是提高钢水质量，扩大品种范围，优化冶金生产流程，提高生产效率。

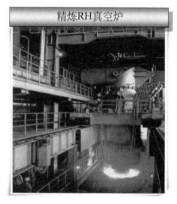

图 7-33 炼钢精炼炉

4）连铸

如图 7-34 所示，连铸是通过连铸机将钢水连续的铸成钢坯，然后送至后续的轧钢生产线轧制成材。

2. 智能控制

流程型制造的核心在于连续生产和最大限度地提高生产效率和工艺稳定性。对订单、批次、配方执行情况、质量进行严格的把控，降低关键工艺参数的标准偏差。传统控制系统一般包括仪器仪表系统、DCS 系统、PLC 系统、SIS 系统、SCADA 系统、执行调节系统等，以保证装置的稳定连续运行及紧急联锁程序处理。为了保证底层控制的稳定性和实时性，需在原有静态模型基础上开展动态模型的探索，以达到更精确的控制。基于不同工艺过程，先进过程控制在众多行业与工艺上得到大量应用，取得比较显著的成效，如何实现更多工序、装置、控制回路之间的过程控制与参数动态优化，达到整体最优，也是很多企业目前在尝试和努力的方向。智能控制目标是实现全局控制优化、单回路控制稳定和多变量控制价值最

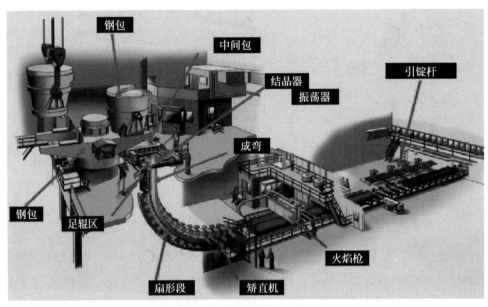

图 7-34　连铸机

优和。智能控制集智能感知、控制、监控、优化、故障诊断于一体，具有自适应、自学习、自动调整控制结构和参数的功能，从而能够适应工业过程的动态变化。通过部署实时优化系统，可以实现自动感知生产条件的变化，自动决策系统的参数设定值，达到优化运行指标的目的。通过部署先进控制系统，可以跟踪设定值的改变，将实际运行指标控制在目标值范围内。

3. 生产调度

在流程型行业生产调度中，生产计划的制订和管理占有举足轻重的地位，相对于离散制造，流程型制造在能源、化工、有色、钢铁等多数行业内以"以产订销"为主，全年生产计划主要考虑市场、政策、原料等因素，以安全、稳定、优质为条件，以实现满负荷生产为目的。流程企业根据市场的需求预测原材料与能源的供给情况、生产加工能力与生产环境的状态，利用生产过程全局性和整体性的思想，确定企业的生产目标，制订企业的生产计划，协调企业各局部生产过程，从而达到企业总体最优目标。同时为了适应激烈的市场竞争，对生产调度的实时性、协调性和可靠性提出了很高的要求，由于局部生产优化不等于全厂处于最优，生产调度可通过在生产过程中中间产品的存储对各个装置相互冲突的目标进行解耦，以获得全局的最优。调度的智能化要综合全面考量生产计划、设备检修周期、检修节点及产品价格，结合产品利润最大化和设备运行状态最优化得出最优的调度策略。智能化调度基于统一的工厂模型，实现调度指令、生产监控、物料平衡、统计分析的无缝衔接与闭环管理。调度的模式由传统的人工驱动提升为基于系统规则的自动化驱动，实现标准业务流程的自动化与实时化，提升企业生产管理协同水平。

图 7-35 给出了为基于预测扰动生产与运输设备协同调度。该流程图实现了双联冶炼、多重精炼的生产设备静态优化调度、运输设备调度、生产设备调度计划、带有空间相关性分析的运输时间动态估计模型，基于上述知识编制生产设备调度计划，应用于炼钢-精炼-连铸生产过程。

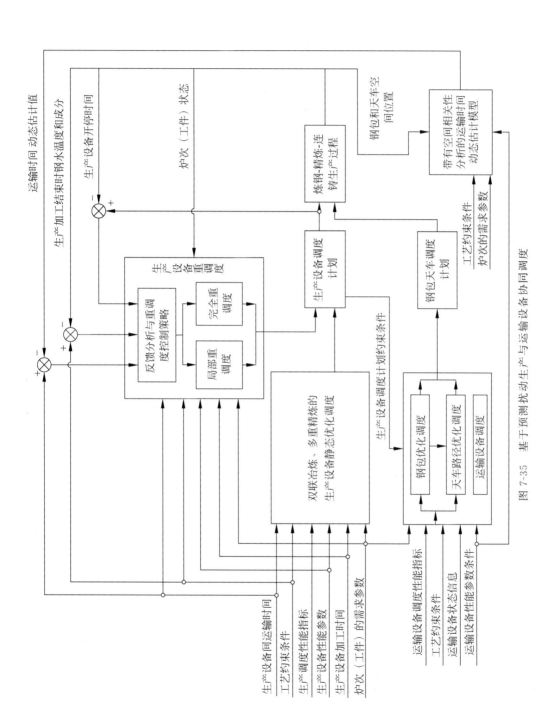

图 7-35　基于预测扰动生产与运输设备协同调度

4. 物料平衡

工业企业生产经营管理工作的重点之一就是对供产销存环节进行集中统一的计划和配置、协调和优化。对流程型企业来说,从原料采购、加工到产品销售这样一个过程其距离非常长,特别是生产环节的加工路线错综复杂,生产的连续性、物料的流动性、产品的联产性、品种的多样性、产耗的同步性、质量的差异性、形态的可变性,使得企业进行全方位全过程的监管和监控受到了一定程度的限制。流程行业物料统计平衡依据生产平衡推量后和物料相关的生产数据进行归并汇总,按照逻辑节点量和逻辑移动关系与物理节点量和物理移动关系之间的对应关系,实现统计层逻辑节点拓扑模型的动态生成,并以规则库、模型库和求解器,完成模型平衡计算,达到企业的区域、工厂、子公司三级物料统计平衡。

石油炼化企业物料平衡业务流程是对生产加工部门数据和储运部门数据、计量部门的进出厂数据,统一汇总到调度中心进行厂级的平衡计算,调度中心进行审核确认后,将结果发到计划处审核,审核后的数据将被用于最终的数据发布,物料平衡业务的流程如图 7-36 所示。

5. 设备运维

对于流程型制造,任何设备的非计划停机可能会对整个生产过程造成影响,产生巨大的经济损失,引发安全事故。保证设备的安全可靠运行对于流程型制造至关重要。流程型制造一方面产品比较固定;另一方面设备投资比较大、工艺流程固定,需最大限度地降低停机和检修,克服装备的可靠性和准确性不足等问题。因此,需要对关键设备的参数进行监控,基于设备健康程度实行有效的设备管理,同时挖掘设备潜能,监控场景需覆盖设备巡点检、大修的管理、设备资产管理、设备知识库管理等,并能够根据不同设备对应的特性进行定制化的维护。设备运维智能化的核心目标是实现预测性维护。在设备状态监测方面,企业除了利用现有传感器、控制系统和生产系统等系统中的数据外,还可通过新增点检、在线监测等方式,实现对动、静、电、仪等设备数据的全面感知与获取。数据平台通过集成各类智能算法,最终实现设备、生产线或工厂的设备故障预测,并对分析的结果进行展示与呈现。

目前,设备建模主要有两种思路:一种基于机理辨别,对未知对象建立参数估计,进行阶次判定、时域分析、频域分析或者建立多变量系统,进行线性和非线性、随机或稳定的系统分析等,研究系统的内在规律和运行机理;另一种则是基于 AI 相关的灰度建模思路,利用专家系统、决策树、基于主元分析的聚类算法、SVM 和深度学习等深度学习相关方法,对数据进行分析和预测。当前来看,在故障诊断预测性维护领域,智能化程度仍处于起步阶段,诊断专家的人工分析仍是不可替代的。无论是智能分析还是人工分析,目的在于准确预测设备运行状态,实现对异常设备的预警和故障的精准定位,并通过预测技术实现设备寿命的滚动预测。设备运维智能化建设还可以利用多维多尺度数字孪生建模技术,进行数字双胞胎体系建设。通过采集物理模型、传感器、运行历史等数据,集成多学科、多物理量、多尺度、多维度的仿真技术,实现虚拟空间映射。数字化建模技术系统的模型在功能结构上等价于真实的系统,可以反映出内在关系和外在表现,并且具有一致性。数字双胞胎采用图形化技术,通过图形、图表、动画等形式显示仿真对象的各种状态,使得仿真数据更加直观、丰富和详尽。

随着企业数字化的转型,数据与业务越来越复杂。工业 4.0 提出"信息化技术促进产业变革",信息部门与生产制造的关系越来越紧密。大中型制造企业都具备规模庞大的 IT 基

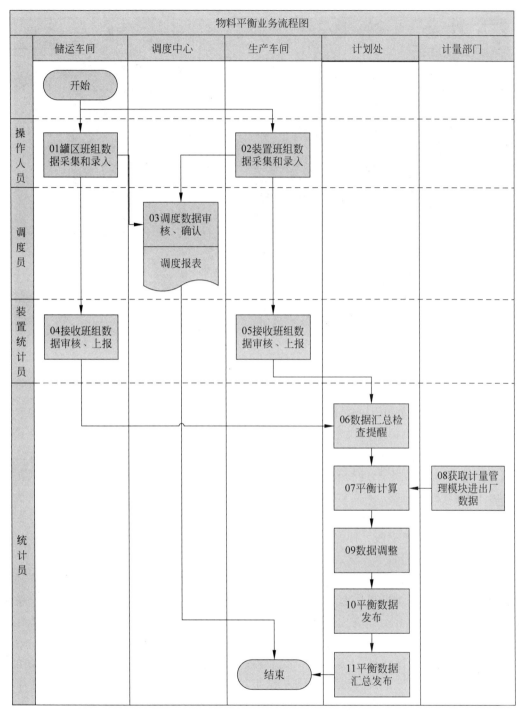

图 7-36　石油炼化企业物料平衡业务流程

础设施及应用系统,信息部门为了保障生产、办公信息系统的高可用性、高可靠性,必须建立全面的、规范化的运维保障体系。基于此,如图 7-37 所示,锐捷推出 IT 业务综合运维管理平台 RIIL,通过专业化的运维管理系统,以智能化、流程化、自动化的技术手段,帮助企业的运维管理目标有效落地。

图 7-37　锐捷 Smart-M 企业 IT 运维解决方案

6. 质量检验

流程行业生产原料和生产过程中的精确计量及品质鉴定,是产品质量的基础保障。一方面,考虑到取样检测的结果对于后续工艺的控制和成品质量影响较大,需要在生产原料配给端进行严格的检验,涉及材料追踪、重量核算、供应商确认等环节,保证材料取样、检测的客观性。另一方面,在生产过程和成品阶段进行抽样检测,保证各项质量指标满足工艺要求。由于流程型行业往往涉及大量的化学、物理反应,实验室的管理也是质量管理的重要组成部分,对实验过程、实验数据、检测样本、历史数据等进行全流程信息化管理,是企业控制质量、提升工艺的重要手段。同时,基于实验室信息管理系统,结合自动化技术与数字化实验仪器,实现实验过程的少人化、无人化、智能化。

如图 7-38 所示,质量检测智能化应用主要包含提升智能检验设备、智能检测技术和建立质量分析系统。智能检测技术涉及物理学、电子学等多种学科。采用智能化检验设备和技术可以减少人员的干扰、减轻工作压力、提高结果的可靠性。质量分析系统依靠智能化质量检验设备传送的实时数据完成实时监控和质量分析。系统依据检验的原始数据和后台设定的检验标准自动计算结果,生成检验结论和检验报告。系统可以根据不同业务自动生成相应的分析报表和图形,可以根据统计分析结果,生成包括多层链接的图表,这些图表可以直接链接到产品的检验报告和检验原始记录,从而实现质量溯源。

7. 能源管控

流程型制造对于能源的消耗巨大,能源管理滞后,需对产线、工艺段、设备、单品的能源耗用进行详细评估,改造加装数字化计量仪表,建立能源平衡体系。除此之外,为保证制造过程连续性,需保证能源的持续供应。同时,对水、电、气、风进行精细管理,通过优化设备运行参数、改造设备、杜绝跑冒滴漏、合理利用能源阶梯价格、对比不同班次数据、优化控制参

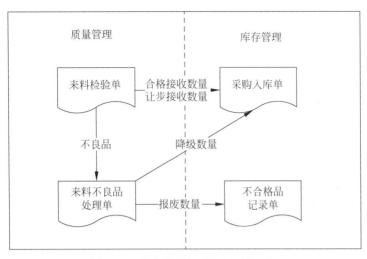

图 7-38　库存管理与质量管理接口图

数等方式,提升能源利用效率,降低生产成本。

　　能源管理智能化的核心是通过对各类数据的有效利用,实现企业能源的动态化管理。如图 7-39 所示,能源数据是反映设备运转和车间生产状况的最真实有效的一个数据,企业可以通过数据建模和智能分析,用能耗数据来统计设备、线体运行时间、统计生产停机频率和停机时间,以分析设备的可用性;可以通过设备能耗数据来分析和评价工人工作量和工作效率;还可以应用数据分析技术和自动化技术,建立全厂能源优先生产模型,指导生产设备运转,当订单交付不是很紧迫的情况下,自动切换到能源优先模型,以能源消耗最小化来安排生产。而当订单需要紧急交付时,再自动切换到订单优先模型,调整设备工作模式,保证能源安全、足量供应。

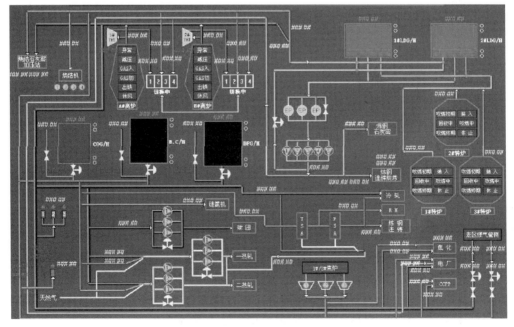

图 7-39　流程装备能源系统综合监控平台

（1）能源系统综合监控：能源数据采集与基本处理、能源系统的监控与调整、能源信息的归档和管理、能源生产报表管理子系统、能源系统事件及故障记录、工艺与设备故障的报警与分析、供配电专业安全管理应用。

（2）调度分析：电力负荷预测及负荷管理、多介质综合平衡及调度。

（3）能源管理：能源计划与实绩、能源分析支持、能源质量管理、能源运行支持管理。

8. 安全环保

对于流程型制造企业，由于存在大量高温高压装置、有毒有害物质，安全生产一直都是高优先级的活动。近年来，化工行业更是安全事故频发，国家对于流程行业的安全要求也是越来越严格。所以，需要借助智能制造相关的技术手段，降低生产过程中安全事故发生的可能性。此外，流程行业是环保重点关注行业，化工、钢铁、有色等更是国家重点关注行业，亟需企业提升环保标准和部署相应的措施。安环管理智能化的核心是基于安全管理的预警及预测管理，在充分利用现有信息的基础上实现。

（1）智能预警预测：通过管理系统实现现场数据信息化，自动记录管理范围内的数据、设备、人员等信息，实现现场资源透明化，同时利用数据集成对比，排查现场安全环境及控制区域内指标环境，针对异常数据趋势进行预警提报，实现异常实施预警干预。

（2）危险区域告警：根据全厂不同区域的安全管理等级，规划、设置区域的危险点，实现危险点防控结合，达到风险的预先防控。

（3）地理信息的联动应用：通过 GIS 地图、GPS 定位等系统，构建现场作业告警功能，与工作系统及检修工程管理模块集成，形成工作区域识别、识别作业流程的符合性，实现环境与流程一致。基于地理信息，通过人员定位管控、安全区域管理，人员状态管理，确保人的安全；通过车辆定位管理、路线管理实现物的安全；通过统一报警管理、应急管理与指挥联动、地理信息系统、疏散逃生指引等基于高精度定位的管控实现异常应急的快速处理。

化工行业生产技术部安全环保工作流程如图 7-40 所示。生产技术部负责检查三大车间的三废排放处理情况，相关三大车间具体负责本部门所产生"三废"的处理。

7.3.3　流程工业智能化新模式

面向工艺优化、智能控制、生产调度、物料平衡、设备运维、质量检验、能源管理、安全环保等核心问题，流程行业智能制造建设主要围绕数字化、网络化、智能化展开。建设过程主要是在已有的物理制造系统基础上，充分融合智能传感、先进控制、数字孪生、工业大数据、工业云等智能制造关键技术，从生产、管理以及营销的全过程优化出发，实现制造流程、操作方式、管理模式的高效化、绿色化和智能化。同时，随着智能制造的实施，设备管理、资产管理日益透明化，生产方式更加便捷和优化，制造运营逐渐精细化和智能化，商业资源趋向平台化和协同化。新的商业模式、运营模式、生产模式、设备运维和资产管理模式出现，促进企业经济效益和社会效益最大化。

1. 新商业模式

流程行业商业模式的创新主要是通过智慧供应链、远程运维等新兴业态来创造新的增值方式。企业的产业链信息集成及企业间协同研发网络体系，是企业从内部信息集成向外部供应商、经销商、用户信息集成的延伸，形成了以某一产业链为基本单位的智能化网络系

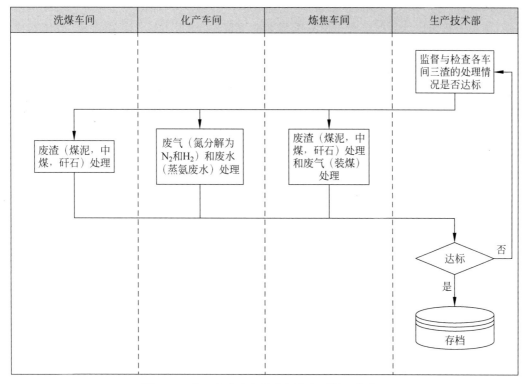

图 7-40　化工行业生产技术部安全环保工作流程

统,实现产业链信息可评价。流程企业可通过生产、运输、维护等多环节的信息统计,更客观直接地对供应商进行市场化评价。同时,产业链的信息集成,将形成产业层面的大数据平台。流程型制造业还可以与服务业、金融保险业等不同领域的大数据平台对接,共享数据资源,实现跨界经营与合作,创造全新商业模式。原始的流程行业设备运维是以制造用户为主,设备维修商辅助的模式。新的远程运维模式是在原有价值主体的基础上,加入了协同远程运维服务供应商,或是制造用户和设备提供商一同建立运维团队或公司,提供新的增值服务,从而创造出新的价值链和增值方式。

2. 新运营模式

流程行业的相关企业在运营过程中不可避免地涉及大量的资源、环境与安全等重要管理要素,同时在企业的运营过程中,受工艺原型设计影响,单位产量的提升尤为困难,而产能的最大化发挥与企业经营过程中的各项指标系统息息相关。流程行业通过信息融合管理、业务数据分析、智能优化排程等智能制造手段,实现对过程指标的监控和管理,并进行实时的数据分析,形成改善的对策和方向,企业可以从中找到生产要素的最佳投入比例,实现研产供销、经营管理、生产控制、业务与财务全流程的无缝衔接和业务协同,促进业务流程、决策流程、运营流程的整合、重组和优化,推动企业管理从金字塔静态管理组织向扁平化动态管理组织转变,形成新的运营管理体系。

3. 新生产模式

智能制造推进过程中会涉及工艺优化、智能控制等一系列活动。各大生产企业广泛地建设生产指挥中心,对生产信息、设备运行、能源消耗、原料和产品品质变化等内容进行全面分析,并基于智能化的数据挖掘和预测模型支持决策,实现工艺最优参数设定、最佳调度计划与最优配方、最优工艺的同时,通过能源计划和指标分解,建立贯穿各个运行点的节能调度目标并跟踪监控。针对生产加工方案的变化,实时调整能源管网产耗,保证供给,优化能源运行。通过能源评价,建立与行业先进水平的对标,分析最佳实践,指导改进。通过装置在线优化,自适应更新关键工艺参数的设定值,实现装置实时优化运行。加强操作过程的规范管理、即时预警、自动化控制,保障人身安全。根据产品、原料价格等变化及时作出相应的生产调整,保证装置的总体经济效益最大。上述所有基于工艺、控制、调度、质检、能源等方面的智能优化构成了新的生产模式。

4. 新设备运维和资产管理模式

流程行业的设备需要 24 小时不停机运行。设备的安全、可靠、平稳和高效运行是保障流程行业正常高效运行的基础,智能制造赋予设备运维和资产管理新的内涵,基于智能制造体系下的设备管理平台,帮助企业构建完整的设备管理体系。基于数字孪生、增强现实、远程运维、故障诊断等技术,实现设备资产管理数字化和设备运维平台化。例如通过数字孪生技术和 AR 技术,设备维修时现场工程师可以佩戴 AR 眼镜,通过第一人称摄像头,将数据实时传送到远程专家,远程专家给出的指导信息以 AR 的方式显示给现场工程师,指导工程师完成操作。节约了专家到现场的成本,降低高技术工作对现场人员的依赖。同时,通过后台模型诊断及专家人工判断,极大地发挥了设备预测维护专家的经验优势,能够一对多地服务多个流程工业,相同类型设备故障类型收集及分析更深化了故障库及故障处理效率,设备运维和资产管理将更加高效和准确。

7.3.4　流程工业智能化生产案例

钢铁行业作为国民经济的重要基础产业,支撑着国民经济的快速发展。钢铁行业在度过了三年的全面亏损"冰冻期"后,2018 年全面进入了多项盈利模式。根据国家发改委网站发布的 2018 年行业利润数据,钢铁行业全年实现利润 4704 亿元,比 2017 年增长 39.3%。此外,2018 年 1~12 月,中钢协会员企业实现工业总产值 3.46 万亿元,同比增长 14.67%;实现销售收入 4.11 万亿元,同比增长 13.04%;盈利 2862.72 亿元,同比大幅增长 41.12%;资产负债率 65.02%,同比下降 2.63%。由此可见,钢铁行业市场需求旺盛。特别是钢铁行业旧厂搬迁改造情况比较突出,通过去旧换新使钢铁企业在自动化、数字化、智能化方面需求旺盛。

如图 7-41 所示,经过多年发展,宝钢建设了比较完整的信息系统架构,从产线级自动化、过程控制系统、生产控制系统/制造执行系统、一体化经营管理系统到数据仓库,建成了自下而上纵向集成的五级计算机系统,即信息系统架构。

在推进智能制造过程中,开发出了一批重大共性关键技术:①制造全流程在线检测,监测和全程可视化系统;②分布与集中相结合的余热余能梯级利用和系统回收技术;③钢铁生产智能化能源管控与环境优化技术;④钢铁制造流程物质流,能量流,信息流协同动态调控技术;⑤污染物分布与集中结合的协同控制与一体化脱处理技术;⑥钢厂与相关产业互补,与社会共生共荣的生态链接技术;⑦钢铁流程制造和服务一体化网络集成技术;⑧高

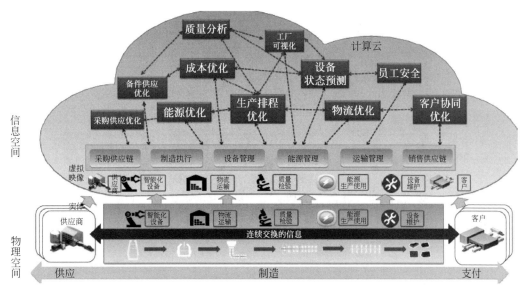

图 7-41　智能制造信息空间与物理空间

性能钢铁产品个性化定制,减量化生产相关装备与制造管理技术;⑨高性能钢铁产品全生命周期智能化设计,制备加工技术。

通过智能制造,打造实时互联、制造柔性、高效协同、价值共享的"智能制造"服务体系。通过互联网、云计算、大数据等新技术与全供应链的深度融合,面向钢铁产品全生命周期,通过智能化感知、人机交互、决策和执行技术,实现制造装备全供应链管控及分析决策过程的智能化,在机器人应用、多工序的关联优化模型、多基地产销协同、智慧供应链等多方面开展"智慧制造"实践,对现有装备,企业运营管理模式进行全面优化,实现装备从自动化到智能化转变,供应链从响应/反映式制造到预测制造、从局部优化到全局优化的智能供应链转变,决策分析从规则分析向大数据智能分析转变。

如图 7-42 所示,鞍钢智慧矿山采用矿山静态及动态信息的数据集成与融合技术;矿山智能化调度与控制技术、地质排产一体化信息系统、开采装备可视化表征技术等;深井提升系统智能控制、按需通风优化控制技术,井下矿石破碎、运输自动化控制与优化调度;采选主体装备智能作业与网络化管控技术;基于大数据的采选智能分析与优化决策技术;基于计算流体力学和离散单元法的选矿设备建模技术,磨矿分级专家系统;矿山的远程无人值守、智慧值守技术等。

随着流程行业集团化发展,规模越来越大,集团需要加强内部数据整合和集团管控;同时基于信息技术的应用,企业也进行了商业模式的创新,例如企业大宗原材料和产品销售采用集团统采统销远程运维模式,这些商业模式的创新更需要打通上下游企业信息,并进行数据整合,从而提升管理效率。所以越来越多的集团企业关注工业互联网平台的建设,通过私有云或混合云部署方式建设云平台,构建集团或行业的工业互联网平台。例如,上海宝钢工业技术服务有限公司提供的远程智能运维平台目前已覆盖宝钢股份宝山基地的炼铁、炼钢和热轧等 10 余条核心产线的 2500 台(套)关键设备,平台利用传感器、机器人巡检、5G 等技术手段,并通过模型算法、标准规则、知识库、专家系统等后台支持,形成"专业化+区域化"

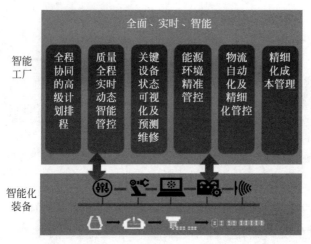

图 7-42　建设智能工厂,实现对工厂的实时优化控制

智能运维解决方案,实现设备状态监控、故障预警、趋势预测和维修远程支持,降低点检人工负荷、维修负荷、备件库存,减少停机时间、突发故障。腾讯、华为等云服务提供商,也开始关注流程行业,和其生态伙伴一起在流程行业打造工业互联网平台标杆,探索面向化工、钢铁等行业集团化云平台的新模式。

节点及关联

　　流程工业智能化的核心问题:工艺优化、智能控制、生产调度、物料平衡、设备运维、质量检测、能源管控、安全环保。

　　流程工业智能化的新模式:新商业模式、新运营模式、新生产模式、新设备运维资产管理模式。

　　流程工业智能化的技术:互联网、云计算、大数据、智能化感知、人机交互、决策和执行技术、传感器、机器人巡检、5G……

7.4　智能化生产车间与工厂

建筑智能化工厂

　　智能工厂是在数字化工厂的基础上,利用物联网技术和监控技术加强信息管理服务,提高生产过程可控性、减少生产线人工干预,合理计划排程,集初步智能手段和智能系统等新兴技术于一体,构建高效、节能、绿色、环保、舒适的人性化工厂。

　　智能工厂与车间具备自主能力,可采集、分析、判断、规划,通过整体可视技术进行预测,利用仿真及多媒体技术,将实境扩增展示设计制造过程。系统中各组成部分可自行组成最佳系统结构,具备协调、重组及扩充特性,自我学习、自行维护,实现人与机器的相互协调合作。其本质是人机交互。

　　全球性的产能过剩,导致企业间的竞争越来越激烈,如何提升生产效率、缩短产品周期,成为世界各国关注的问题。车间是制造业的基础组成部分,如何提升车间的智能化水平,实现生产流程数字化是目前关注的焦点。但目前用传统的虚拟车间、数字化车间设计的智能车间存在非实时交互、数据利用率低等问题。基于数字孪生技术,能够有效地提升车间生产过程的透明度并优化生产过程。数字孪生车间模型,包括物理车间、虚拟车间、车间服务系统和车间孪生数据四部分,通过物理车间与虚拟车间的双向映射与实时交互,实现物理车间、虚拟车间、车间服务系统的全要素、全流程、全业务数据的集成和融合,在车间孪生数据的驱动下,实现车间生产要素管理、生产活动计划、生产过程控制等在物理车间、虚拟车间、车间服务系统间的迭代运行,从而达到车间生产和管控的优化运行。构建数字孪生车间,实现车间信息与物理空间的互联互通与进一步融合将是车间的发展趋势,能够实现车间智能化生产与管控。智能工厂的目标是实现从生产排产、数量统计、过程数据监控、报警故障管理到设备智能化管理等工厂工艺一体化的管理模式。

7.4.1　智能工厂与车间系统组成

智能工厂以工业自动化中的 ERP-MES-PCS 三层构架、PLM 为中心的工厂产品设计技术和售后服务、SCR、CRM 为中心的原材料供应物流和制成品销售物流为基础。

1. 智能工厂的组成

(1) PLM(product life-cycle management,产品生命周期管理)。对产品的整个生命周期(包括投入期、成长期、成熟期、衰退期、结束期)进行全面管理,通过投入期的研发成本最小化和成长期至结束期的企业利润最大化来达到降低成本和增加利润的目标。

(2) ERP(enterprise resource planning,企业资源计划)。ERP 是一种主要面向制造行业进行物质资源、资金资源和信息资源集成一体化管理的企业信息管理系统。ERP 是一个以管理会计为核心,可以提供跨地区、跨部门、甚至跨公司整合实时信息的企业管理软件。针对物资资源管理(物流)、人力资源管理(人流)、财务资源管理(财流)、信息资源管理(信息流)集成一体化的企业管理软件。ERP 具有整合性、系统性、灵活性、实时控制性等显著特点。

ERP 将系统的物资、人才、财务、信息等资源整合调配,实现企业资源的合理分配和利用,作为一种管理工具存在的同时也体现着一种管理思想。市场上比较流行的 ERP 系统是 SAP 系统,适合于中小型企业。

(3) SCM(supply chain management,供应链管理)。SCM 主要通过信息手段,对供应的各个环节中的各种物料、资金、信息等资源,进行计划、调度、调配、控制与利用,形成用户、零售商、分销商、制造商、采购供应商的全部供应过程的功能整体。

(4) CRM(customer relationship management,客户关系管理)。作为一种新型管理机制,CRM 极大地改善了企业与客户之间的关系,实施于企业的市场营销、销售、服务与技术支持等与客户相关的领域。

(5) MES(manufacturing execution system,制造执行系统)。MES 是一套面向制造企业车间执行层的生产信息化管理系统。MES 可以为企业提供包括制造数据管理、计划排程管理、生产调度管理、库存管理、质量管理、人力资源管理、工作中心/设备管理、工具工装管理、采购管理、成本管理、项目看板管理、生产过程控制、底层数据集成分析、上层数据集成分解等管理模块,为企业打造一个扎实、可靠、全面可行的制造协同管理平台。智慧工厂车间的作业根据 MES 发送的指令来进行,MES 根据订单需求,结合智能制造设备的实时运行状态,给智能制造设备安排作业。MES 在接收到新的订单后,会同各个仓库对订单所需原材料、包材、耗材等是否充足进行分析汇总,如有短缺则通知采购部在规定期限内采购,而在原材料采购质检期间,通知生产部做好生产前的准备工作,检查制造设备、生产设施等的实际情况,并根据智慧工厂内设备的排产情况及剩余订单合理地给相应设备安排作业任务书。排产作业下达到智慧工厂后,智能制造设备在开机生产第一步,需要人为参与根据作业指导书的排产安排导入相应的工艺参数,进行调试并首件确认后,将微调的工艺参数上传入MES 数据库中。

2. 智能工厂层级划分

企业内部的设备与控制层、制造执行层、经营管理层、经营决策层构成纵向集成维度;客户需求、产品设计、工艺设计、物料采购、生产制造、进出厂物流、生产物流、售后服务构成智能工厂的横向集成维度;由感知执行、适配控制、网络传输、认知决策和服务平台组成信息物理系统(CPS),这三个维度构建了机械制造行业智能工厂参考模型。

1)纵向集成维度

(1)基础设施层:企业首先应当建立有线或者无线的工厂网络,实现生产指令的自动下达和设备与产线信息的自动采集;形成集成化的车间联网环境,解决不同通信协议的设备之间,以及 PLC、CNC、机器人、仪表/传感器和工控/IT 系统之间的联网问题;利用视频监控系统对车间的环境、人员行为进行监控、识别与报警;此外,工厂应当在温度、湿度、洁净度的控制和工业安全(包括工业自动化系统的安全、生产环境的安全和人员安全)等方面达到智能化水平。

(2)智能制造装备层:智能制造装备是智能工厂运作的重要手段和工具。智能制造装备主要包含智能生产设备、智能检测设备和智能物流设备。制造装备在经历了机械装备到数控装备后,目前正在逐步向智能制造装备发展。智能化的加工中心具有误差补偿、温度补偿等功能,能够实现边检测边加工。工业机器人通过集成视觉、力觉等传感器,能够准确识别工件,自主进行装配,自动避让人,实现人机协作。金属增材制造设备可以直接制造零件,DMG MORI 已开发出能够同时实现增材制造和切削加工的混合制造加工中心。

(3)智能物流设备:则包括自动化立体仓库、智能夹具、AGV、桁架式机械手、悬挂式输送链等。例如,Fanuc 工厂就应用了自动化立体仓库作为智能加工单元之间的物料传递工具。

(4)智能产线层:在生产和装配的过程中,能够通过传感器、数控系统或 RFID 自动进行生产、质量、能耗、设备综合效率(OEE)等数据采集,并通过电子看板显示实时的生产状态;通过系统实现工序之间的协作;生产线能够实现快速换模,实现柔性自动化;能够支持多种相似产品的混线生产和装配,灵活调整工艺,适应小批量、多品种的生产模式;具有一定冗余,如果生产线上有设备出现故障,能够调整到其他设备生产;针对人工操作的工位,能够给予智能的提示。

(5)智能车间层:要实现对生产过程进行有效管控,需要在设备联网的基础上,利用制造执行系统(MES)、先进生产排产(APS)、劳动力管理等软件进行高效的生产排产和合理的人员排班,提高设备综合效率(OEE),实现生产过程的追溯,减少在制品库存,应用人机界面(HMI),以及工业平板等移动终端,实现生产过程的无纸化。另外,还可以利用 Digital Twin(数字孪生)技术将 MES 系统采集到的数据在虚拟的三维车间模型中实时地展现出来,不仅提供车间的 VR(虚拟现实)环境,而且还可以显示设备的实际状态,实现虚实融合。智能物流设备则包括自动化立体仓库、智能夹具、AGV、桁架式机械手、悬挂式输送链等。例如,Fanuc 工厂就应用了自动化立体仓库作为智能加工单元之间的物料传递工具。可以用 DPS(digital picking system,数据处理系统)实现物料拣选的自动化。

(6) 智能产线层:智能产线的特点是,在生产和装配的过程中,能够通过传感器、数控系统或 RFID 自动进行生产、质量、能耗、设备综合效率(OEE)等数据采集,并通过电子看板显示实时的生产状态;通过安灯系统实现工序之间的协作;生产线能够实现快速换模,实现柔性自动化;能够支持多种相似产品的混线生产和装配,灵活调整工艺,适应小批量、多品种的生产模式;具有一定冗余,如果生产线上有设备出现故障,能够调整到其他设备生产;针对人工操作的工位,能够给予智能的提示。

(7) 工厂管控层:工厂管控层主要是实现对生产过程的监控,通过生产指挥系统实时洞察工厂的运营,实现多个车间之间的协作和资源的调度。流程制造企业已广泛应用 DCS 或 PLC 控制系统进行生产管控,近年来,离散制造企业也开始建立中央控制室,实时显示工厂的运营数据和图表,展示设备的运行状态,并可以通过图像识别技术对视频监控中发现的问题进行自动报警。

2) 横向集成维度

如图 7-43 所示,按照"互联网＋协同制造"的精神,重点构建产业链的企业间的协同与集成,如跨企业、跨地域的协调设计,企业间的协同供应链管理,协同生产、协同服务和企业间的价值链重构。实现产业链上各企业间的无缝集成、信息共享和业务协同。

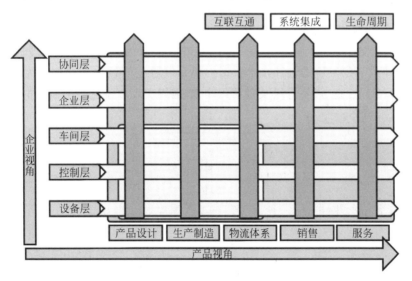

图 7-43 智能工厂层级架构

3) 信息物理系统(CPS)

智能工厂各层级相互配合,支撑企业纵向集成、企业间横向集成与端到端集成,实现工业体系与信息体系的深度融合以及全面智能化。信息物理系统通过集成先进的信息通信和自动控制等技术,构建了物理空间与信息空间中人、机、物、环境、信息等要素相互映射、适时交互、高效协同的复杂系统,实现系统内资源配置和运行的按需响应、快速迭代、动态优化。

它是智能工厂的技术支持体系。

7.4.2 数字化工厂与车间的建设及规划

1. 数字化工厂建设原则

数字化工厂,广义上指以产品全生命周期的相关数据为基础,在计算机虚拟环境中,对整个生产过程进行仿真、评估和优化,并进一步扩展到整个产品生命周期的新型生产组织方式。对于制造企业而言,数字化工厂即是以软件为依托,为工厂建立一个全面的电子化数据仓库平台,数据库全面涵盖了工厂设计、改造、更新等各个阶段,能够从工程设计开始到工厂退役之间的过程中,有效地管理工厂。数字化制造是一项严谨的信息化建设工程,系统建设时应充分考虑以下几个方面。

(1) 总体规划、分步实施:数字化制造是一个较大的信息化系统,涉及企业方方面面。因此,系统的实施原则是既要保证前瞻性、先进性、完整性,又要结合企业的实际情况,采取总体规划、分步实施原则,这是数字化工厂成功的重要保证。

(2) 可扩展性:系统要具有最大的灵活性和容量扩展性。系统应在初步设计时就考虑到未来的发展,以降低未来发展的成本,使系统具有良好的可持续发展性。

(3) 兼容性:系统应具有良好的兼容性,以利于现在和将来的设备选型及联网集成,便于与各供应商产品的协同运行,便于施工、维护和降低成本。

要建立数字化工厂,首先,工厂的信息化建设应达到数字化管理的要求,即通过 MES 系统的建设,同时整合已经实施的 ERP、设备物联网系统以及即将实施或规划的 PDM 系统、CAPP 系统等,彻底打通横向信息集成。其次,需要打通信息系统与物理系统(设备物联网),实现纵向信息集成。然后以 SmartPlant Foundation 为数据连接及管理平台,构建协同设计的构架,即数字化工厂的设计技术数据构架。再通过信息化平台整合为企业级数字化工厂,通过车间布局改造、设备升级及自动化改造,最终实现数字化智能制造的目的。图 7-44 为数字化工厂示意图。

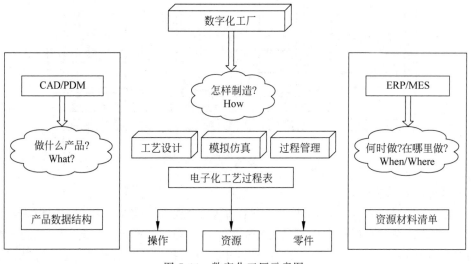

图 7-44 数字化工厂示意图

对于机床制造企业的数字化工厂建设,要实现数控制造装备全生命周期中的原料采购、设计、零部件加工、装配、质量控制与检测等各个阶段的管理及控制,解决从产品的设计到装配制造实现的全过程,使设计到生产制造之间的各项不确定性因素降低,在数字空间中将生产制造过程进行优化,使生产制造过程在企业各项信息化数字化手段中得以检验,从而提高系统的成功率和可靠性,缩短从设计到生产的转化时间,实现工厂的数字化设计与数字化制造。因此,要搭建起易于扩展、满足不同类型车间的需要,构筑高安全、高性能、高可靠的数字化制造平台,在先进的管理方法、信息技术的基础上,全面实现产品工艺设计数字化、生产装配过程数字化、管理数字化,并通过各子系统的无缝集成,实现生产过程、信息资源、人员技术、经营目标和管理方法之间的协同。可以从以下两个方面进行规划:

(1) 如图 7-45 所示,从管理方面可以分为多个数字化车间,在企业建立统一联合调度指挥中心,生产车间的生产调度管理都可以在联合调度指挥中心平台进行展示及调度,上游通过各个信息化系统的集成,实现数据共享,打破信息壁垒,实现从设计到计划再到加工生产的主线。同时可以按照实际的业务需求进行数字化车间的分步建设。

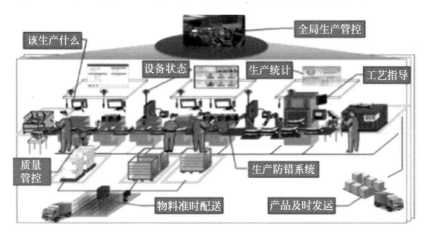

图 7-45　数字化车间业务应用需求模型

(2) 数字化工厂从信息系统管理方面可以分为五个层次,即集成层、资源层、管理层(联合调度、数据输出)、执行层(生产执行及检验)和数据采集层(设备数据、完工数据、检验数据)等。在目前基础上继续完善相关功能和所需数据,利用现代信息技术和网络技术,以“产品加工和装配”为主线,将由计算机、网络、数据库、设备、软件等所组成的系统平台构建成一个高速信息网,实现计划快速下达、车间作业调度控制、工艺指导、生产统计、设备状态监控、质量全面管控及追溯、生产信息协同(如物料协同、准时配送、生产准备协同)等,最终实现车间生产工位的数字化、高精尖设备加工的数字化、生产指挥的数字化、产品资料的数字化、产品设备的数字化等。

2. 数字化车间系统组成

打造数字化车间的重点在于数字化制造,通过采用 ERP/CAPP/PLM/MES/OA 质量管理等集成产品数据管理、生产计划与执行控制,实现数字制造系统管理。图 7-46 为未来数字化工厂中,所有已经实施或正在规划的 ERP/CAPP/PLM/MES/OA 质量管理等系统的层级关系以及层级之间的信息流动关系。

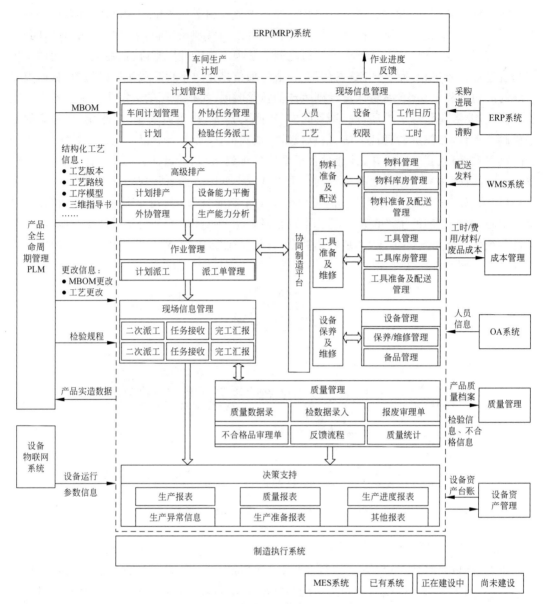

图 7-46　数字化车间信息系统的组成

1）数字化工厂及数字化车间信息系统

数字化工厂及数字化车间信息系统主要由 ERP 系统、PLM 系统、CAPP 系统、设备物联网系统和 MES 系统等组成，后续还可以规划 OA 系统、质量管理系统等。主要系统集成及信息交互如下：

（1）与 OA 系统集成，读取组织架构及相关人员信息。

（2）与 ERP 系统集成，读取主生产计划、物料库存信息、配套信息等，同时反馈完工信息到 ERP 系统，并在 ERP 系统中完成不合格品审理流程。

（3）与 CAPP 系统集成，实现工艺数据的读取，同时 CAP 系统实现从 MES 系统调取刀具、工装、量具等相关信息。

（4）与 PDM 系统集成，MES 系统从 PDM 系统读取物料清单（BOM）、工艺文件等相关信息。

2）数字化车间 MES 系统组成

数字化车间建设以数字化制造为主，而数字化制造的重点以执行为主，执行的重点为制造执行系统（MES），因此数字化车间以制造执行系统（MES）为主，其他系统辅助建设。根据车间生产的实际需求，数字化车间 MES 系统由下述 11 个模块组成：

（1）基础数据管理模块，包括组织结构、人员及权限管理、客户信息管理、工厂日历、产品 BOM 及工艺路线、系统设置、日志管理等。

（2）计划管理模块，包括项目的创建、分解、浏览、修改、激活、暂停、停止、统计等。

（3）高级排产模块，包括多种排产算法、能力平衡等，可准确到每一道工序、每一台设备、每一分钟。

（4）作业管理模块，包括计划派工管理、调度管理、实做工时管理、零件流转卡管理等。

（5）协同制造平台模块，包括调度管理、实施动态看板、工具、物料、技术文档生产准备，生产信息、现场异常信息的发送及交互功能等。

（6）现场信息管理模块，包括任务接收、反馈、工艺资料、三维工艺模型查阅，利用各种数据采集方式，实现计划执行情况的跟踪反馈。支持条码、触摸屏、手持终端、胸卡扫描登录等各类反馈形式等。

（7）质量管理模块，包括对质量进行实时的管理、监控，对系统中的质量数据进行相关分析、统计，支持质量追溯功能等。

（8）物料管理模块，包括车间物料库房的管理，如领料/配送、入库、盘点；车间物料库存的查询、统计功能等。

（9）设备管理模块，包括设备维修、设备保养、备品备件管理等功能。

（10）工具管理模块，包括对车间各类工装、夹具、刀具、量具、刃具进行全面的管理，提供各类报表等。

（11）决策支持模块，包括库存、成本等各种统计、分析报表，车间业务系统的数据整合，通过各类直观的统计图表，为车间管理层提供决策依据，同时打印各种单据。

3）数字化工厂及数字化车间信息系统

数字化工厂及数字化车间信息系统主要由 ERP 系统、PLM 系统、CAPP 系统、设备物联网系统和 MES 系统等组成，后续还可以规划 OA 系统、质量管理系统等。主要系统集成及信息交互如下：

（1）与 OA 系统集成，读取组织架构及相关人员信息。

（2）与 ERP 系统集成，读取主生产计划、物料库存信息、配套信息等，同时反馈完工信息到 ERP 系统，并在 ERP 系统中完成不合格品审理流程。

（3）与 CAPP 系统集成，实现工艺数据的读取，同时 CAP 系统实现从 MES 系统调取刀具、工装、量具等相关信息。

（4）与 PDM 系统集成，MES 系统从 PDM 系统读取物料清单（BOM）、工艺文件等相关信息。

3. 配置模块划分

配置模块按照功能划分为 5 个功能层，对企业业务应用层的具体生产业务进行功能支撑。

(1) 基础数据层：基础数据的平台，包括组织机构、人员及工作日历（工作日、节假日、排班计划）、产品工艺路线等，是整个制造执行系统运行的基础。

(2) 数据集成层：提供 MES 系统与其他系统集成接口，实现数据源出一处，全局共享。

(3) 资源管理层：主要是管理车间设备、资料、物料等与资源有关的业务流程，这些资源是以后进行计划、调度、派工等工作的基础，并直接影响生产计划安排。

(4) 生产管理层：涵盖了计划管理、计划排产、作业管理、质量管理等。

(5) 展现层：相关人员可通过胸卡扫描方式登录系统，生产数据可用条码扫描、RFD、触摸终端等辅助手段进行及时的数据采集；工人也可以通过触摸终端进行任务的查看、工艺文件调阅等实现一个无纸化制造的环境；系统还提供各类统计分析功能，为计划人员、生产管理人员、技术管理人员、设备管理人员、库房管理人员、质量管理人员、现场操作员等各类人员提供各种各样的报表、饼图、柱图等分析报告。同时通过电子看板可以实时显示各种数据。制造执行系统功能层次如图 7-47 所示。

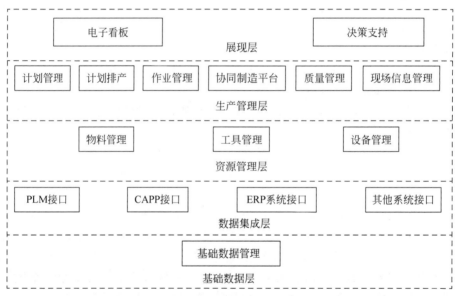

图 7-47　制造执行系统功能层次

4. 数字化车间系统业务流程

1) 生产过程角度

采用 ERP/CAPP/PLM(PDM)/MES/PCS(DNC/MDO)集成产品数据管理、生产计划与执行控制，是实现数字制造系统的一个有效解决方案。图 7-48 反映了 ERP/CAPP/PLM(PDM)/MES/PCS 各自在离散制造企业信息系统的层级关系以及层级之间的信息流动关系。

在产品形成过程中，PLM 与 ERP 发生关系是在生产计划阶段。PLM 数据库可以提供各种不同的产生数据，ERP 根据管理的需要，获得产品数据中的零件基本记录和 BOM。产品 BOM 和零件基本记录是 PLM 和 ERP 数据交换的主要内容。

MES 上承 ERP 等计划系统，下接车间现场控制，填补了 ERP 与车间控制之间的断层，

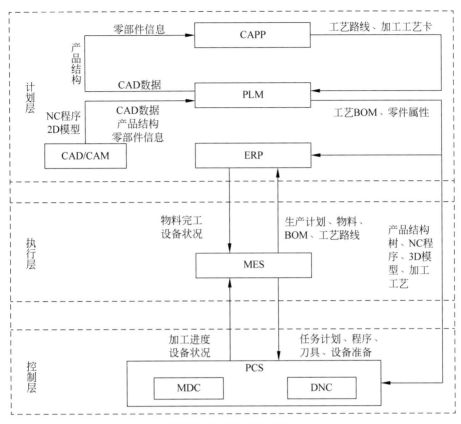

图 7-48　信息流动关系

提供信息在垂直方向的集成。MES 可看作一个通信工具,它为其他各种应用系统提供现场实时信息。MES 向上层 ERP 提交生产盘点、物料盘点、实际订单执行等涉及生产运行的数据,向 PCS 系统发布生产指令及有关生产运行的各种参数。

2) 职能管理角度

离散型制造企业信息系统一般由 CAD/CAM、PLM、CAPP、ERP、MES、PCS(包含 DNC)等分系统组成,在企业管理中每个系统都有自己管理的范围,在自己管理范围内发挥着其他系统不可替代的独特的管理作用。图 7-49 为各分系统之间的管理关系。

3) 分系统之间的集成数据流

数字制造的信息集成是通过 ERP/PLM(PDM)/MES/PCS(包括 DNC)的信息流集成得以实现的。图 7-50 为 CAD/CAM/CAPP/ERP/PLM(PDM)/MES/PCS 的集成数据流。这种模式把通过 CAD、CAM 辅助设计的产品数据用 PLM 进行管理,然后利用 PLM(PDM)技术来控制产品数据、流程和工程变更,一方面 PLM(PDM)将产品几何信息送往 ERP 系统;另一方面从 PLM 这一方需要访问 ERP 的生产计划信息,从而保证 ERP 的有效运作。在 ERP 系统应用基础上,通过 MES 解决生产现场的各种问题,使生产管理系统能适应多种生产模式。

集成数据流包括以下内容:

(1) DNC 系统、MDC 系统与 PLM(PDM)系统集成,数据流双向,将 PLM(PDM)系统

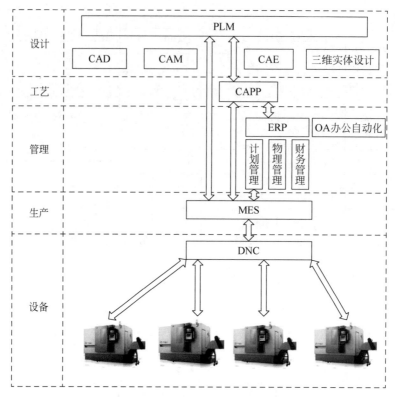

图 7-49　各分系统之间的管理关系

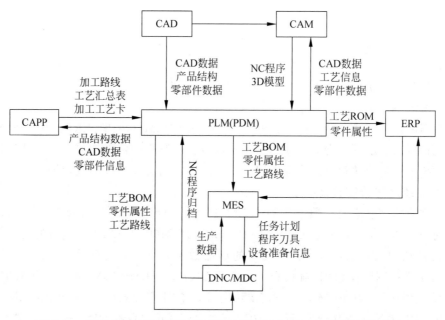

图 7-50　CAD/CAM/CAPP/ERP/PLM(PDM)/MES/PCS 的集成数据流

的工艺 BOM、零件属性、工艺路线等传递给 DNC 系统,DNC 系统将定型的 NC 程序传输到
PLM(PDM)系统实现归档管理。

（2）CAD 系统与 CAM 集成，数据流单向，将 CAD 系统的模型/图纸信息通过接口传给 CAM 系统。

（3）CAD 系统与 PLM(PDM)系统集成，数据流单向，将 CAD 系统的 CAD 数据、产品结构、零部件数据通过接口传给 PLM(PDM)系统。

（4）CAM 系统与 PLM(PDM)系统集成，数据流双向，CAM 系统将 NC 程序、3D 模型通过接口传给 PLM(PDM)系统，PLM(PDM)系统将 CAD 数据工艺信息零部件属性通过接口传给 CAM 系统。

（5）CAPP 系统与 PLM(PDM)系统集成，数据流双向，CAPP 系统将工艺路线、工艺汇总表、加工工艺卡通过接口传给 PLM(PDM)系统，PLM/CAP 系统将产品结构数据、CAD 数据、零部件信息等传给 CAPP 系统。

（6）ERP 系统与 PLM(PDM)系统集成，数据流单向，PLM(PDM)系统将工艺 BOM 与零件属性通过接口传给 ERP 系统。

（7）PLM(PDM)系统与 MES 系统集成，数据流单向，PLM(PDM)系统将工艺 BOM、零件属性、工艺路线通过接口传给 MS 系统。

（8）ERP 系统与 MES 系统集成，数据流双向，ERP 系统将生产计划和物料通过接口传送给 MES 系统，MES 系统通过计划的执行将任务完工和设备状况反馈给 ERP 系统。

（9）MES 系统与 DNC、MDC 系统集成，数据流双向，MES 将任务计划、程序、工具、设备准备信息传给 DNC 系统，在生产加工的过程中，通过 MDC 系统采集生产加工的数据，把采集的数据反馈到 MES 系统。

5. 数字化车间应用场景和角色

1）数字化车间应用场景

图 7-51 为数字化工厂应用场景示意图。在系统应用场景中，各部门职能如下。

（1）工艺/技术部门：使用系统的产品 BOM、工艺路线模块，主要为系统基础数据部分进行维护，可以从 PDM 系统等集成系统获取相关数据。

（2）计划员：生产部计划员可使用总协同平台随时掌握各车间的生产状况。车间计划员主要使用计划管理模块、高级排产、计划调整、计划下达等业务。系统将帮助计划员快捷地排出高质量的生产计划，并提供可视化的计划管理工具。

（3）车间调度员：使用协同平台的生产准备功能，方便调度人员即时了解生产计划的准备情况，包括物料准备、工装准备，及时督促协调未准备好的生产计划。

（4）物料管理员：及时获取到车间生产现场的物料需求计划，并根据库存信息按照需求计划进行物料配送，方便实现物料从库房到工位现场的配送流转。

（5）班组长：负责任务的二次派工及已完成任务工时的分配工作。

（6）操作工：使用系统可及时获取到自己的生产任务，并快捷地实现计划反馈，以便质量人员接收质检任务，计划人员及时了解现场进度信息。操作人员在加工过程中，通过系统可随时查看工艺图纸、已发生的工时信息、质量信息等。

（7）质检员：系统将自动把需要质检的任务传递给质检人员，质检人员使用系统进行检验反馈、检验项目点采集、不合格品处理、质量检查表电子签署及输出等操作。

2）数字化车间应用角色

（1）分厂计划员。

基于工厂主生产计划，生产计划人员根据物料、设备、人员、工具等生产资源状况，统筹

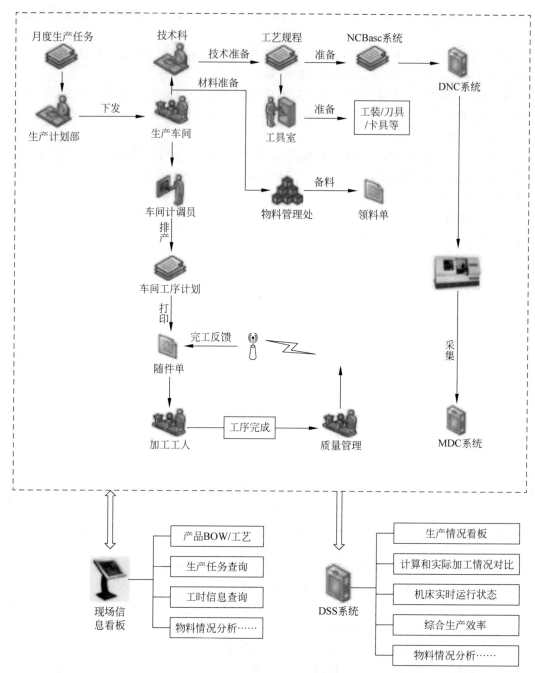

图 7-51　数字化工厂应用场景示意图

兼顾,制订多车间协同的生产计划并根据实际情况进行灵活的调度。主要功能为:

① 生产任务的全面管理,包括任务的创建、分解、浏览、修改、激活、暂停、停止、统计等各种功能。

② 支持多车间联动协调计划和调度。实现资源协同,统一调配各车间资源平衡。

③ 实现多车间协同生产。实现生产准备和计划协同,实现生产协同和进度协同,确保

整个生产均衡有序地进行。

④ 形成计划知识库。对优化的并经生产验证的计划形成样例知识库,便于后续生产中类似产品生产计划的快速复制。

⑤ 实现透明化现场管理。可通过机床实时采集、计划进度采集等先进手段,实时直观地掌握设备/装配线的状态。

（2）车间计划员。

① 协同生产资源准备与集中监督。当投产计划下达后,计划员通过系统向相关人员发送准备任务,如物料、刀具、设备等各项工作的准备情况实时地反映在协同制造平台上。

② 基于设备有限能力的计划排产,实现最优排产,提高计划科学性。通过高级排产算法,在基于设备有限能力分析的基础上,按照各种约束条件进行自动排产,并以图形化界面对工序计划进行模拟预测,提高计划的预见性、可执行性,降低调度的盲目性和随意性。

③ 车间调度员系统建成后,将对车间调度员的日常工作有较大的提升和帮助,他们在系统中主要进行以下工作:各计划调度员可及时进行检查、督促或者协调解决生产准备中的问题,避免因某一环节准备延迟而影响整个生产的情况发生。

（3）车间调度员。

① 计划执行进度的实时跟踪。利用协同制造平台,实时掌握生产计划的执行进度,通过人性化设计,由系统将相关信息主动推送至调度人员,减少烦琐的信息检索动作,使系统具有良好的用户体验。

② 生产现场各种状况的快速响应。通过对现场设备的实时采集监控,调度人员在MES 系统中可实时查看生产区的生产状况,极大地减少了调度人员跑现场的工作量,实现生产调度的全面控制。

（4）物料/工具管理员。

车间库管员可通过本系统实现物料从生产计划部的领用入库、工人领料等基本的物料管理功能。在系统进行物料信息共享,具有库存事务处理和库存统计、预警功能,并可进行批次跟踪管理。通过系统科学、有效地信息化设计和建设,可实现对机加工分厂、管件部、总装分厂内所有毛坯、原材料、刀具、工装、量具、在制品、成品的统一管理。同时,系统具有强大的统计分析功能,完全可代替材料管理员以往繁琐的手工报表统计工作,极大地减轻材料员的工作强度。

（5）车间工人。

车间工人在系统内进行以下主要工作:

① 任务查阅与接收。在生产现场,工人可通过触摸屏登录本系统,进行任务接收、浏览。

② 技术文件浏览。可通过集成的方式进行加工零件的工艺、数控程序等技术文档调阅。

③ 生产信息反馈。对相关生产过程信息进行输入,包括加工开始、结束以及生产异常的反馈等。

（6）车间统计员。

统计人员担负着车间大量的统计报表工作,存在着工作量大、效率低下、信息统计滞后等问题,通过项目的建设,系统将自动提取现场各类生产数据,以车间生产计划、进度、工时、质量等为基础,结合各类实际的报表需求,经过数据分析,形成各车间的统计分析报告,极大地提高统计人员的工作效率,减轻统计员的工作负担。

(7) 车间领导。

① 生产进度掌握。系统提供良好的可视化界面,采用类似"红绿灯系统"等图形化的表现方式,可以很容易地查看每个生产任务和工序的状态,包括是否投产、计划数量、交货期、所用时间、提前(或延迟)时间、已完成数量等,所有信息一目了然。

② 数据分析。利用生产现场大量的第一手数据,系统可为车间领导提供计划信息、执行信息、物料消耗及质量统计等全方位的分析报告。

(8) 企业领导。

系统对生产中的海量数据进行深入的数据挖掘,结合人工智能分析出能指导生产的各种分析报告,为领导作出决策提供数据支持和帮助。具体包括以下内容:

① 计划与调度决策。以各车间生产计划、进度、质量等为基础,结合实际需求,经过信息提取、加工、重组,形成各车间的统计分析报告。

② 生产资源决策。对生产计划的执行情况,工段作业情况,物料、刀具、质量、设备等信息进行综合分析,为企业层的管理与决策提供可靠的量化数据。

③ 生产过程决策。对生产过程及设备运行状况进行分析挖掘,可方便、直观地显示出生产过程中的各种数据,如产品延期统计、操作工的效率、机床利用率、机床报警状态统计等。

④ 质量管理决策。通过确认的问题产品批号或者原材料的批号信息,进行向前追踪(从成品到原料)或者向后追踪(从原料到成品),自动匹配与其相关的所有相关生产信息,如人员、设备、具体工序及操作时间、使用工具等,通过报表图形的形式统计分析,帮助采取下一步的补救措施。

⑤ 建立生产辅助决策知识库。根据产品计划、制造过程等知识建立起相关的计划样例、生产资源、切削参数知识库、设备故障库等知识库,便于以后对类似产品快速复制并进行优化。

7.4.3 智能工厂在线监控

实现智能工厂乃至工业4.0,推进工业互联网建设,实现MES应用,最重要的基础就是要实现M2M即设备与设备之间的互联,建立工厂网络。设备互联是设备的远程监控的前提,机床联网实现DNC(分布式数控)应用。设备联网和数据采集是企业建设工业互联网的基础。生产线配置了DCS系统或PLC控制系统,通过组态软件可以查看生产线上各个设备和仪表的状态,并建立生产监控与指挥系统。在系统中呈现关键的设备状态、生产状态、质量数据,以及各种实时的分析图表。一些MES软件系统中,设置了MII(manufacturing ingetration and intelligence)模块,其核心功能就是呈现出工厂的关键KPI数据和图表,辅助决策。

智能工厂在线监测是根据设备情况,获取设备的相关参数(温度、湿度、压力、次数等等),获取途径可以分为3种:

(1) 设备系统内原有的相关参数,直接从设备系统获取。

(2) 设备系统中没有的参数,增加相应传感器,完成采集。

（3）设备现有系统不支持通信，或者通信接口被占用，无法增加端口，增加 PLC 到原有控制系统。

一套完整的监控系统，需要许多组件的构成，以制程设备监控系统为例，制程设备上要有感测及制动装置，并将数据转换及传送到控制系统，控制系统至少要具备显示、记录、调节及制动等功能，由操作人员根据前台上传的数据进行处理，如图 7-52 所示。

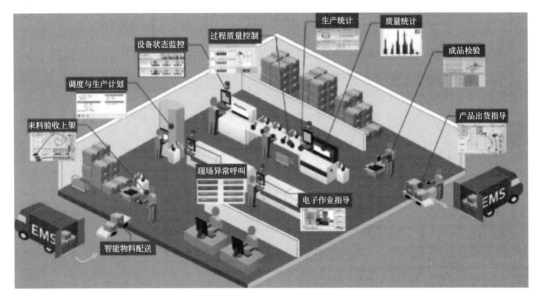

图 7-52　监控系统

传统监控手段主要是依赖于人工视觉，随着新技术在制造领域的应用，机器视觉逐渐代替人工视觉，机器视觉主要完成：

（1）控制加工过程（控制机械手放置零件、喷漆、焊接等）。

（2）传播到其他外部设备，用于进一步处理。

（3）表征故障缺陷，报告并纠正故障，或从生产线上更换有缺陷部件。

机器视觉监控分为直接检测法（如监控刀具的质量和形状变化），和间接检测法（如通过具有标定关系的物理参数来监控刀具的磨损和破坏）。

1）视觉监控方法

视觉监控根据采用的算法分为三类：参考基准法，非参考基准法和混合检测法。

（1）参考基准法：需要一个标准模型，从原始设计文档中获得，待检查的对象被扫描后与标准模型对比，检测出待检对象的缺陷。

（2）非参考基准检测方法不需要任何参考模型，也称设计规划检测法，可以避免参考基准检测的缺点，但可能会错过不违反设计规则的缺陷。

（3）混合检测法融合上述两种方法的特点，缺点在于使用过程复杂。

视觉监控步骤如下：

（1）图像采集，通过工业相机获得图像。

（2）图像处理，对图像预处理，去除背景噪声和不需要的信息。

（3）特征提取，包括图像的大小、位置、通过边缘检测的轮廓和连接、区域填充信息等。

（4）分析决策，将特征变量组合成新特征变量组，减少特征量，数据的基本维数和固有维数也可能减小。最终的特征识别、特征种类和计算值取决于具体的应用对象。

视觉监控系统将软件和硬件整合成一个完整的应用程序，硬件包括传感器、采集卡和计算机等，如用工业相机采集图像，计算机处理图像。

2）视觉监控软件系统需具备的特性

（1）多流程级别的支持，能处理低级别（滤波、阈值）、中等级别（分割、特征计算）和高级别（物体识别、图像分类）等检测任务。

（2）操作简便，图形化用户界面、可视化编程和代码生成是实现应用开发的典型特征。

（3）动态范围和帧速率支持，新类型传感器提供高动态范围和更快的图像采集速率，处理软件必须支持变帧率情况下的高动态范围图像处理。

（4）可扩展性，软件系统以更好、更新的算法取代旧算法，容易适配程序的新要求，无需额外编程工作。

（5）专用硬件支持，软件系统需适配硬件工作，缓解计算密集型应用中处理速度的问题。

7.4.4　智能工厂能效管理

智能工厂的能源消耗主要分为直接能量和间接能量，直接能量是用于生产一个产品所需要的全部过程所消耗的能量（如车削、装配、运输等）；间接能量是用于维持工作环境所消耗的能量（如照明、通风等）。智能工厂追求绿色制造，在碳排放、切削液排放及能效标准方面都有了新的要求，如绿色化机床设计，加工程序、参数和工艺优化，机床和车间能效分析与优化，少/无切削液加工等。

生产过程中需要及时采集产量、质量、能耗、加工精度和设备状态等数据，并与订单、工序、人员进行关联，以实现生产过程的全程追溯，出现问题可以及时报警，并追溯到生产的批次、零部件和原材料的供应商。此外，还可以计算出产品生产过程产生的实际成本。有些行业还需要采集环境数据，如温度、湿度、空气洁净度等数据。根据采集的频率要求来确定采集方式，对于需要高频率采集的数据，应当从设备控制系统中自动采集。进行智能工厂规划时，要预先考虑数据采集的接口规范，以及 SCADA（监控和数据采集）系统的应用。目前，数据采集终端可以外接在机床上，解决老设备数据采集的问题。

1. 能效管理系统组成

一般的能效管理系统主要由 3 个部分组成：能耗分项计量、控制与管理系统和节能控制系统以及各类传感器在线监测系统。能效管理系统实施的最终目的就是通过智能化系统集成来实现对既有系统的能源消耗进行节约与改善，能耗分析软件主要指能源管理系统（EMS）。

EMS 从成本控制的角度，优化能源管理体制，合理定义能源系统的成本中心。EMS 在系统规划、架构设计、功能配置和应用集成等方面全面反映能源系统本质的管理特征，根据效益最大化的原则配置能源管理要素，通过能源管理系统的计划编制、实绩分析、质量管理、平衡预测、能耗评价等技术手段对能源生产过程和消耗过程进行管理评价。

2. 智能工厂能效管理目标和方法

1）智能工厂能效管理目标

（1）实现能耗波动跟踪，能耗准确预测。

（2）实现能耗监控、报警自动化，避免不合理消耗。

（3）实现能耗、能效标准化管理，形成推广性标准。

（4）实现能耗量化分析，能耗管理流程化，精准化管理。

2）智能工厂节能增效方法

（1）通过工艺改造建立循环经济，技术设备升级，利用信息技术提升能源管理水平。

（2）实时数据采集，通过实时能耗数据实现管理目标。

（3）节能效果评估，通过历史数据和预算数据分析，客观确定节能改造性价比。

（4）能耗分析，利用算法将数据联系起来，直观了解耗能原因。

习题

一、填空题

1. 车削生产线通常由_____、_____、_____、_____和毛坯仓储单元、成品仓储单元和 RGV 物流单元等组成。

2. 智能制造装备全生命周期建档内容主要包括_____、_____、_____和机床交机阶段的数据。

3. 智能生产线控制系统的通信内容通常包括_____、_____、_____、机器人信息、_____、_____及各种故障信息等。

4. 智能制造柔性系统运行状态的监控主要包括_____和_____。

5. 智能制造柔性系统的评价指标包括_____、_____、_____、风险性及运行参数等。

6. 流程型制造过程中需要解决的核心问题，主要包括：工艺优化、智能控制、_____、_____、_____、_____、安全环保等内容。

7. 智能化调度基于统一的工厂模型，实现_____、_____、_____、_____的无缝衔接与闭环管理。

8. 数字孪生车间模型主要包括_____、_____、_____和_____四部分。

9. 产品全生命周期管理主要包括_____、_____、_____、_____和结束期。

10. 企业资源计划 ERP 主要针对企业的（物流）_____、（人流）_____、_____（财流）_____、（信息流）_____的集成一体化。

11. 视觉监控根据采用的算法可分为三类：_____、_____和_____。

二、简述题

1. 简述 PLM、ERP、SCM、CRM、MES 等系统的含义及其在智能工厂中起到的作用。

2. 智能工厂中纵向和横向集成维度包括哪些层级？

3. 智能制造柔性系统评价方法主要有哪些？

4. 简述流程工业与离散加工的主要差别。

5. 智能工厂获取设备参数的途径有哪些？列举你所接触过的设备参数。

6. 能源管理智能化的主要内容有哪些？

参考文献

［1］ 苗圩.中国制造 2025 与德国工业 4.0 异曲同工［J］.装备制造,2015(6)：2.

［2］ 孔雪健.DCS 控制系统及发展趋势［J］.城市建设理论研究：电子版,2014(23)：472.

［3］ 高亮,李新字.工艺规划与车间调度基成研究现状及进展［J］.中国机械工程,2011,22(8)：1001-1007.

［4］ 丁进良,杨翠娥,陈远东,等.复杂工业过程智能优化决策系统的现状与展望［J］.自动化学报,2018,44(11)：1931-1943.